全国高等院校艺术设计专业规划教材

室内装饰工程制图习题集

刘 甦 太良平 编著

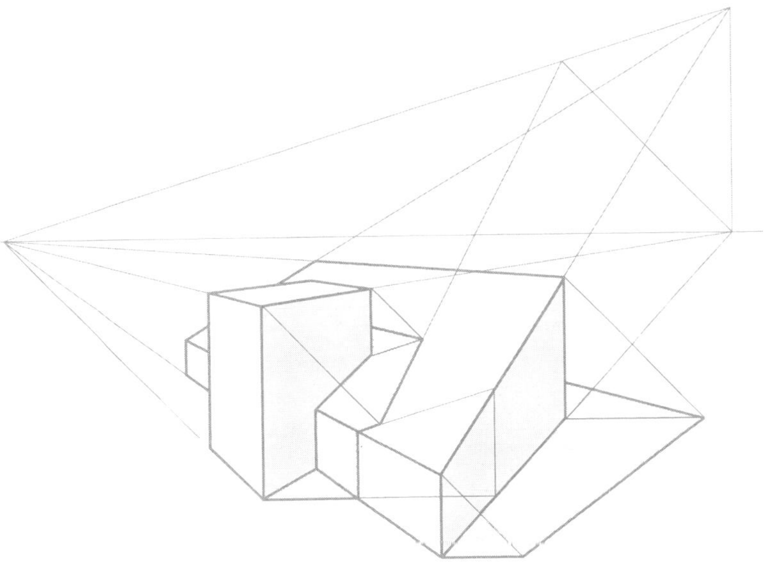

中国轻工业出版社

1-1 根据所给立体图，画出形体的三面正投影图。

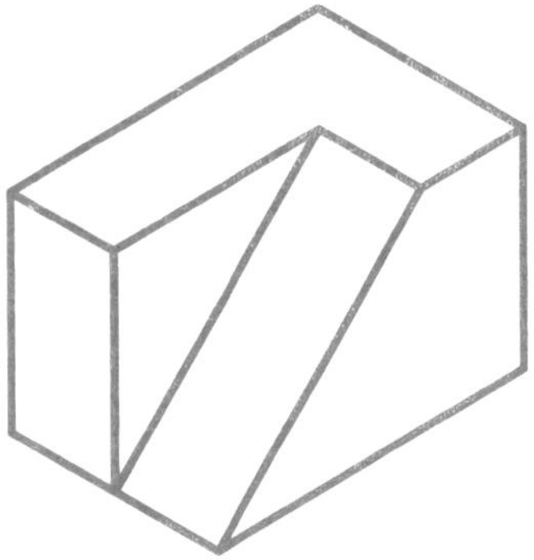

1-2 根据所给立体图，画出形体的三面正投影图。

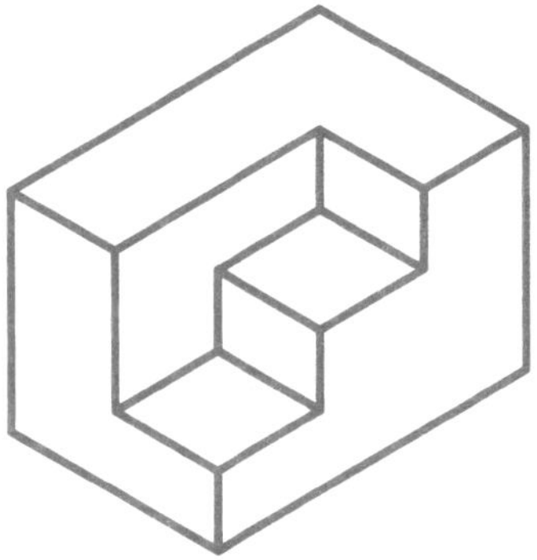

1-3 根据所给立体图，画出形体的三面正投影图。

1-4 根据所给立体图，画出形体的三面正投影图。

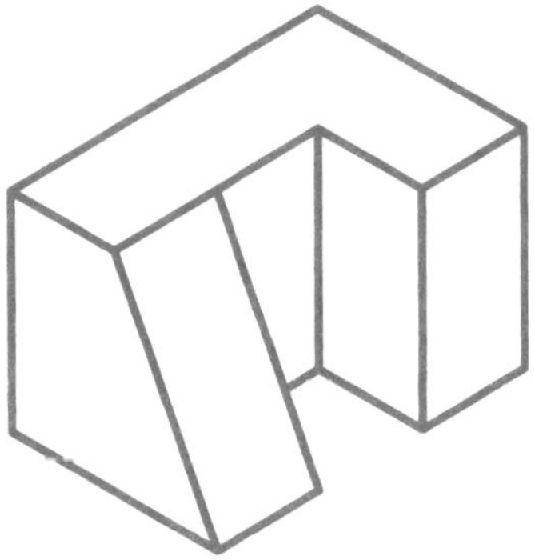

1-5 根据所给立体图，补画水平投影及侧面投影中的漏线。

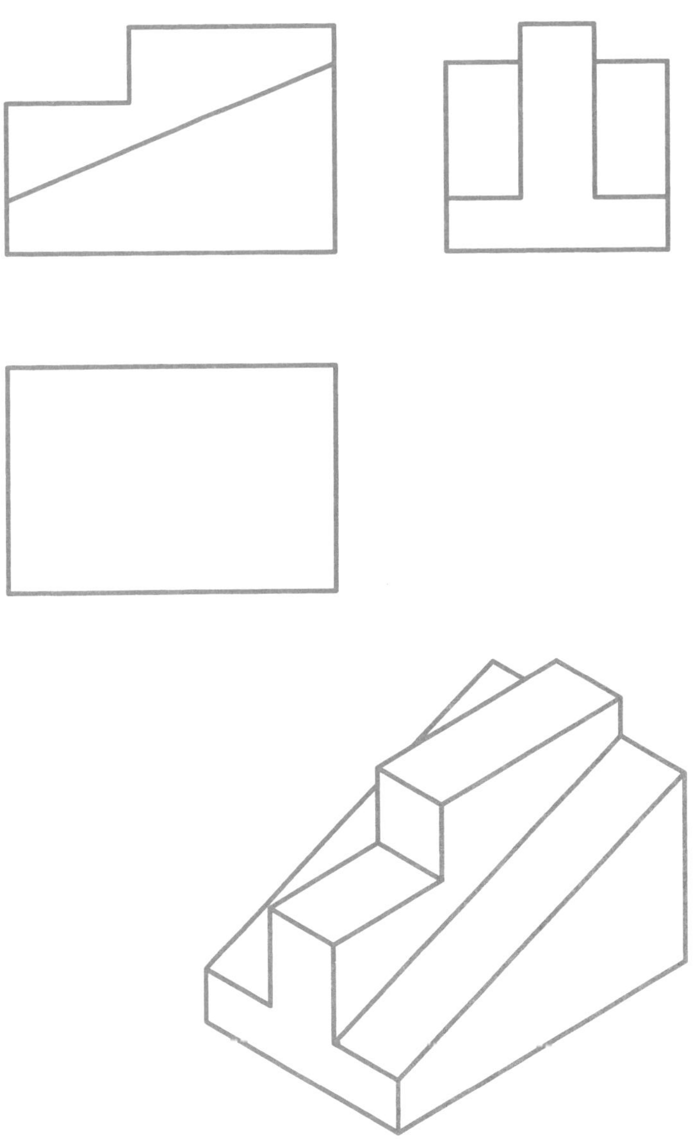

1-6 根据所给立体图，补画形体的侧面投影。

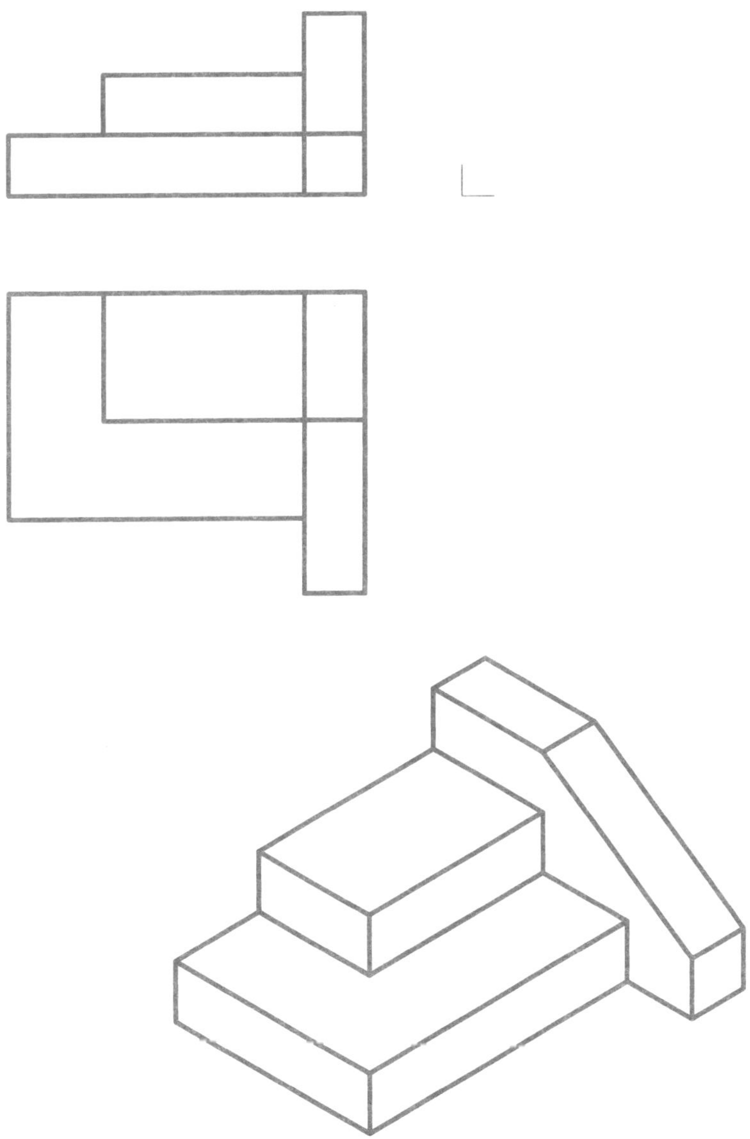

1-7　根据所给立体图，求作各点的两面投影图。

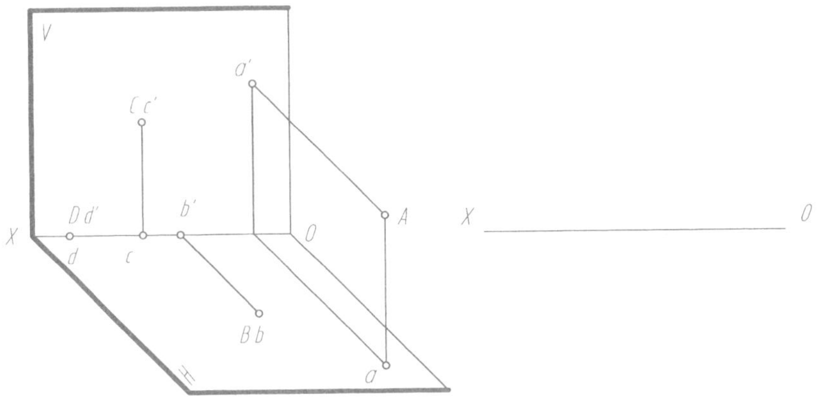

1-8　根据所给立体图，求作各点的三面投影图。

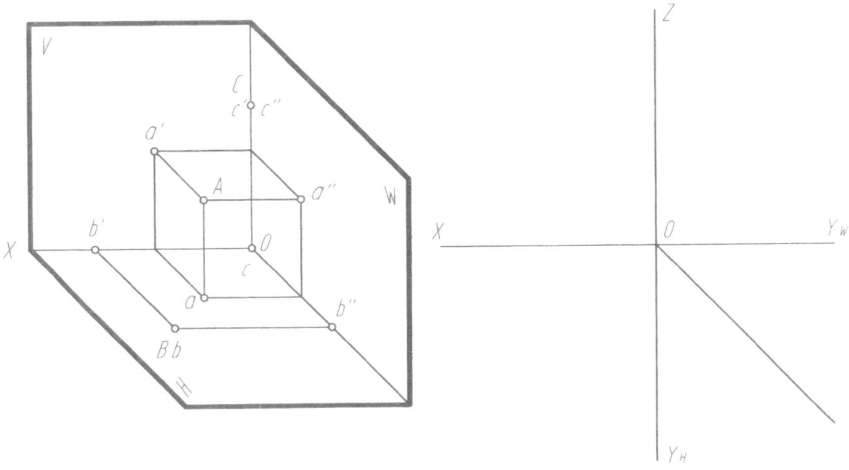

1-9　已知点A(30，20，10)、B(25，10，20)、C(10，15，30)，求作它们的三面投影图。

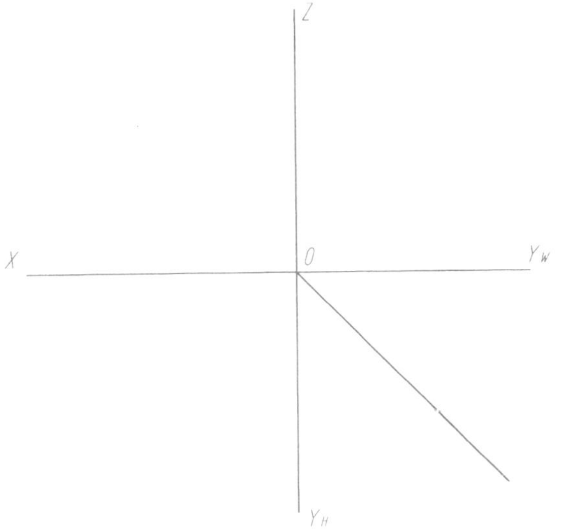

1-10　根据点A、B、C、D的两面投影，补画其第三面投影。

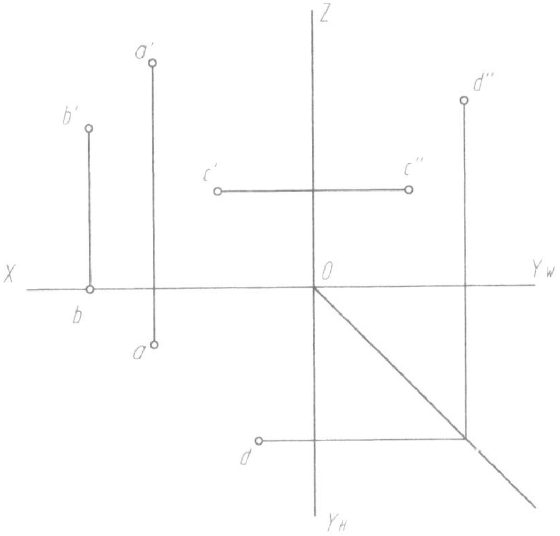

1-11　判断下列直线对投影面的相对位置，并填写名称。

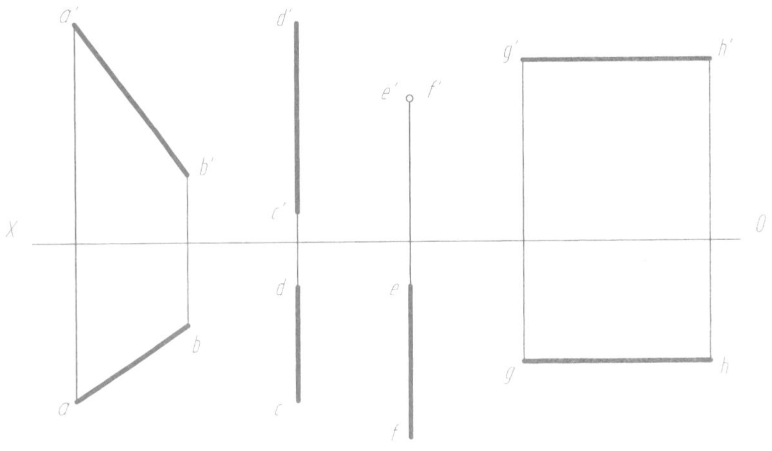

AB是 ______ 线；CD是 ______ 线；EF是 ______ 线；GH是 ______ 线。

1-12　求作下列直线的三面投影。

(1)水平线AB，点B在点A的左前方，β=30°，长20。　(2)正垂线CD，点D在点C之前，长15。

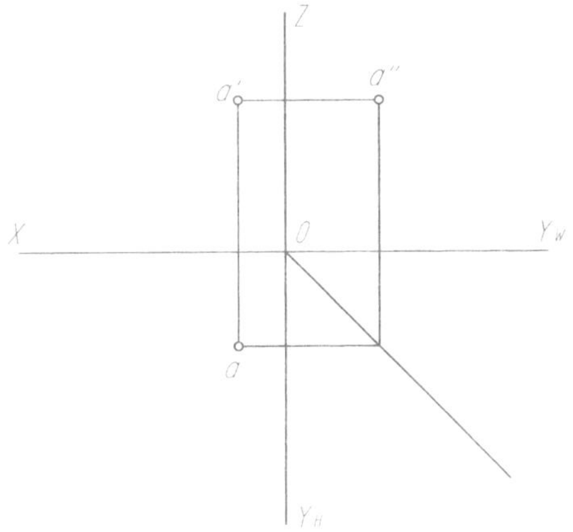

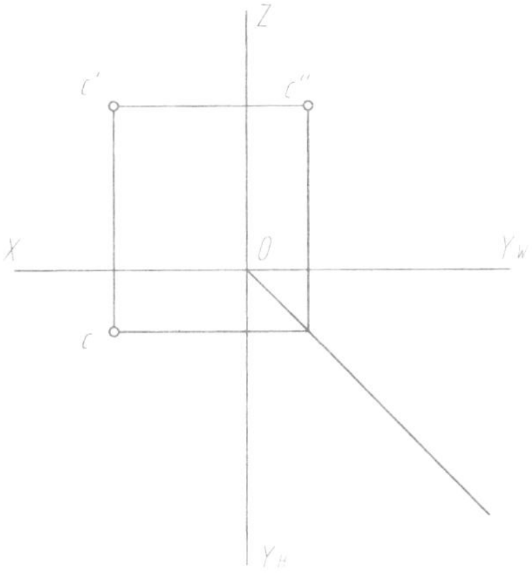

1-13　过点M作一直线MN，与直线AB平行且相等。

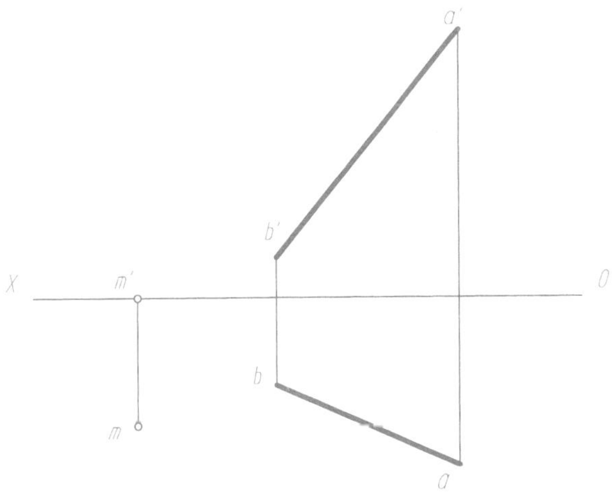

1-14　分别在下列三图中，过点M作直线MN与AB相交，交点N距离V面15。

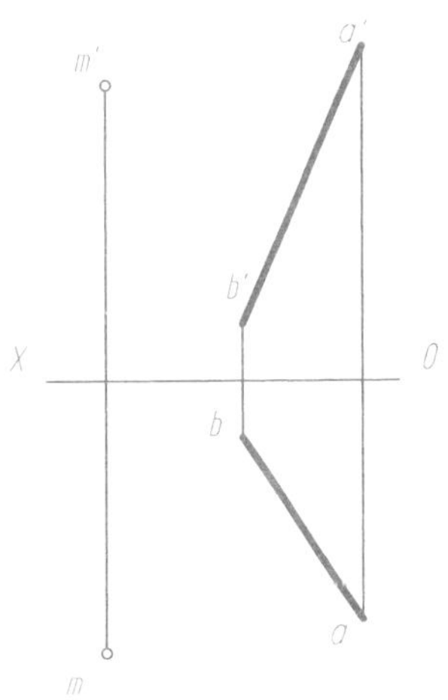

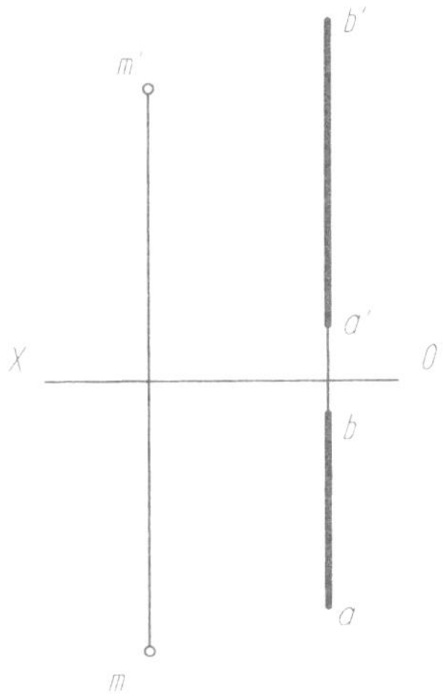

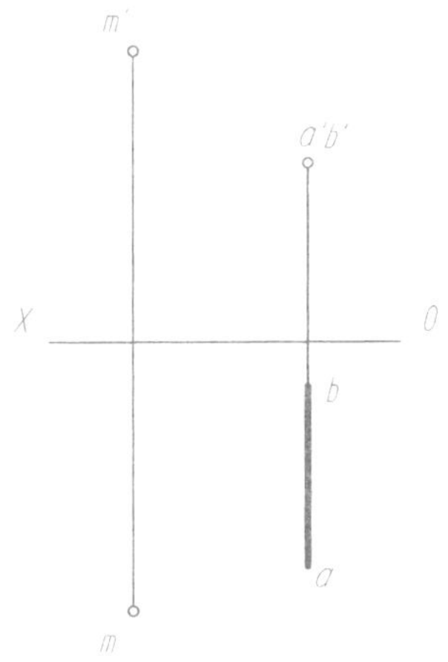

1-15 作一水平线与AB、CD、EF三直线均相交，交点分别为L、M、N。

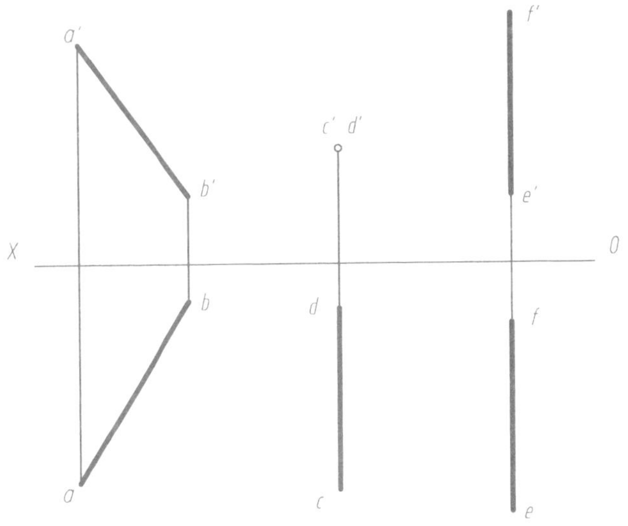

1-16 作直线MN与AB平行，且分别与CD、EF交于点M、N。

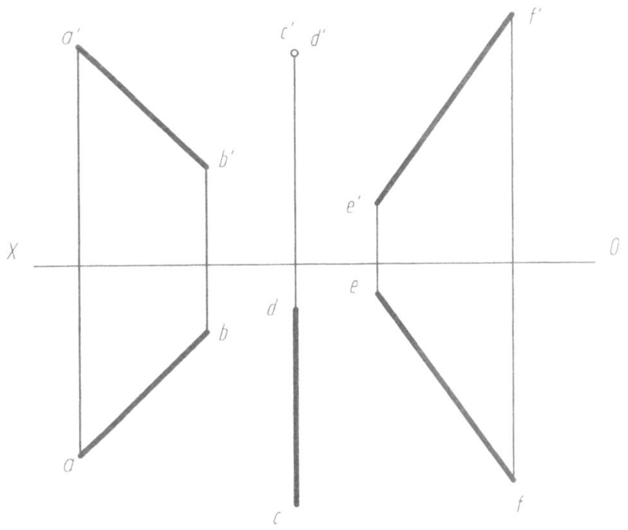

1-17 在AB、CD上作对V面的重影点M、N和对H面的重影点E、F的两面投影，并表明可见性。

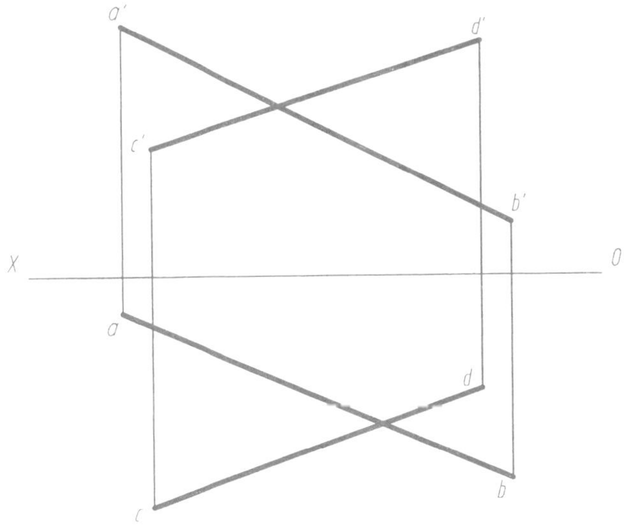

1-18 判断并填写下列两直线间的相对位置。

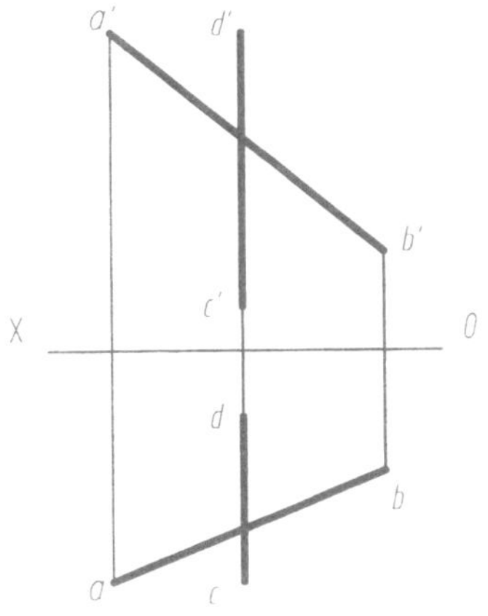

AB、CD是 ________ 线；

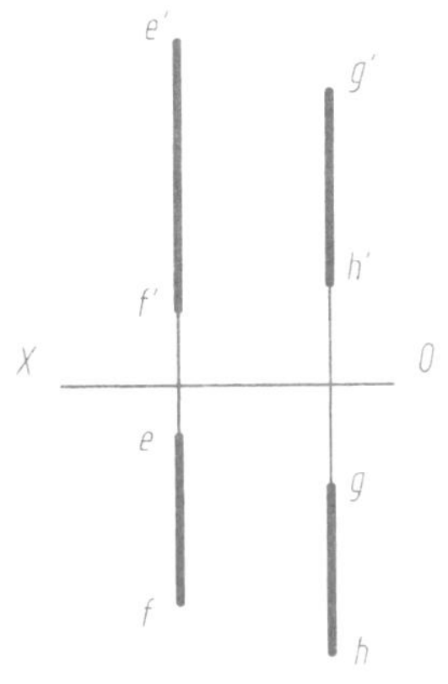

EF、GH是 ________ 线。

1-19　已知正方形ABCD的正面投影及AB的水平投影，试完成该正方形的H、W面投影。

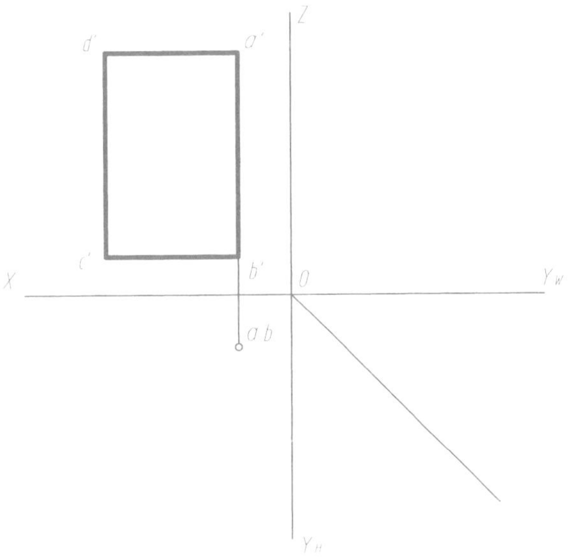

1-20　在三角形ABC内找一点K，设点K距H面为15、距V面为20，求作其两面投影。

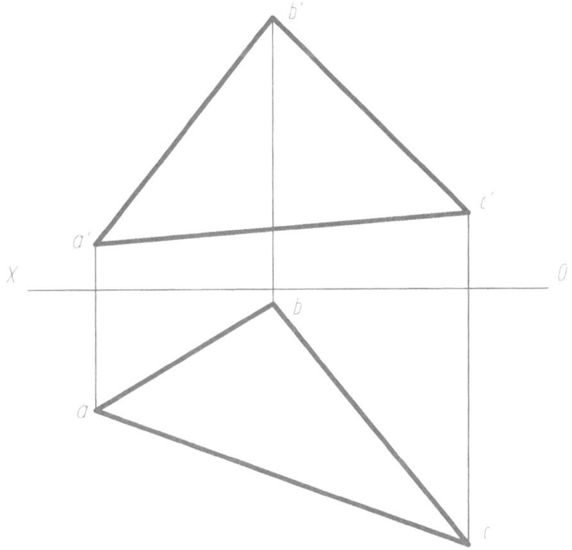

1-21　完成五边形ABCDE的两面投影。

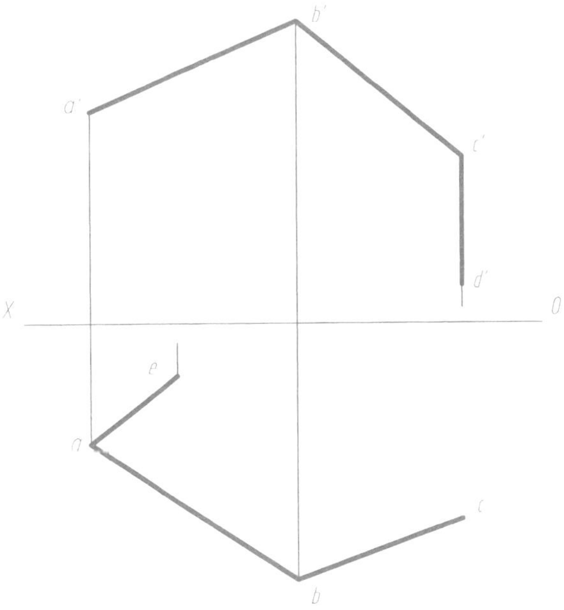

1-22　过点M作一长为40的正平线MN与平面ABC平行。

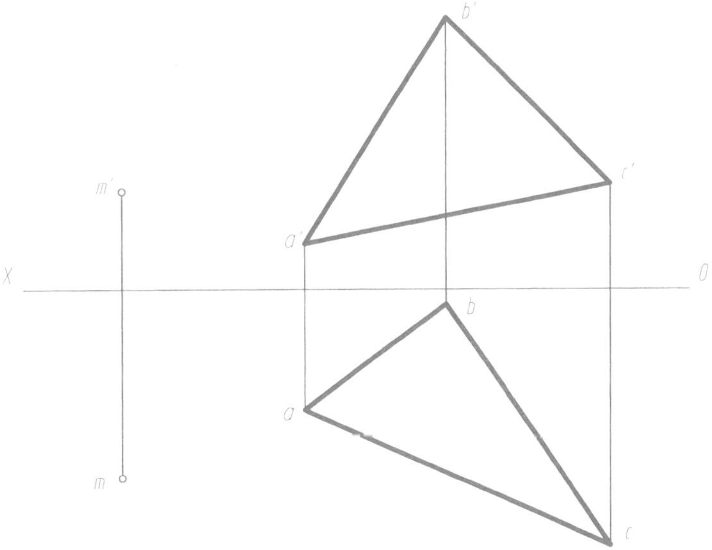

1-23 过点L作一平面LMN与平面ABC平行且大小相等。

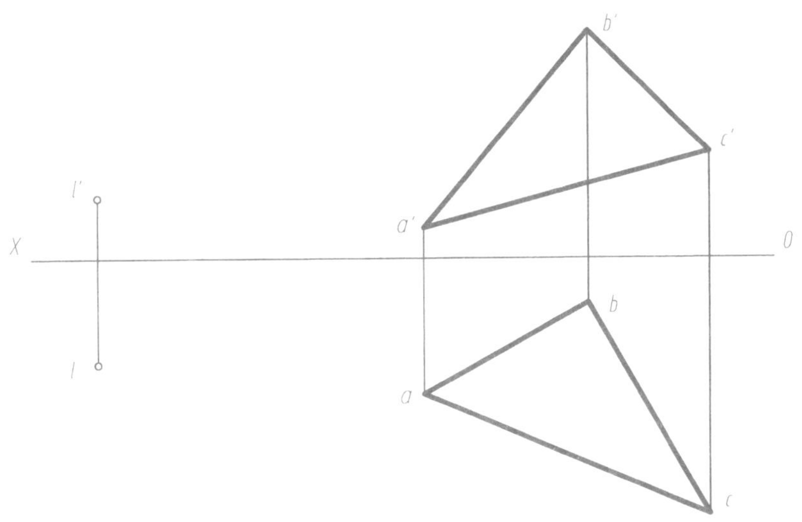

1-24 求直线MN与平面ABC的交点K两面投影，并区分可见性。

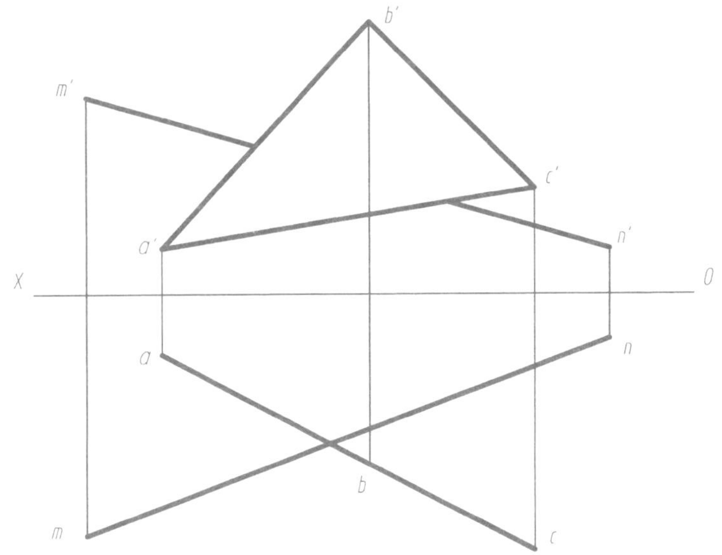

1-25 求直线MN与平面ABC的交点K两面投影，并区分可见性。

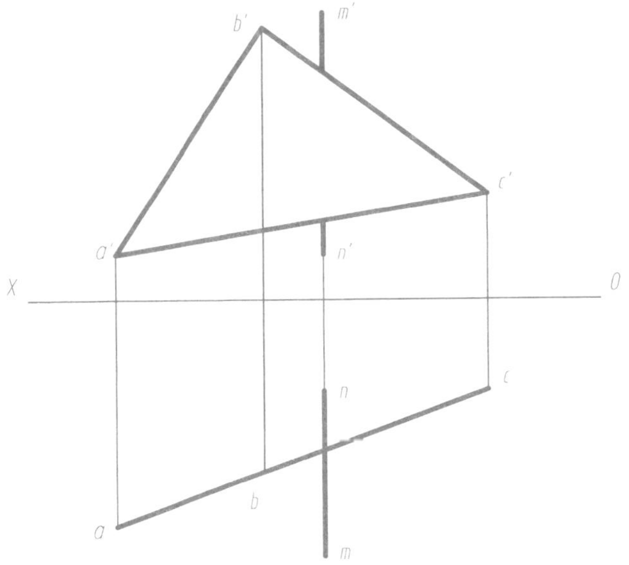

1-26 求直线MN与平面ABC的交点K两面投影，并区分可见性。

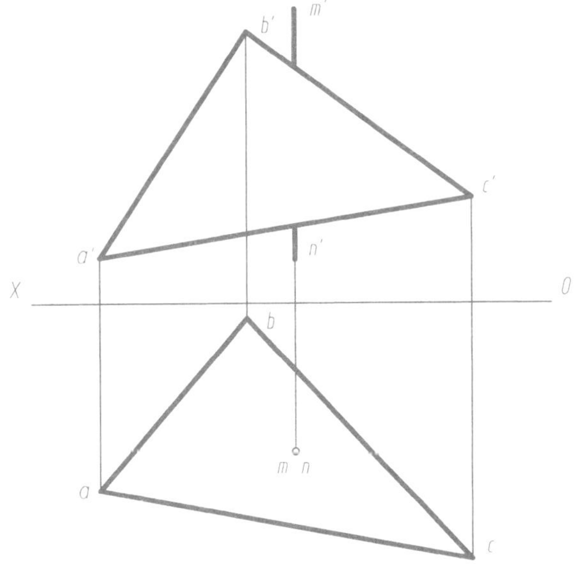

1-27 求正垂面P与三角形ABC的交线，并区分可见性。

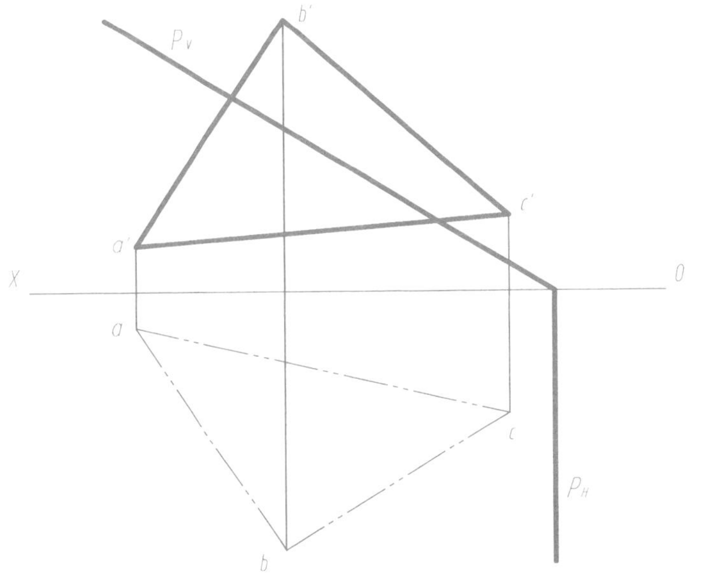

1-28 求四边形DEFG与三角形ABC的交线，并区分可见性。

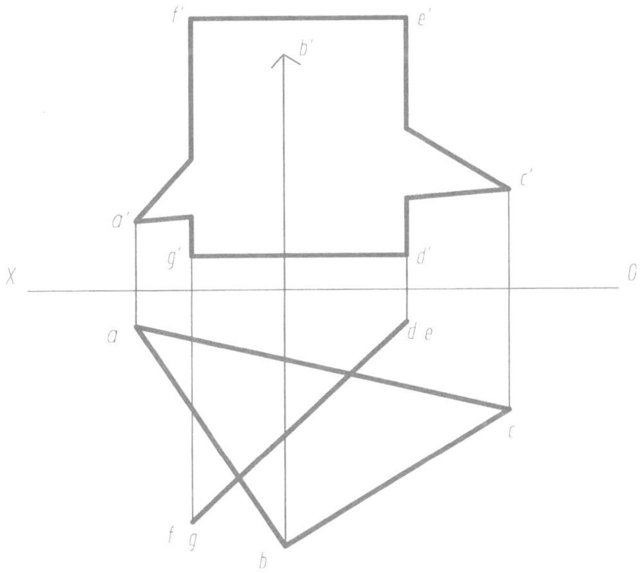

1-29 求三角形DEF与三角形ABC的交线，并区分可见性。

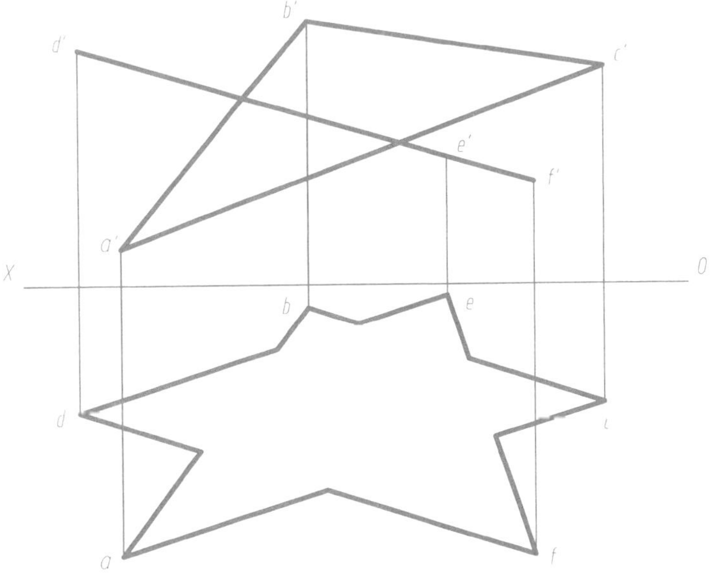

1-30 求四边形DEFG与三角形ABC的交线，并区分可见性。

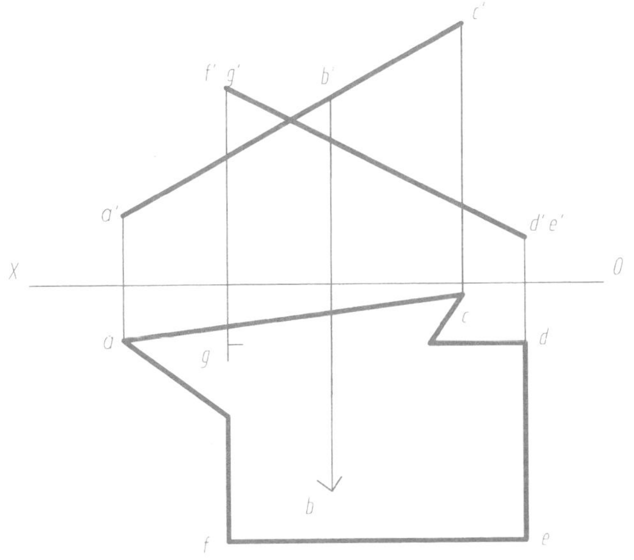

2-1　根据所给立体图，画出三棱柱的三面投影及其表面上线段的投影。

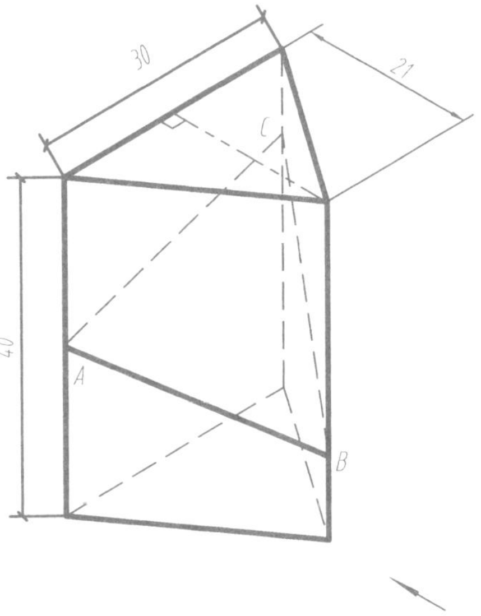

2-2　根据所给立体图，画出五棱柱的三面投影及其表面上线段的投影。

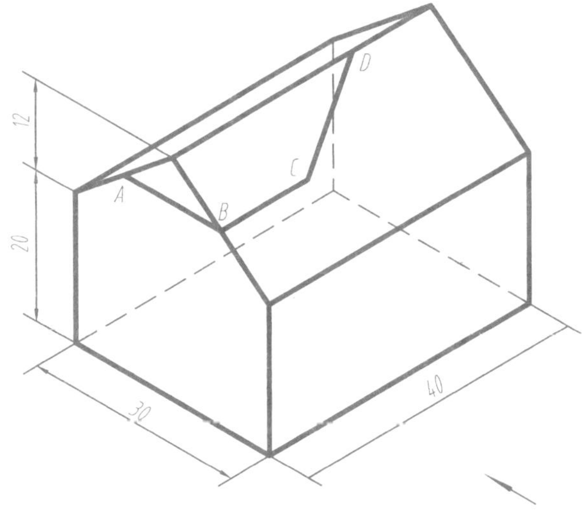

2-3　补画出五棱柱的侧面投影及其表面上点A、B、C的其余两投影。

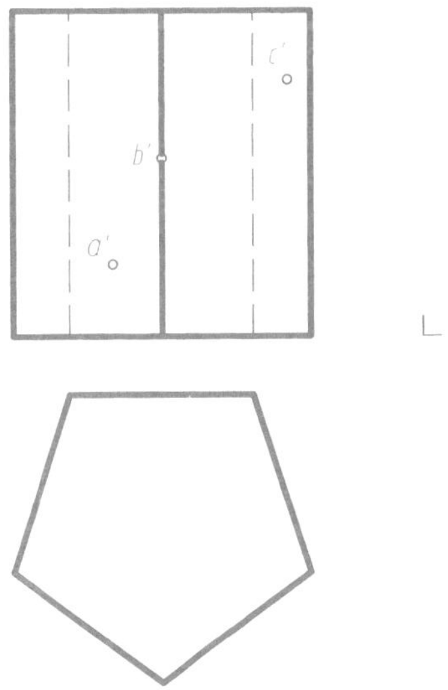

2-4　补画出四棱锥的侧面投影及其表面上点A、B、C的其余两投影。

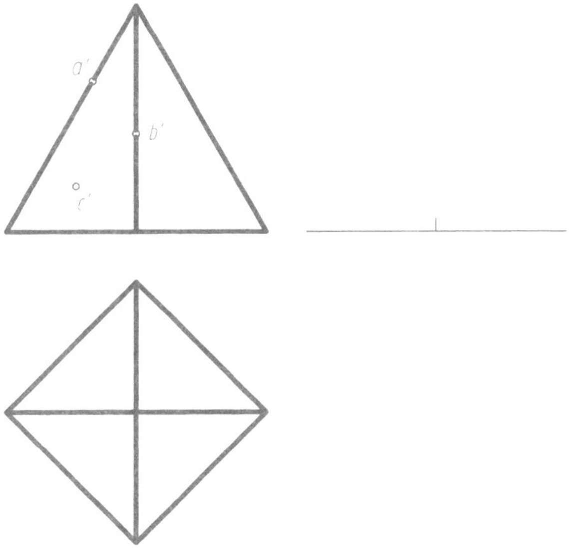

2-5　补画出四棱柱的侧面投影及其表面上线段A-B-C-D-A的其余两面投影。

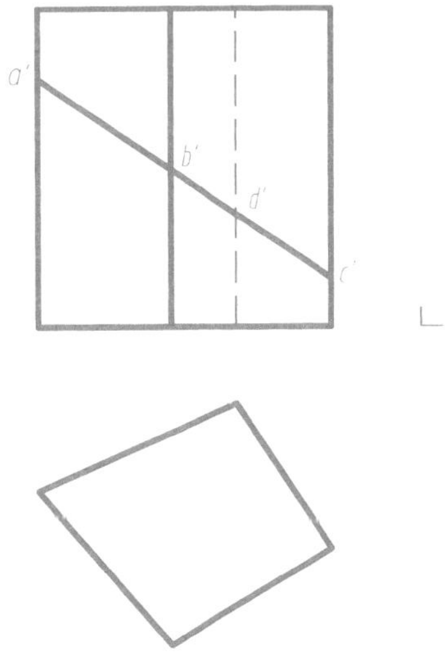

2-6　补画出三棱锥的侧面投影及其表面上线段A-B-C-A的其余两投影。

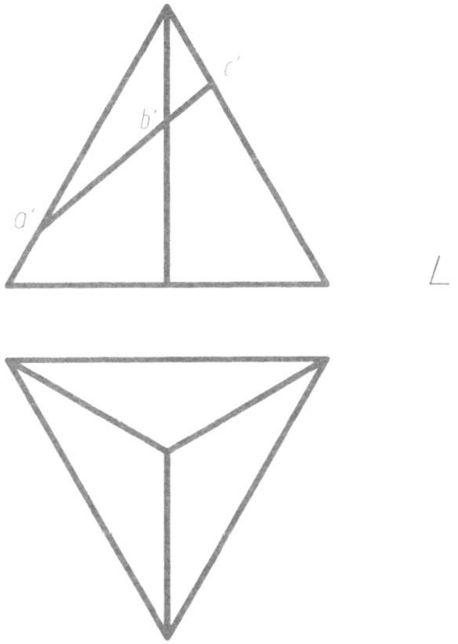

2-7　补画出圆柱体表面上点A、B、C的其余两投影。

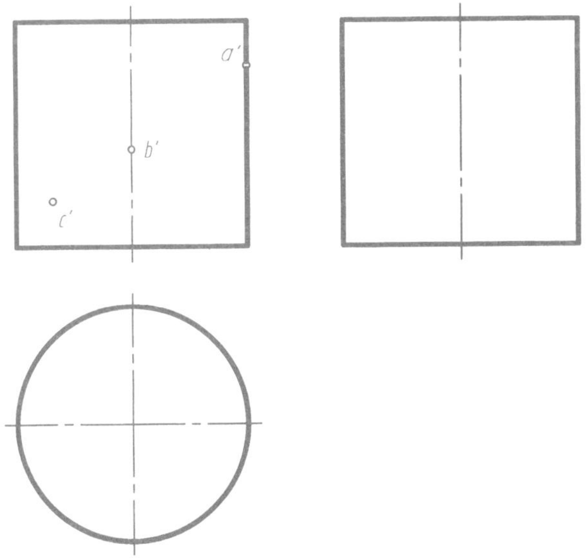

2-8　补画出圆锥体表面上点A、B、C的其余两投影。

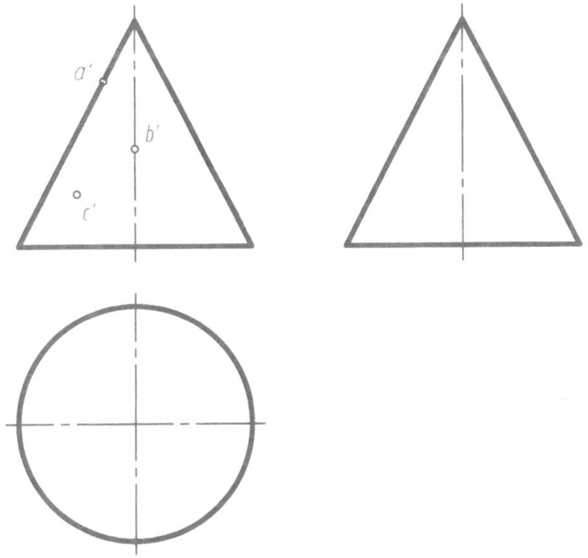

2-9　补画出圆球表面上点A、B、C的其余两投影。

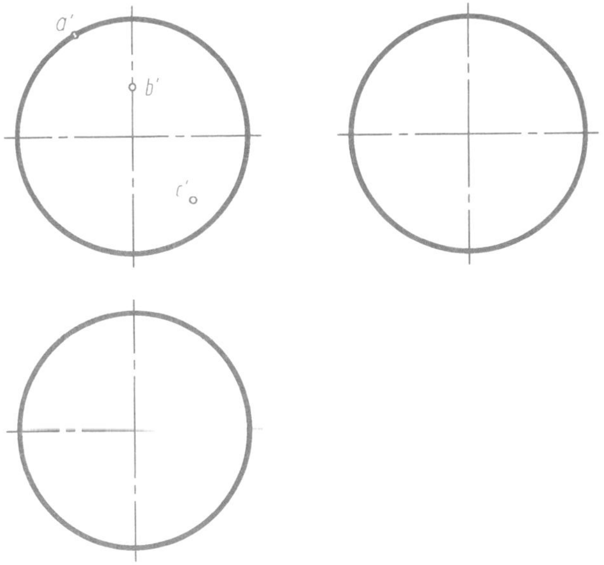

2-10　补画出三棱柱被截切后的水平及侧面投影。

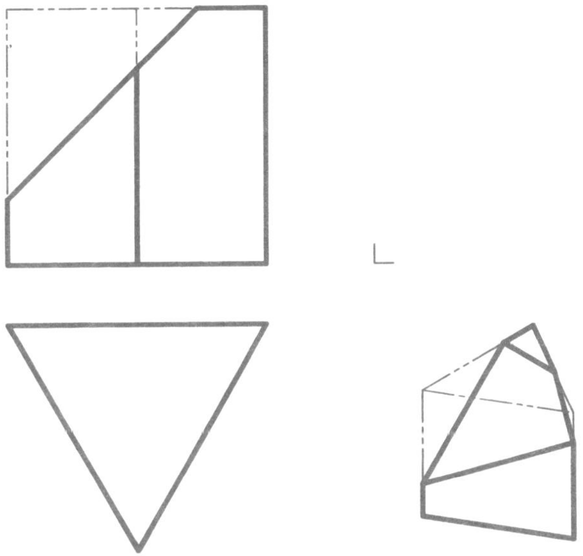

2-11　补画出四棱柱被截切后的水平及侧面投影。

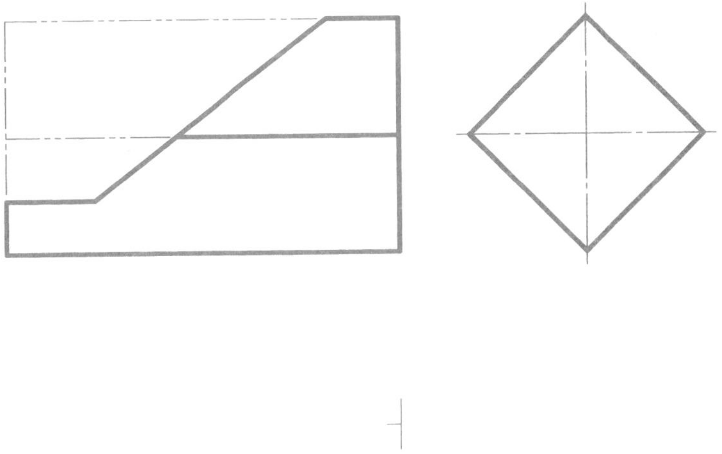

2-12　补画出三棱锥被截切后的水平及侧面投影。

2-13　补画出四棱锥被截切后的水平及侧面投影。

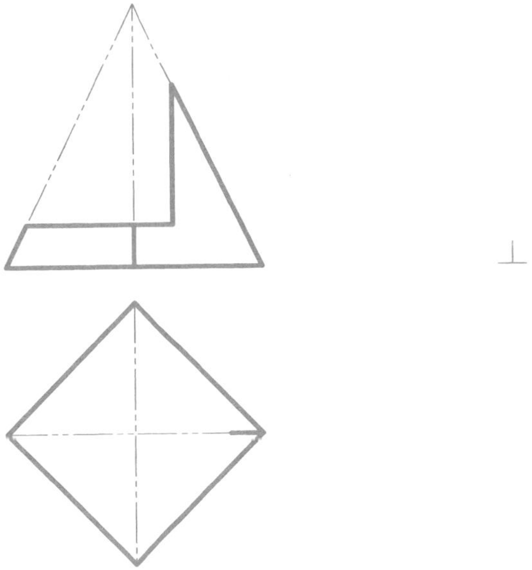

2-14　补画出三棱锥穿孔后的水平及侧面投影。

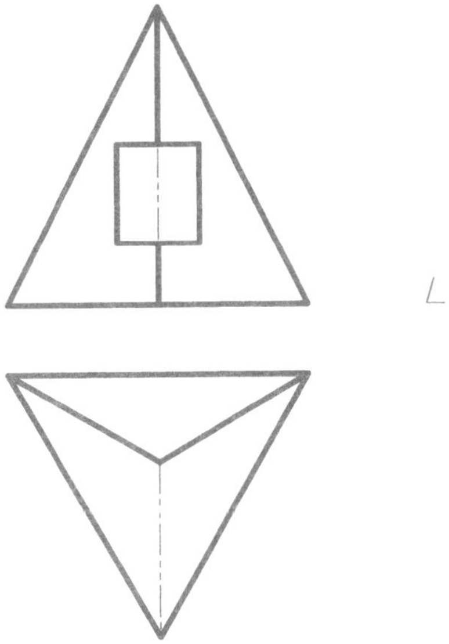

2-15　补画出圆柱体被截切后的水平及侧面投影。

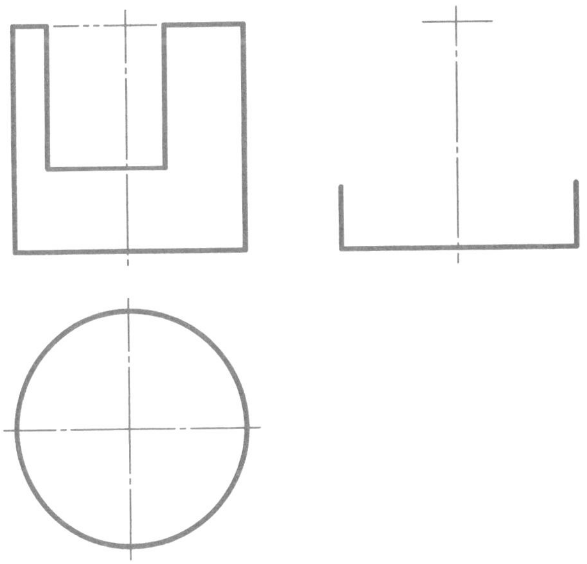

2-16　补画出圆柱体被截切后的水平及侧面投影。

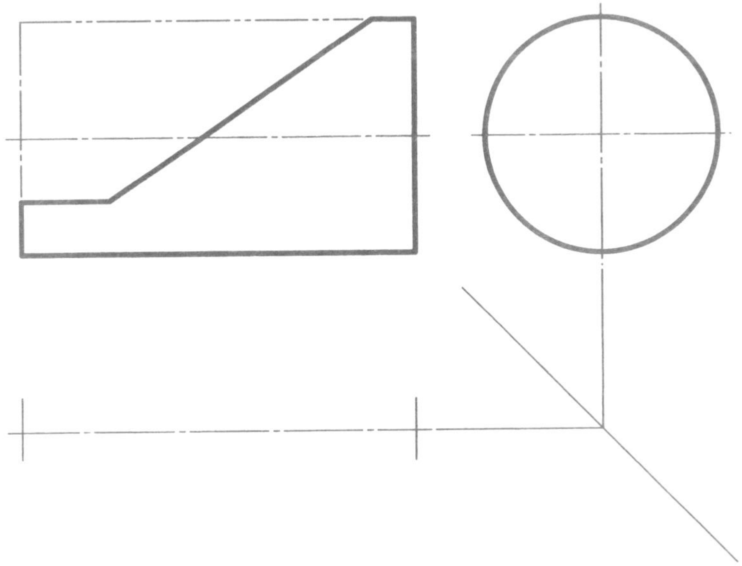

2-17　补画出圆锥体被截切后的水平及侧面投影。

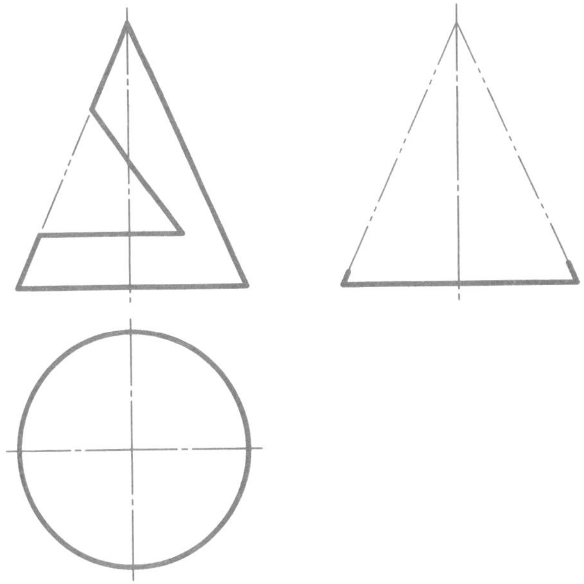

2-18　补画出半球被截切后的水平及侧面投影。

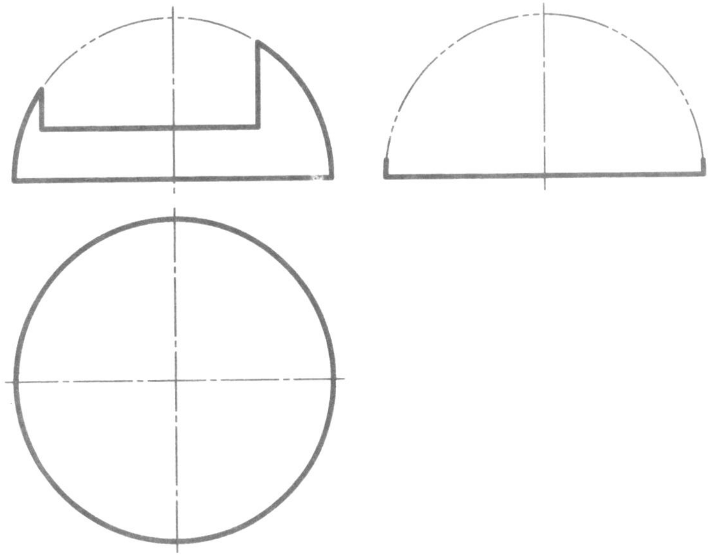

2-20　求直线AB与三棱锥相交的贯穿点，并区分可见性。

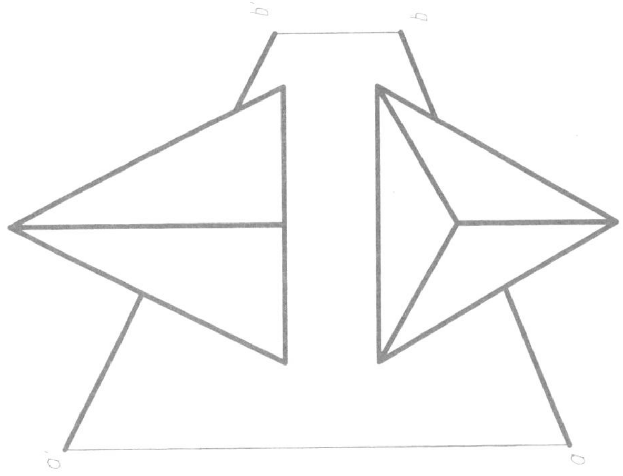

2-22　求直线AB与圆锥相交的贯穿点，并区分可见性。

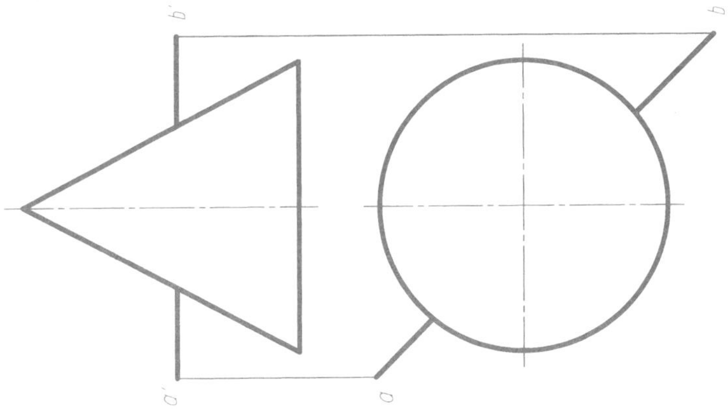

2-19　求直线AB与四棱柱相交的贯穿点，并区分可见性。

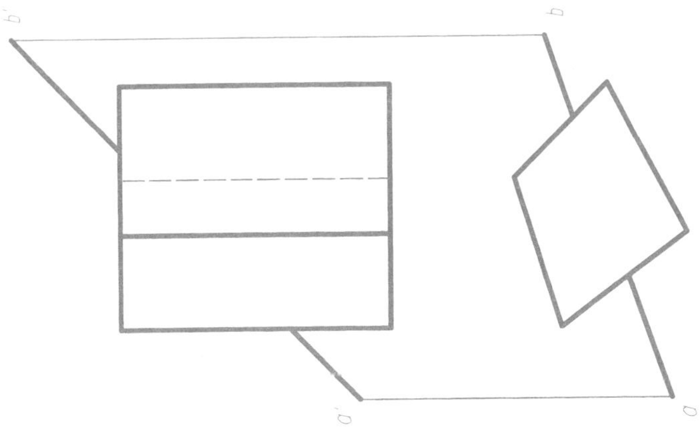

2-21　求直线AB与圆柱相交的贯穿点，并区分可见性。

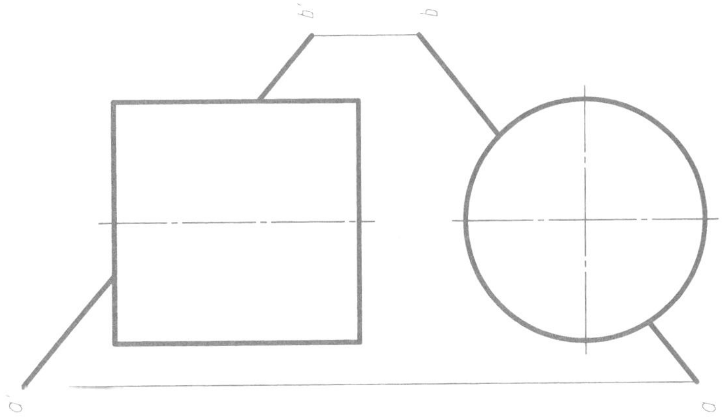

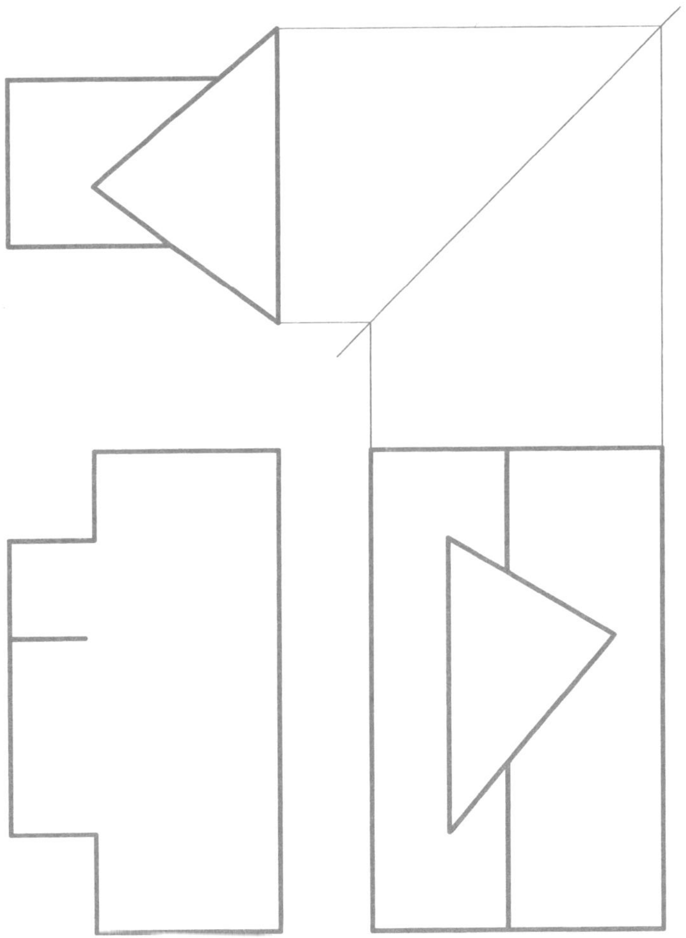

2-23 完成两三棱柱相贯体的正面投影。

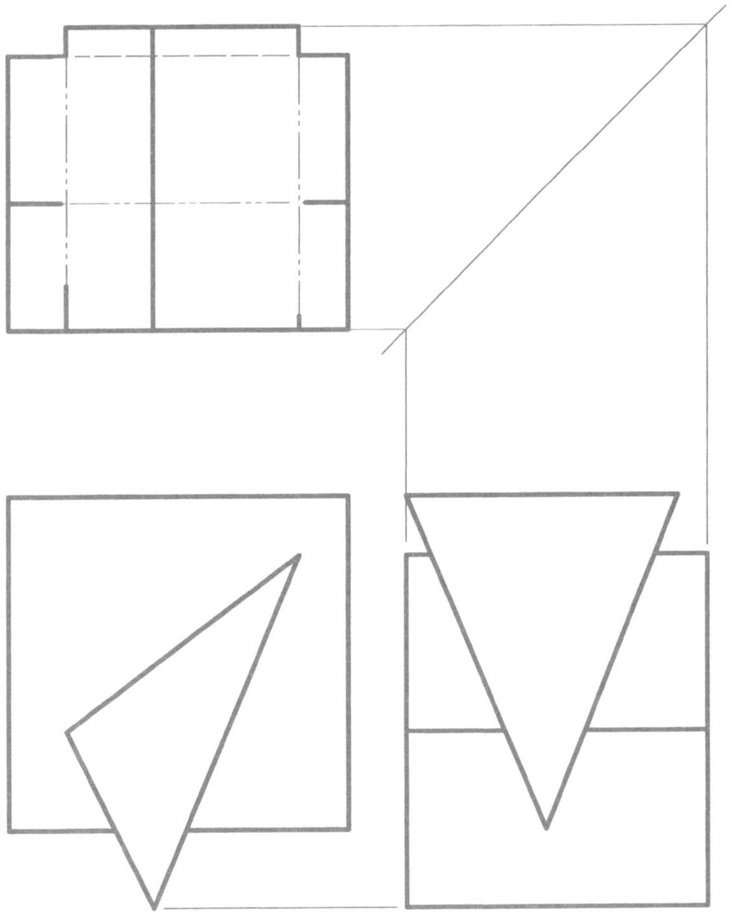

2-24 完成两三棱柱相贯体的侧面投影。

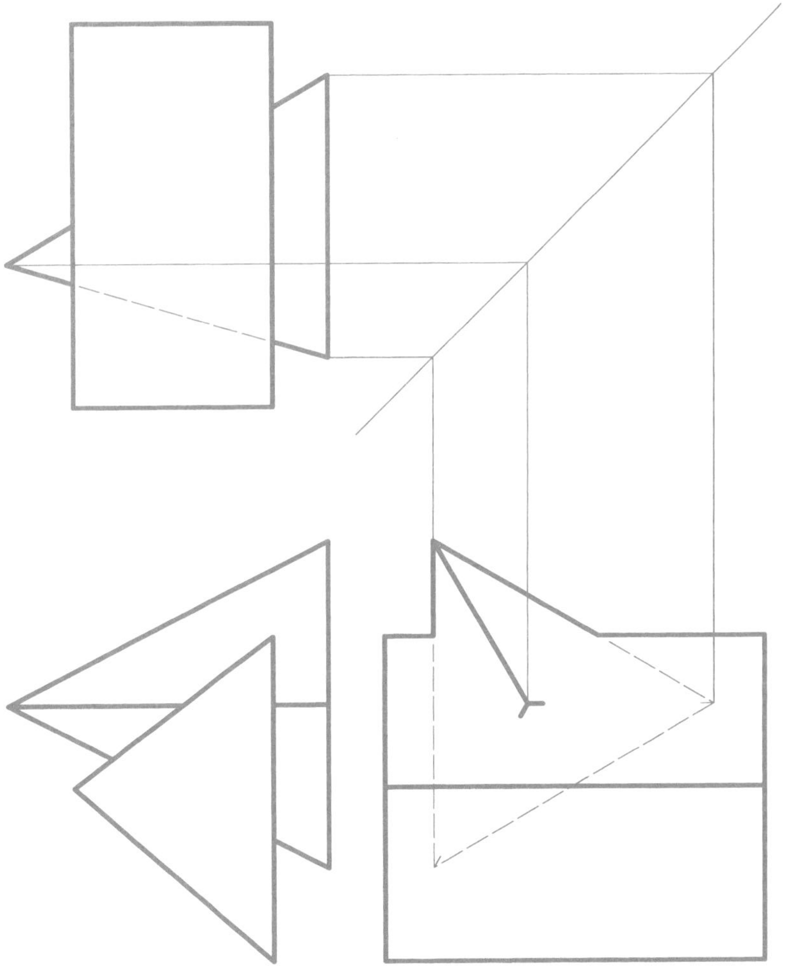

2-25 完成三棱柱与三棱锥相贯体的水平及侧面投影。

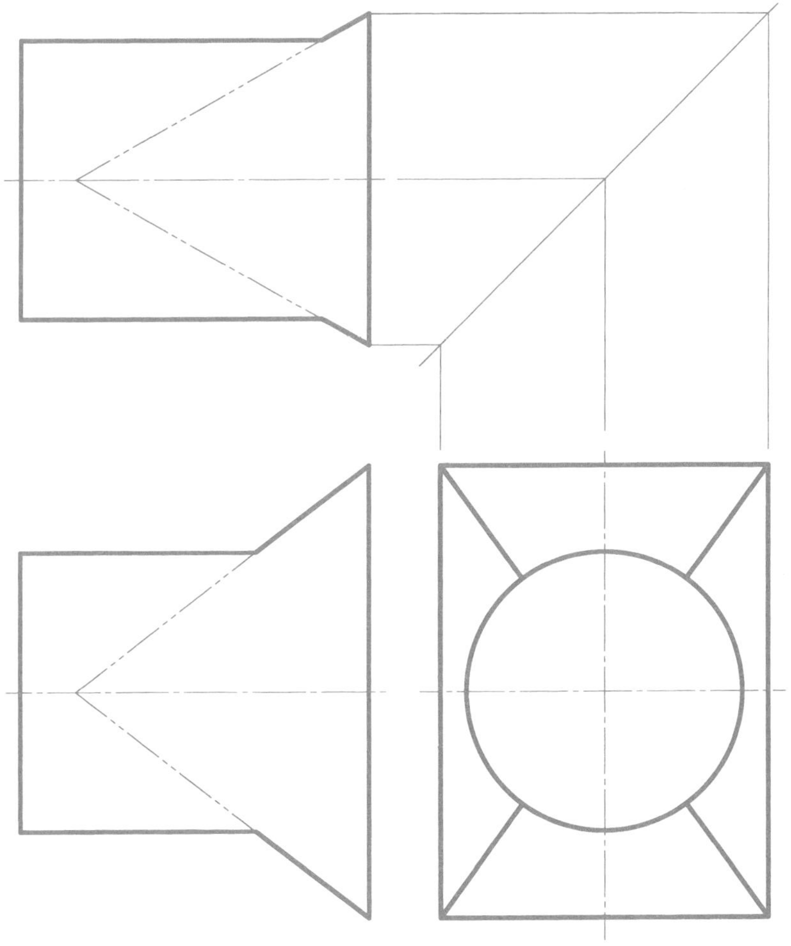

2-26 完成圆柱与四棱锥相贯体的正面及侧面投影。

2-27　完成圆锥与三棱柱相贯体的正面及水平投影。

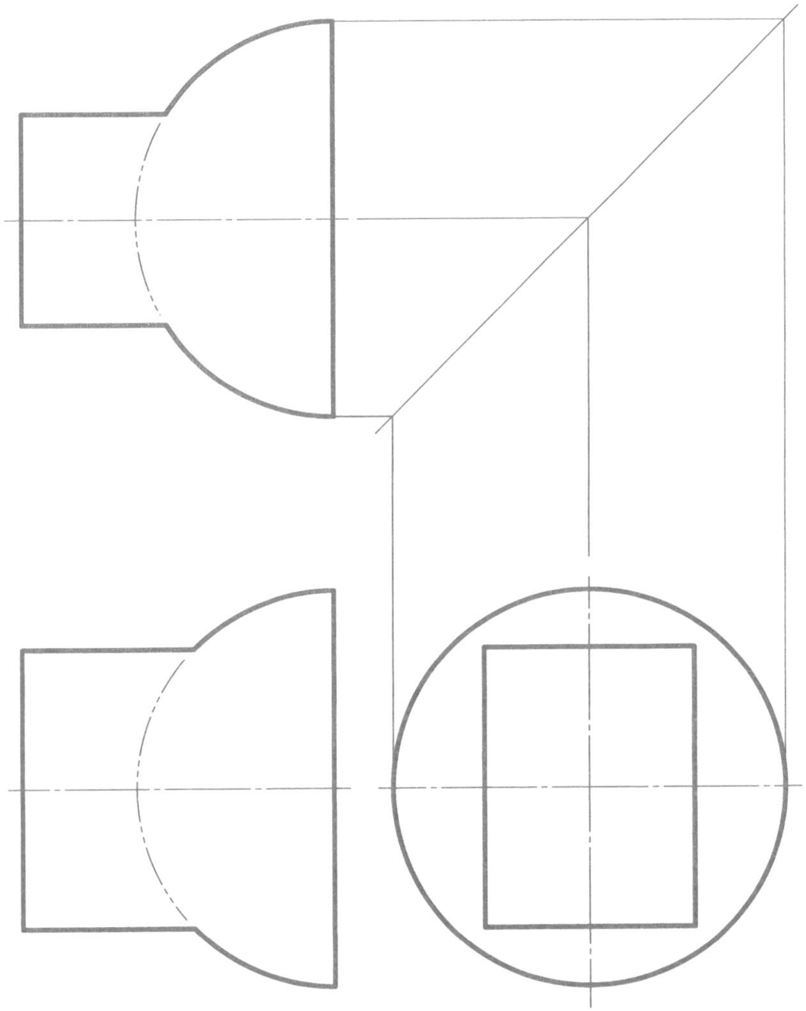

2-28　完成半球与四棱柱相贯体的正面及侧面投影。

2-29　完成两圆柱相贯体的正面投影。

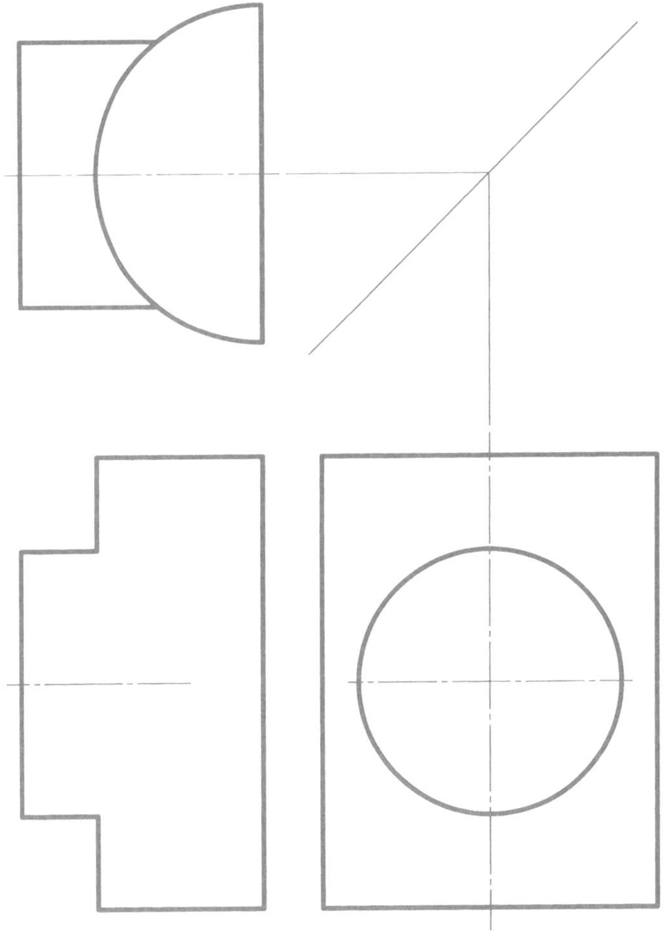

2-30　完成圆柱与圆锥相贯体的正面及水平投影。

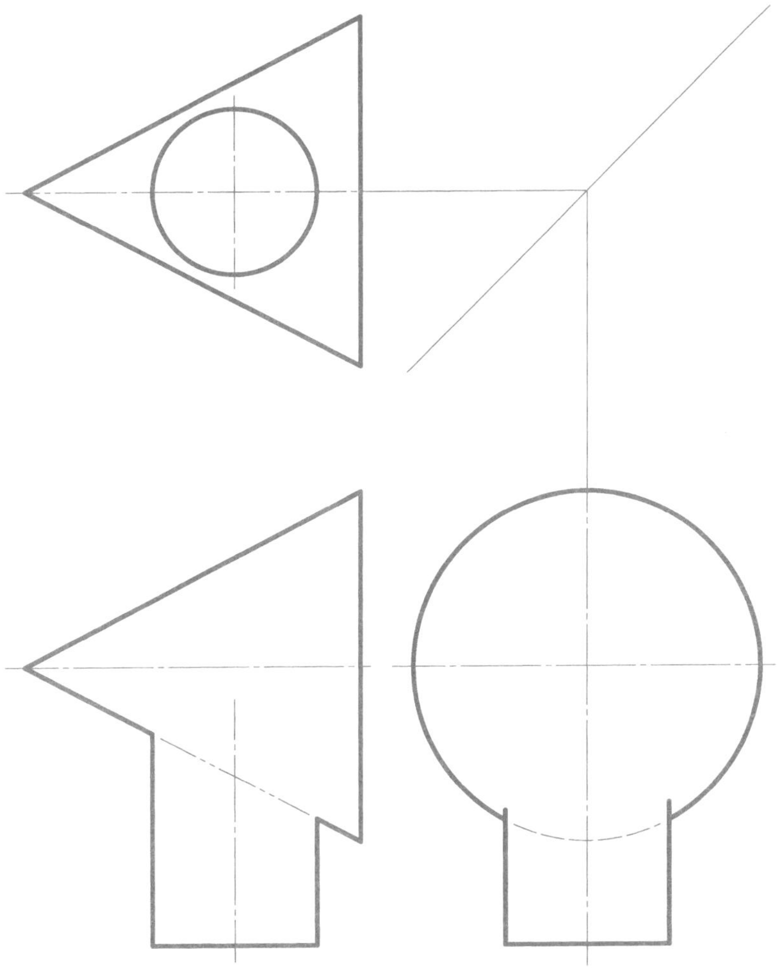

2-31 完成圆柱与圆锥相贯体的水平投影。

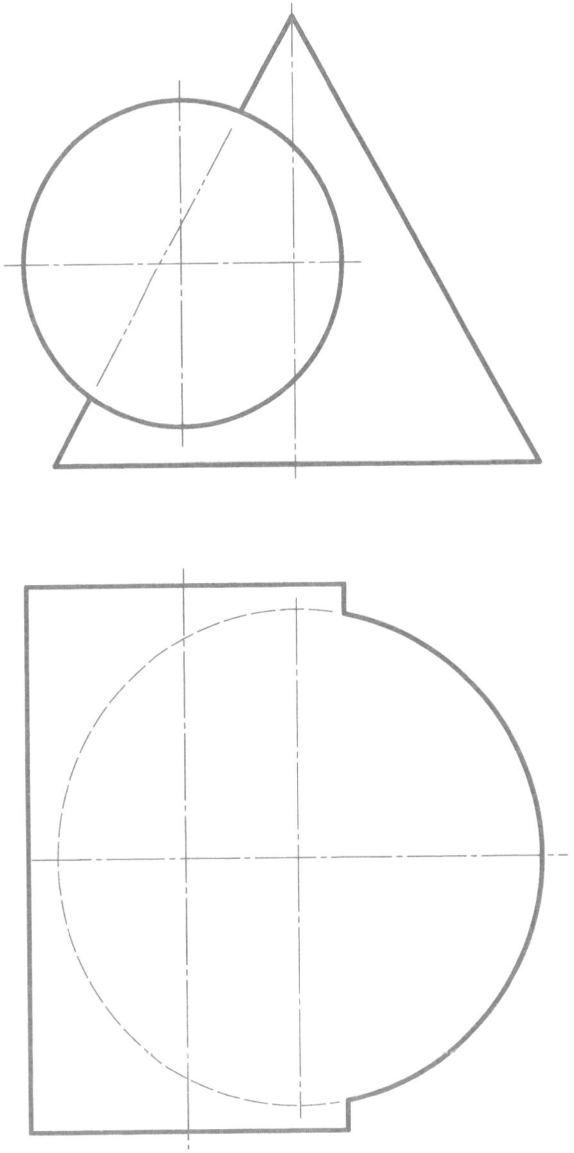

2-32 完成圆柱与半球相贯体的水平投影。

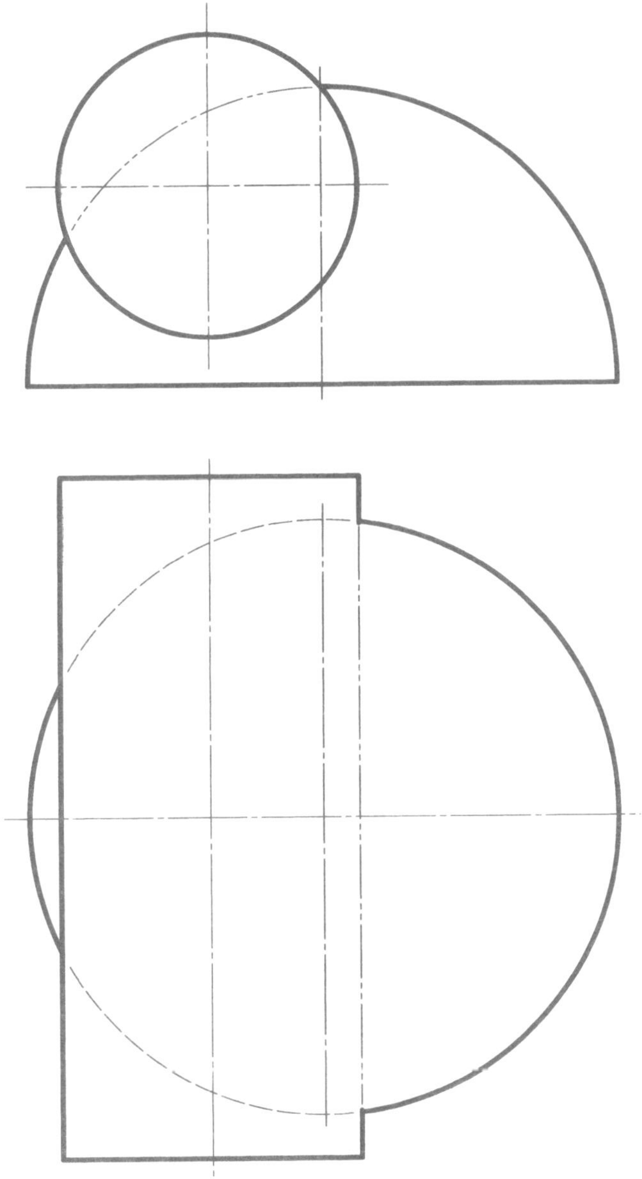

2-33　完成两等径圆柱相贯体的正面投影。

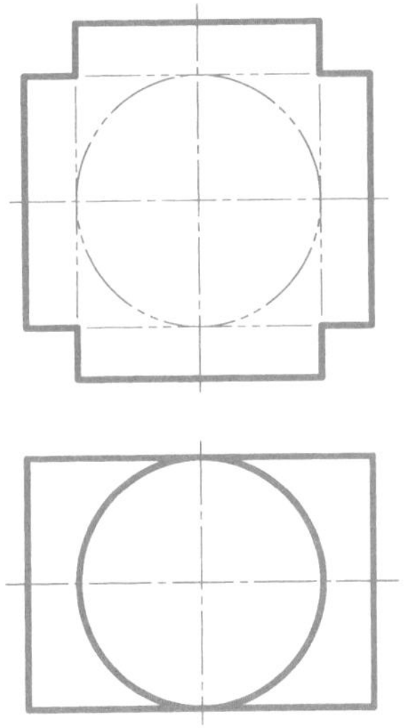

2-34　完成两等径圆柱相贯体的正面投影。

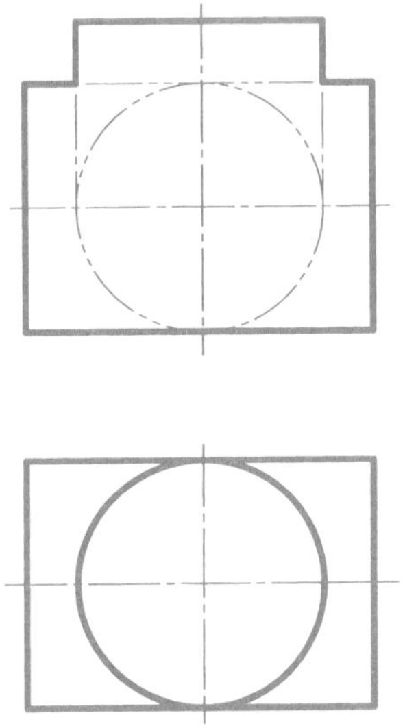

2-35　完成两等径圆柱相贯体的正面投影。

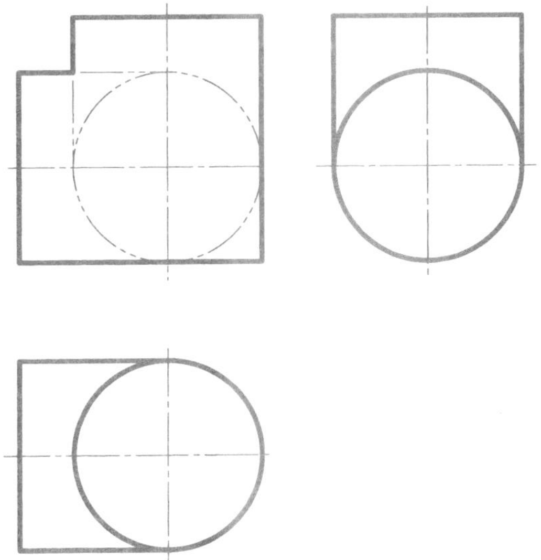

2-36　完成两圆柱相贯体的正面投影。

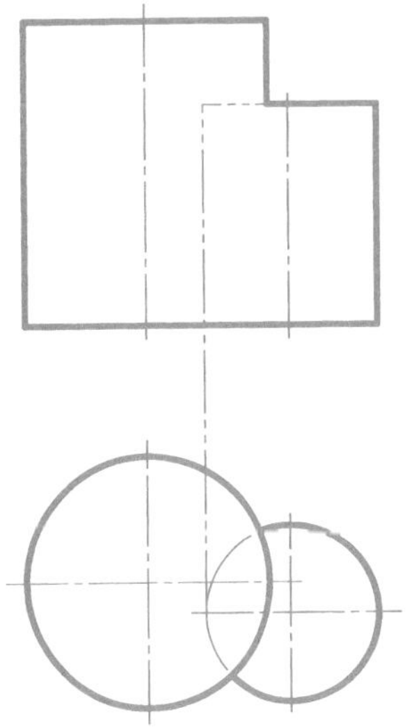

2-37　完成圆锥与圆球相贯体的两面投影。

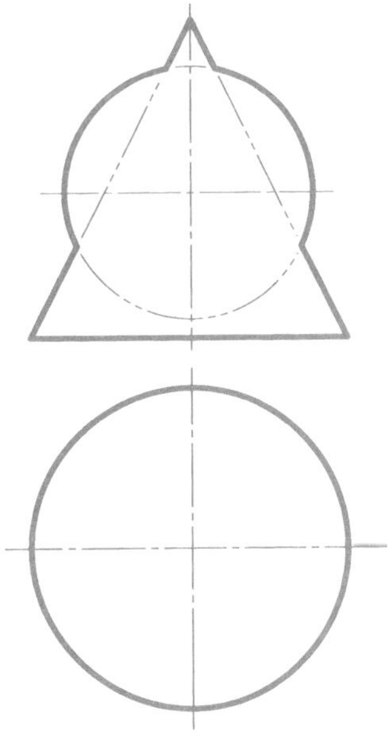

2-38　补全带有轴线为正垂线和侧垂线的两个圆柱通孔的球体的三面投影。

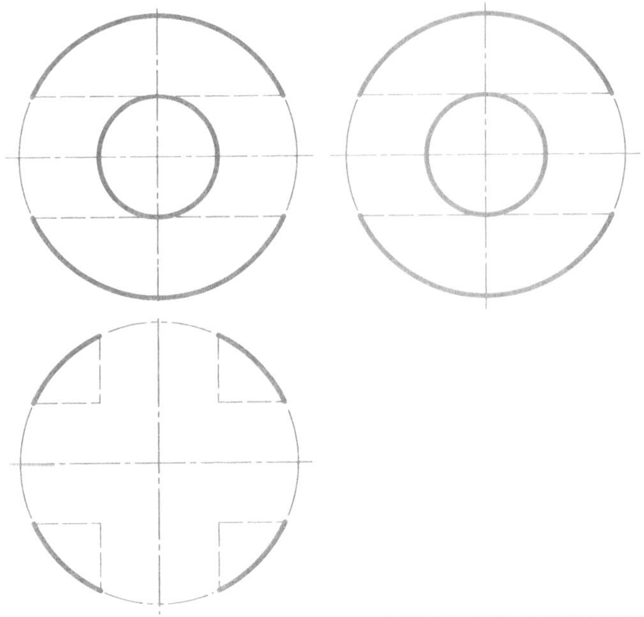

3-1 画出所给形体的正等轴测图。

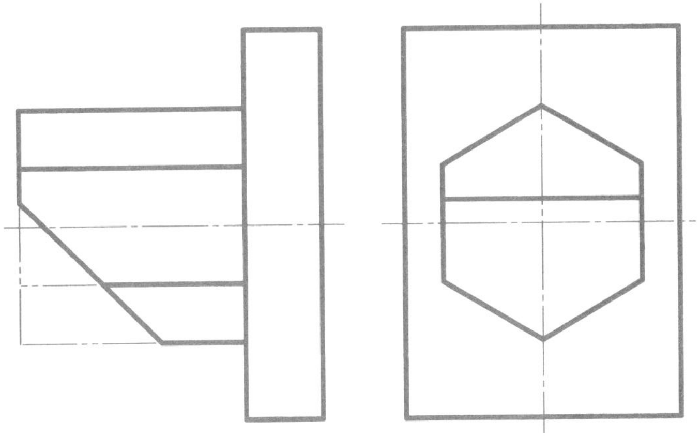

3-2 画出所给形体的正等轴测图。

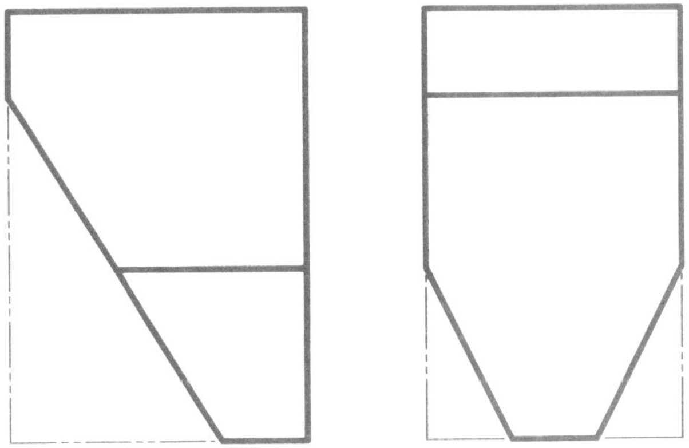

3-3 画出所给形体的正等轴测图。

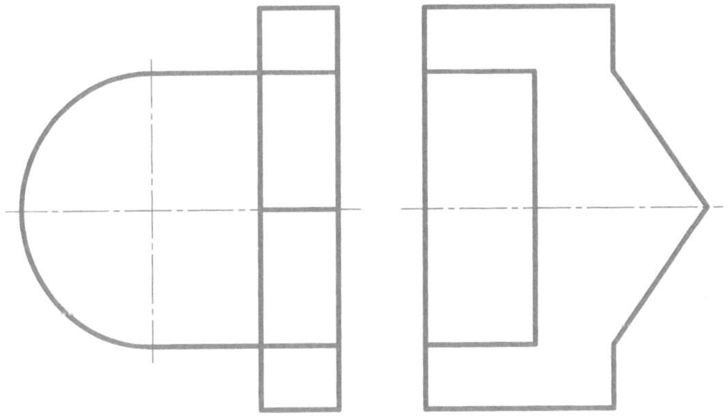

3-4 画出所给形体为正等轴测图。

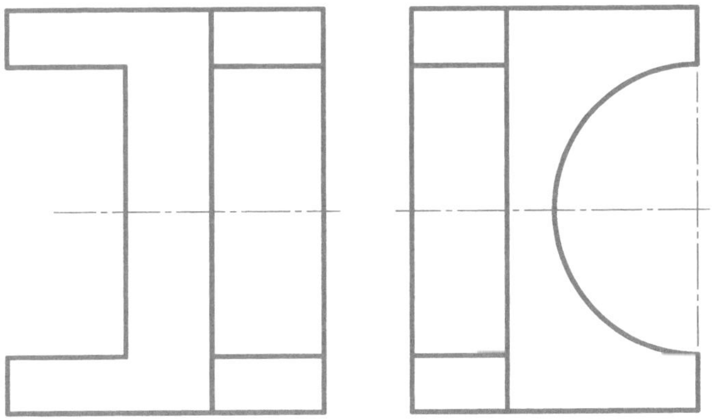

3-5 画出所给形体的正等轴测图。

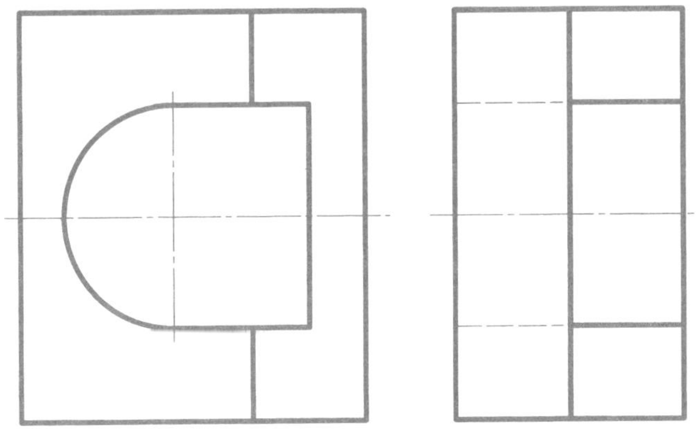

3-6 画出所给形体的正等轴测图。

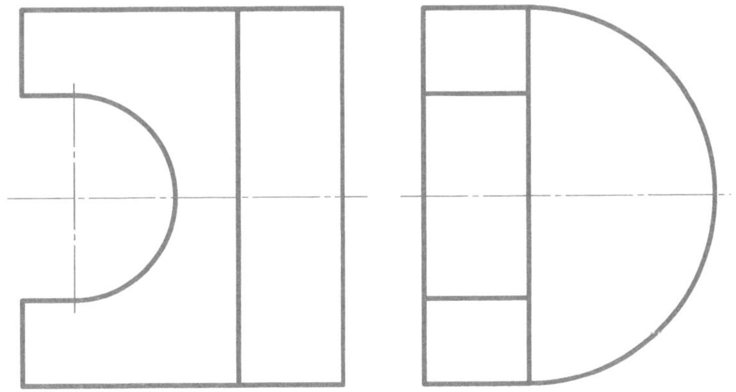

3-7　画出所给形体的正面斜二测图。

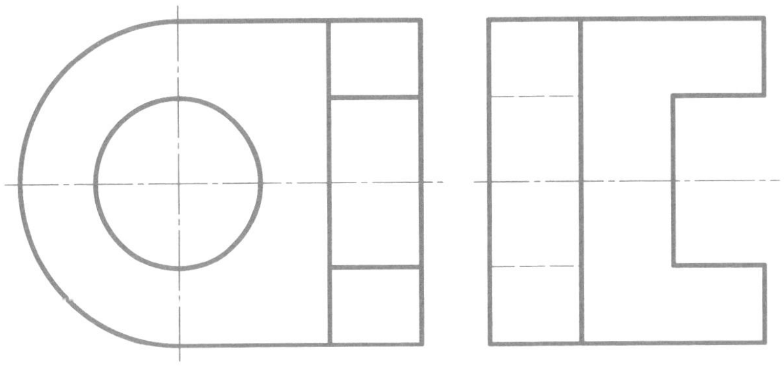

3-8　画出所给形体的正面斜二测图。

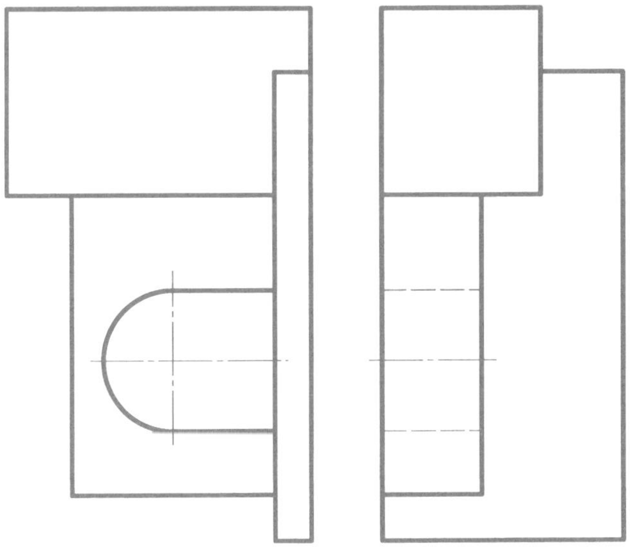

3-9　画出所给形体的水平斜等测图。

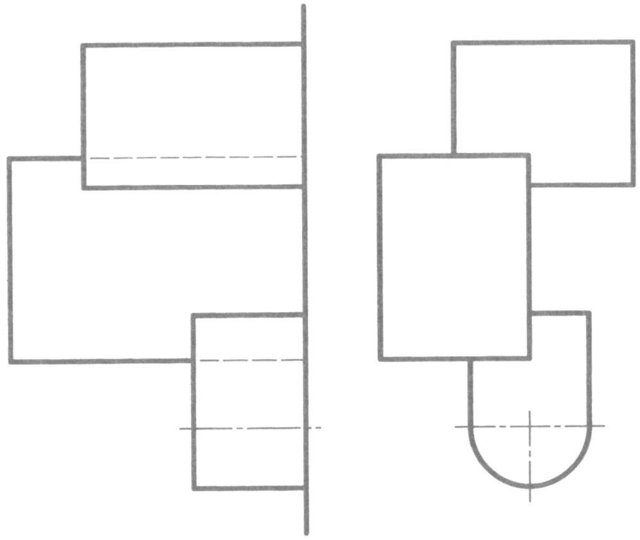

3-10　画出所给形体的水平斜等测图。

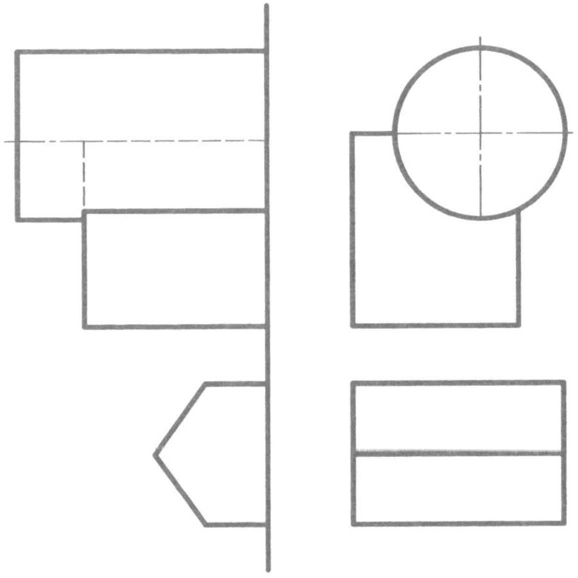

4-1 在立体图和投影图中求作点A的透视和基透视。

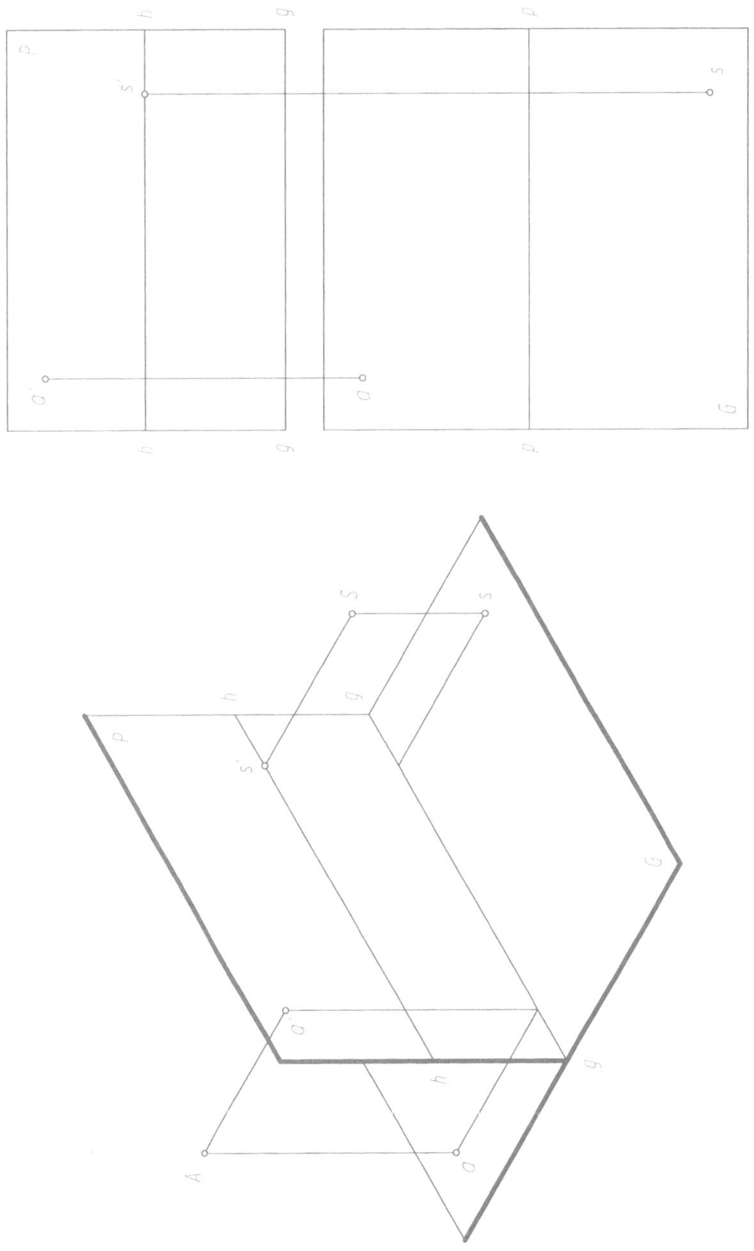

4-3 求作正垂线AB的透视和基透视。

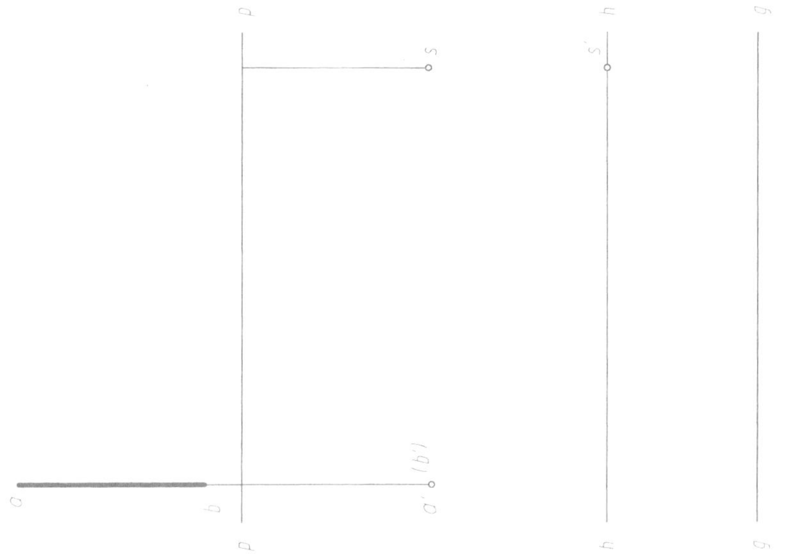

4-2 求作水平线AB的透视和基透视。

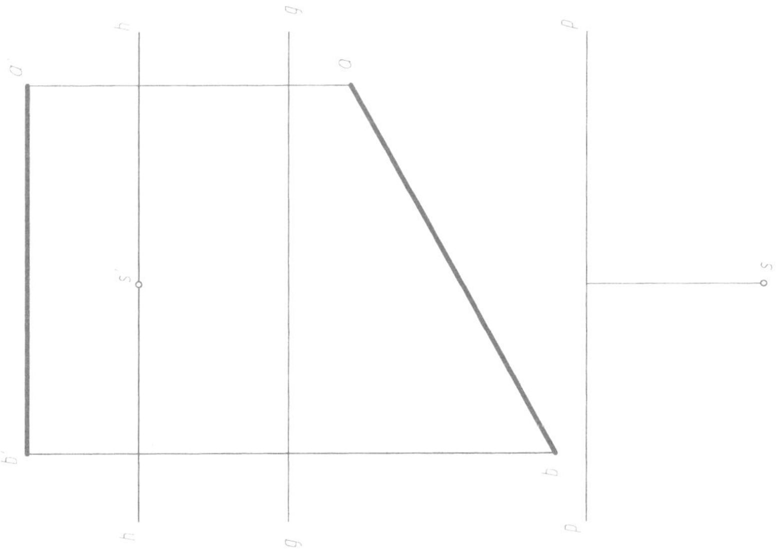

4-4　求作铅垂线AB的透视和基透视。

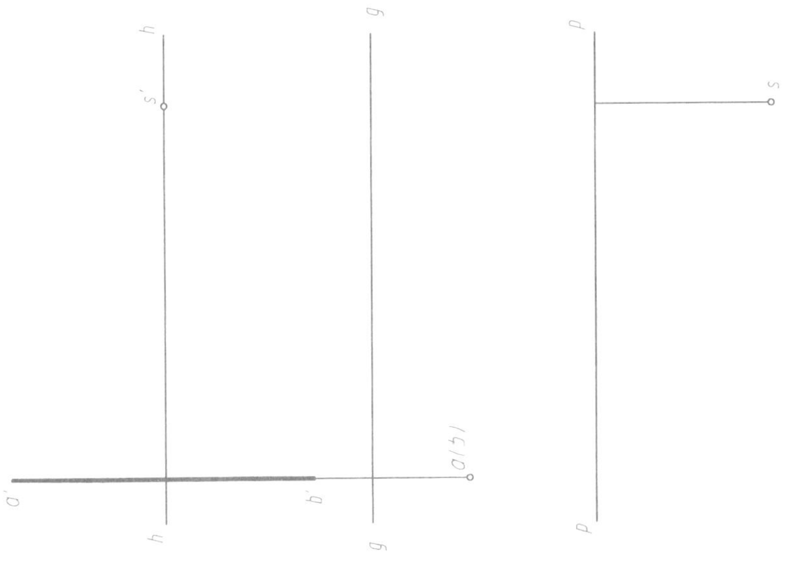

4-5　求作正平线AB的透视和基透视。

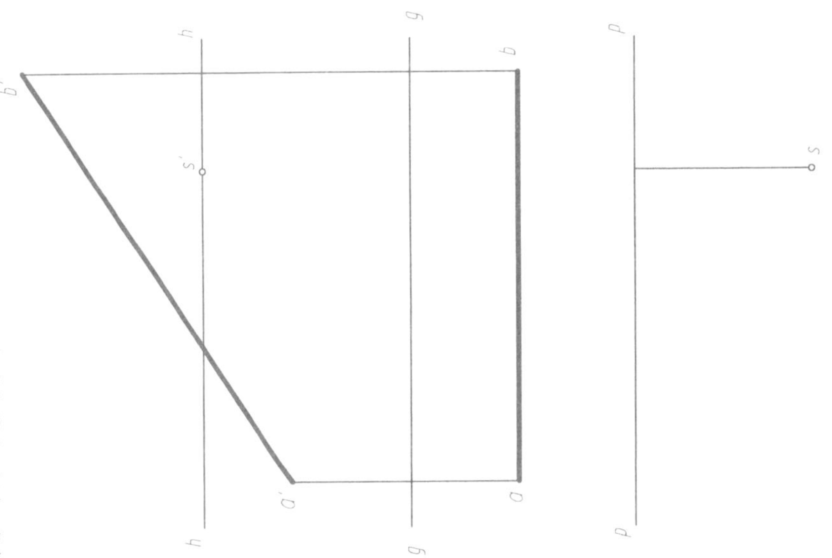

4-6　点A、B、C、D、E、F同高，完成各点的透视或基透视。

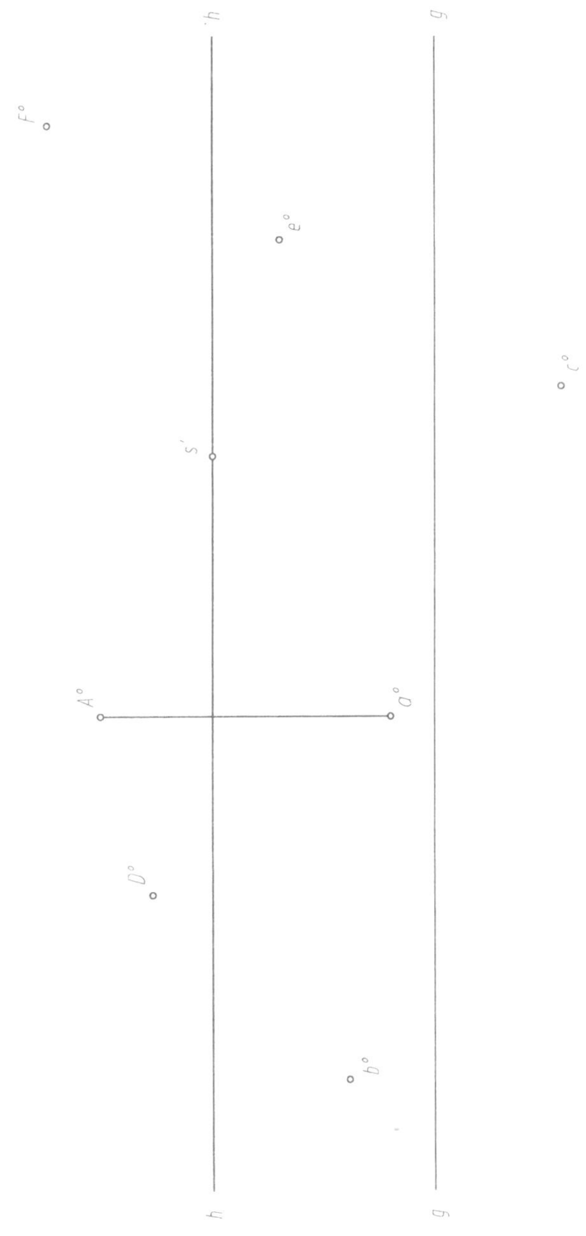

4-7 画出基面上方格网的透视。

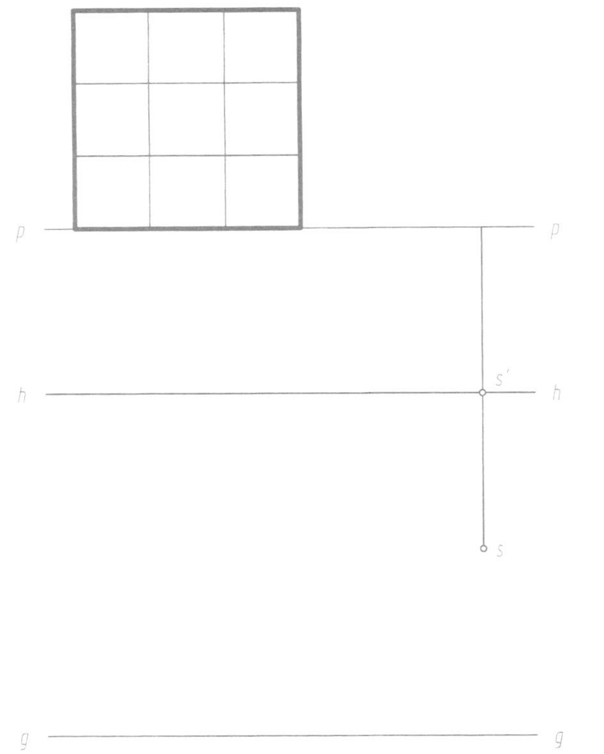

4-8 画出基面上方格网的透视。

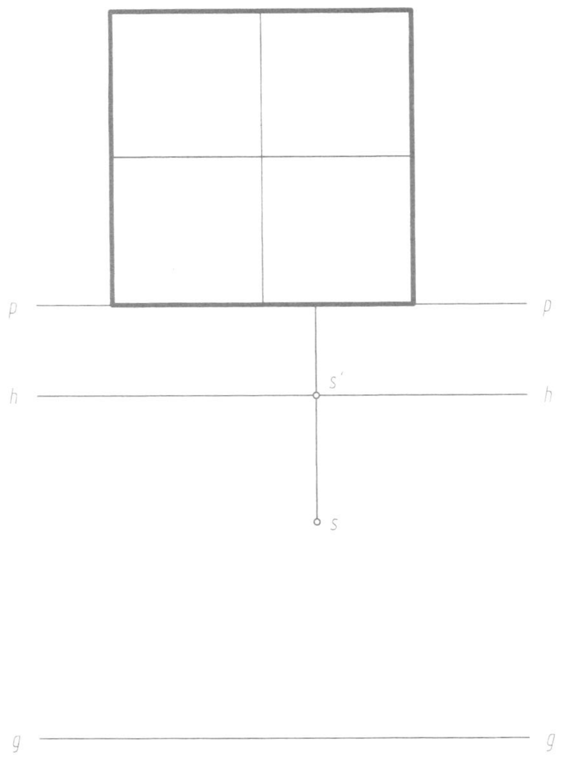

4-9 画出基面上平面图形的透视。

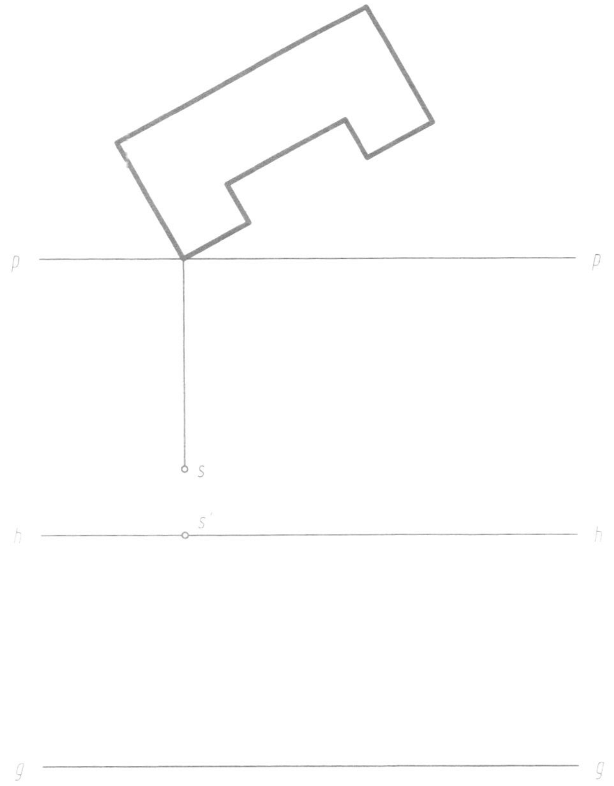

4-10 在三个不同高度的基面上画出同一平面图形的透视。

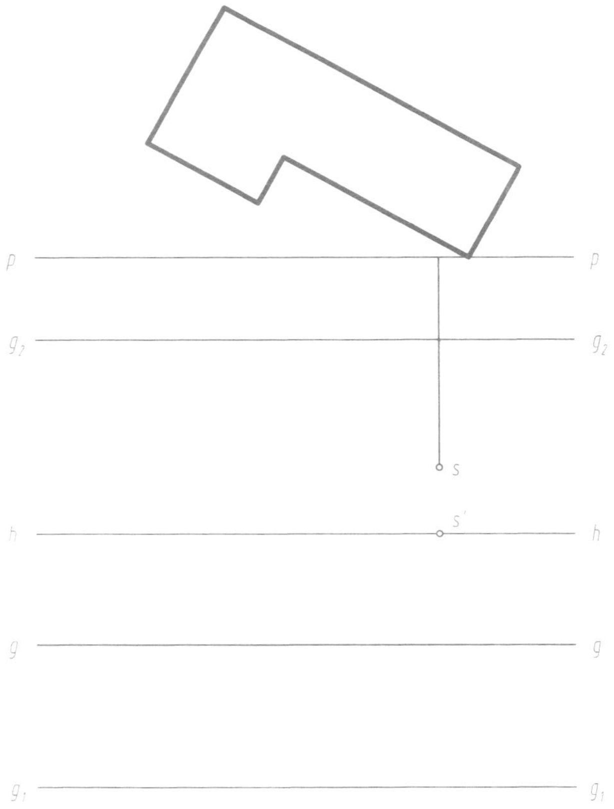

4-11 用视线法求作纪念碑的透视图。

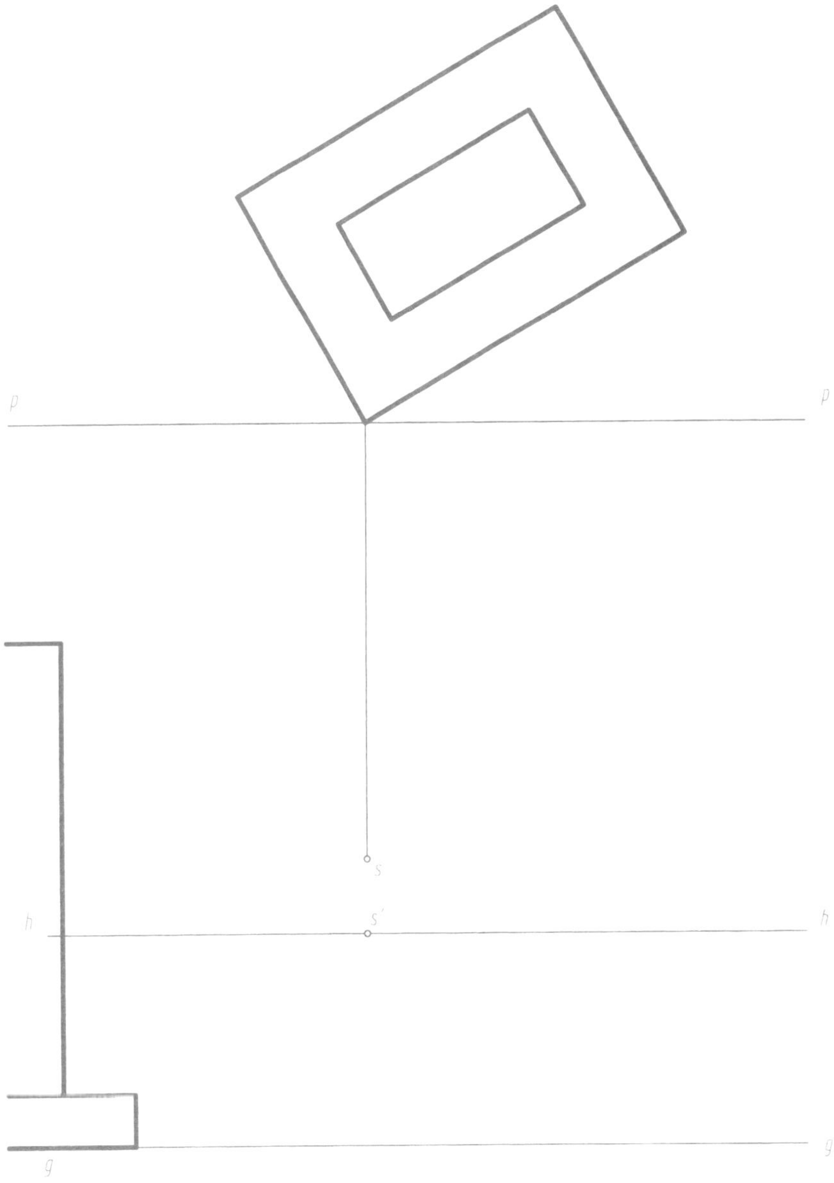

4-12 用视线法求作建筑形体的透视图。

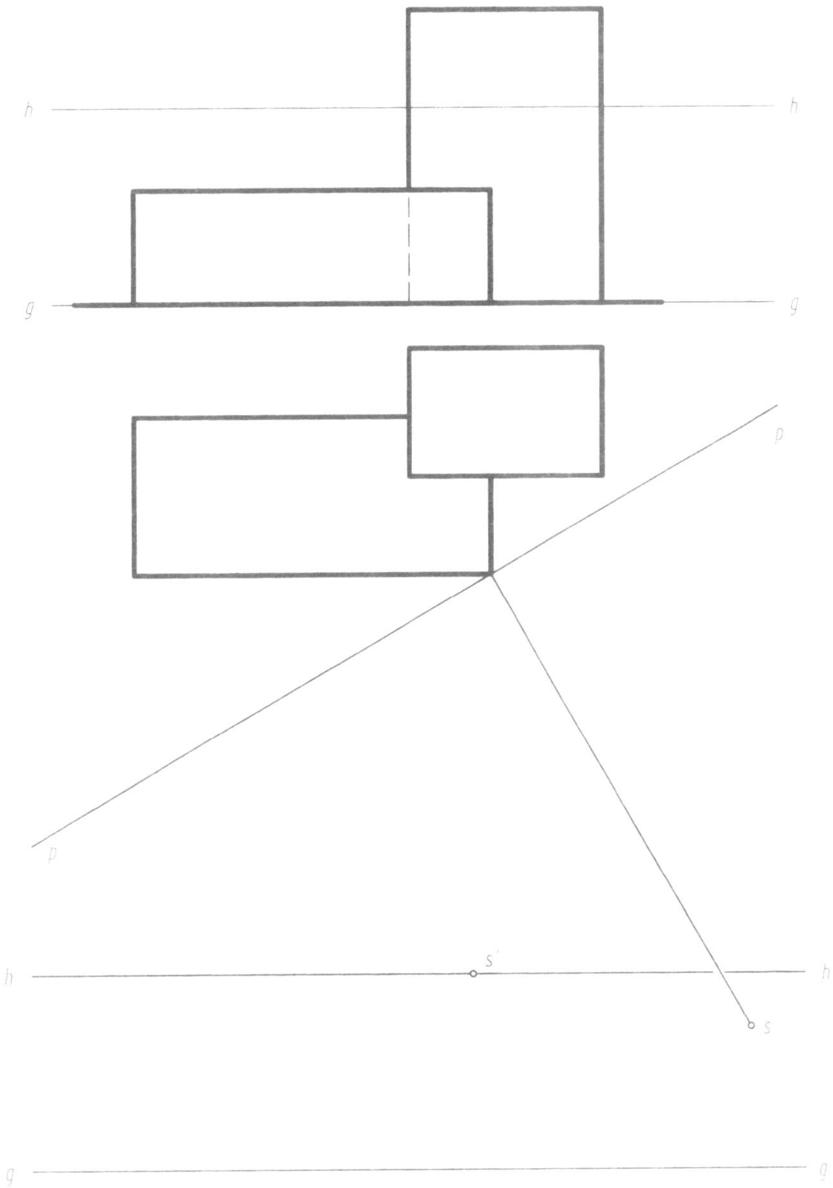

4-15　用量点法求作建筑形体的透视平面图（降低基面的透视平面图）及透视图。

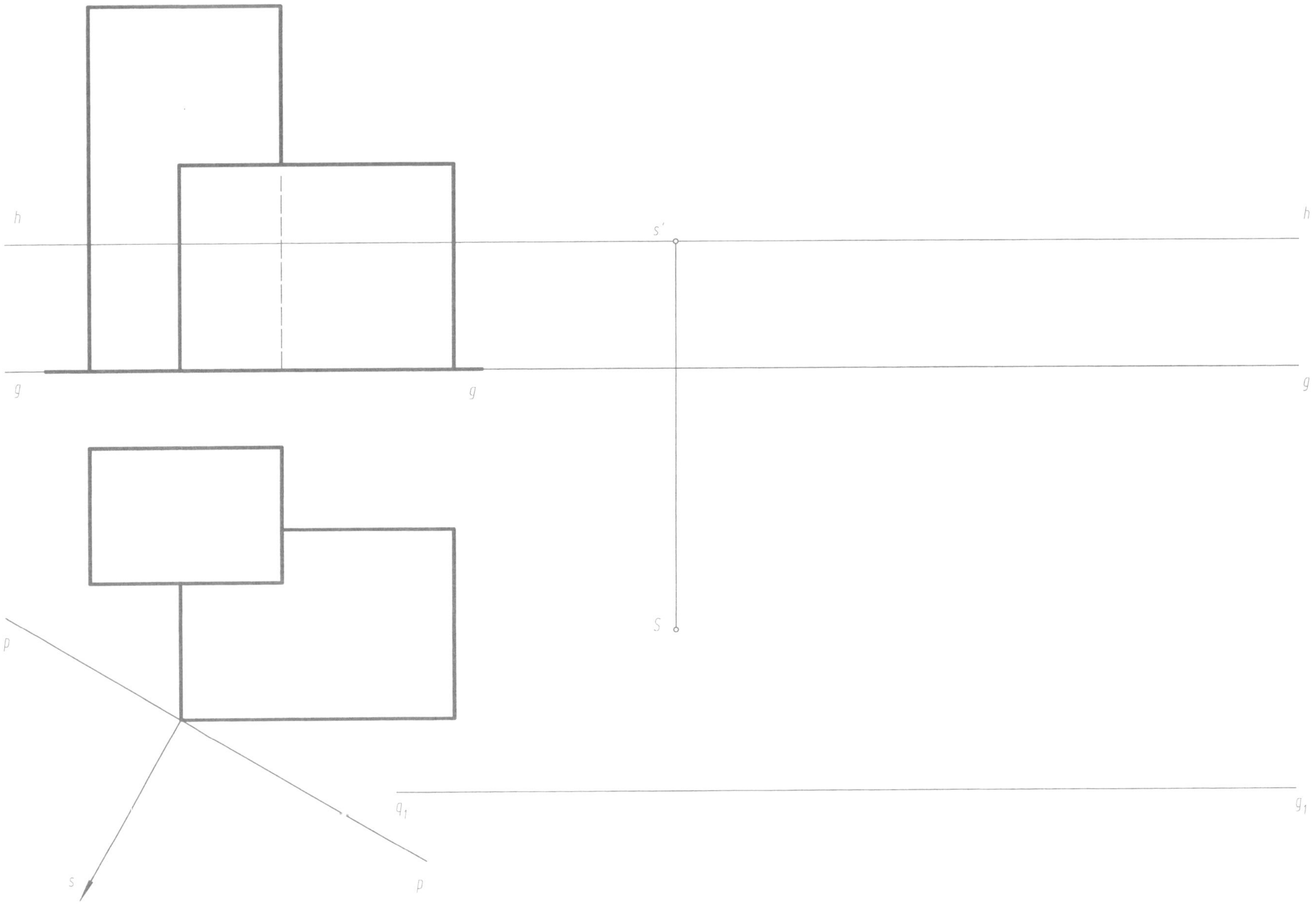

4-16 用量点法求作建筑形体的透视图。

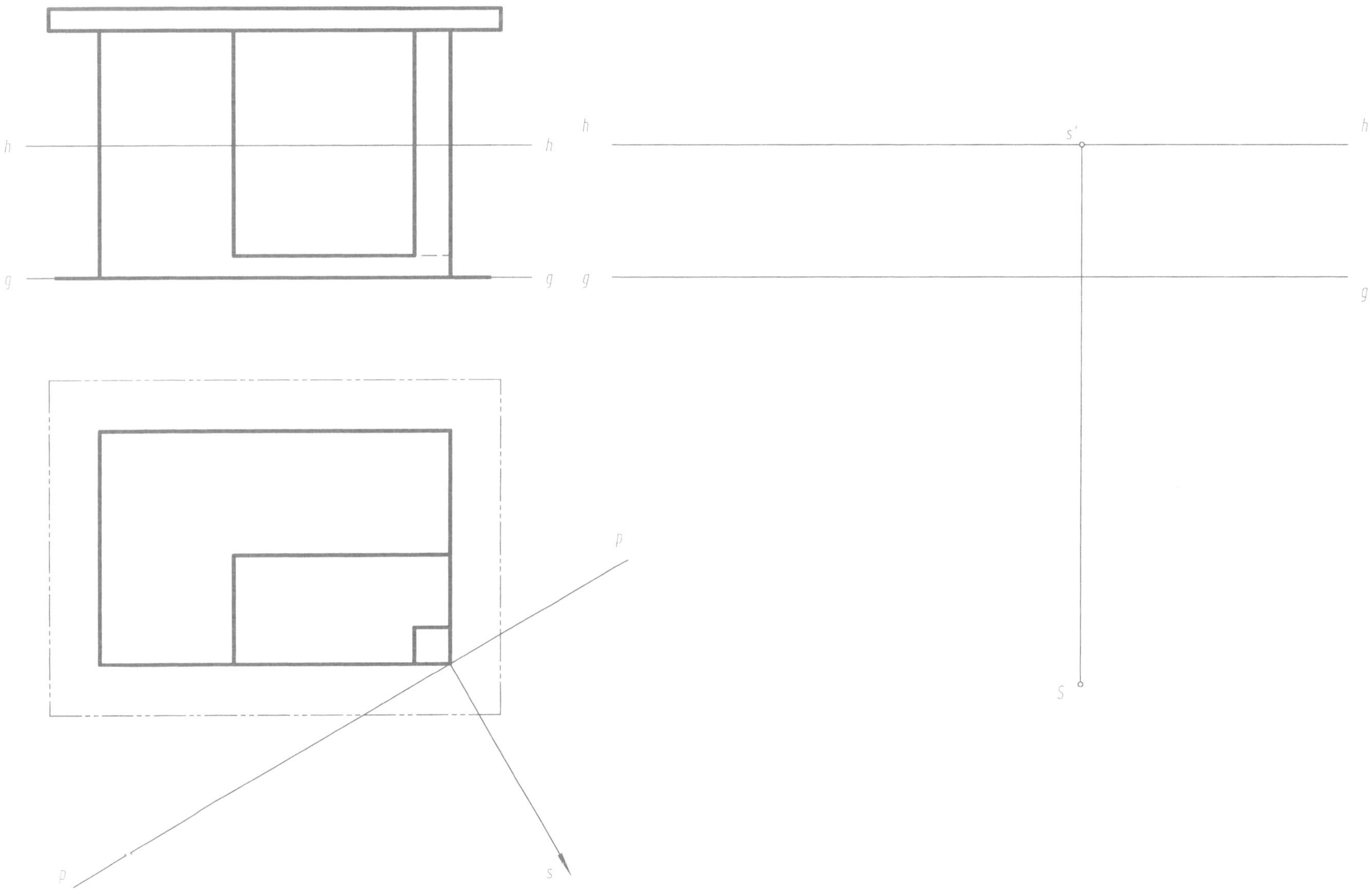

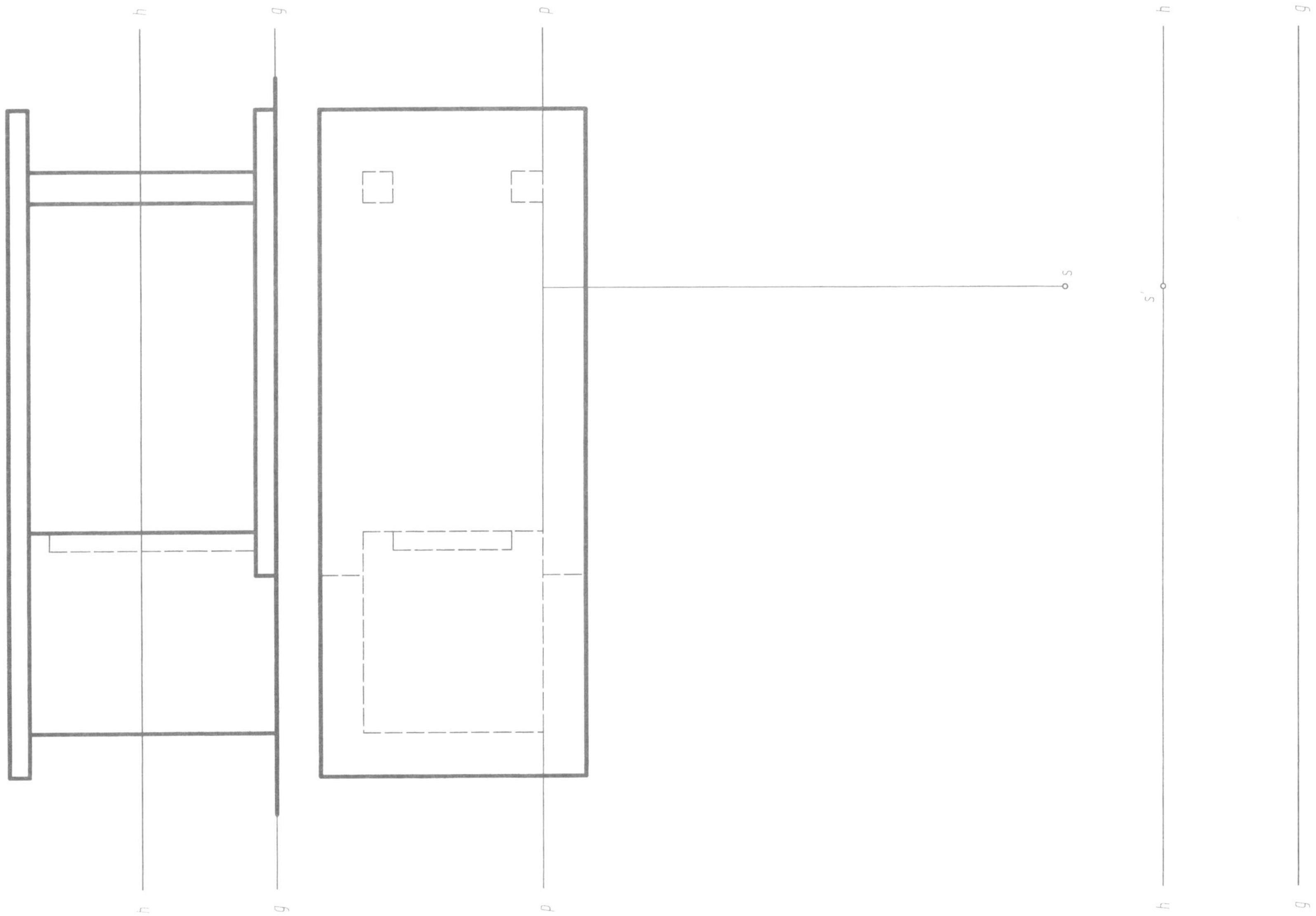

4-17 用距点法求作建筑形体的透视图。

4-18 用距点法求作室内门、窗及家具的一点透视图（门窗只画出洞口）。

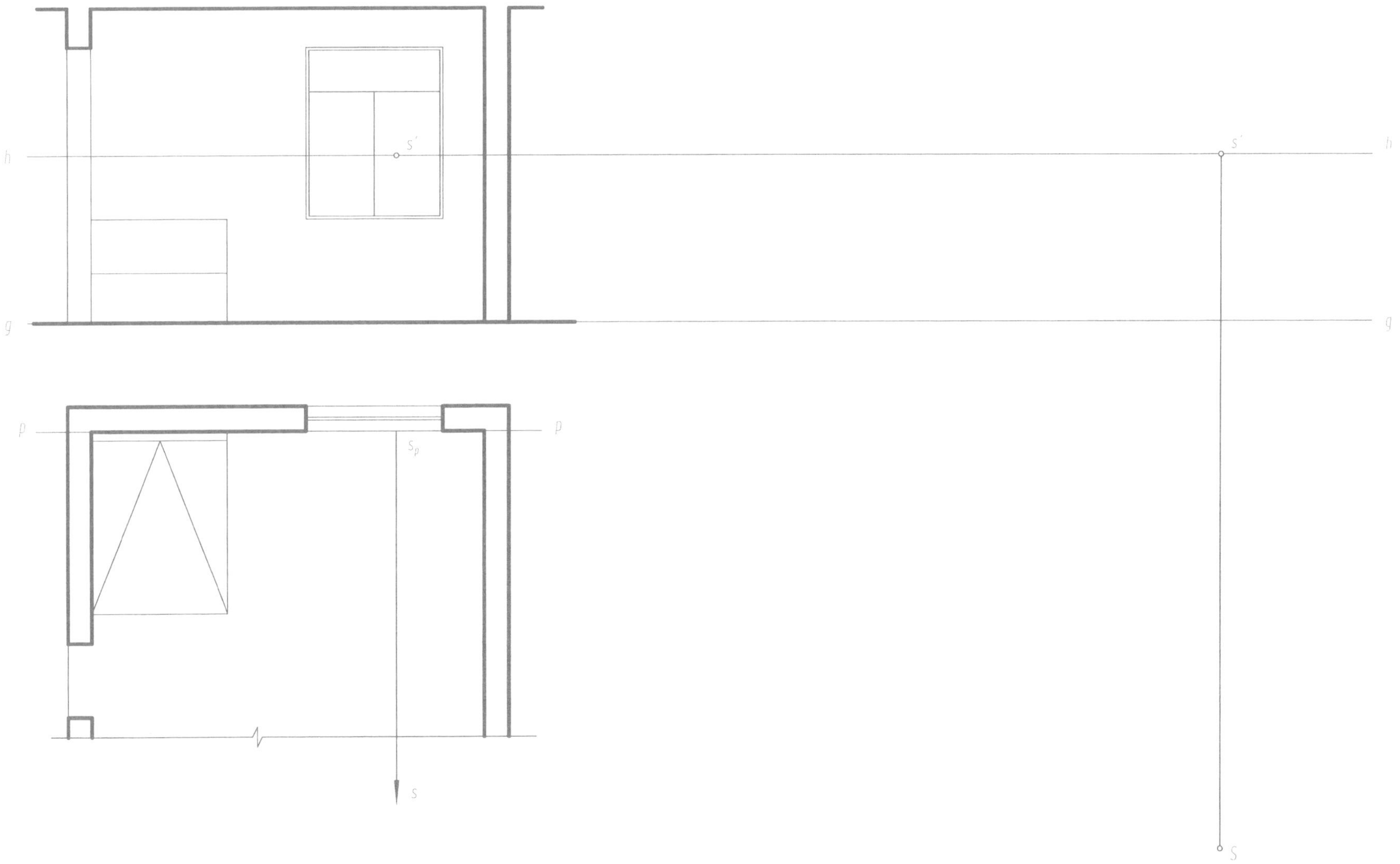

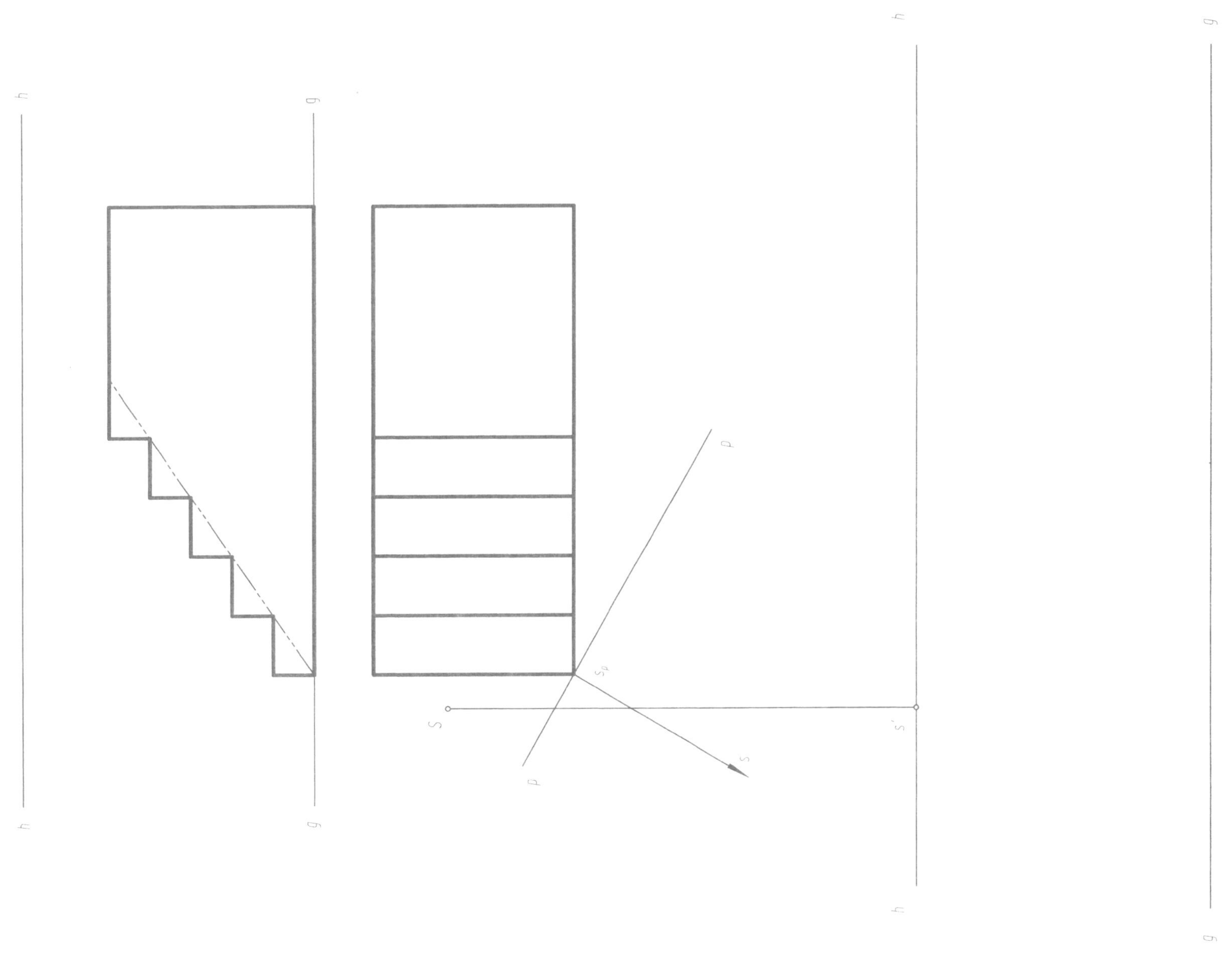

4-19 画出台阶的两点透视图。

4-20　画出双向双坡屋顶房屋的两点透视图。

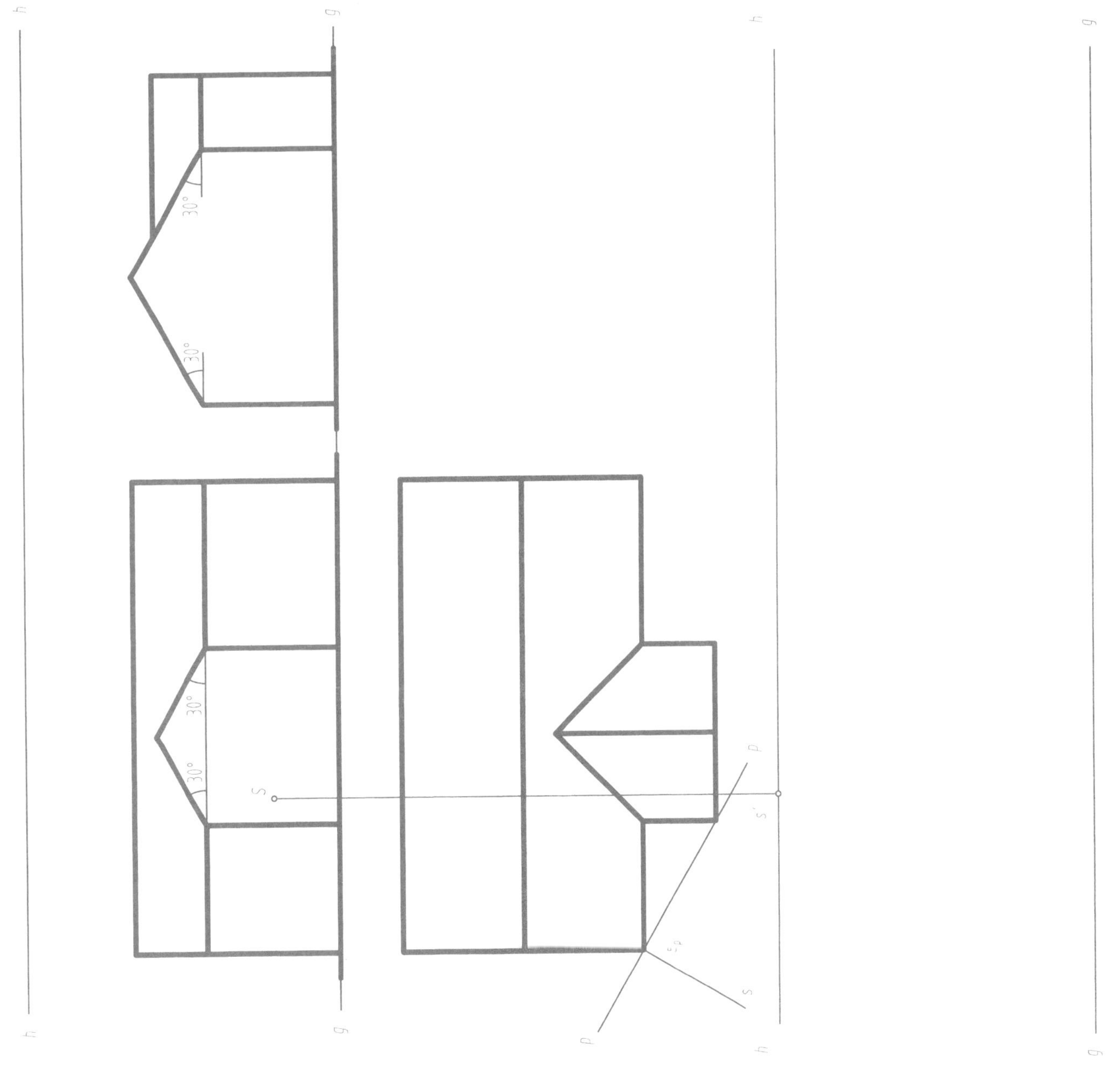

4-21 求线段AB 5等分后各分段的透视。

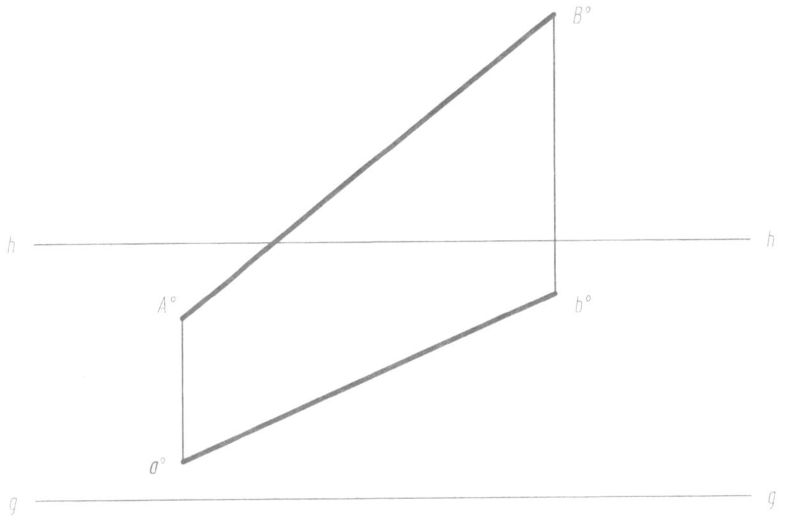

4-22 在透视图中将空间矩形铅垂面划分成3个等宽的竖条。

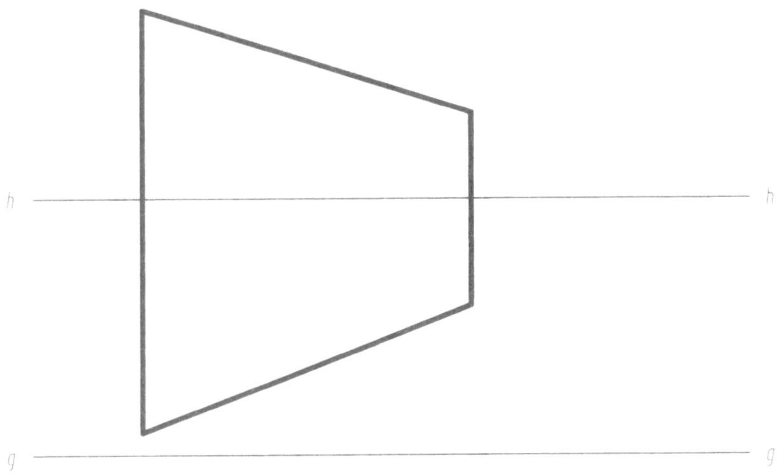

4-23 在透视图中，按已给的竖条，在同一平面内再连续画4个相同的竖条。

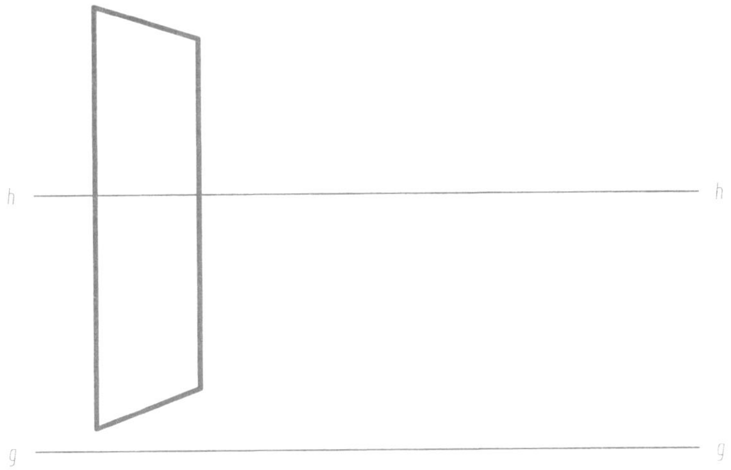

4-24 在透视图中，将基面内矩形平面划分成9（3×3）块相同的矩形。

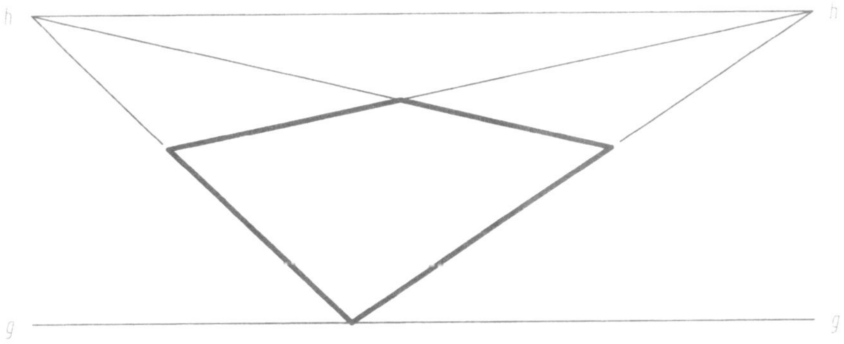

4-25 画出拱门的一点透视图。

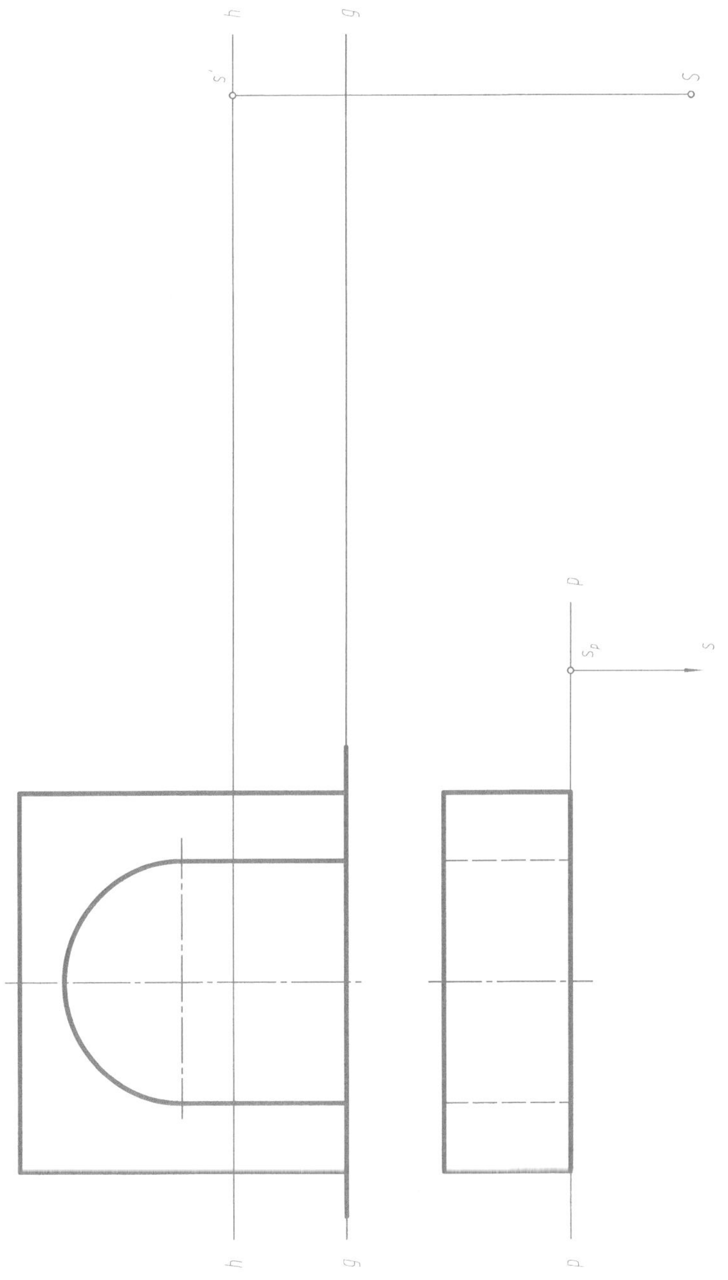

4-26 画出拱门的两点透视图。

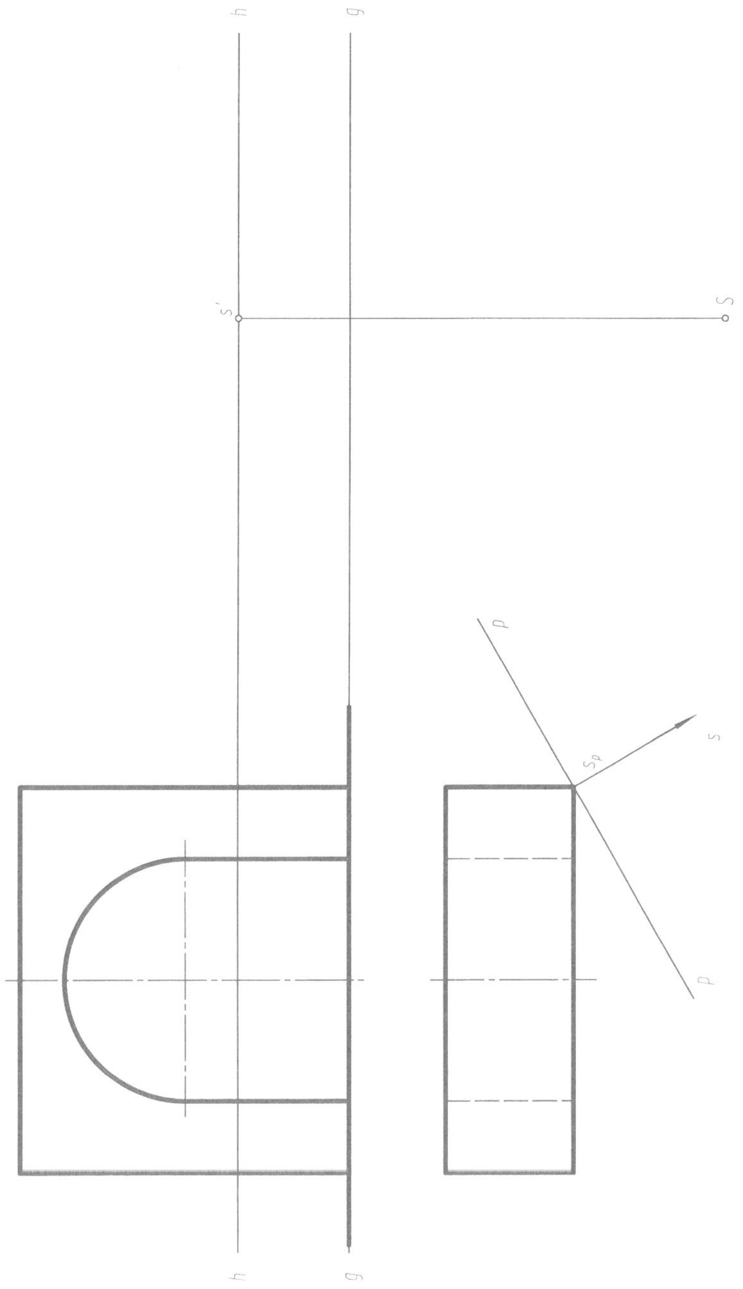

4-27　画出室内门、窗及地砖方格的两点透视图（门窗只画出洞口）。

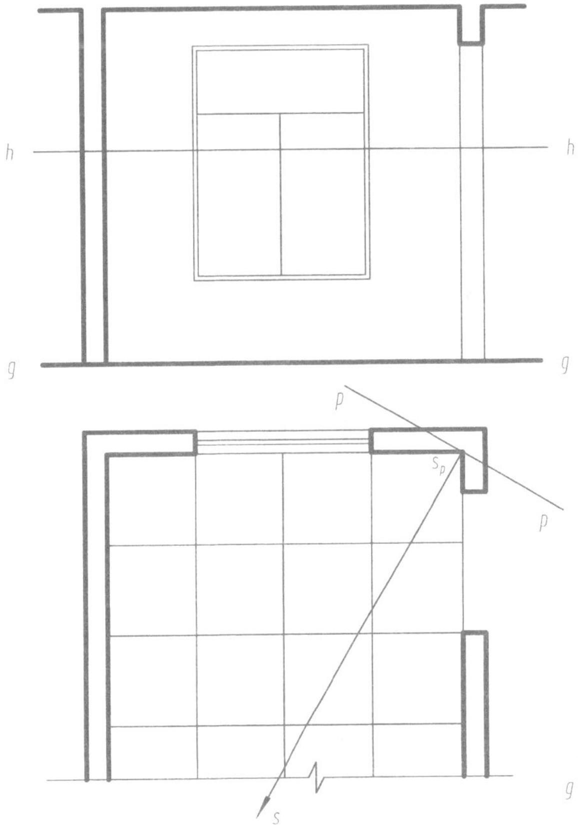

5-1 求A、B两点在H、V面上的落影，对虚影加括号表示。

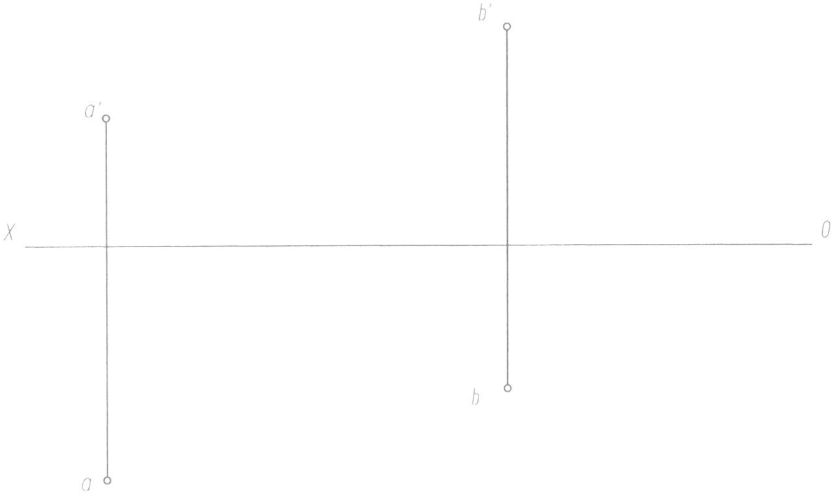

5-2 求点C在铅垂面P上的落影；点D在正垂面Q上的落影。

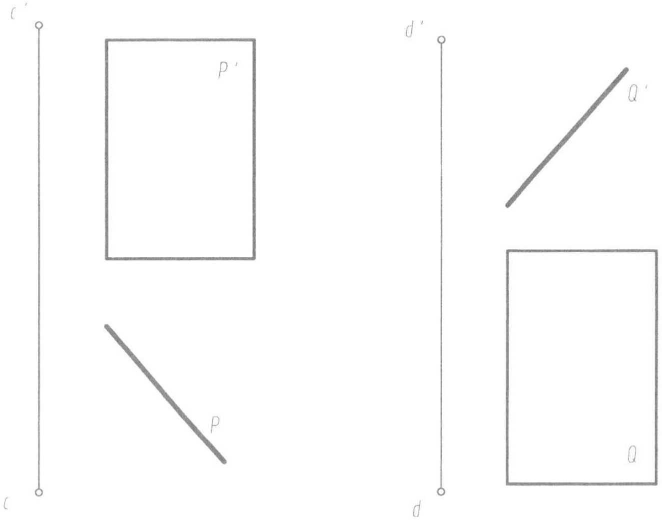

5-3 求A、B、C三点在棱柱表面上的落影。

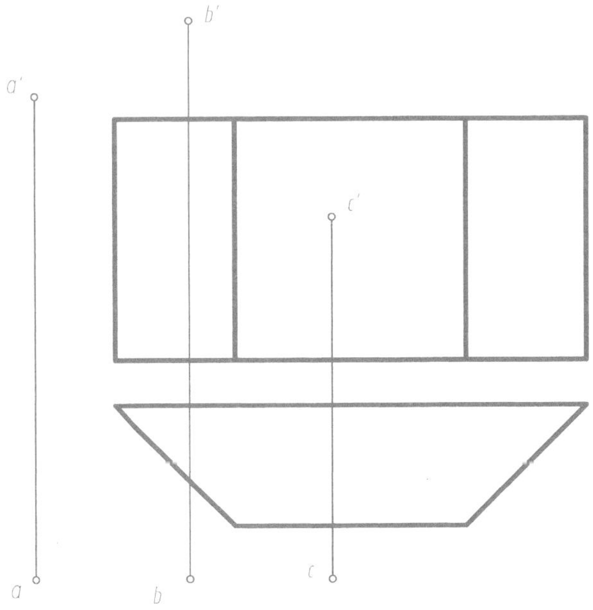

5-4 求E、F两点在半圆柱表面上的落影。

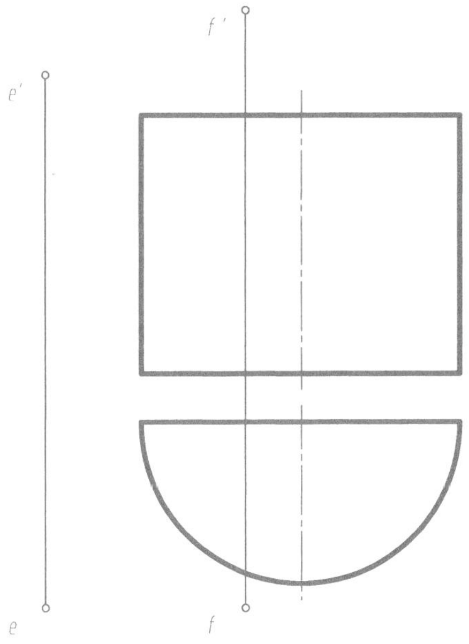

5-5　求作一直线在H、V面上的落影。

(1)

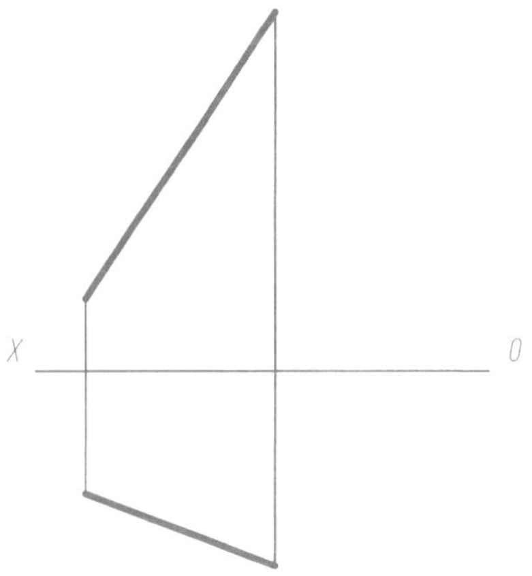

(2)

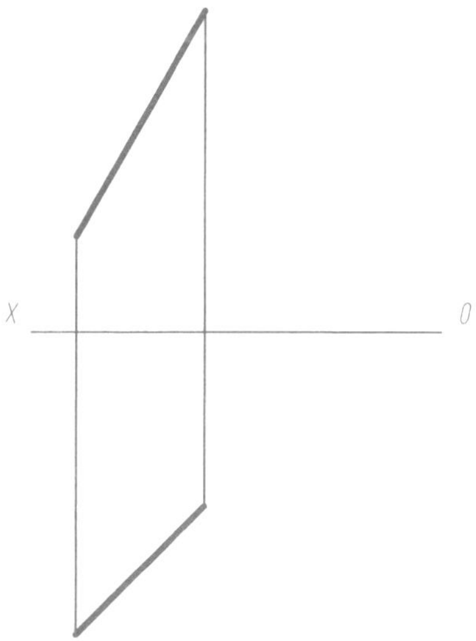

(3)

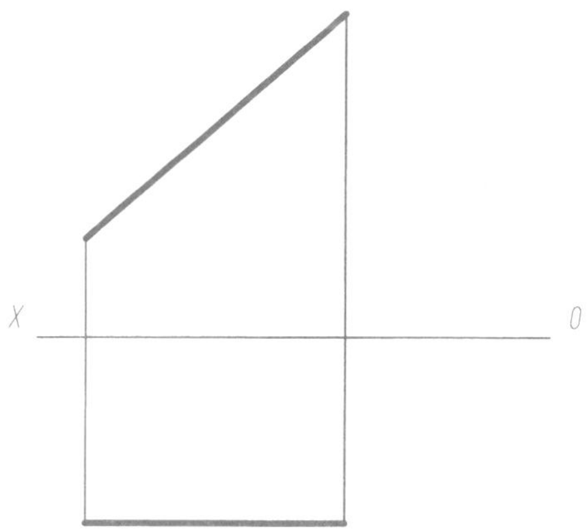

(4)

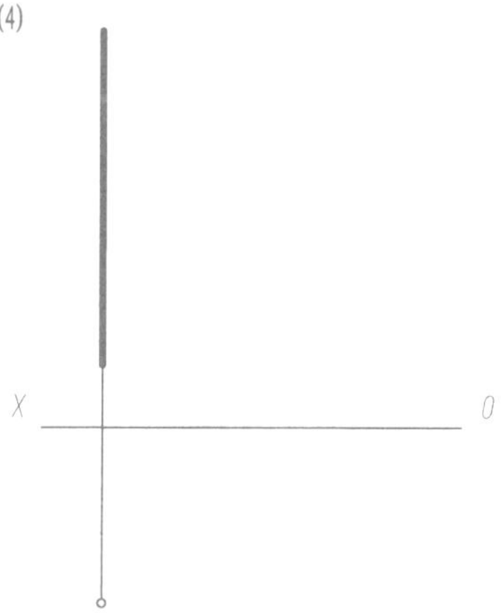

5-6　求作一直线在两相交平面上的落影。

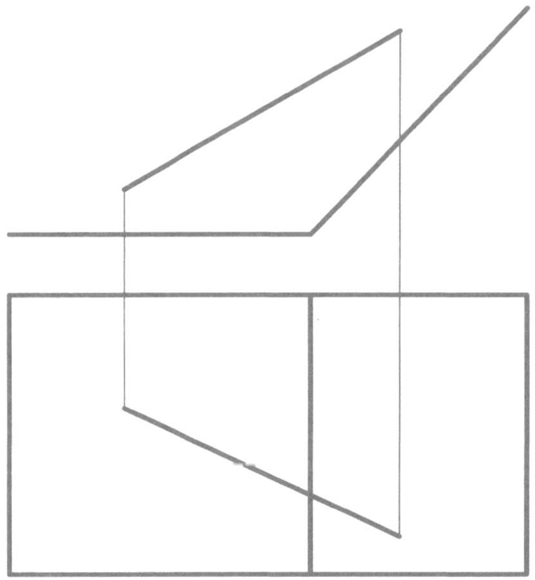

5-7　求作一直线在两平行平面上的落影。

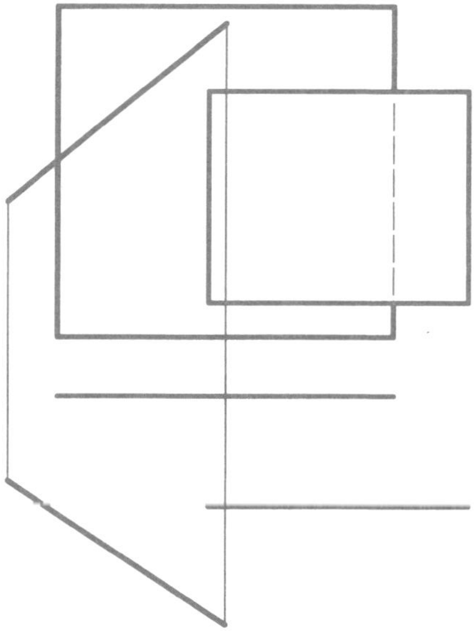

5-8　求作三角形平面ABC在H、V面上的落影。

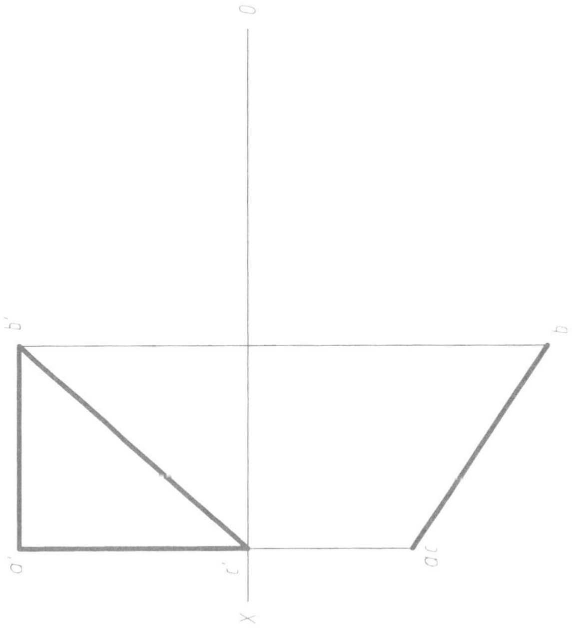

5-9　求作带方孔的圆形平面在墙面上的落影。

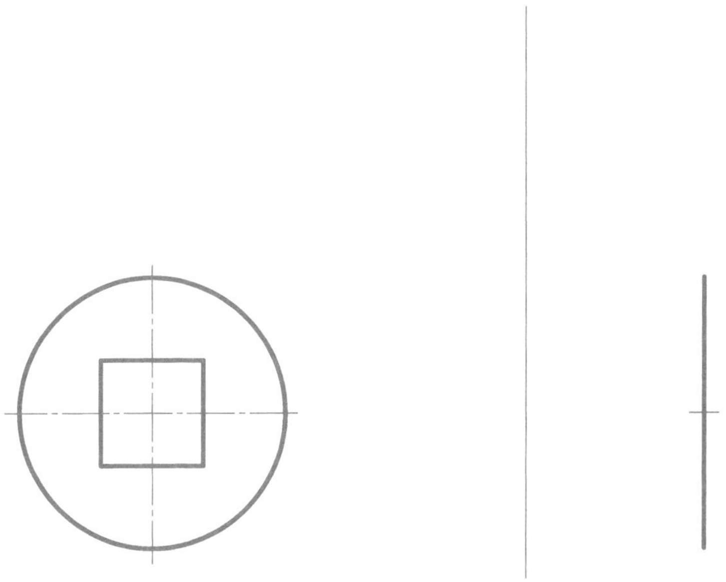

5-10　求作带矩形孔的长圆形平面在墙面及地面上的落影。

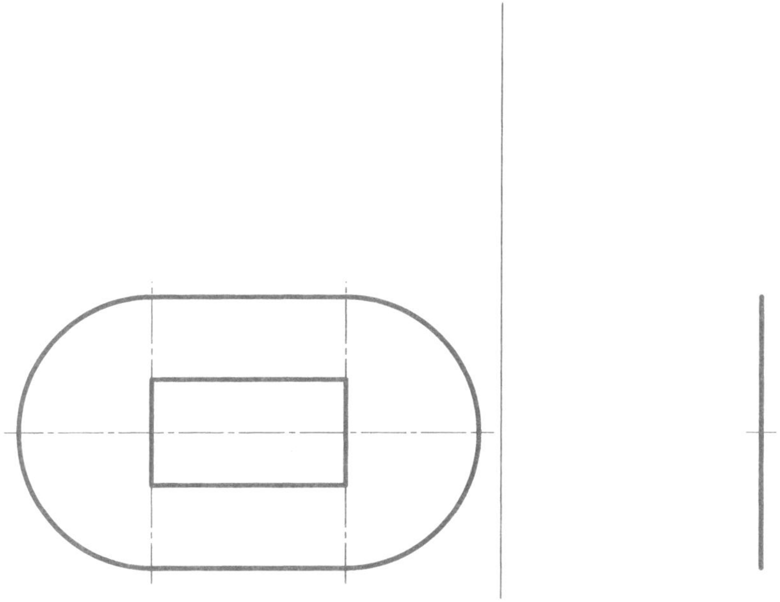

5-11　求作平行于W面的矩形ABCD在组合面上的落影。

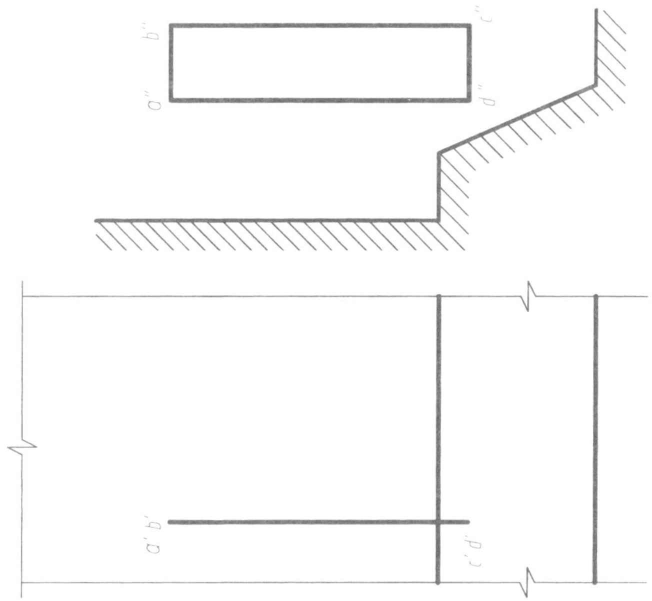

5-12 求作前后两个四棱柱的阴影。

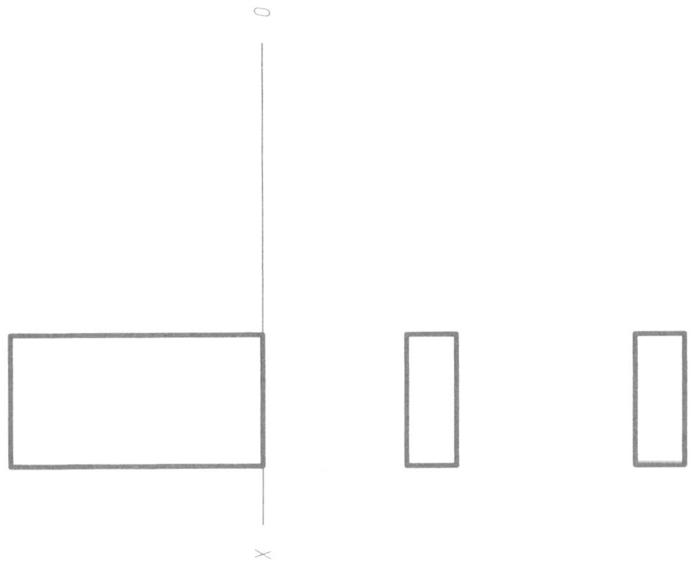

5-13 求作前后两个三棱锥的阴影。

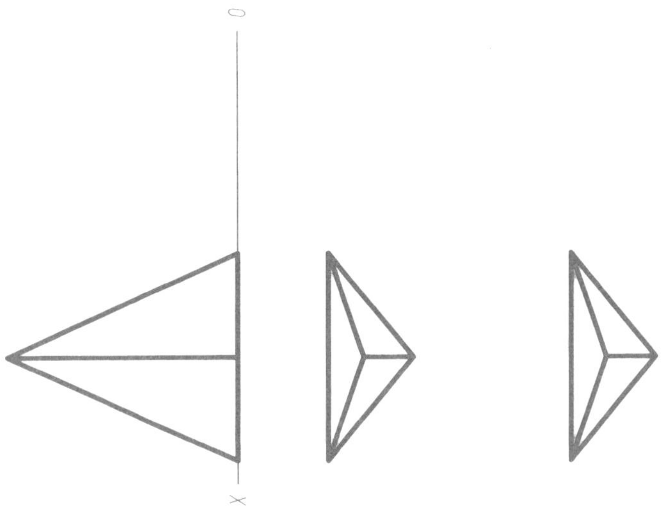

5-14 求作前后两个圆柱的阴影。

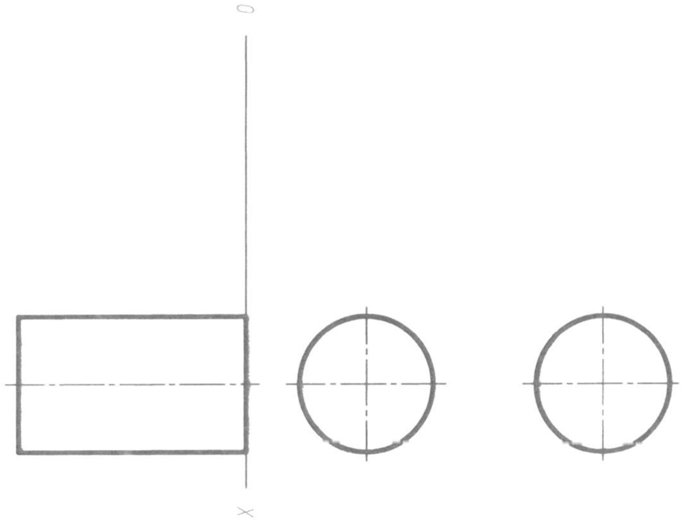

5-15 求作前后两个圆锥的阴影。

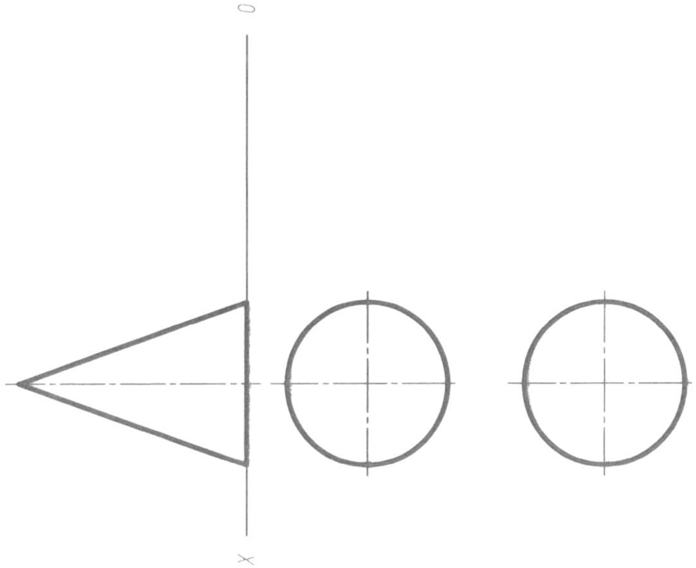

5-16　求作一立体在H、V面上的阴影。

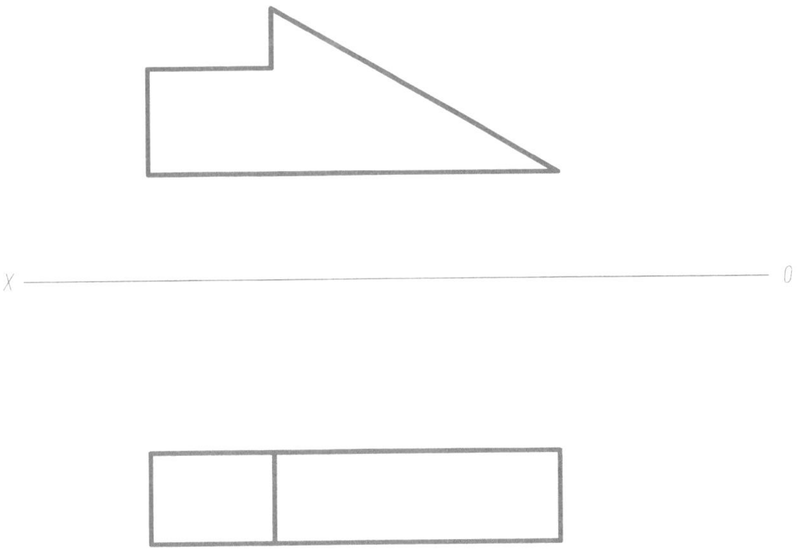

5-17　求作一立体在H、V面上的阴影。

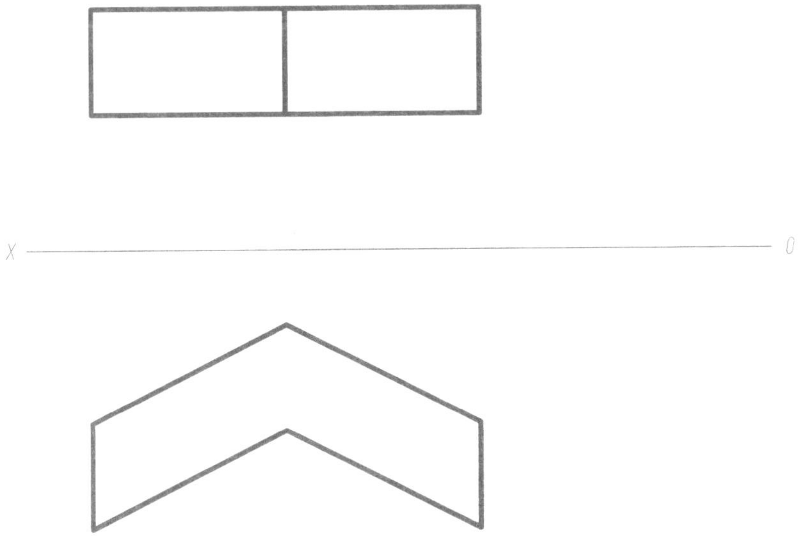

5-18　求作组合体的阴影。

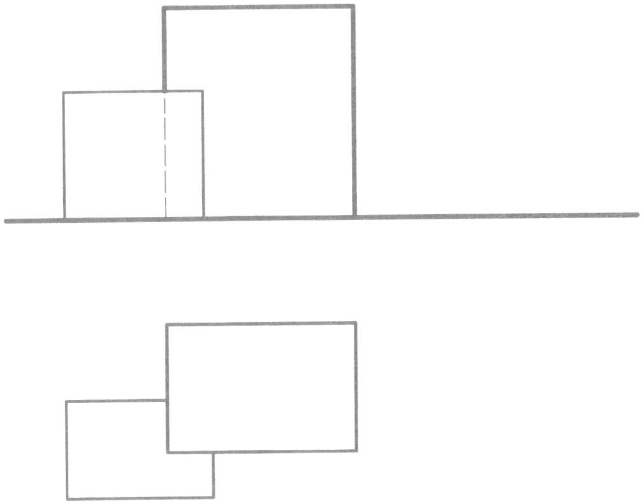

5-19　求作组合体的阴影。

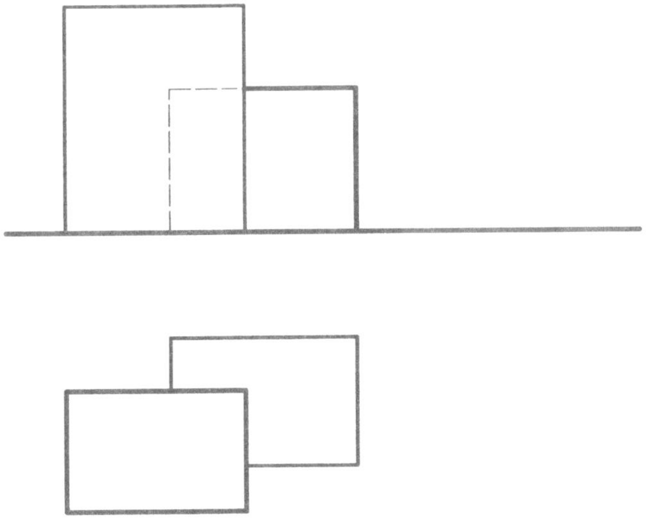

5-20　求作建筑细部（门窗）的阴影。

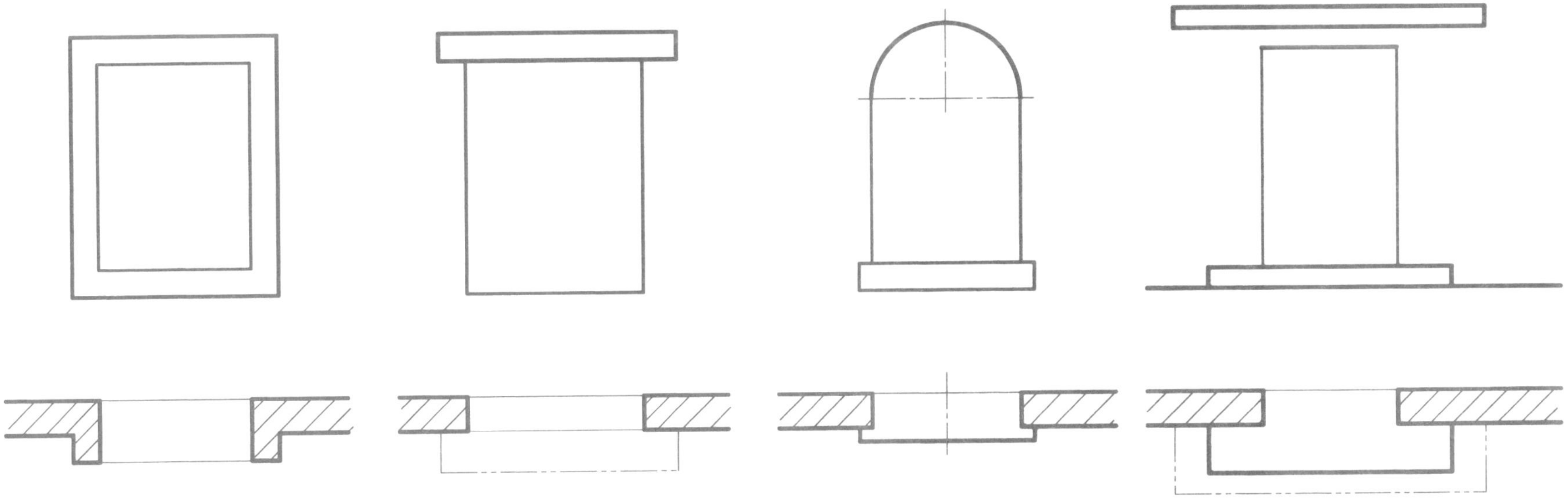

5-21　求作建筑细部（带斜展板的窗洞）的阴影。

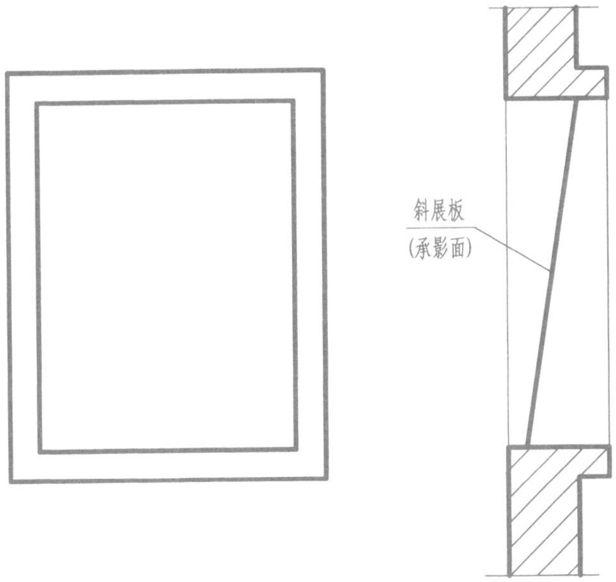

5-22　求作建筑细部（带雨棚的门斗）的阴影。

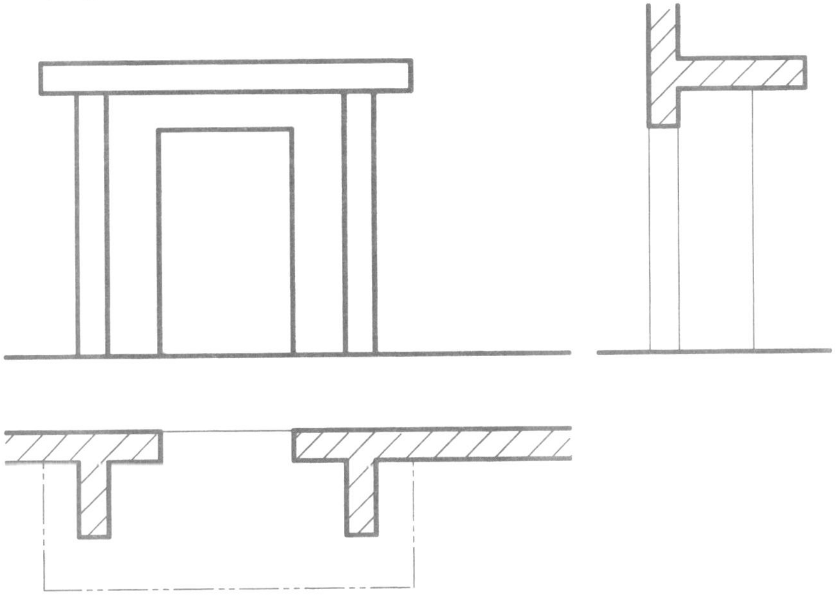

5-23　求作建筑细部（台阶）的阴影。

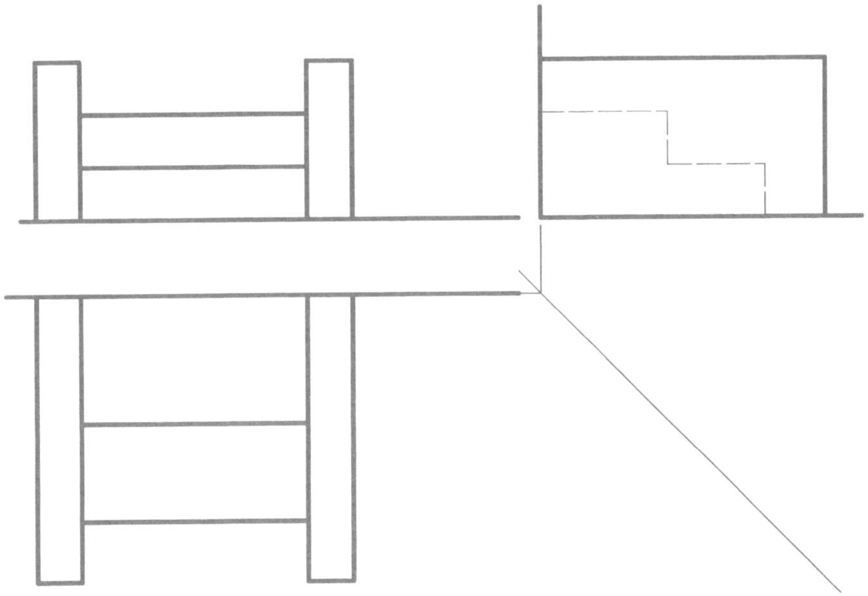

5-24　求作建筑细部（台阶）的阴影。

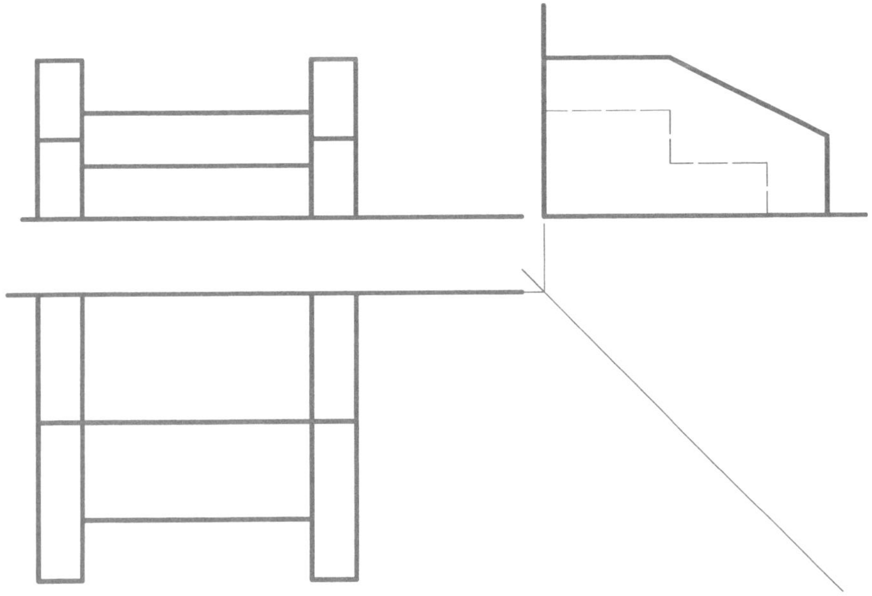

5-25　求作建筑细部（斜坡道）的阴影。

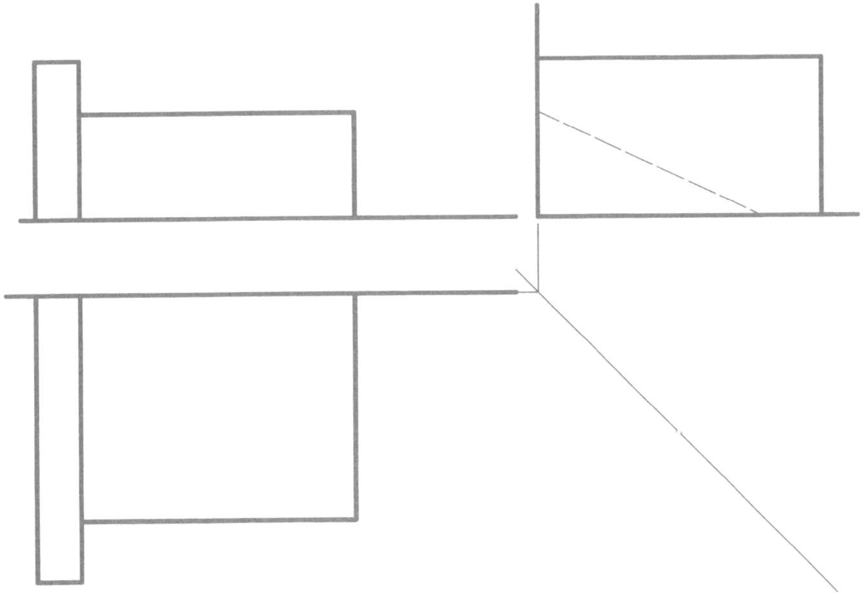

5-26　求作建筑细部（阳台）的阴影。

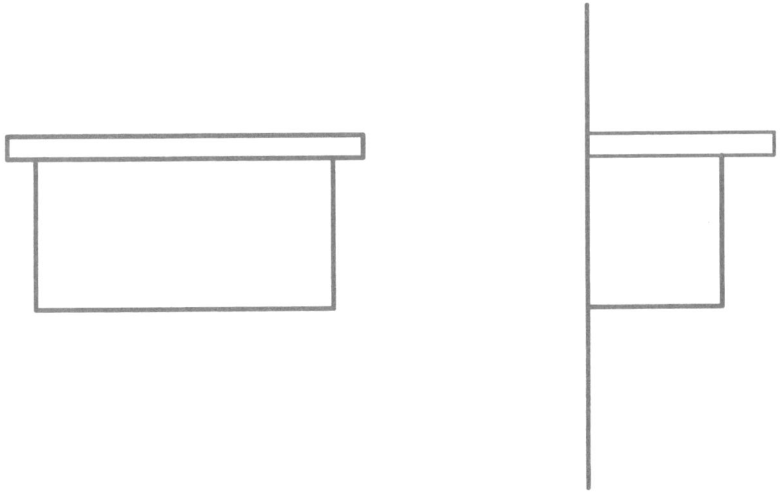

5-27　求作建筑形体的阴影。

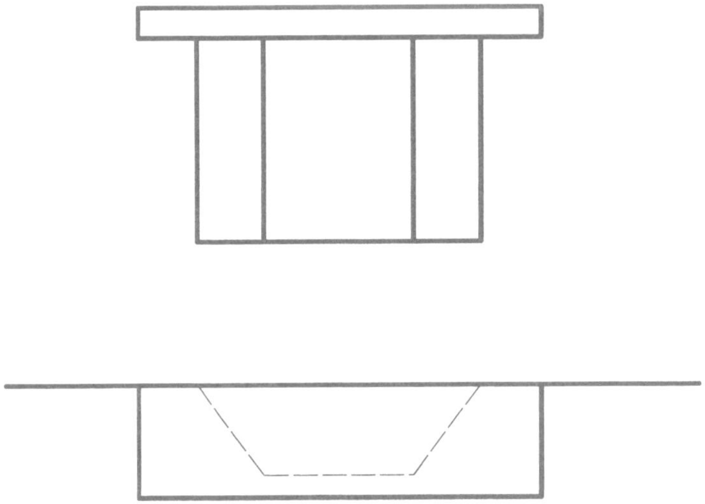

5-28　求作建筑形体的阴影。

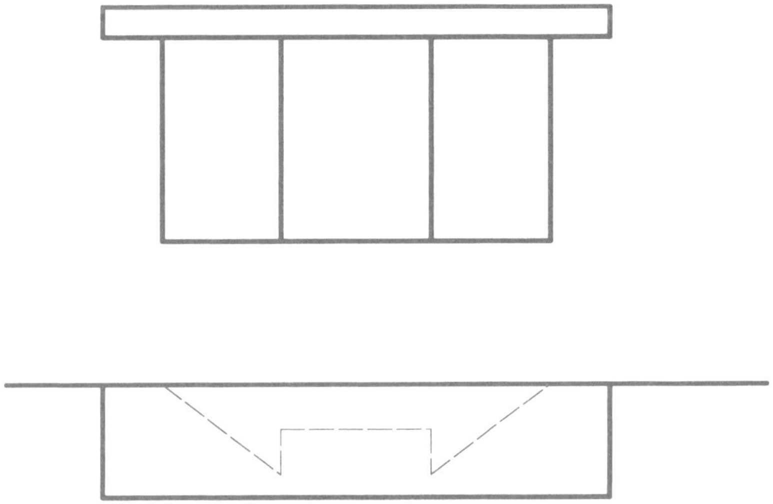

5-29　求作建筑形体的阴影。

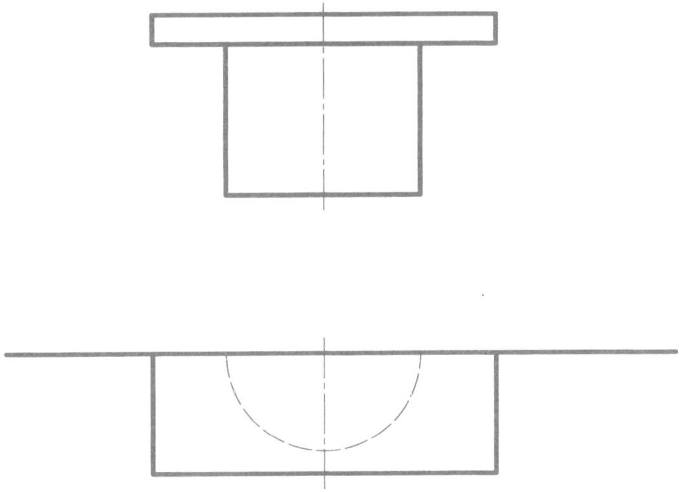

5-30　求作建筑形体的阴影。

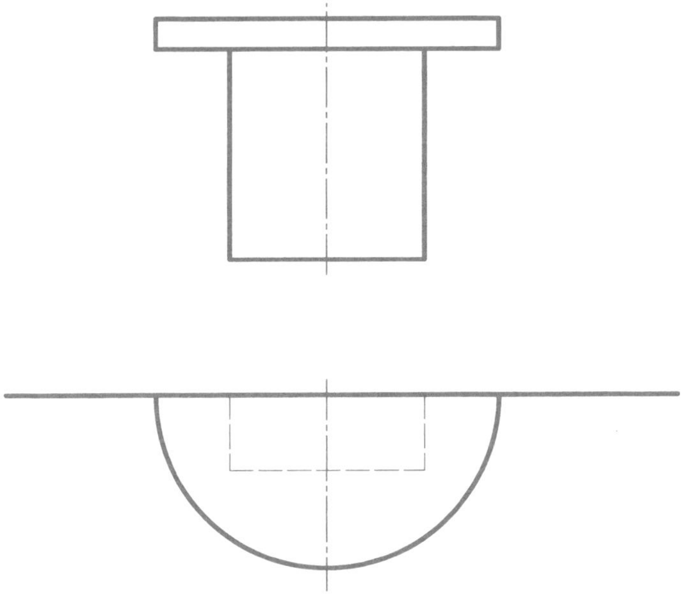

5-31 求作直线段在平行光线照射下的阴影。

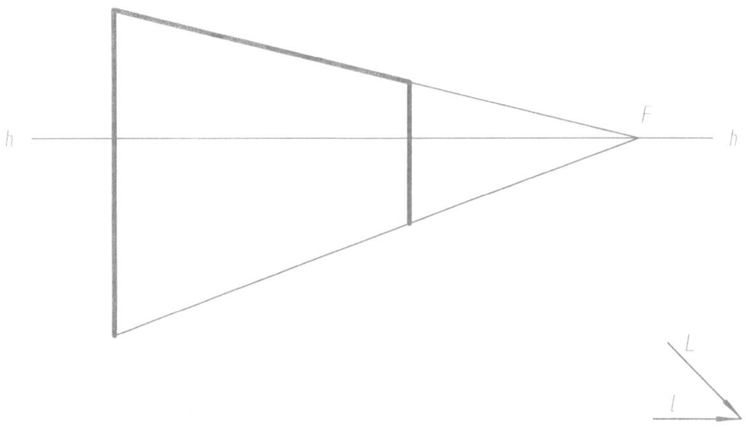

5-32 求作旗杆及斜坡在平行光线照射下的阴影。

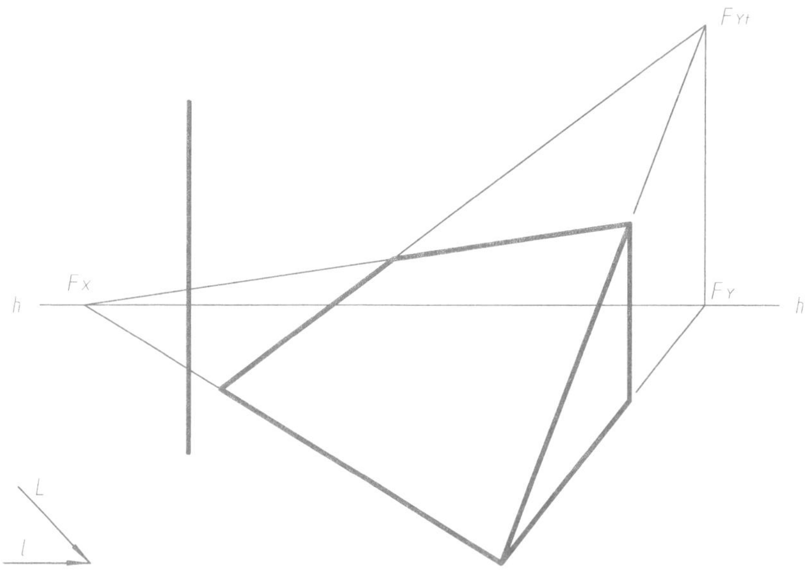

5-33 求作旗杆及小屋在平行光线照射下的阴影。

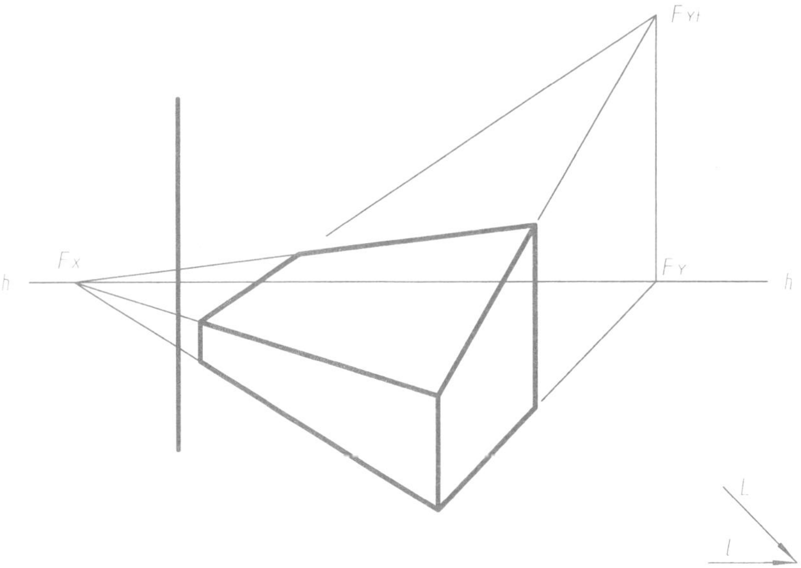

5-34 求作小屋在平行光线照射下的阴影。

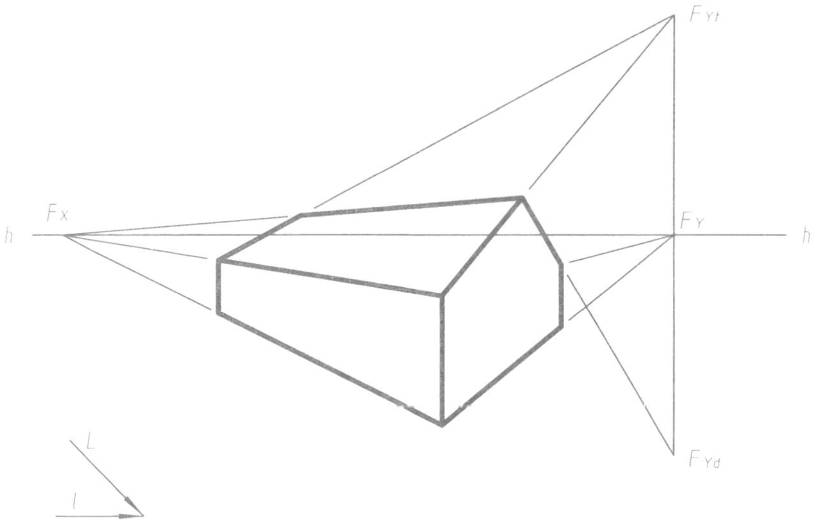

5-35　求作建筑物在平行光线照射下的阴影。

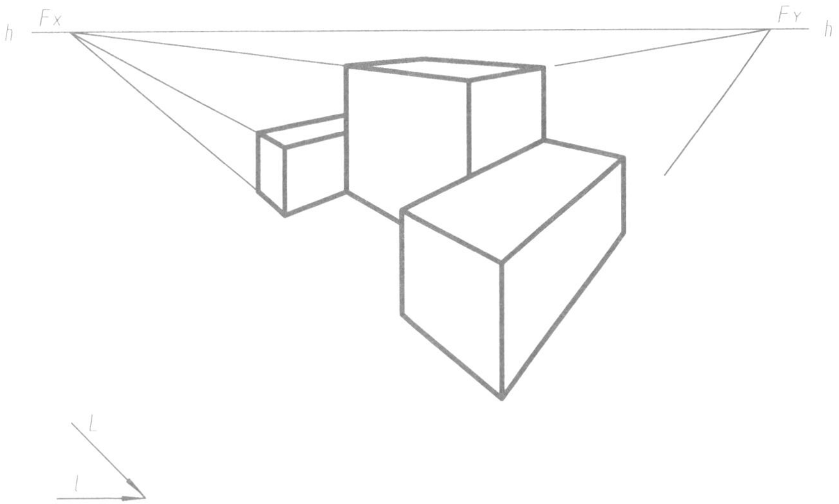

5-36　求作围栏及坡道在平行光线照射下的阴影。

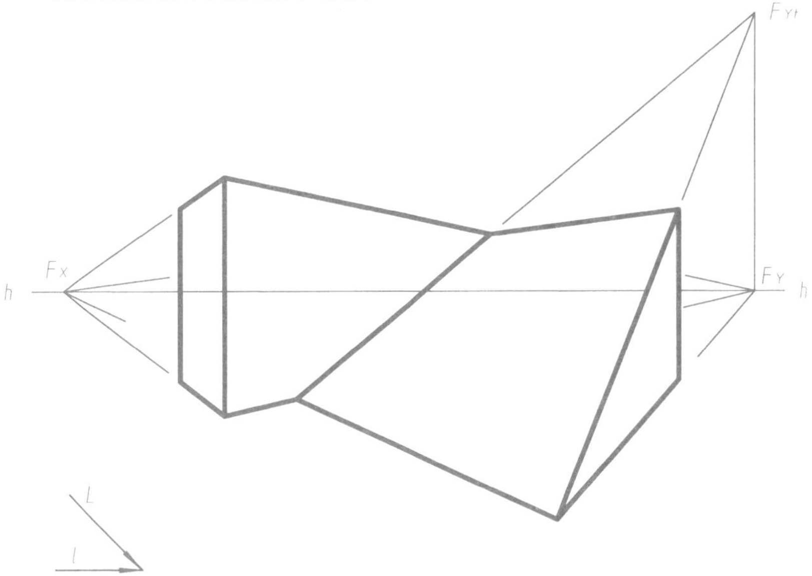

5-37　求作门洞及雨棚在平行光线照射下的阴影。

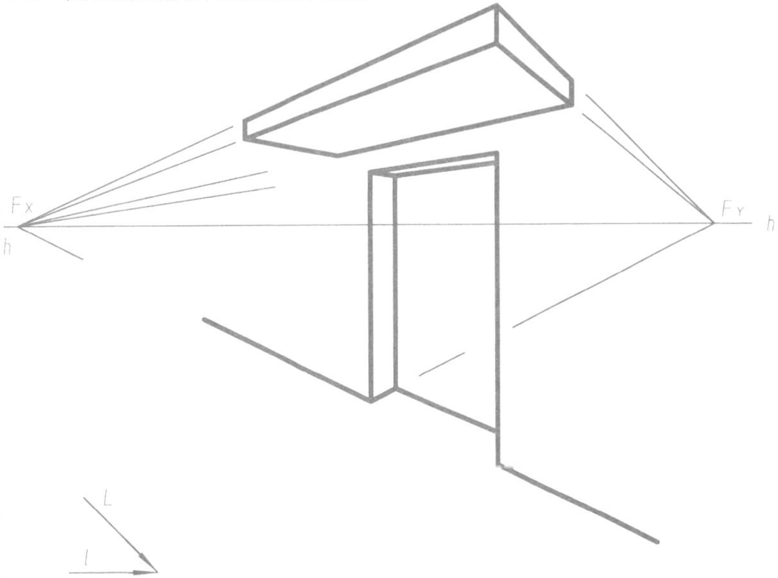

5-38　求作门斗及雨棚在平行光线照射下的阴影。

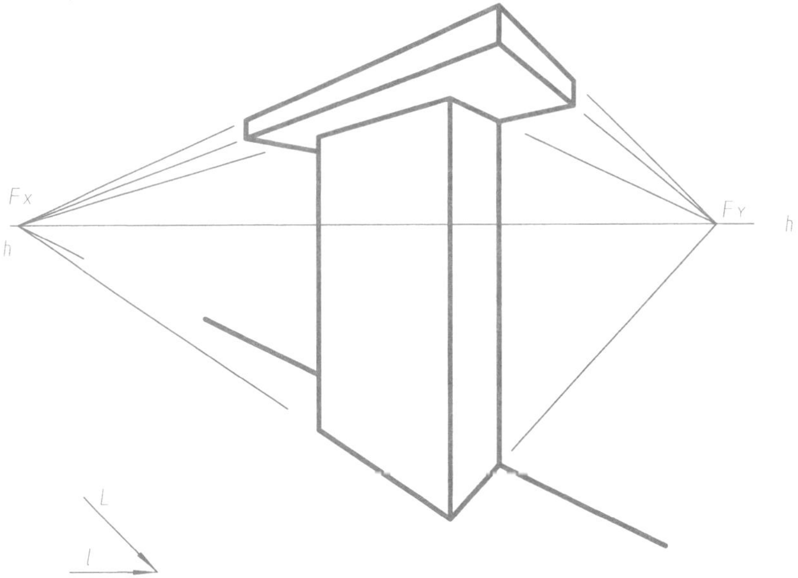

5-39　求作建筑物在平行光线照射下的阴影。

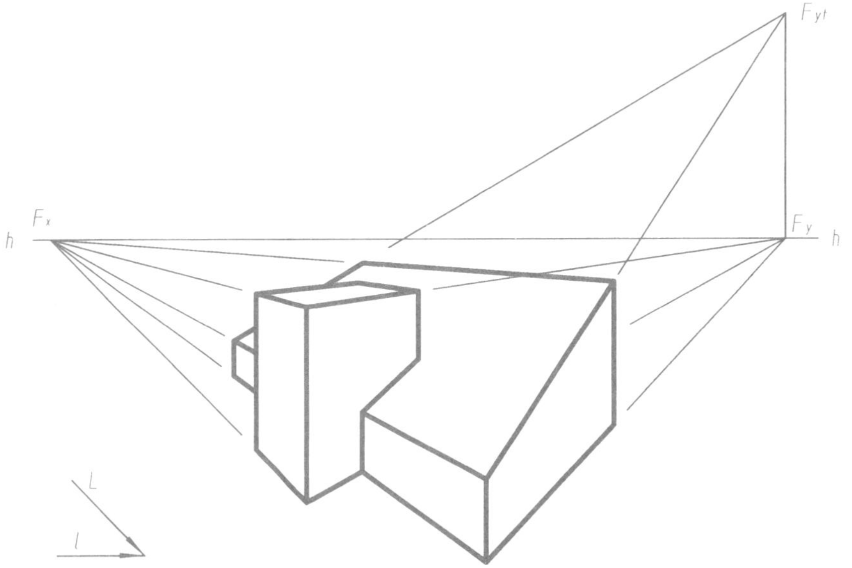

5-40　求作台阶在平行光线照射下的阴影。

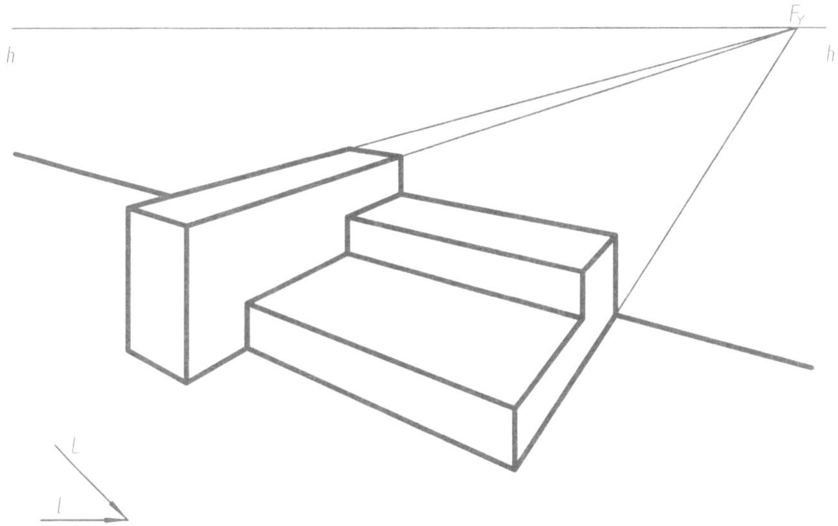

5-41　求作球门框在给定光线下的阴影。

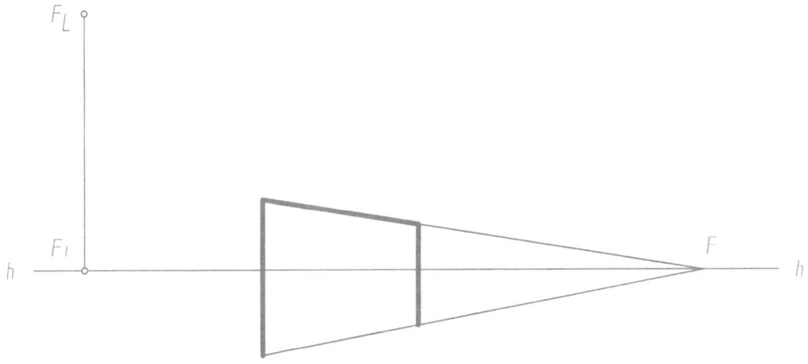

5-42　求作球门框在给定光线下的阴影。

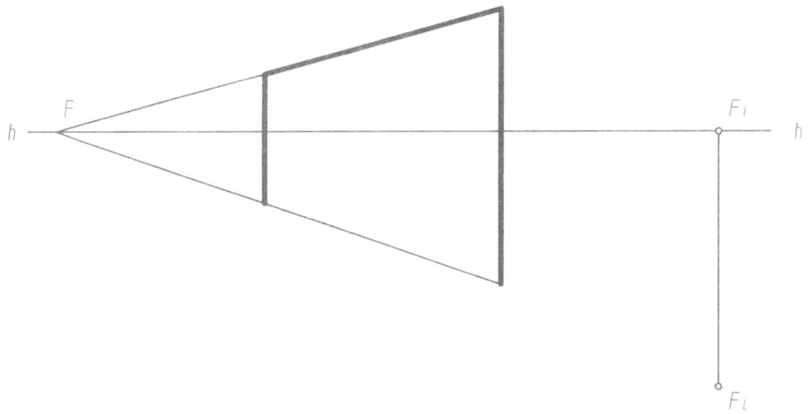

5-43 求作球门框在给定光线下的阴影。

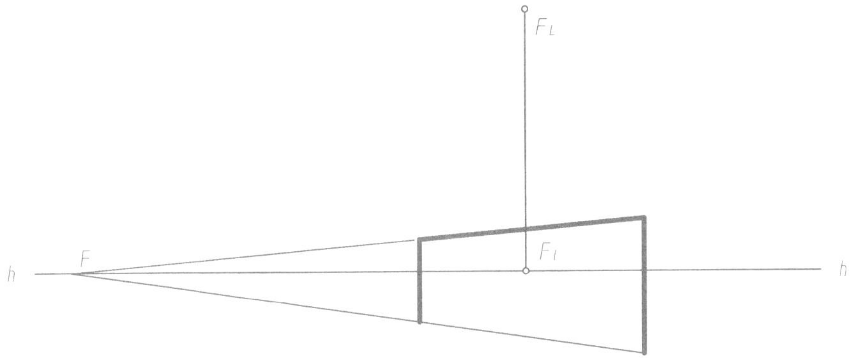

5-44 求作球门框在给定光线下的阴影。

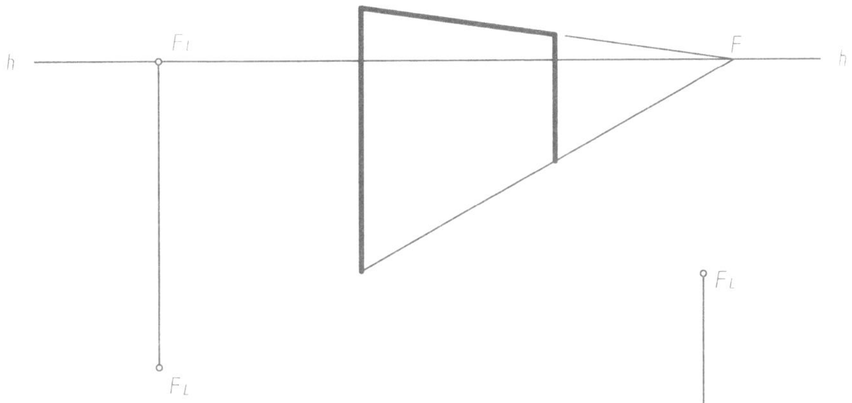

5-45 求作旗杆及斜坡在给定光线下的阴影。

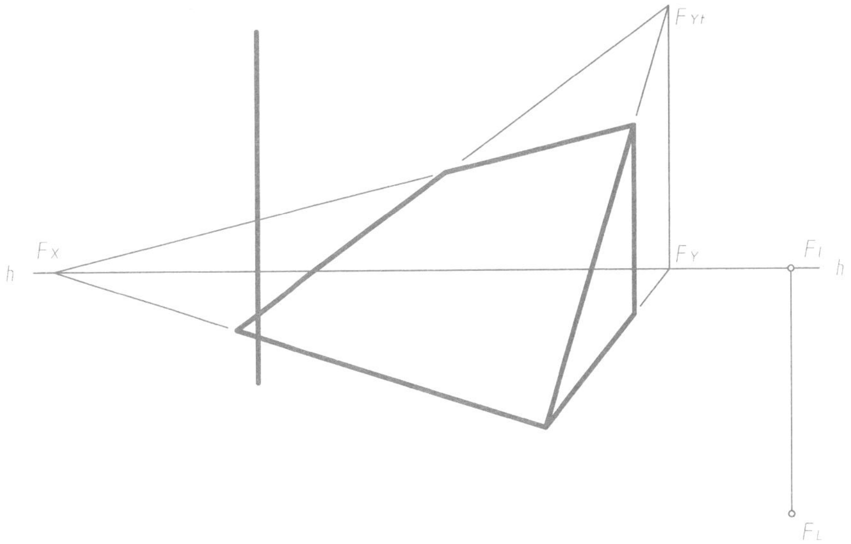

5-46 求作建筑物在给定光线下的阴影。

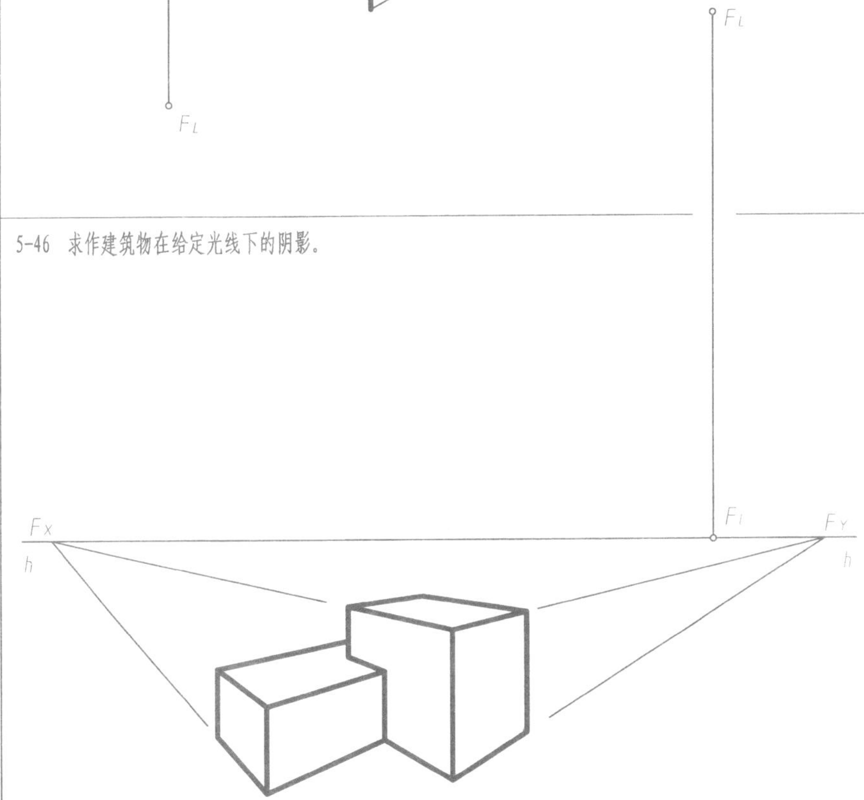

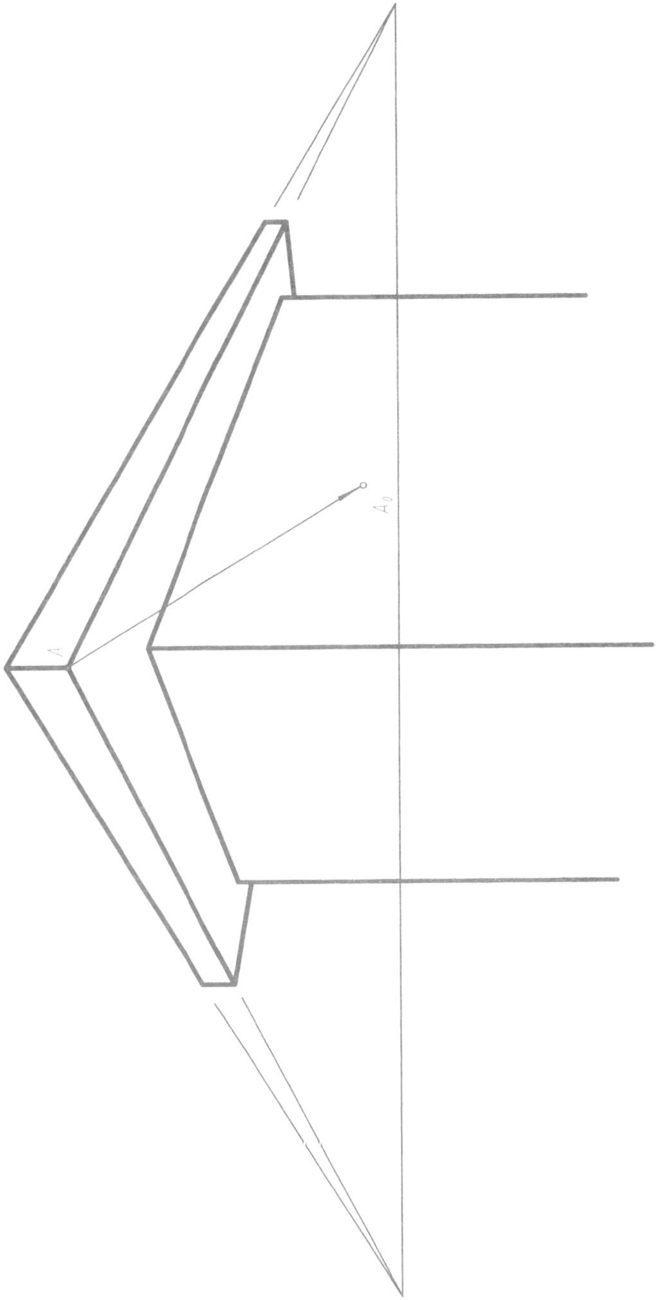

5-47　求作屋檐在给定光线下的阴影。

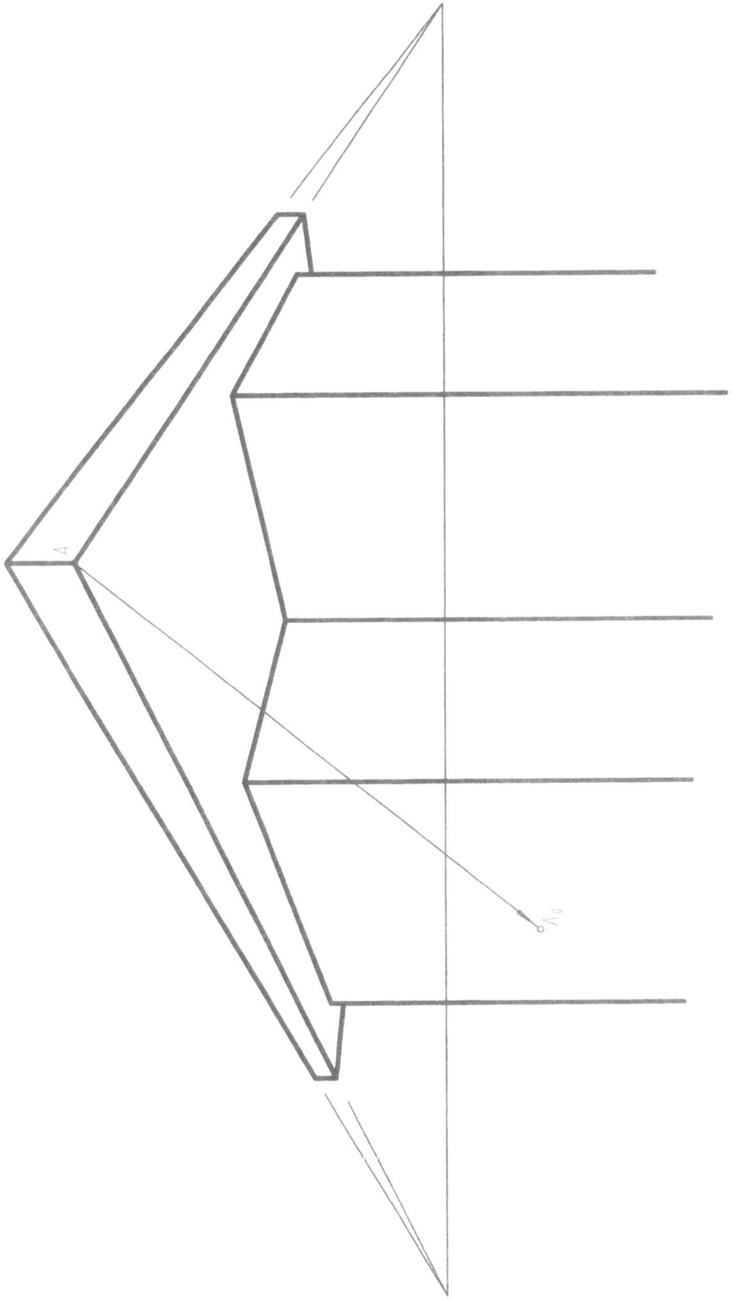

5-48　求作屋檐在给定光线下的阴影。

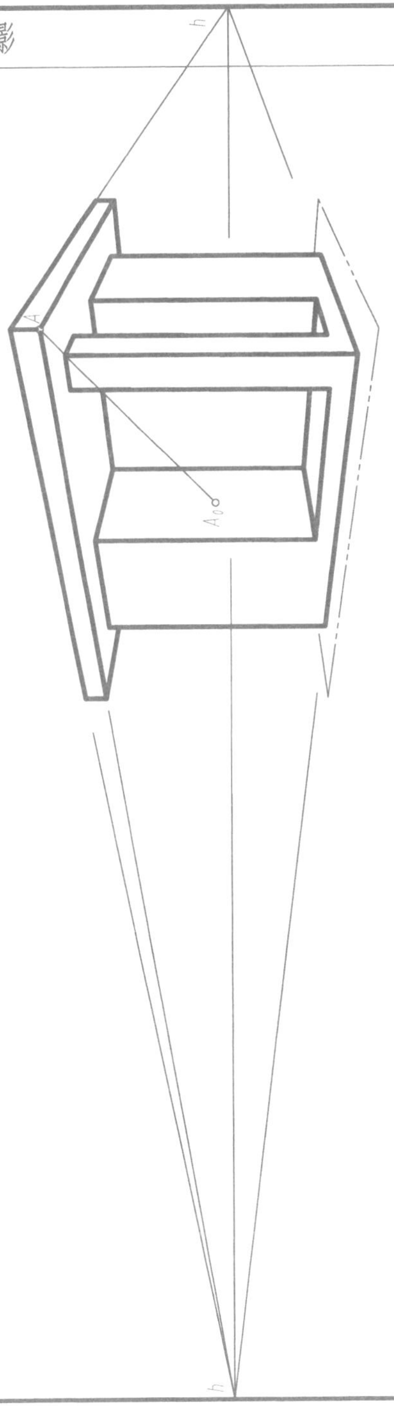

5-49 求作带屋檐的小屋在给定光线下的阴影。

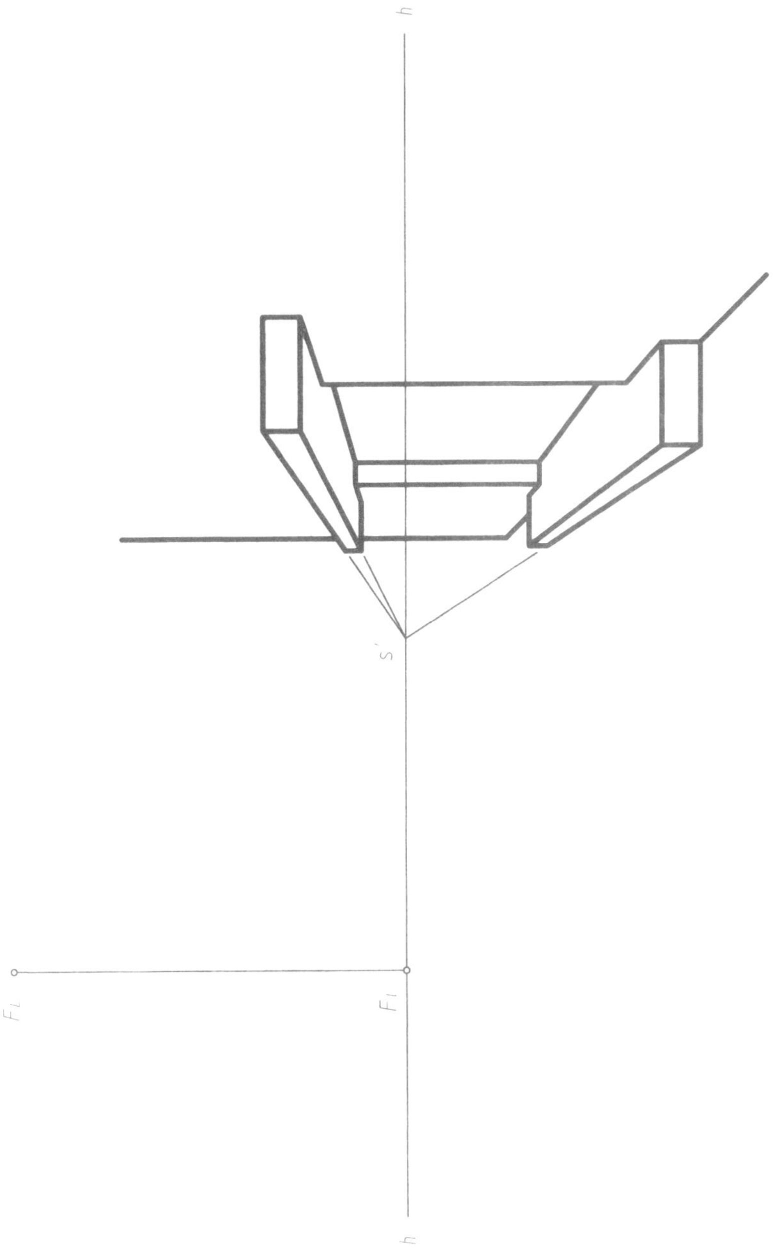

5-50 求作带雨棚的门洞在给定光线下的阴影。

6-1　将建筑材料图例的名称注写在横线上。

6-2　用四圆心法画椭圆。

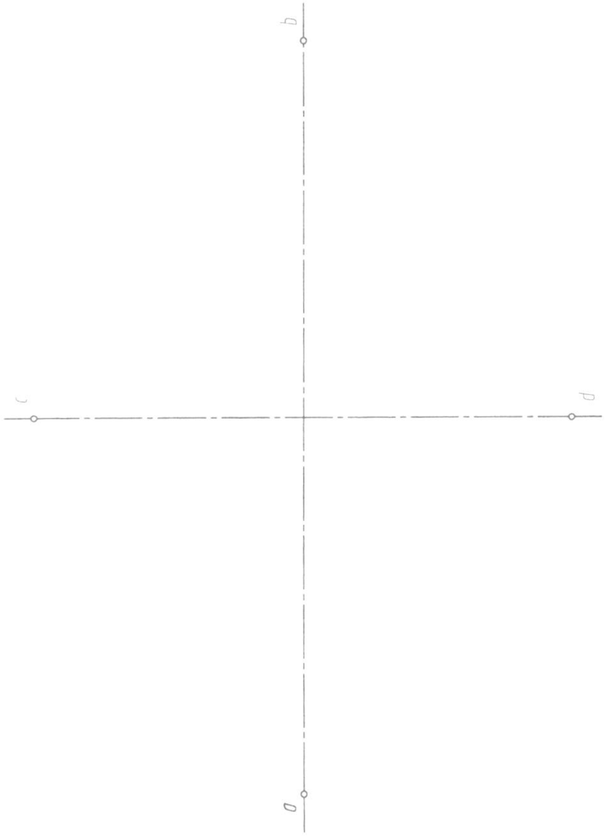

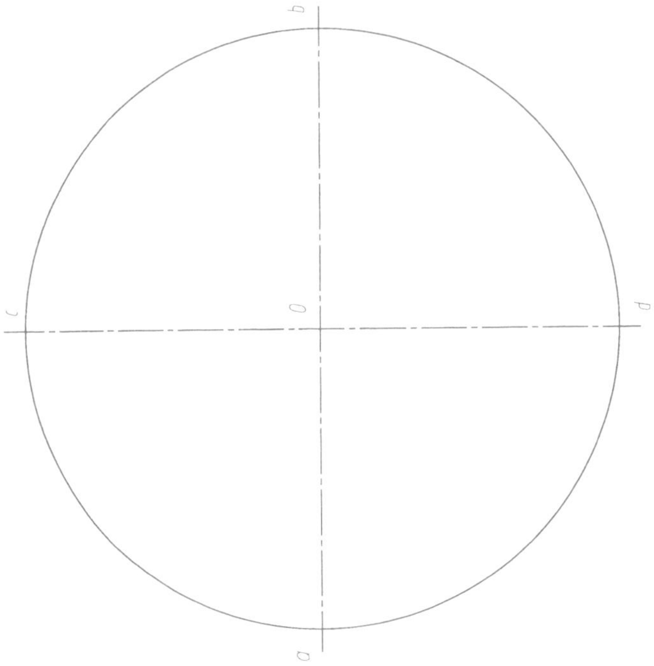

6-3 作正五边形。

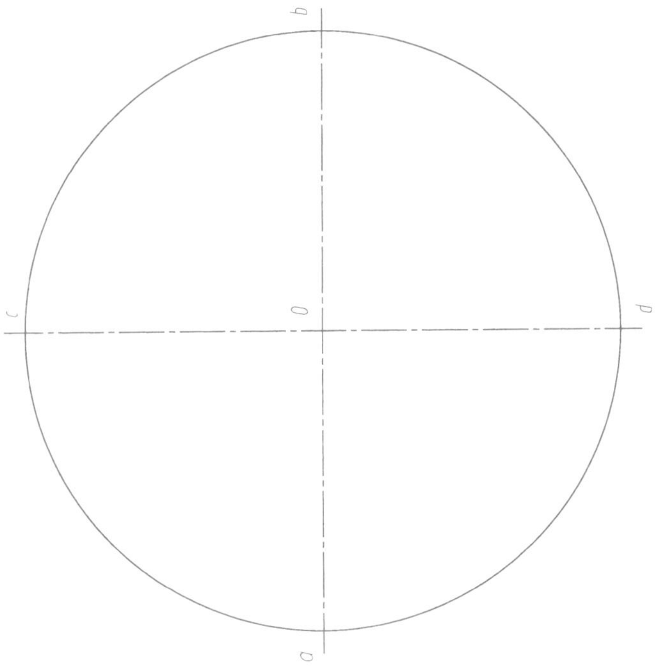

6-4 作正七边形。

6-5　参照左下方所示图形的尺寸，用1:1在指定位置处画全图形。

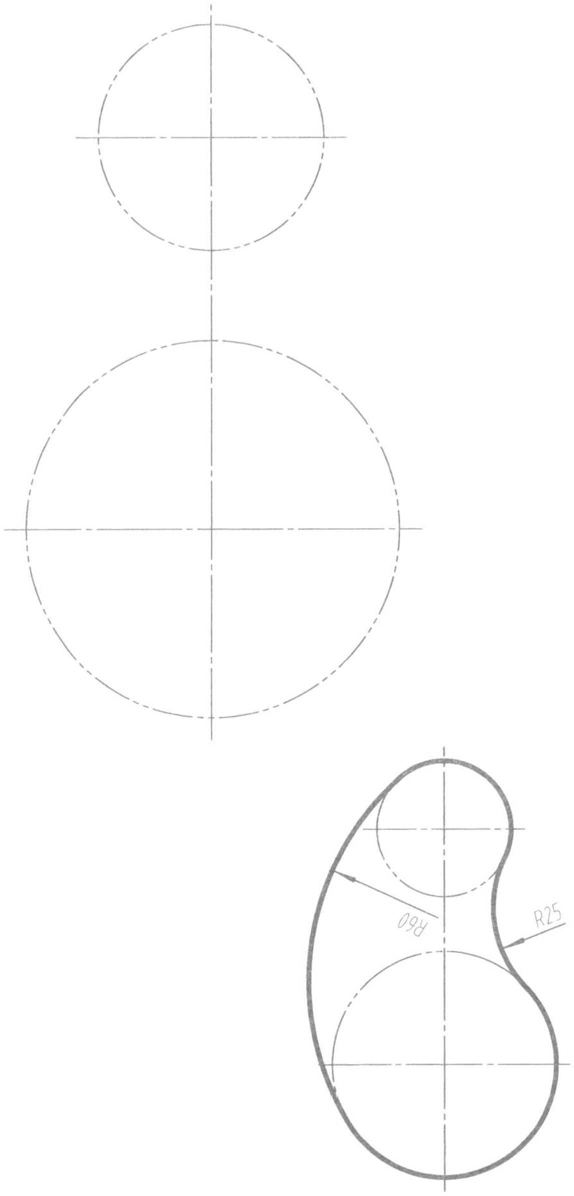

6-6　参照左下方所示图形的尺寸，用1:1的比例在指定位置处画全图形。

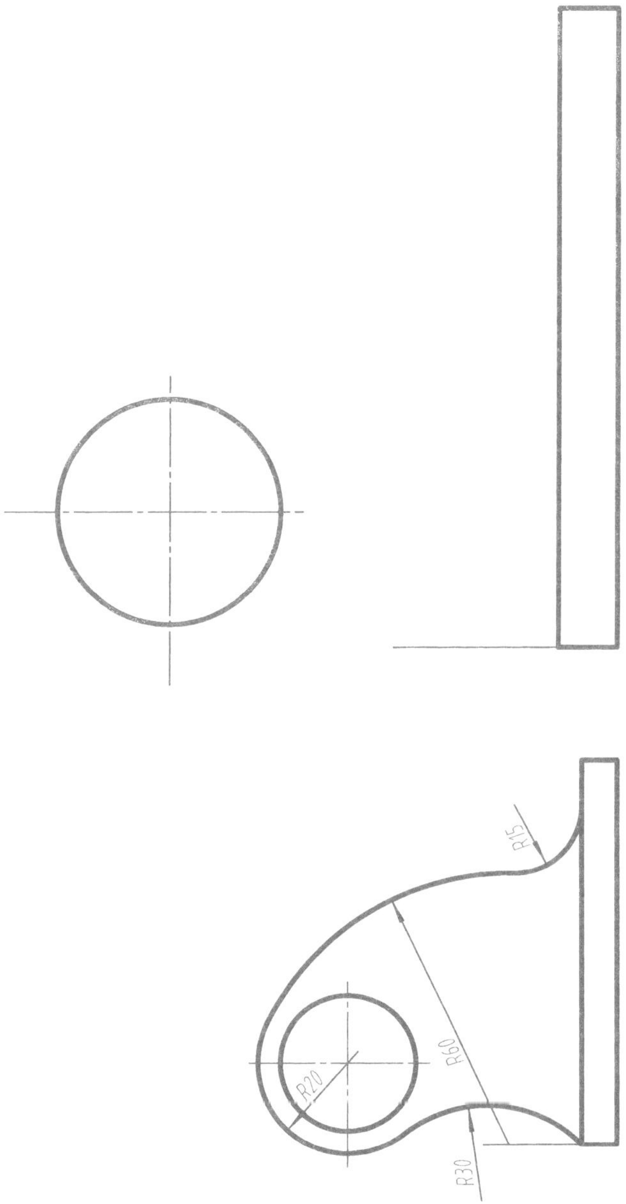

7-1 根据所给轴测图，用1∶1的比例画出组合体的三视图。

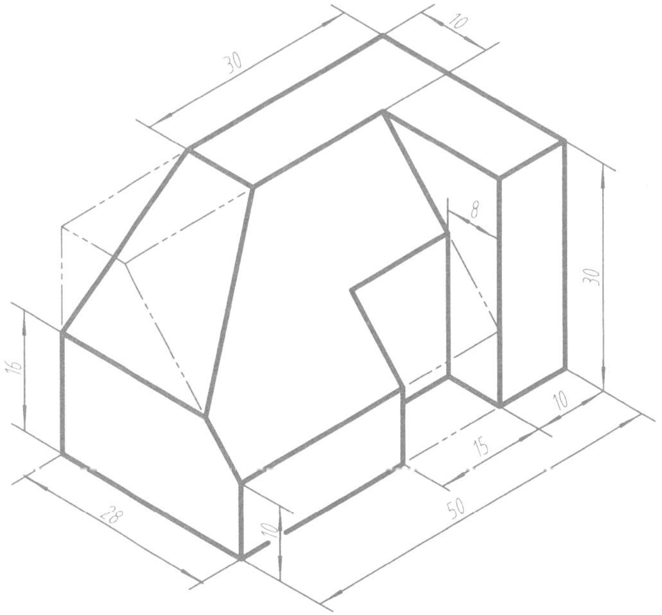

7-2 根据所给轴测图，用1∶1的比例画出组合体的三视图。

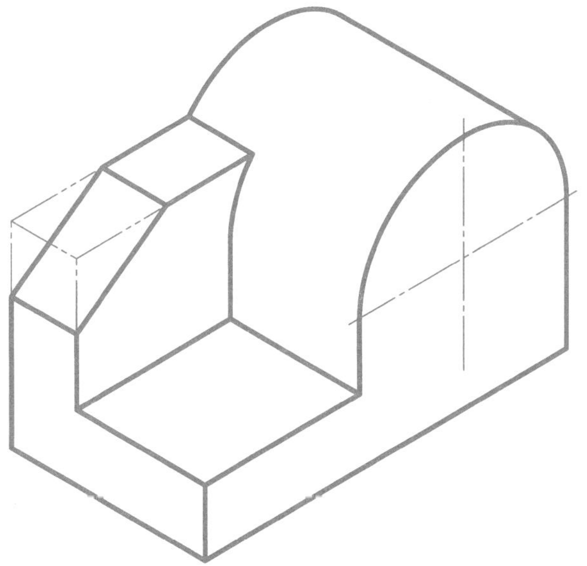

7-3 根据所给轴测图，用1∶1的比例画出组合体的三视图。

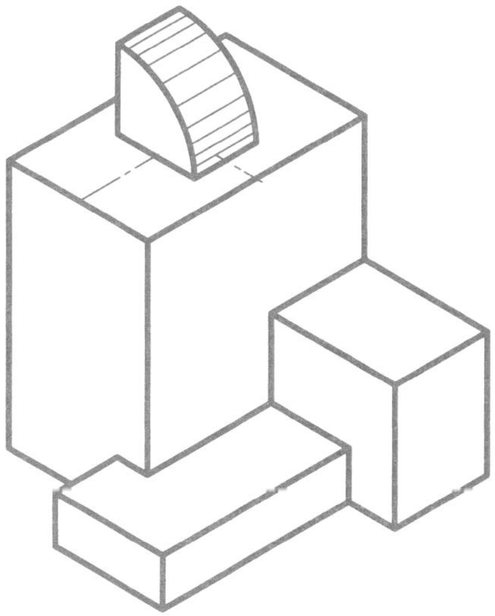

7-4 根据所给轴测图，用1∶1的比例画出组合体的三视图。

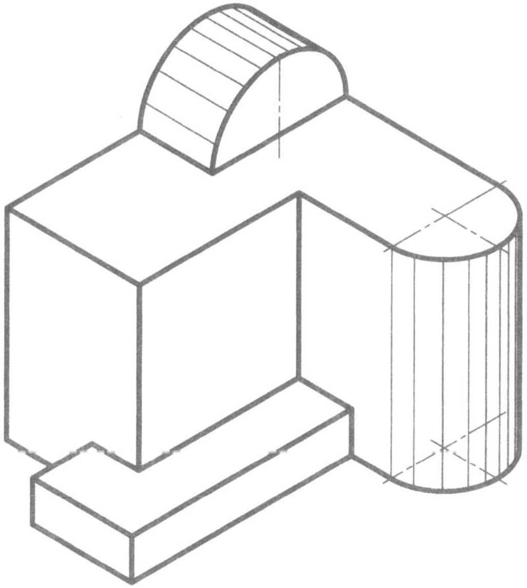

7-5 根据对组合体的形体分析，先标注基本形体尺寸，后标注组合体尺寸。

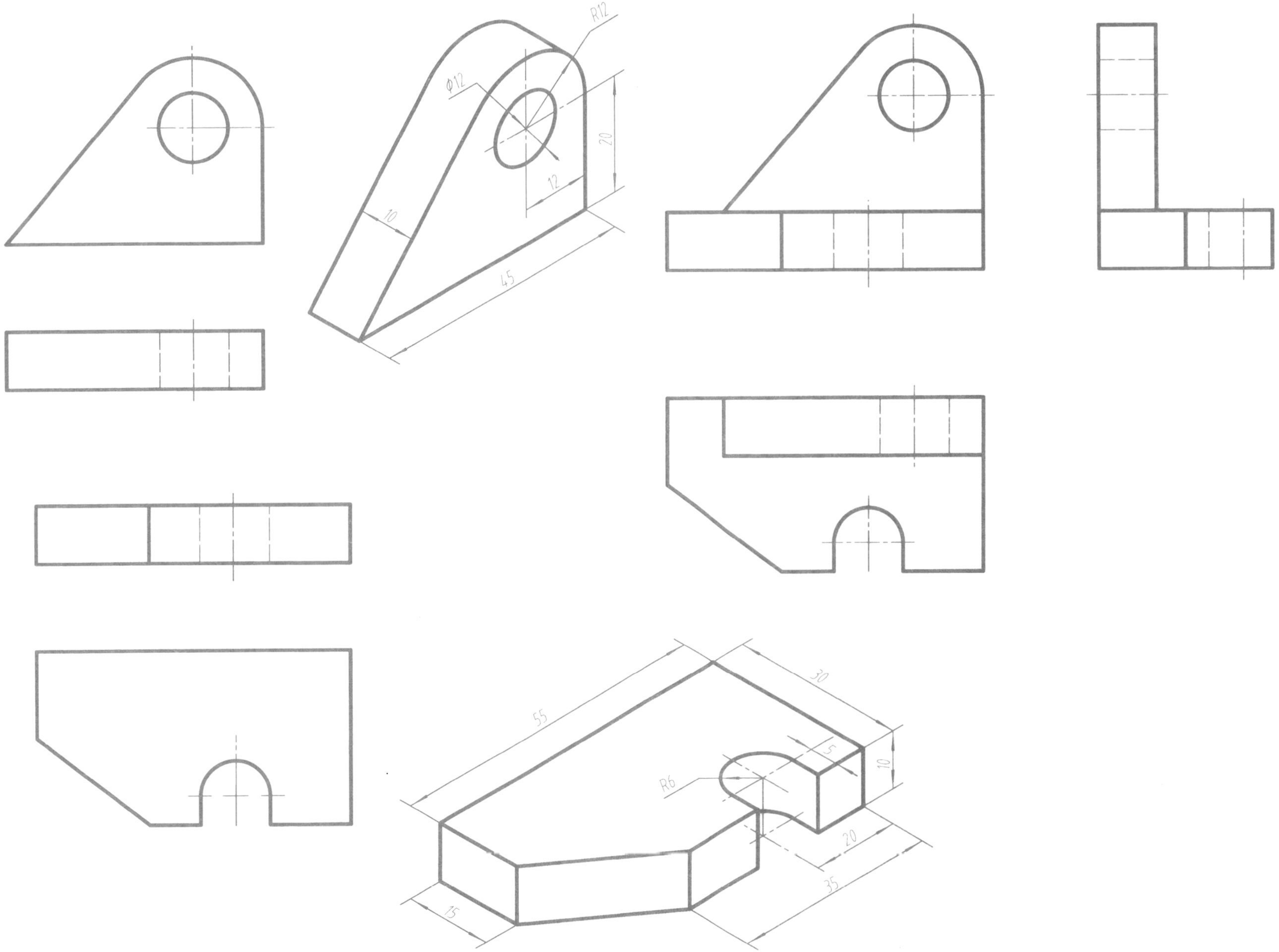

7-6　根据所给的两个视图，补出第三视图。

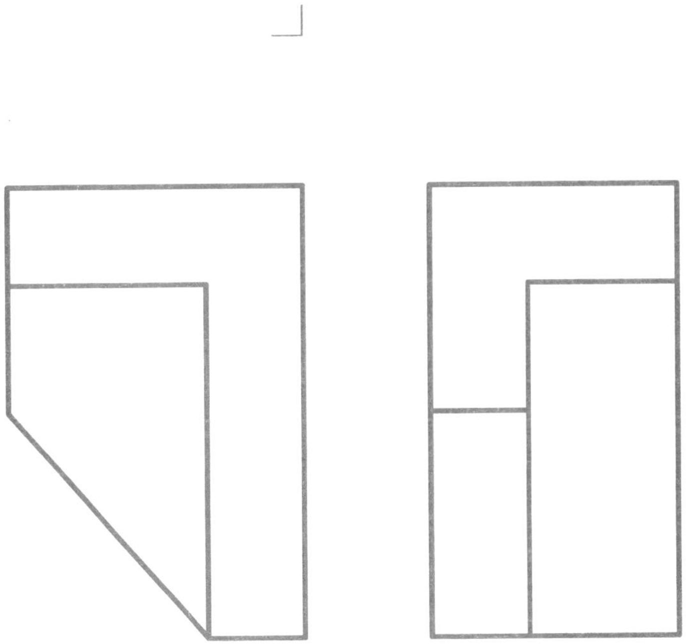

7-7　根据所给的两个视图，补出第三视图。

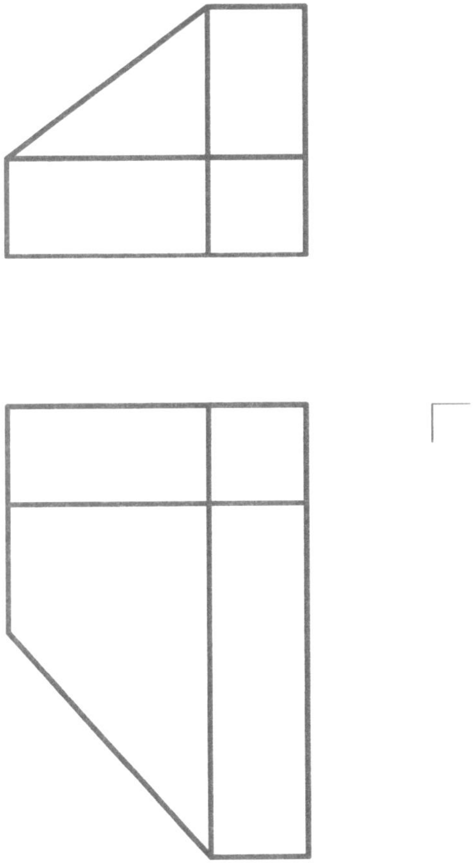

7-8　根据所给的两个视图，补出第三视图。

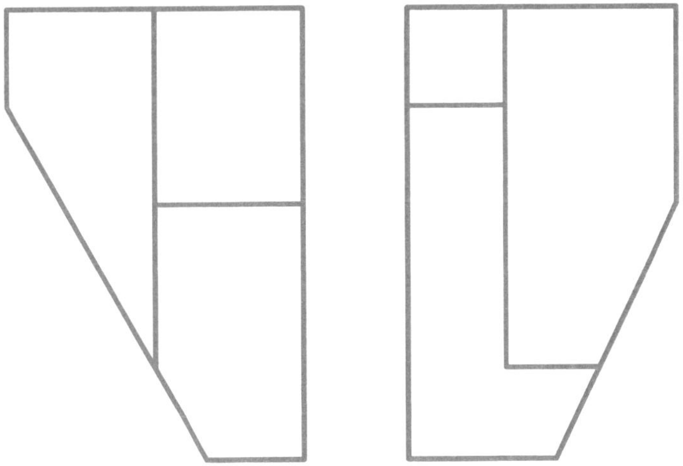

7-9　根据所给的两个视图，补出第三视图。

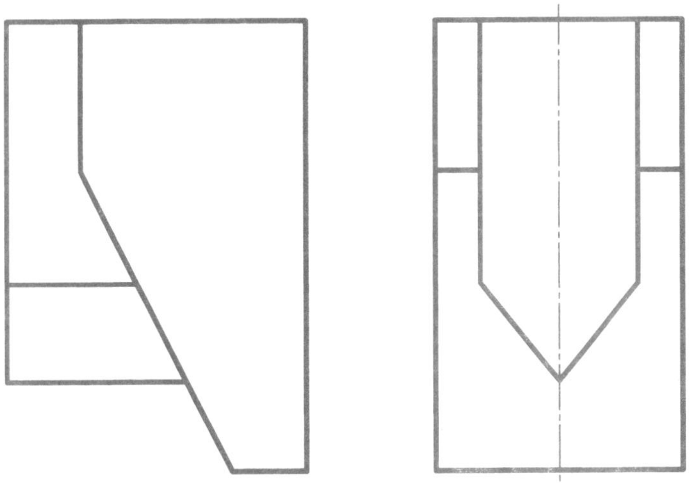

7-10　根据所给的两个视图，补出第三视图。

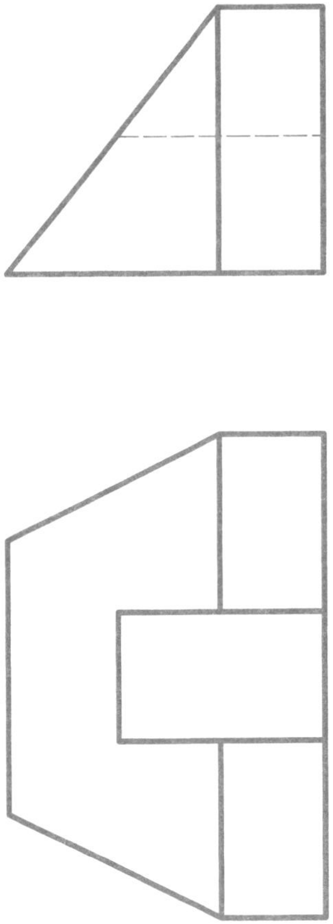

7-11　根据所给的两个视图，补出第三视图。

7-12　根据所给的两个视图，补出第三视图。

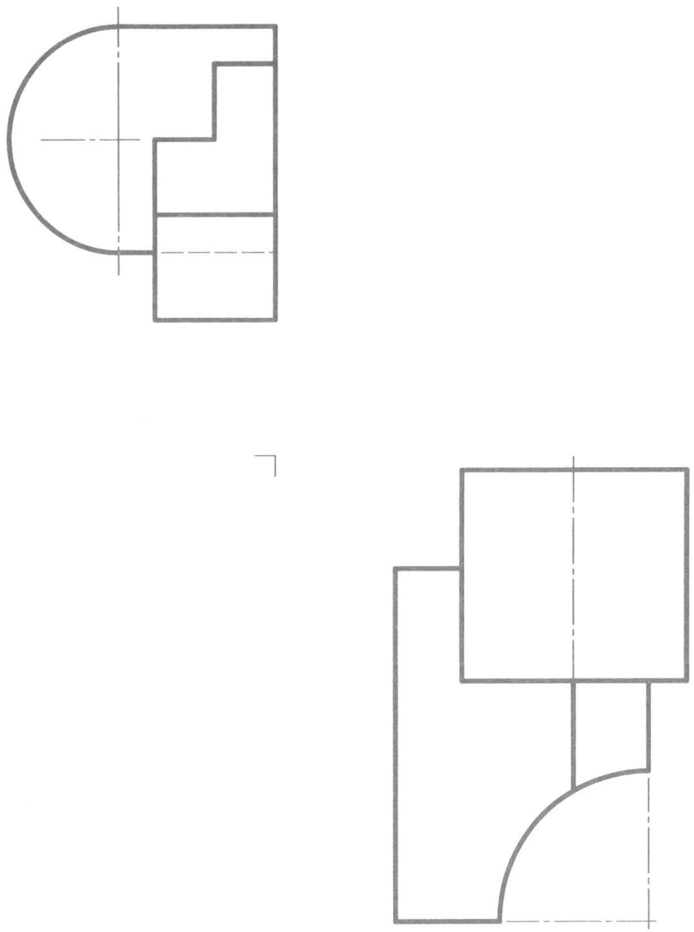

7-13　根据所给的两个视图，补出第三视图。

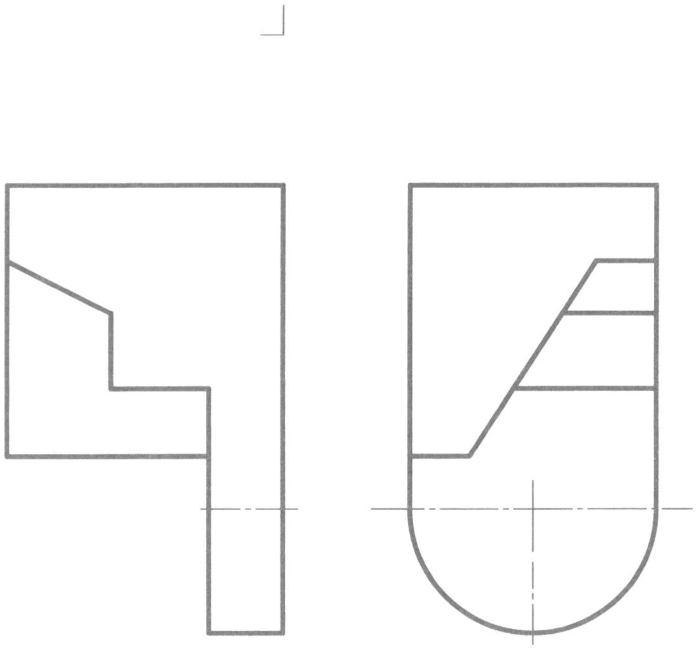

7-14　画出左视图，并把主、左视图画成适当的剖视（不要的线段打“X”）。

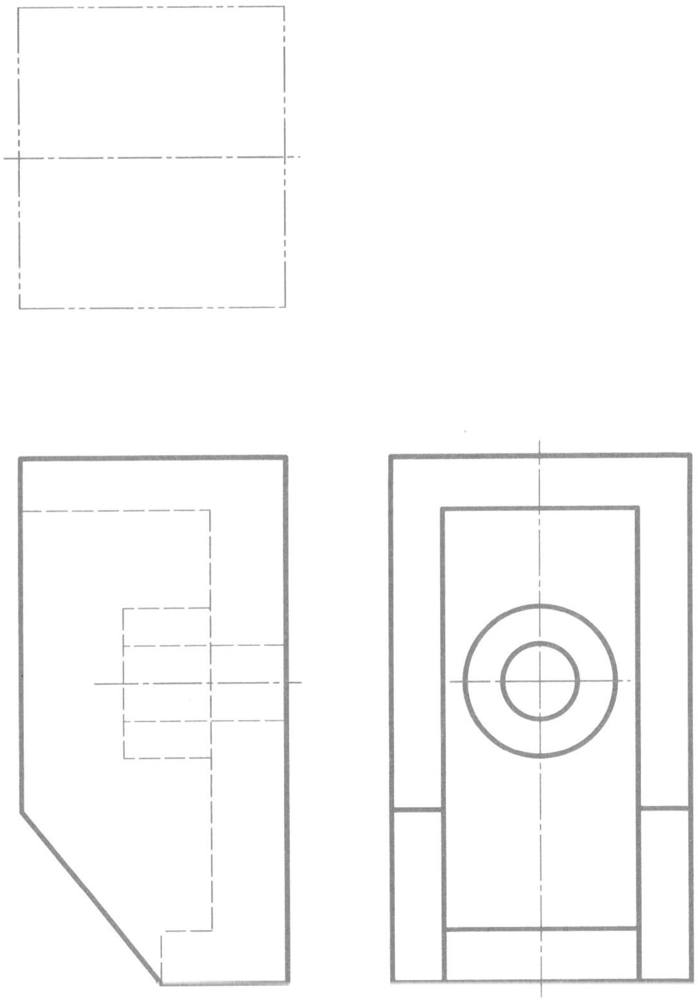

7-15　画出左视图，并把主、左视图画成适当的剖视（不要的线段打“X”）。

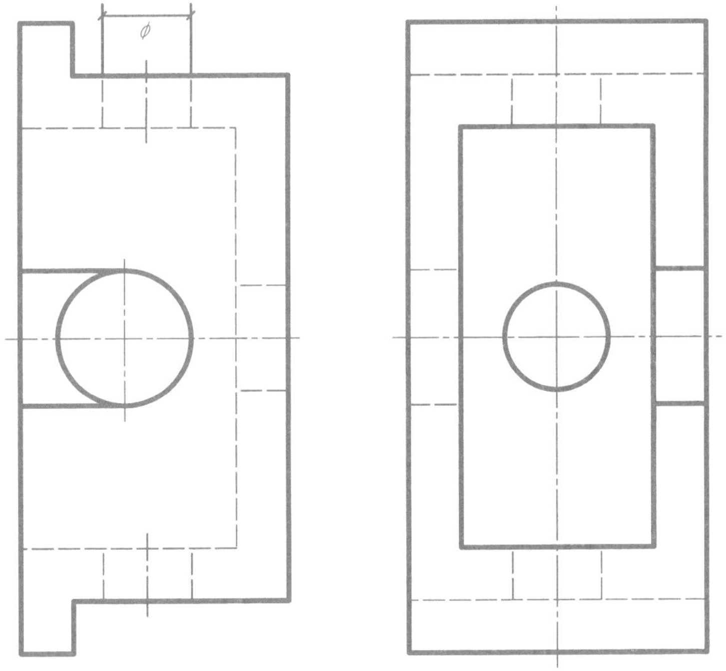

7-16 把主、左视图画成适当的剖视（不要的线段打“X”）。

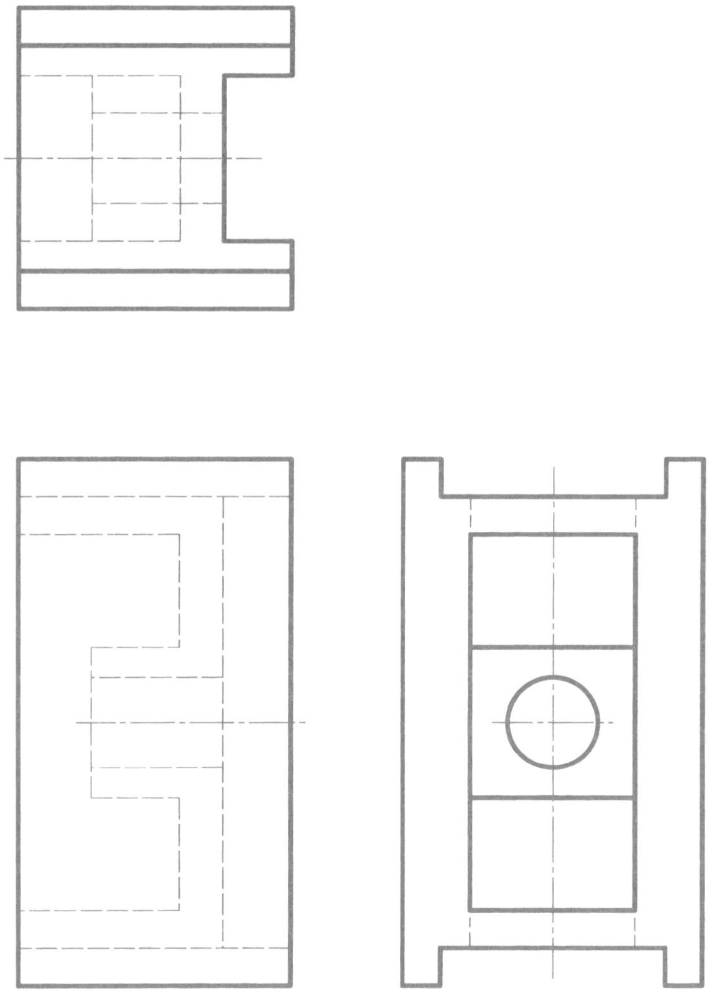

7-17 把主、左视图画成适当的剖视（不要的线段打“X”）。

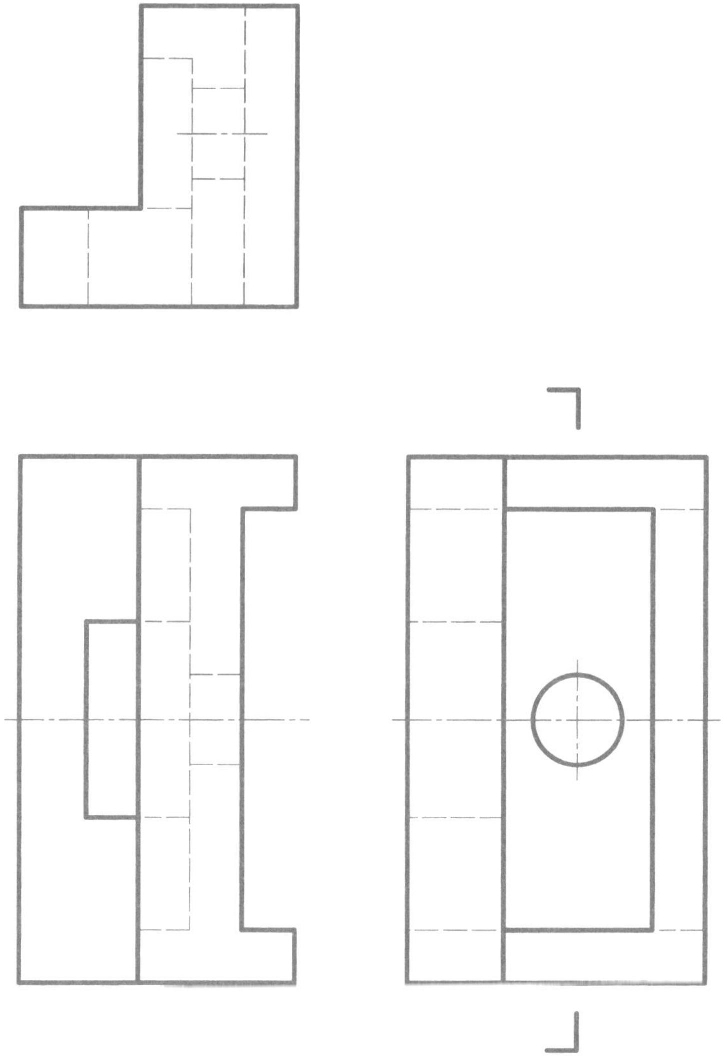

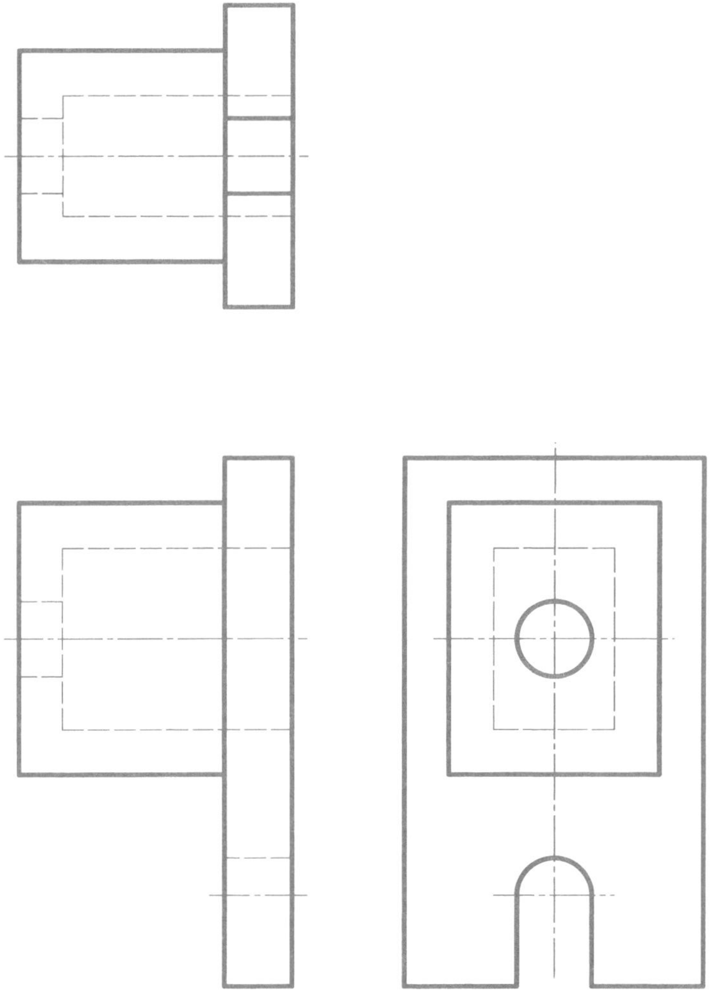

7-18 把主、左视图画成适当的剖视（不要的线段打"X"）。

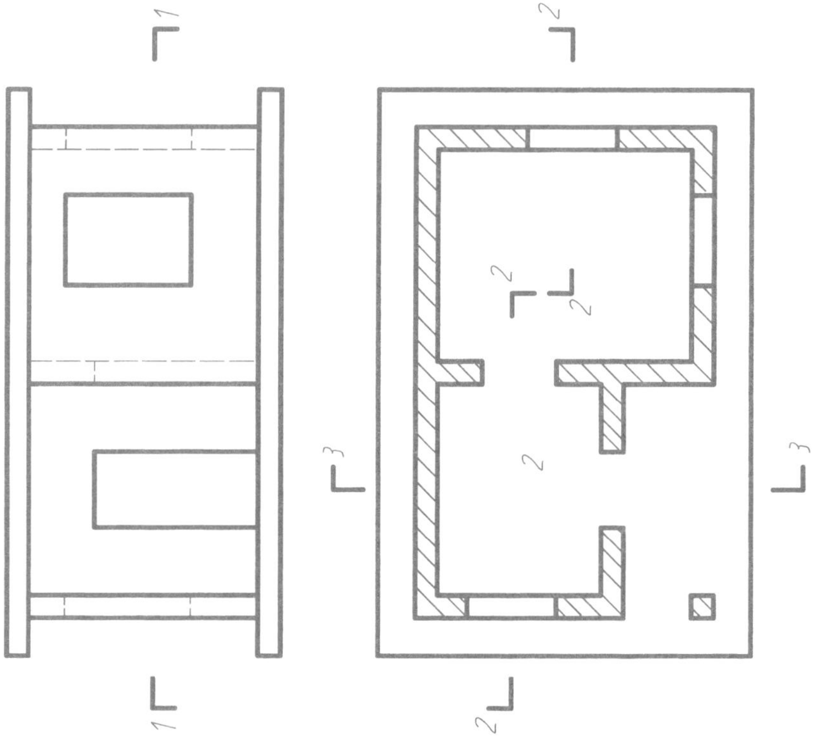

7-19 把主、左视图画成给定的剖视（不要的线段打"X"）。

7-20　根据所给形体的二视图，补画出其左视图。

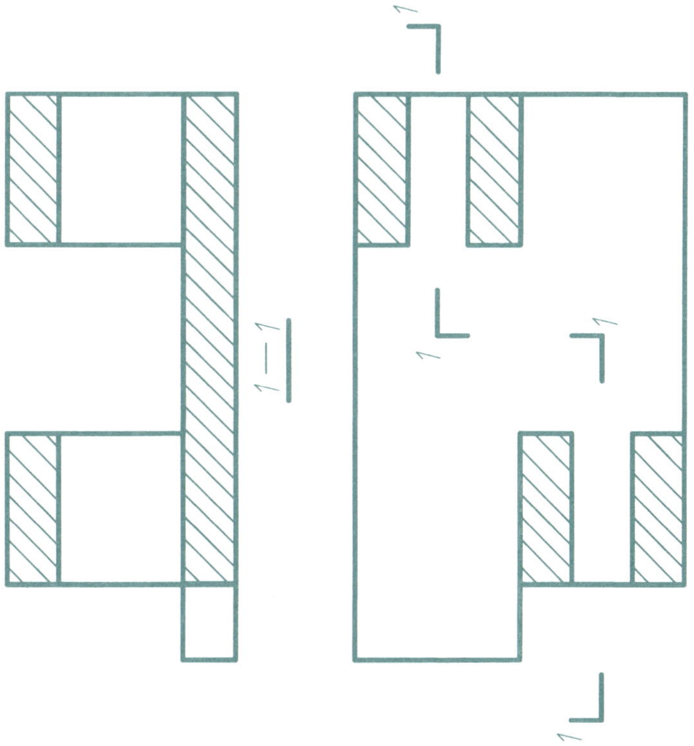

7-22　分析剖视图中的错误，在给定位置作出正确的局部剖视图。

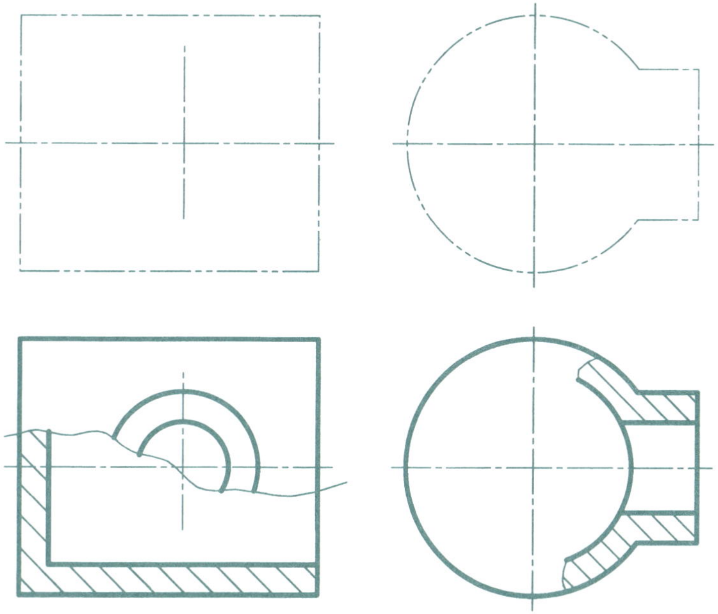

7-21　在给定位置把主视图画成局部剖视图。

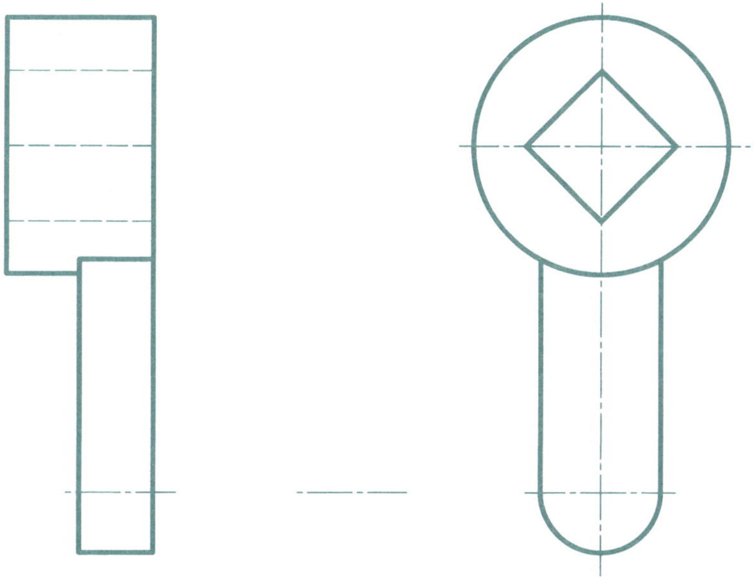

7-23 作出钢筋砼梁的1-1、3-3、4-4断面图及2-2剖视图。

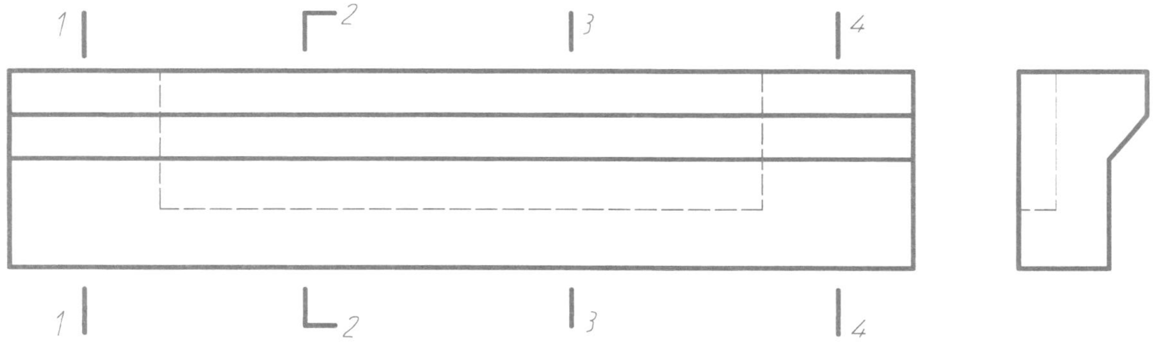

1-1 断面 2-2 剖视 3-3 断面 4-4 断面

7-24 根据所给视图，作出2-2、3-3断面图。

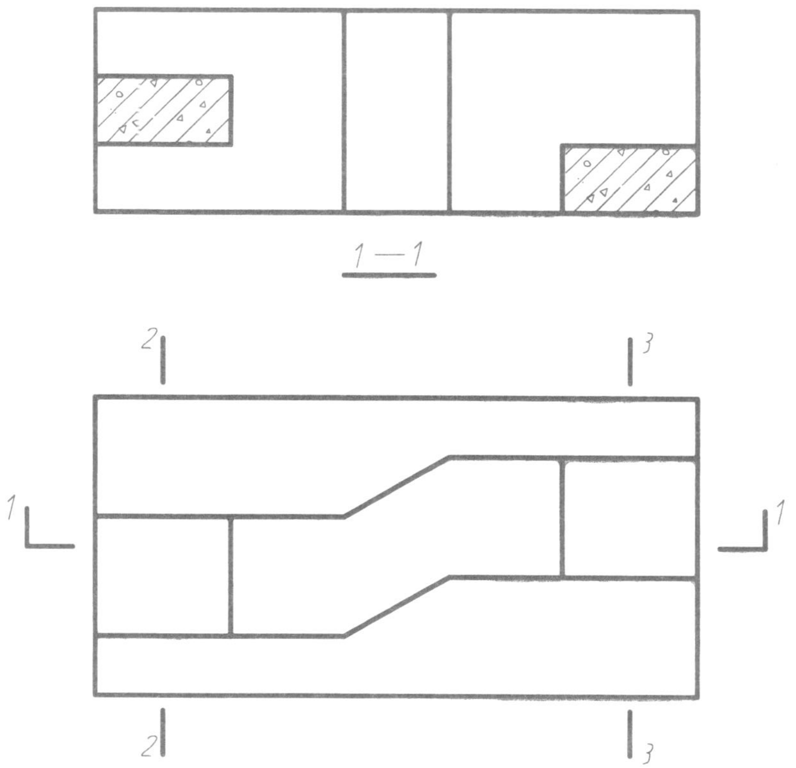

2—2

3—3

8-1 将各种图例、符号的名称注写在横线上。

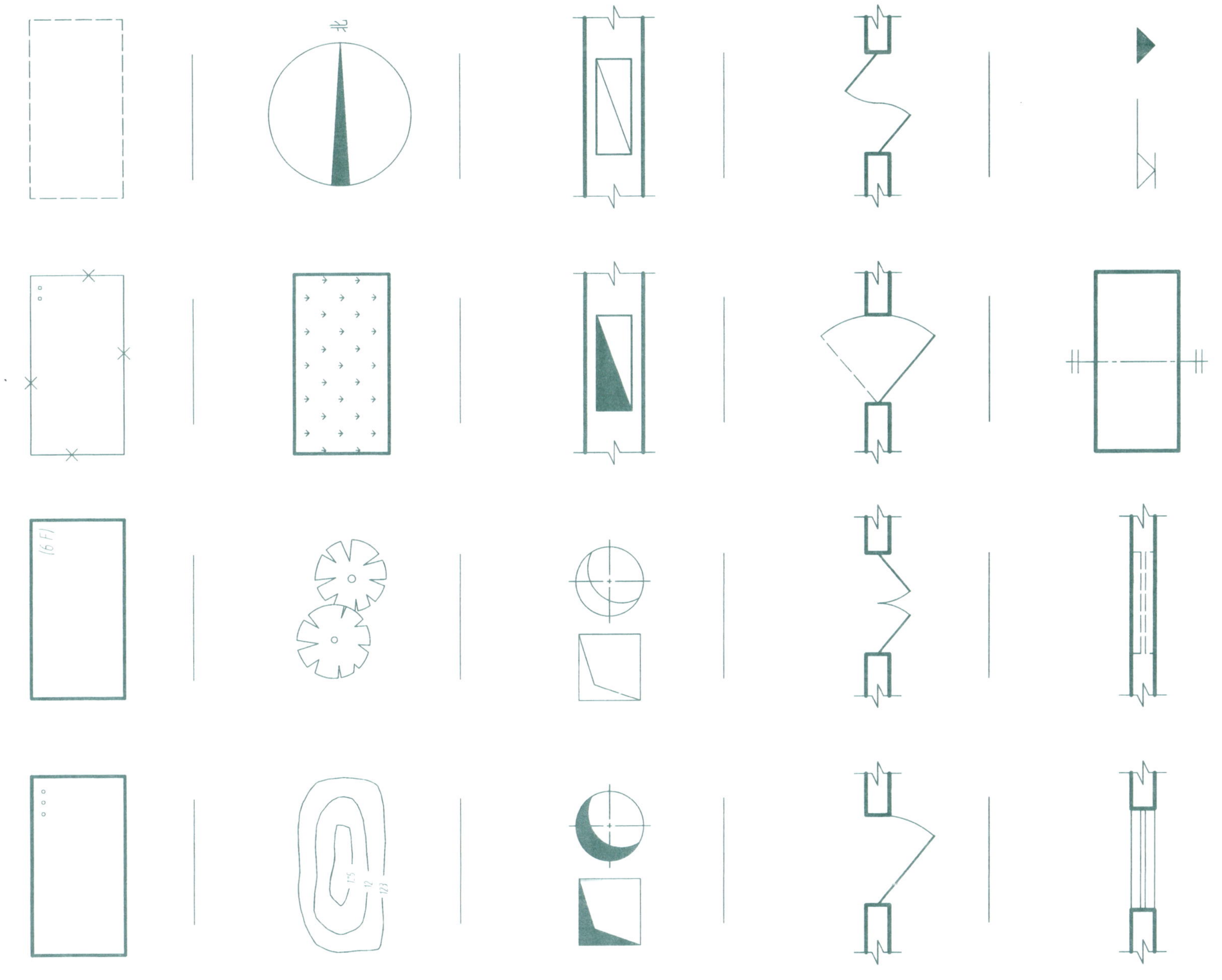

8-2 回答问题及填空。

1） 定位轴线是把房屋的承重墙、柱子和屋架等承重构件的轴线画出，并进行编号。下列各轴线编号各表示什么轴线？

(1/5) —— 表示：

(2/B) —— 表示：

(1/01) —— 表示：

(2/0A) —— 表示：

2） 建筑施工图中的尺寸单位有两种：标注标高尺寸以 ____ 为单位，精确到 ____ 位，建筑总平面图中的尺寸以 ____ 为单位，精确到 ____ 位；其余一律以 ______ 为单位 。

3） 详图索引符号 (5/3) 表示详图所在的图纸编号为 ____，详图的编号为 ____，投影方向为从 ____ 到 ____ 。

4） 详图符号 (6/8) 表示该详图的编号为 ____，被索引详图所在的图纸编号为 ____ 。

5） 详图符号 (7) 表示该详图的编号为 ____，被索引详图所在的图纸编号为 ____ 。

6） 详图索引符号 (4/5) 表示详图所在的图纸编号为 ____，详图的编号为 ____ 。

7） 详图索引符号 (9/—) 表示详图所在的图纸编号为 ______，详图的编号为 ____ 。

8） 房屋施工图由于专业分工不同，一般分为：______ 施工图、______ 施工图和设备施工图 。

9） 在建筑施工图中，门的代号为 ____；窗的代号为 ____；板的代号为 ______；梁的代号为 ______；柱的代号为 ____ 。

10） 看建筑剖面图时，应到 __________ 图上去查找剖面图的剖切平面位置和投影方向。

11） 建筑施工图的图样一般是按正投影法绘制的，建筑平面图实际上是建筑物的 __________ 图。

12） 建筑平面图外部的三道尺寸线是：__________；__________；__________ 。

13） 建筑（相对）标高是将房屋底层室内主要地面的标高定为 ______ 进行计算高程的标高。

14） 指北针的圆圈直径为 ____ mm，尾部宽为 ____ mm，针尖所指为北。

15） 轴线编号的原则是：水平方向由 ___ 至 ___ 用阿拉伯数字注写；竖直方向由 ___ 至 ___ 用拉丁字母注写，且字母 __________ 不得用为轴线编号。

8-3 将所给的房屋平面、立面图中所遗漏的尺寸及轴线编号补全，然后再描绘一张墨线图。

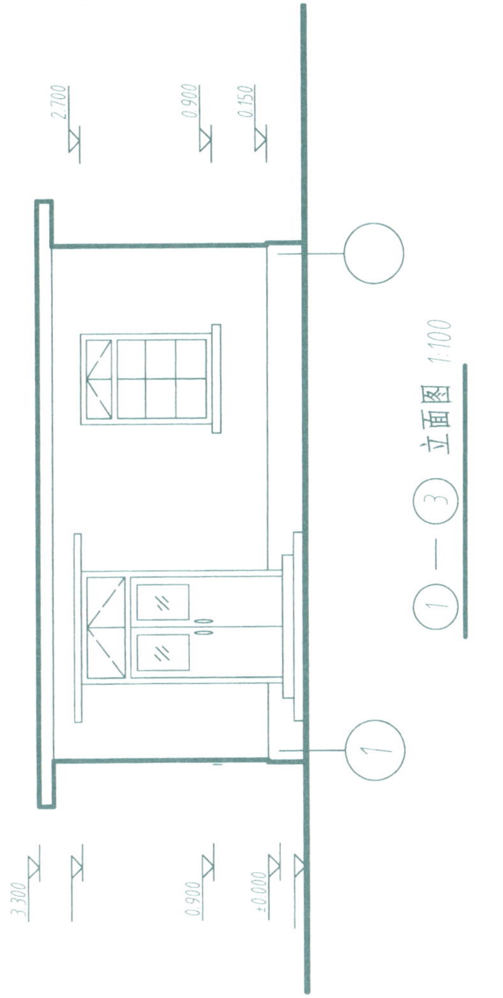

①—③ 立面图 1:100

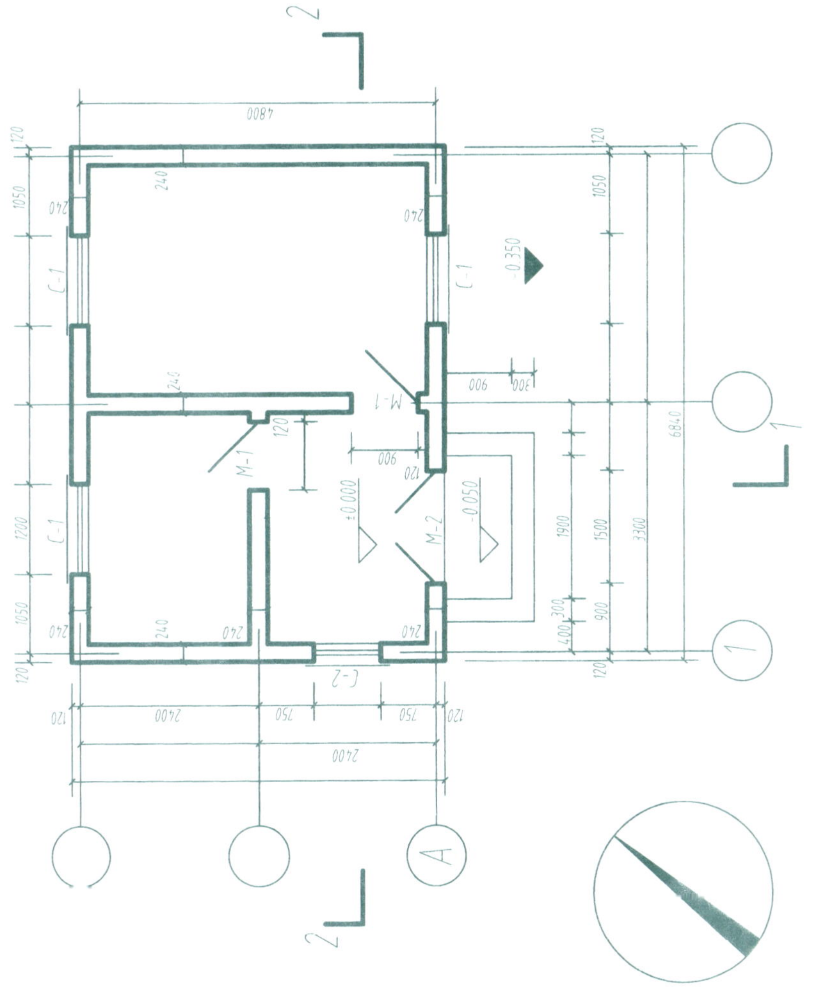

平面图 1:100

8-4　根据8-3图中的尺寸将1-1剖面图中所缺少的尺寸及标高补全。

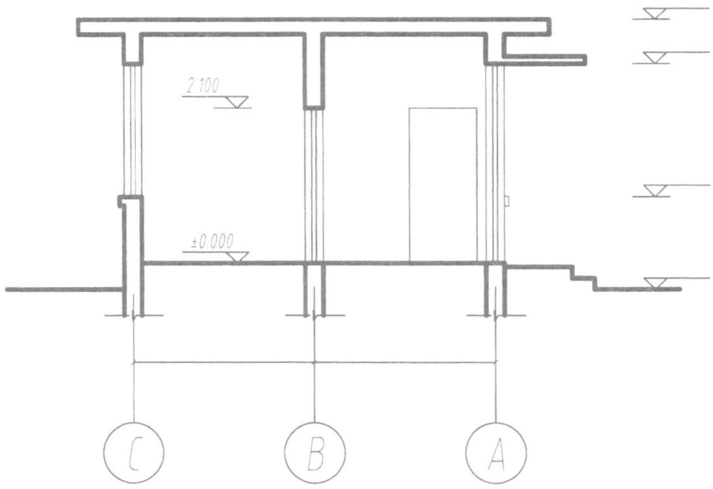

1—1 剖面图 1:100

8-5　根据8-3、8-4所给的平、立、剖面图，绘制2-2剖面图，并标注必要的尺寸及标高。

2—2 剖面图 1:100

9-1 详细阅读卡拉OK厅装饰工程图，熟悉其意境、做法及构造，再根据装饰工程图绘制一张铅笔淡彩透视图（透视类型自定）。

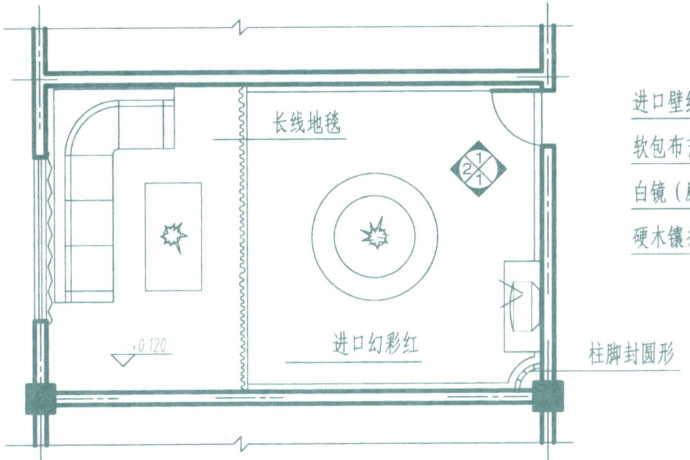

平面图 1:50

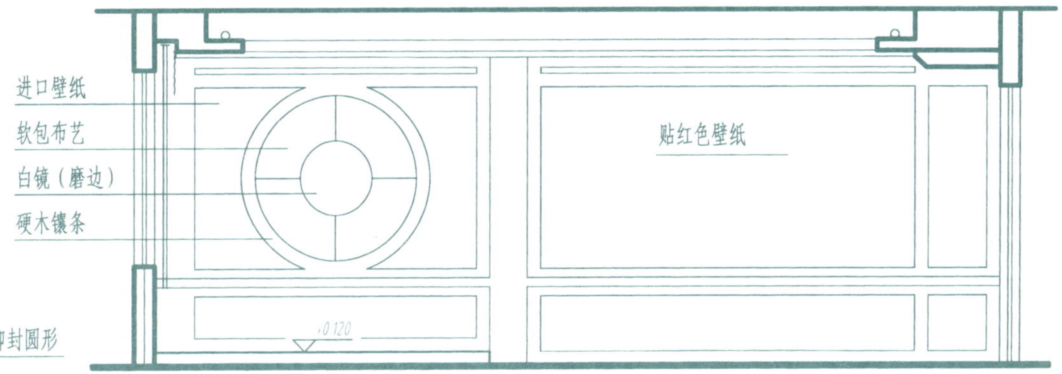

① 向立面图 1:30

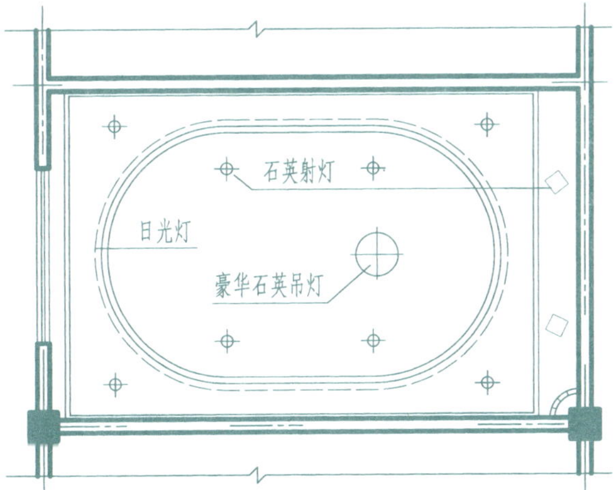

天花图 1:50

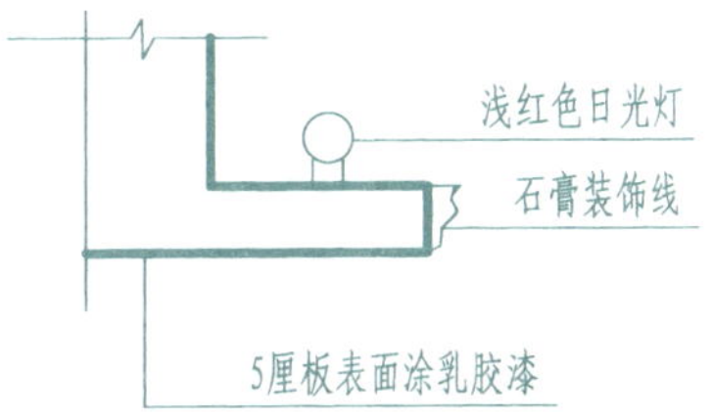

① 1:10

② 1:10

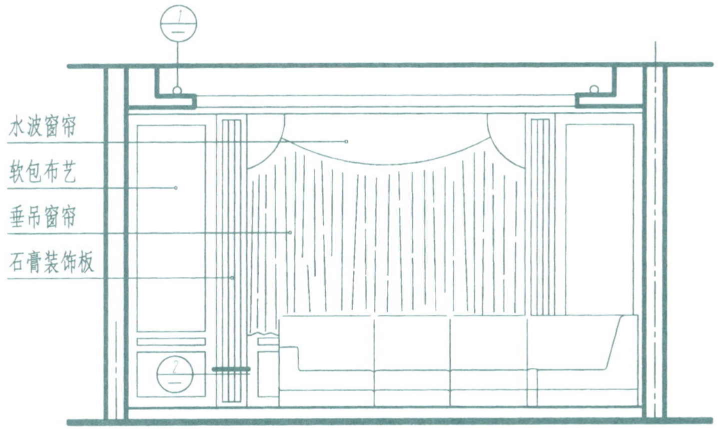

② 向立面图 1:30

全国高等院校艺术设计专业规划教材

室内装饰工程制图

（第三版）

刘甦　太良平　编著

中国轻工业出版社

图书在版编目（CIP）数据

室内装饰工程制图/刘甦，太良平编著．—3版．
—北京：中国轻工业出版社，2023.1
ISBN 978-7-5019-8518-0

Ⅰ．①室…　Ⅱ．①刘…　②太…　Ⅲ．①室内装饰设计－
建筑制图－高等职业教育－教材　Ⅳ．①TU238

中国版本图书馆CIP数据核字（2011）第226224号

责任编辑：毛旭林
策划编辑：毛旭林　　责任终审：劳国强　　封面设计：锋尚设计
版式设计：丁　夕　　责任校对：晋　洁　　责任监印：张　可

出版发行：中国轻工业出版社（北京东长安街6号，邮编：100740）
印　　刷：三河市万龙印装有限公司
经　　销：各地新华书店
版　　次：2023年1月第3版第11次印刷
开　　本：889×1194　1/16　　印张：24.25
字　　数：800千字
书　　号：ISBN 978-7-5019-8518-0　　定价：48.00元
邮购电话：010－65241695
发行电话：010－85119835　传真：85113293
网　　址：http：//www.chlip.com.cn
Email：club@chlip.com.cn
如发现图书残缺请与我社邮购联系调换
221801J2C311ZBW

高等职业教育·艺术设计教材

编审委员会

出版说明

本书是根据国家教委“画法几何及工程制图课程教学基本要求”和陕西省“室内设计自学考试大纲”以及新的《建筑制图国家标准》，在2001年第一版的基础上，总结近十年的教学经验并参考有关方面的意见修订而成的。

本书除继续保持第一版的特点外，从有利于教学出发，对原版内容进行了修编与调整，使其更符合教学实际需要。

本书的内容包括：投影基础，立体的投影，轴测投影，透视投影，建筑阴影，建筑制图的基本知识，建筑制图基础（组合体的视图、剖视与断面），建筑施工图，室内装饰工程图等。另外还增配了《室内装饰工程制图习题集》。

本书经教育部中国高等职业教育研究会组织专家评估后被列为推荐教材；同时被陕西省自学考试管理中心列为陕西省高等教育自学考试指定教材。

本书除作为高职、高专、自考的室内设计、环境艺术、建筑学、城市规划等各建筑类专业教材外，还可作为本科环境艺术、建筑学、城市规划等专业教材，还可供职工业余大学、函授大学、电视大学等有关专业选用，并可作为从事室内建筑装饰设计的技术人员的参考用书。

现将参与本套教材编写工作的院校列后：

西北建筑工程学院
西安建筑科技大学
苏州工艺美术职业技术学院
广东轻工职业技术学院
深圳职业技术学院
广东顺德职业技术学院
广东番禺职业技术学院
广州成人教育学院
广州大学艺术与设计学院
北京西城经济科学大学
北京朝阳社区学院
北京职业教育集团
天津职业大学
西安美术学院成教学院
四川教育学院
宁波职业技术学院
武汉职业技术学院
南京钟山学院艺术系
四川音乐学院成都美术学院
杭州职业技术学院
广西柳州职业技术学院
金陵职业技术学院
徐州建筑职业技术学院
江汉大学
昆明大学
广东省肇庆学院
北京市财贸管理干部学院
洛阳大学
北京工商大学传播艺术学院
清华大学美术学院
中央美术学院
北京服装学院
四川大学纺织服装学院
西北纺织工学院服装学院
四川美术学院
青岛大学高等职业技术学院
江苏徐州高等经贸学校
上海市工艺美术职业技术学院

第二版前言

《室内装饰工程制图》第一版于2001年1月由中国轻工业出版社出版，供高职、高专、自考的室内设计、环境艺术、建筑学、城市规划等建筑类专业作为教材使用，同时可供本科环境艺术、建筑学、城市规划专业选用。在使用中受到好评，取得了良好的社会效益，2001年9月经教育部中国高等职业教育研究会组织专家评估，被列为专家推荐教材；同时被陕西省自学考试管理中心列为陕西省高等教育自学考试指定教材。随着新的建筑制图国家标准的施行及社会的发展，加之第一版中有些缺点和错误亟待修改，因此我们决定对本教材进行修订。

第二版除继续保持第一版的一些特点外，主要做了下述的调整和修订：

（1）根据使用本书第一版的多数院校老师提出的意见，删去书中附录，增加了与之配套的《室内装饰工程制图习题集》，并更新了大部分插图。

（2）全书在保持第一版教材的体系与风格不变的基础上，力求做到：由浅入深、由易到难、由简到繁，以方便教学与自学。

（3）为了强化对学生空间形体想象能力的培养与训练，书中适当地增加了一些例题及习题训练。

（4）在修订版中，对内容的取材更加重视理论与生产实践相结合，特别是介绍了一些当前装饰工程设计精品中所用装饰工程图样的图示方法及特点，使学生对生产实践中的优秀装饰工程图样有所认识，有助于提高学生的学习质量。

（5）在修订版中力求使学生熟悉并掌握各类透视图与建筑阴影的绘制，以便为后继课程的学习提供较好的理论基础。

（6）书中文字力求简明、通俗易懂；对空间关系复杂的作图问题，多采用分步讲述、分步作图并附以立体图，以图助文，图文并重，以利于读者接受。

（7）各章章末均有思考题，以帮助学生在复习时掌握该章的基本内容以及重点与难点。

本书是按建筑类专业课程多学时的要求编写的，全部授完需90~110学时。与教学基本要求相比，在内容上有所加深、加宽，教学中可根据需要酌量取舍。由于建筑类专业涉及面颇广，编写时尽量考虑到了各专业可以随专业要求和学时数多少进行取舍，便于因材施教。

本书除作为高职、高专、自考的室内设计、环境艺术、建筑学、城市规划等建筑类专业教材外，还可供本科的环境艺术、建筑学、城市规划等专业以及职工业余大学、函授大学、电视大学等有关专业选用，并可作为室内装饰设计技术人员的参考用书。

本书由刘甦、太良平主编。参加本版修订工作的有：高幼林（第一章）、太良平（第二、第四、第五、第六章）、姚亚利（第三章）、刘甦（第七、第八、第九章）。另外第八、第九章中有关专业施工图的修改绘制由刘群（工程师）、李锐（建筑师）完成；刘群还为第九章提供了部分文稿及素材，并对专业技术内容进行了审核。全书最后由刘甦统稿。

本版在修订过程中参考了许多专家的著作（详见参考书目），在此谨向各位专家深表谢意。虽然我们希望将本书修订成为一本适应于大多数学校使用、分量适当、利于教学的教材，并尽量完善配套系列，但限于我们的水平，书中难免会存在缺点和错误，敬请使用本书的师生和其他读者批评指正（Email：tailp@126.com）。

编　者

2004年9月于西安建筑科技大学

第三版前言

本教材自2001年问世以来，已有十年。在这十年时间里，曾2次修订，多次印刷。根据多年来发行状况可以看出，本教材有着许多用户，也深受广大读者的欢迎。因此在这次再版中仍保持原版教材体系不变，风格与特点不变，并力争更进一步达到：简明、直观、易读、实用等要求。

另外由于室内装饰工程近年来在我国发展很快。为了使教材适应装饰工程技术的实际发展状况，本次修订使教材的内容尽量与时代接轨，与生产实际相结合；力求使教材所阐述的内容能反映当前装饰工程技术中的做法与要求。因此在这次修订中，对本书的第九章内容：室内装饰工程图部分作了重点修改与更新，使教材的内容更贴近当前工程实际，适应当代装饰工程技术发展的需要。这样也可为广大读者日后的工作实践储备一定的工作实践能力与实用的理论知识。

本书此次修订的分工不变，依旧由刘甦、太良平担任主编，其他参编成员高幼林、姚亚利、刘群（工程师）、李锐（建筑师）仍负责原有章节的修编。

最后仍然要向关心与支持本书出版的编委、编辑和各位老师们表示诚挚的谢意，并且也要向本书所参引的著作资料的专家学者们表示感谢；另外，由于室内装饰工程技术发展迅速以及我们水平所限，书中定会有些不当之处，也请广大读者不吝赐教。本书由《工程制图学习与交流》网站支持，在www. askgczt. com网站中有本书的习题解答、模型、动画教程，还可进行相关答疑、辅导。

编　者

于西安建筑科技大学

2011年6月

目　　录

第一章　投影基础

投影法是绘制工程图样的基础，它是怎样形成与分类的？各种几何元素投影都有什么特征？本书从投影法原理开始学习，为今后深入学习装饰工程图样的绘制与阅读奠定必要的理论基础。

第一节　投影概念

一、投影的形成

如图 1－1（a）所示，空间物体在阳光或灯光的照射下，便会在地面或墙面上留下影子，但是影子只能反映这个物体的大致外形轮廓，而无法反映物体表面的各个棱线与棱面。如果我们把形成影子的条件抽象化，即光源抽象为投射中心，光线抽象为投射线，物体抽象成几何形体，地面与墙面都看成是个理想的平面——投影面，这时，把通过形体表面上各个顶点和棱线的投射线与投影面的交点相连，则在投影面上得出的图形就是该物体的投影，如图 1－1（b）所示。比较图 1－1（a）与图 1－1（b）不难看出影子与投影的联系与差别。

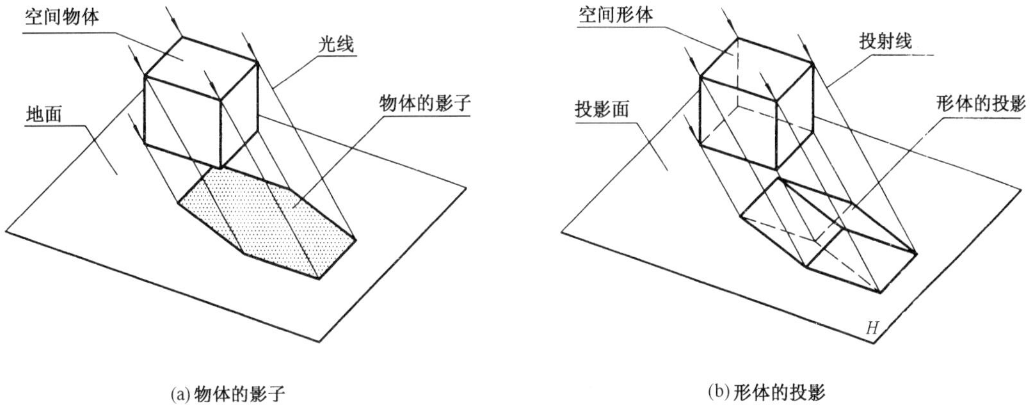

图 1－1　物体的影子与投影

二、投影的分类

根据投射中心与投影面的相对位置不同，投影可分为：中心投影和平行投影两种。

（一）中心投影

如图 1－2（a）所示，投射中心与投影面相距较近，投射线从一点出发，这时所得出的投影称为中心投影。

（二）平行投影

如图 1－2（b）、图 1－2（c）所示，当投射中心无限远离投影面时，投射线则互相平行，所得到的投影称为平行投影。平行投影又可根据投射线与投影面是否垂直分为：

1. 平行正投影：投射线与投影面垂直时所形成的投影，如图 1－2(b) 所示。

2. 平行斜投影：投射线与投影面不垂直时所得出的投影，如图 1－2(c) 所示。

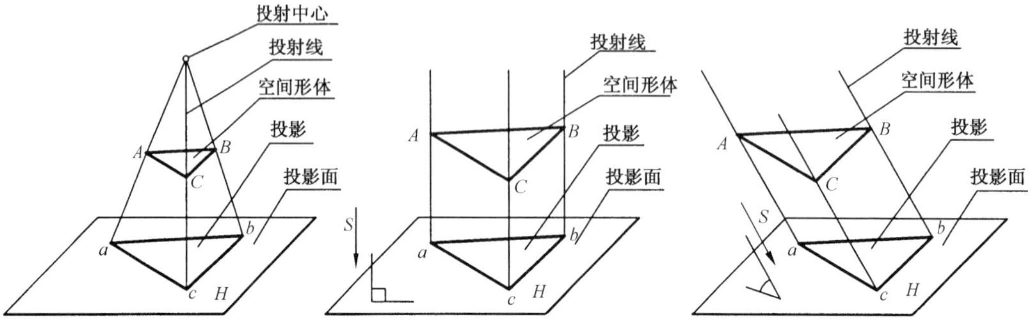

(a)中心投影　(b)平行正投影　(c)平行斜投影

图 1－2　投影的类型

三、工程中常用的图示方法

(一) 透视投影法

透视投影法是根据中心投影原理来绘制图样的方法，所绘制的图样称透视图，如图 1－3 所示。这种图样形象逼真、立体感强，在装饰设计中主要用于设计方案的效果表达，能使人们感受到设计的意境与效果。

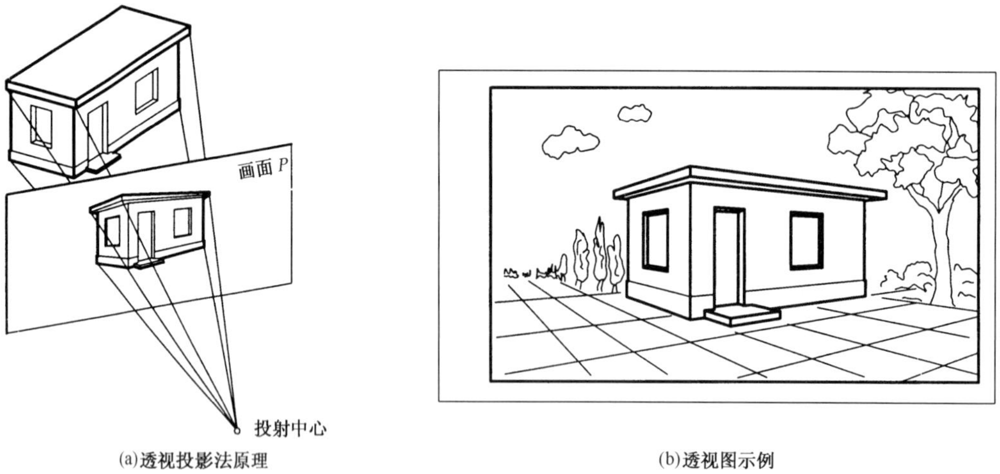

(a)透视投影法原理　(b)透视图示例

图 1－3　透视投影法与透视图

(二) 轴测投影法

轴测投影法是根据平行投影原理将物体向单一投影面进行投射，来绘制具有立体感图样的方法，所绘制的图样称轴测图，如图 1－4 所示。

在装饰工程中，轴测图主要用于家具设计、室内布置设计等方面，由于轴测图具有立体感并可度量，所以也常常辅助说明某些节点中的具体构造。

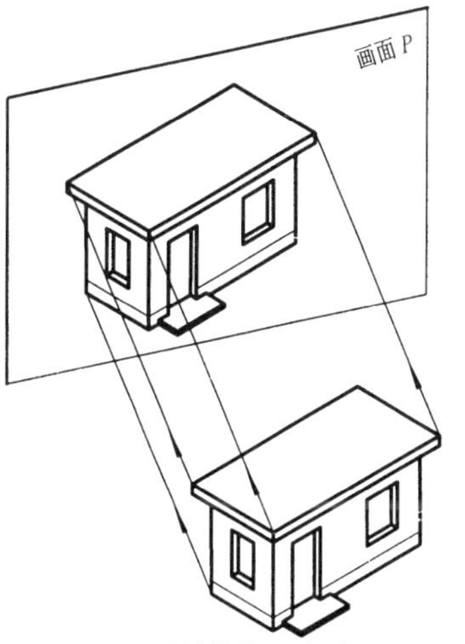

(a)轴测投影法原理

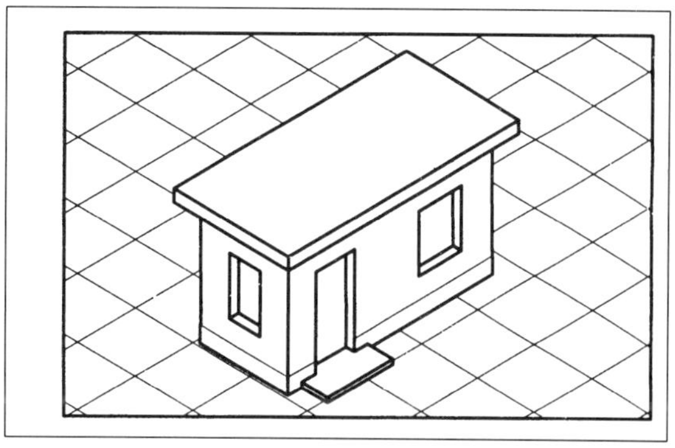

(b)轴测图示例

图 1－4　轴测投影法与轴测投影图

（三）正投影法

正投影法是根据平行正投影原理来绘制图样的方法，所绘制的图样称正投影图，如图 1－5 所示。用正投影表现形体时往往需要用几个不同投射方向的投影联合在一起进行表达，因此也称多面正投影。通常表现形体需用三面投影，因此也称三面正投影。装饰工程中所使用的各种施工图就是用这种方法绘制而成的。

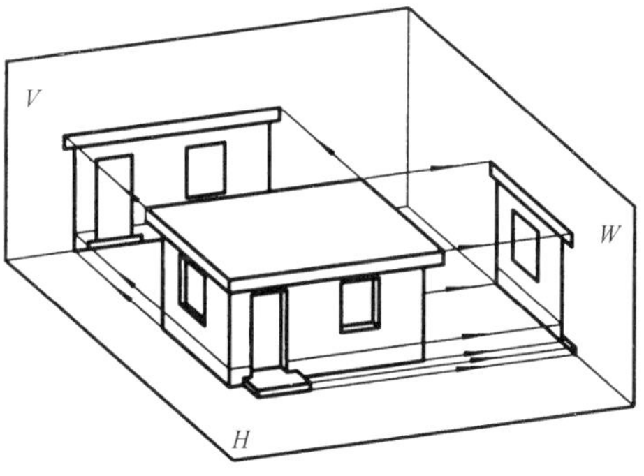

(a) 正投影法原理

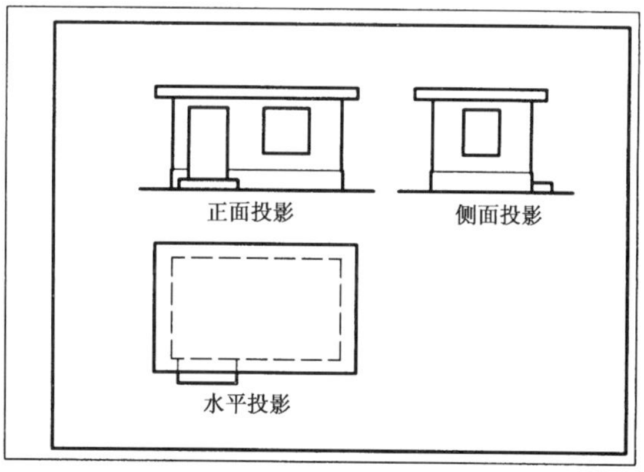

(b) 三面正投影图示例

图 1－5　正投影法与正投影图

以上三种图示方法在土木工程和装饰工程中都经常使用。

（四）标高投影法与地形图

标高投影法是根据平行正投影原理绘制并标注高度数值的一种图示方法。主要用于表示地面起伏变化状况，规划设计中的地形图就是用这种方法绘制的，如图 1－6。但标高投影法在装饰工程图中很少使用。

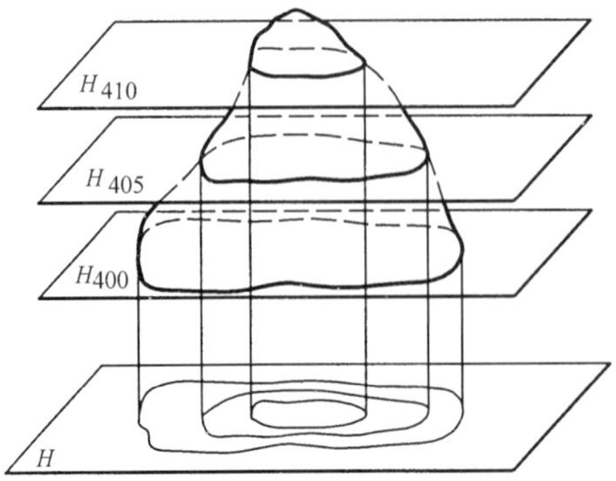

(a) 标高投影法原理

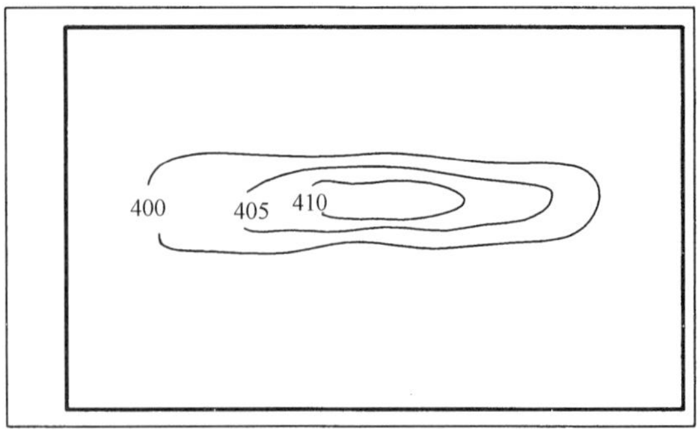

(b) 标高投影图示例

图 1－6　标高投影法与地形图

四、平行投影特性

平行投影法是工程实践中使用最广泛的一种投影方法，它的特性是画图与读图的基础，其特性主要有：

（一）同素性

直线的投影一般仍是直线。如图 1－7 所示，由于直线是直线上所有点的集合，所以过直线上各点所作的投射线的集合形成一个平面 $AabB$，它与投影面相交则成一条直线。

（二）从属性

若点在直线上，则点的投影必在直线的投影上。如图 1－8 所示，过点的投射线必位于该直线投影所决定的投射平面内，所以直线上点的投影必在直线投影上。

（三）等比性

一直线的两段之比，等于其投影之比。如图 1－8 中，C 点将 AB 线段分为 AC 及 CB 两段，因为 $Aa /\!/ Cc /\!/ Bb$ 所以 $AC : CB = ac : cb$。

两平行线段长度之比等于它们投影长度之比。如图 1－12，因为 $AB /\!/ CD$ 且 $ab = AB \times \cos\alpha$，$cd = CD \times \cos\alpha$ 所以 $AB : CD = ab : cd$。

（四）显实性（实形性）

当直线段或平面图形平行某一投影面时，则直线或平面图形在该投影面上投影反映真长或真形。如图 1－9 所示。

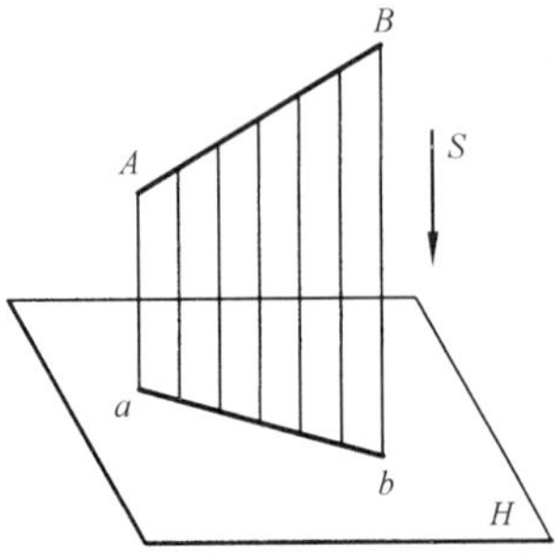

图 1－7　同素性

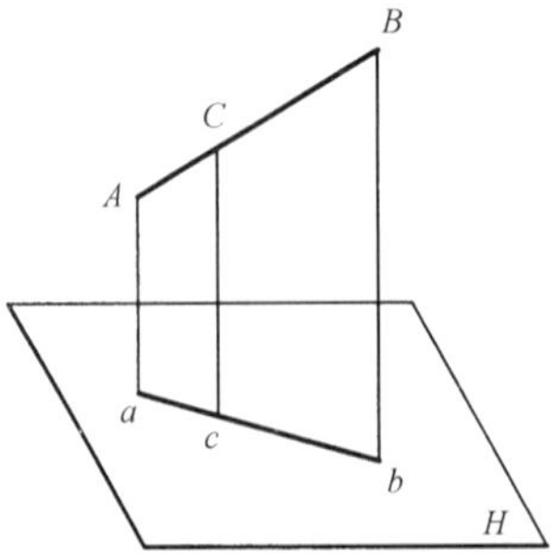

图 1－8　从属性、等比性

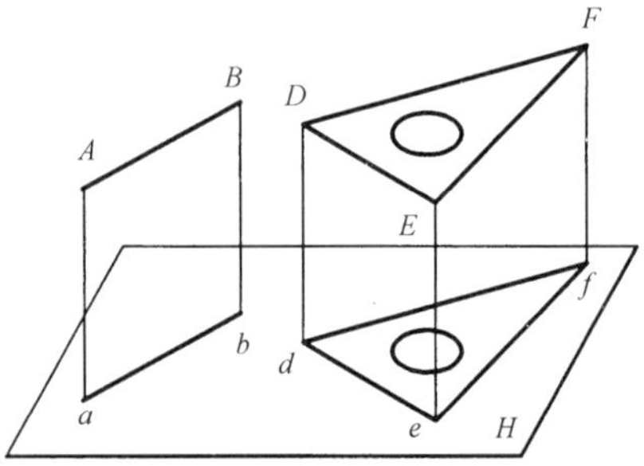

图 1－9　显实性（实形性）

（五）类似性

当线段或平面图形不平行于投影面时，其投影不反映实形但其投影是真形的类似形，即顶点边数不改变。如图 1－10 所示。

（六）积聚性

当线段或平面图形与投射方向一致时，其投影积聚成一点或一直线。如图 1－11 所示。

（七）平行性

若两直线在空间平行，其投影也必平行。因过两直线的投射平面平行，故其投影平行，如图 1－12 所示。

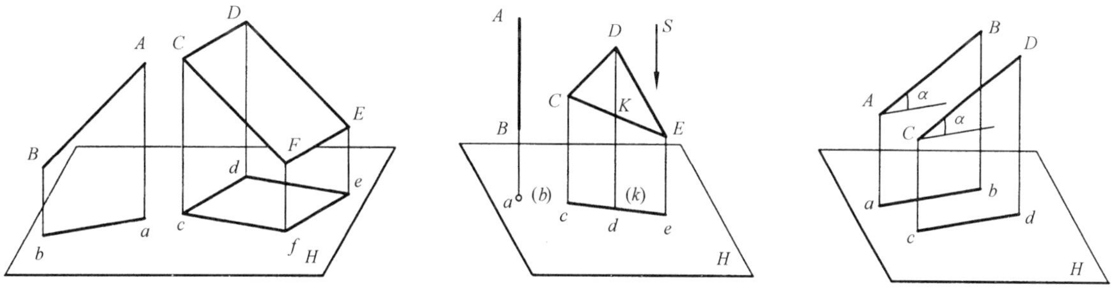

图 1－10　类似性　　图 1－11　积聚性　　图 1－12　平行性

第二节　三面正投影图

一、投影面体系

用正投影图表现形体形状时，是假想把形体放在一个由投影面形成的投影空间内。这个由假想投影面形成的投影空间被称作投影面体系。如图 1－13（a）所示的**投影空间是由两个假想投影面形成的体系，称两面投影体系；**图 1－13（b）所示的**投影空间是由三个假想投影平面形成的体系，称三面投影体系。**

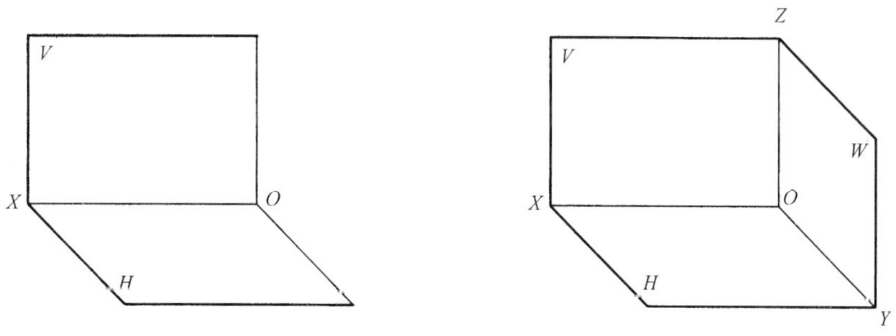

(a)两面投影体系　　(b)三面投影体系

图 1－13　投影面体系

在两面投影体系中竖直放置的投影面称**正面投影面**，用字母 V 表示；水平放置的投影面与正面投影面垂直，称**水平投影面**，用字母 H 表示；两个投影面的交线称**投影轴**，用字母 OX 表示。

三面投影体系是在两面投影体系的基础上，再增设一个与两面体系中的 V、H 投影面均垂直的第三个投影面，称侧**面投影面**，用字母 W 表示，它与 V、H 投影面的交线分别为 OZ 轴和 OY 轴。

二、形体在投影面体系中的投影

下面以三面投影体系为例，说明形体投影的形成与画法。

（一）投影的形成与名称

一般情况下，要完整准确地表达出形体的空间形状，需要用三个投影来表现，因此需将形体放在三面投影体系中进行投射，其投影的形成如图 1－14（a）所示。假想用三组不同方向的平行投射线，通过形体的各个顶点和棱线，分别向三个投影面进行垂直投射，将这些投射线与投影面的交点依次相连，便可在三个投影面上分别得出一个相应的投影图。这就是形体的三面投影图，并将在 V 面上的投影图称**正面投影**，H 面上的投影图称**水平投影**，W 面上的投影图称**侧面投影**。

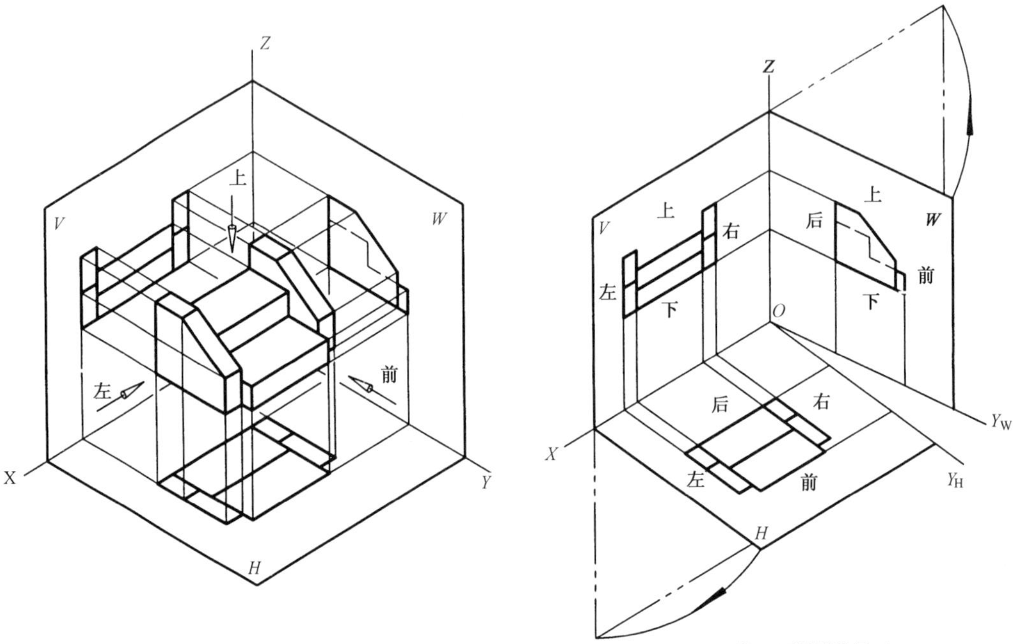

(a) 三面投影的形成　　(b) 三面投影的展开

图 1－14　三面正投影的形成与展开

（二）投影面的展开

上述方法所形成的三面正投影仍是分别处在三个互相垂直的投影面内，为了将其画在同一个**平面内**，则需将上述三个相互垂直的投影面展开到同一个平面内。具体展开方法如图 1－14（b）所示，令 V 面不动，将 H 面绕 OX 轴向下旋转到与 V 面重合；将 W 面绕 OZ 轴向右旋转到与 V 面重合，这样三个投影面便展开在同一平面内，展开后的投影面与投影如图 1－15（a）所示。

由于投影面体系是假设给定的，所以投影面的边界线及投影轴的位置与形体投影形状是没有关系的。实际画图时均可省略，即投影面边界及投影轴不必画出，只画出形体的三个投影即可。如图 1－15（b）所示。

（三）三面投影之间的关系

从图1－15（a）中可以看出：正投影图中反映出形体的长与高，水平投影则反映出形体的长与宽，显然两个投影中的长应该相等。另外侧面投影中的高应与正面投影中的高相等；侧面投影中的宽应与水平投影中的宽相等。这种**投影之间的长相等、高相等、宽也相等的关系，习惯上被称为投影间的“三等”关系，这种关系是三个投影间的内在联系，也是画图与读图的依据**。为保证这三个相等，画图时应做到：**长对正、高平齐、宽相等**。

在进行三面投影作图时，只要做到高平齐、长对正便可保证高相等、长相等，但若要保证宽相等则需用几何作图的方法来实现，如图1－15（b）中利用45°斜线完成作图。

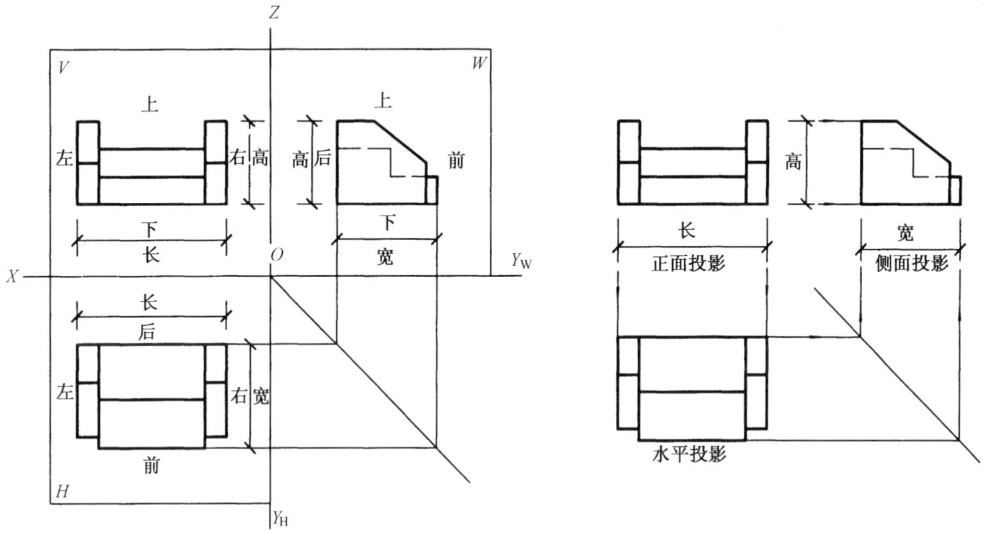

(a) 三面投影展开图　　(b) 三面投影画法

图1－15　三面投影展开图与画法

（四）投影中的方向

从图1－14(b)和图1－15(a)中不难看出展开后投影图中的方向。在正面投影中,投影图的上、下、左、右即代表了形体本身的上、下、左、右空间关系;在水平投影图中其上、下、左、右则反映的是形体的后、前、左、右关系;侧面投影图中的上、下、左、右则表现的是形体的上、下、后、前空间关系。认清投影图中的这些投影方向,对建立空间想象力是非常重要的。

三、三面投影图画法举例

［例1－1］用图1－16（a）所示形体来说明形体三面正投影的画法。

分析与作图

（1）确定形体在三面投影体系中的位置　如何确定形体在三面投影体系中的位置,应本着画图方便为原则,即力求使形体的表面与投影面平行。

（2）画三面投影　画形体的三面投影时，从哪个投影开始需具体分析，一般情况下先画正投影。本例是从正投影开始画起，因该投影反映形体前后表面实形，很容易度量画图，如图1－16（b）所示。

正投影画出后，可根据长对正原则，在其下方画出水平投影，水平投影反映顶面及凹槽的实形为三个矩形，如图 1－16（c）所示。

正面投影与水平投影画出后，可根据高平齐、宽相等关系求出侧面投影。侧面投影反映形体左侧面实形，另外还应将凹槽底面的投影画出，由于凹槽位于形体中间部位，投影时看不到，故其投影应画成虚线，如图 1－16（d）所示。

（3）整理投影轮廓线　三个投影画完后应先进行检查，看是否有错误或缺少图线，如正确无误可将看到的投影线描深，不可见线画成虚线，去掉无用的作图线。

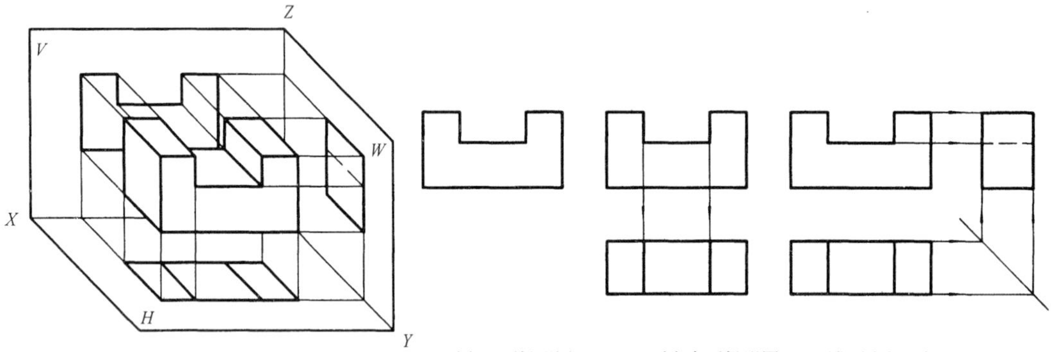

(a) 给出欲画形体　(b) 画出正面投影图　(c) 画出水平投影图　(d)画出侧面投影图

图 1－16　画形体三面正投影图

第三节　点 的 投 影

为了进一步讨论形体投影的画法，下面将构成形体的几何元素——点、线、面的投影规律作深入分析。

一、点在两面投影体系中的投影

如图 1－17(a)所示，将空间一点 A 放在两面体系中，然后过点 A 分别向 V 面、H 面进行垂直投射，则投射线与 V 面交点为 a'，即 A 点的正面投影；投射线与 H 面的交点 a 即 A 点的水平投影。去掉空间点 A 后，令 V 面不动，将 H 面绕 OX 向下旋转到与 V 面重合，如图 1－17(b)，去掉投影面的边框线只保留点的两面投影，如图 1－17(c)。这样便可用点的两面投影 a、a' 表明点在空间的位置(进行逆过程操作便可得到空间点 A)。

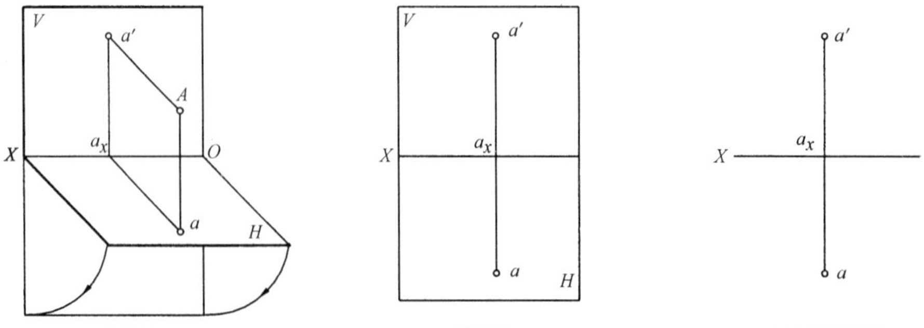

(a) 直观图　(b) 展开图　(c) 点的两面投影

图 1－17　点的两面投影

观察图 1－17（a）和图 1－17（c）可以得出如下规律：

1. **点的正面投影 a' 与其水平投影 a 的连线垂直投影轴 OX**，即 $aa' \perp OX$。

2. **点到 H 面的距离等于其正面投影 a' 到 OX 轴的距离；点到 V 面的距离等于其水平投影 a 到 OX 轴的距离**，即 $A \rightarrow H = a'a_x$，$A \rightarrow V = aa_x$。

由上述规律还可得出如下推论：

若点在某一投影面内时，其一投影与自身重合，另一投影必在投影轴上。

二、点在三面投影体系中的投影

如图 1－18（a）所示，将点 A 放置在 H、V、W 构成的三面投影体系中，然后过 A 点分别向三个投影面进行垂直投射，各投射线与投影面的交点 a、a'、a'' 即 A 点的三面投影。将投影面展开，如图 1－18（b），展开后 OY 轴被分成两条，在 H 面内以 Y_H 表示，在 W 面内以 Y_W 表示。去掉投影面边框则点的三面投影如图 1－18（c）所示。

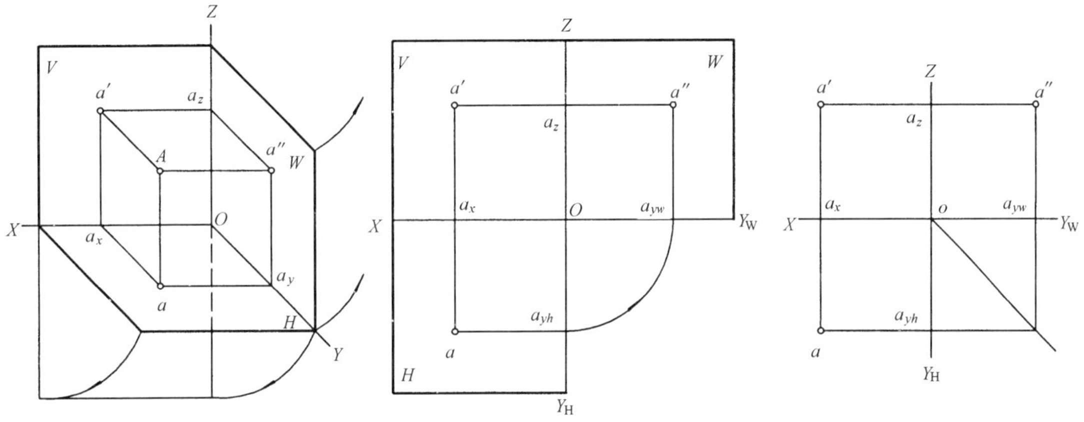

(a) 直观图　(b) 展开图　(c) 点的三面投影

图 1－18　点的三面投影

分析图 1－18（a）、图 1－18（c）可得出点在三面投影体系中的规律：

1. **点的两个投影的连线垂直相应的投影轴**。即 $a'a \perp OX$；$a'a'' \perp OZ$；$aa_{yh} \perp OY_H$；$a''a_{yw} \perp OY_W$。

2. **点到某一投影面的距离，可用另外两投影面上点的投影到相应投影轴的距离表示**。即：$A \rightarrow H = a'a_x = a''a_y$；$A \rightarrow V = aa_x = a''a_z$；$A \rightarrow W = aa_y = a'a_z$。

从上述规律可以看出，**只要给出定点的任意两个投影便可求得其第三个投影**。

［例 1－2］如图 1－19（a），已知 A、B、C 各点的两面投影，求作第三面投影。

分析与作图

利用点的投影规律，可由点的两个投影求出第三个投影。

①过 a' 向 OZ 轴作垂线交于 a_z，并将其延长，再过 a 向 OY_H 引垂线，

交 45°斜线后，再引 OY_W 垂线，交 $a'a_z$ 延长线于 a'' 点，即 A 点侧面投影。

②过 b' 向下引 OX 轴垂线，再过 b'' 向 OY_W 作垂线，交 45°斜线后再向 OY_H 作垂线，与 $b'b_x$ 延长线交于 b 点，即得到 B 的水平投影。

③因 c' 在 OX 轴上，c'' 必在 OY_W 上，故可直接过 c 作 OY_H 的垂线，交 45°斜线后向上引垂线交 OY_W 轴于 c'' 点，即 C 点的侧面投影。

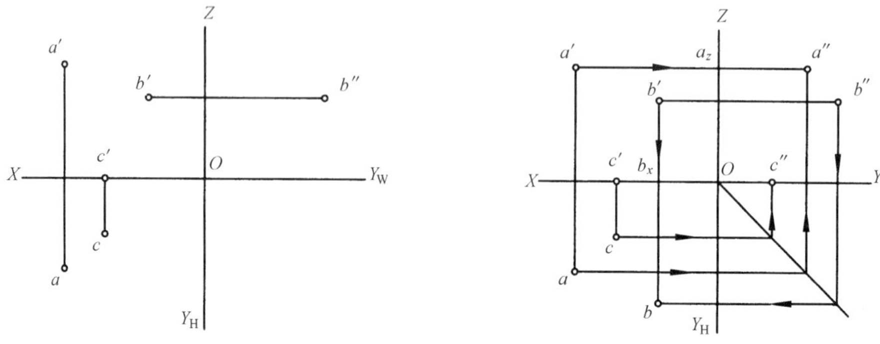

(a) 已知　　(b) 作图

图 1－19　点的二求三

三、点的投影与坐标

为了简便清晰地给出点在空间的位置，点也可用坐标给出，即把投影系当成坐标系，投影轴看成坐标轴，原点不变，这样点到投影面的距离便可用点的坐标给出。如点到 W 面的距离可用 X 坐标表示；点到 V 面的距离可用 Y 坐标表示；点到 H 面的距离可用 Z 坐标表示。点的坐标给出的形式为 A（x、y、z）。

分析图 1－20（a）不难得出：

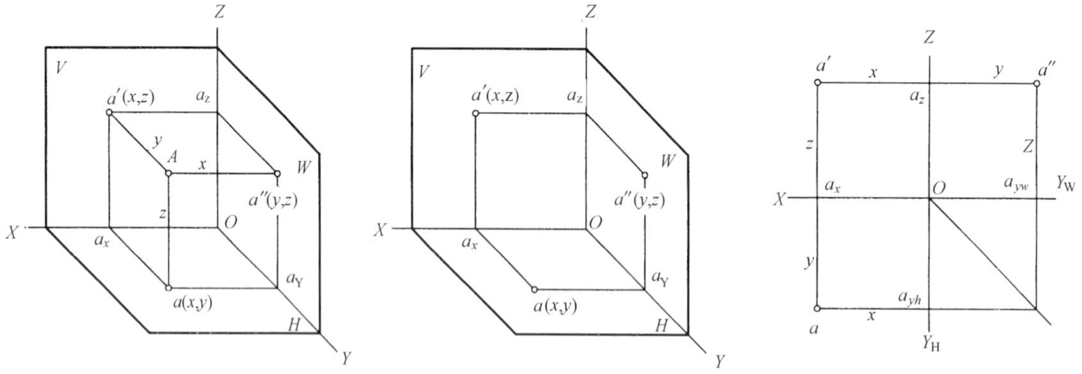

(a) 直观图　　(b) 投影与坐标　　(c) 展开图

图 1－20　投影与坐标转换

点的水平投影是由 x、y 两坐标确定；

点的正面投影是由 x、z 两坐标确定；

点的侧面投影是由 y、z 两坐标确定。

由于点的每一个投影是由两个坐标确定，因此只要给出点的两个投影，便是给出了点的三个坐标，也就是给定了点在空间的位置，因此可用两个投影求出点的第三个投影。

四、重影点及其可见性

当空间两点处于同一条投射线上时，其投影重合为一点，这样的点称为该投影面的重影点。如图 1－21（a），A、B 两点在 H 面上投影重合，称 A、B 两点为 H 面的重影点，同样 C、D 两点在 V 面上投影重合，称 C、D 为 V 面的重影点。

两点投影重合时，将会产生投影的可见与不可见性的问题。如何区别投影的可见性？如图1－21（b），当 A、B 两点在 H 面的投影重合时可观察其在 V 面的投影，因 a' 在上，b' 在下，故 a 可见，b 不可见，不可见的投影用括号区别，标为（b）；同样 C、D 两点在 V 面的投影 c' 与 d' 重合时，应看其在 H 面的投影，因 c 在前，d 在后，则 c' 可见，d' 不可见，标为（d'）。从上述两例不难得出：**重影点的可见性主要是根据点到投影面的距离判别，即坐标大的点可见。**

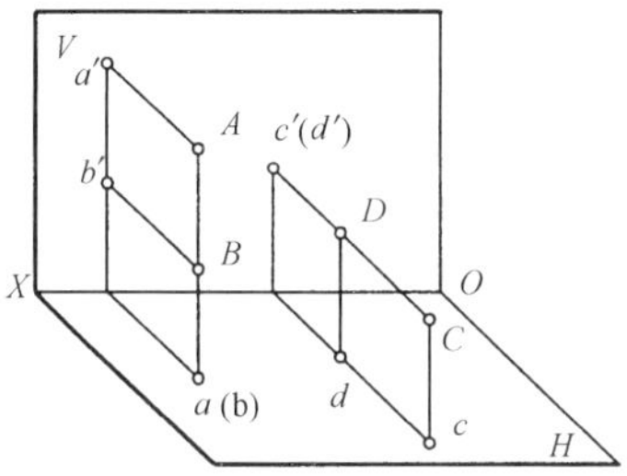

(a) 直观图

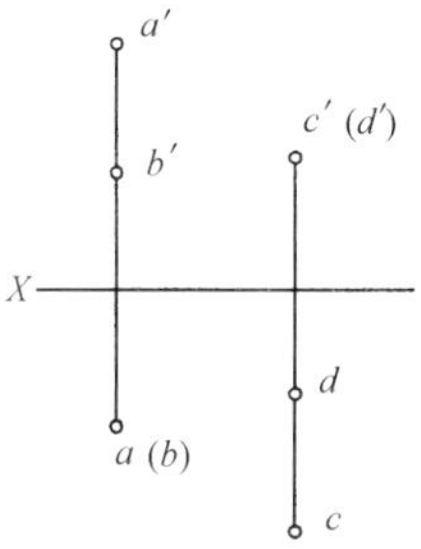

(b) 投影图

图 1－21　重影点及其可见性

第四节　直线的投影

一、直线的投影

（一）直线投影的两种情况

一般情况下，直线的投影仍是直线，但当直线与投射方向一致时，其投影积聚为一点。如图 1－22 所示。

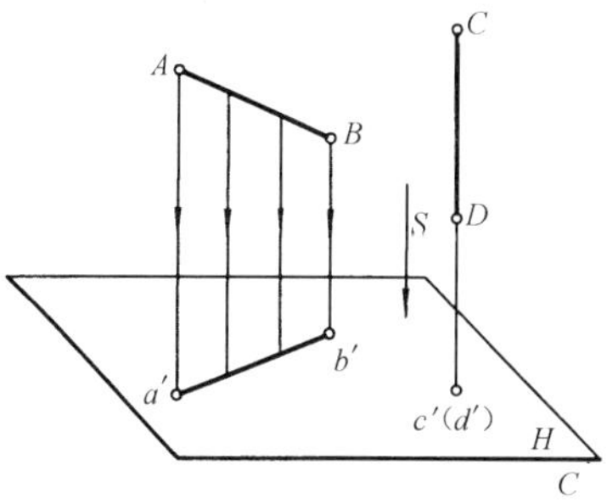

图 1－22　直线的投影

（二）直线与投影面的倾角

直线与投影面的倾角，是指空间直线与其在该投影面内投影之间的夹角，如图 1－23（a）中 α 角。

直线与 H、V、W 投影面之间的倾角，分别用 α、β、γ 表示，如图 1－23（b）所示。

（三）直线投影的画法

直线的投影可由直线上任意两点的同面投影相连得到。如图 1－24（a），首先作出端点 A、B 的三面投影 a、a'、a'' 和 b、b'、b''。然后将其同面投影分别用直线相连，即得出直线 AB 的三面投影，如图 1－24（b）所示。

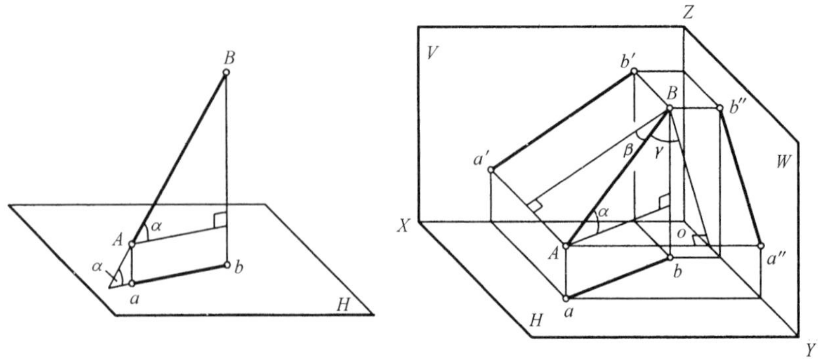

(a) 直线与 H 投影面的倾角　　(b) 直线与三投影面的倾角

图 1－23　直线与投影面的倾角

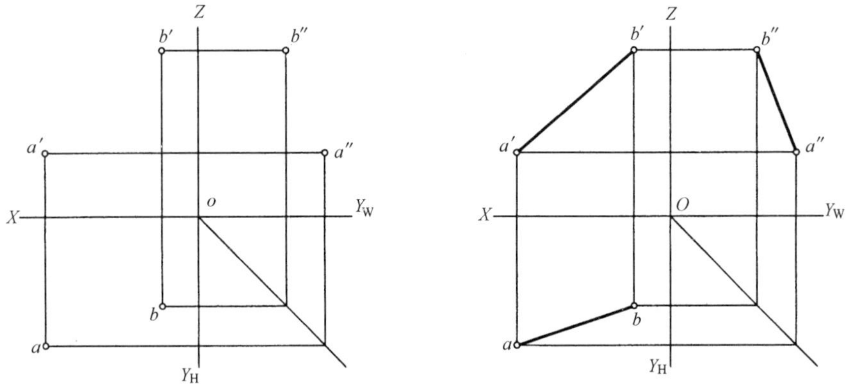

(a) 给出直线上两个点投影　　(b) 画出直线的投影

图 1－24　直线投影的画法

二、各种位置直线及其投影特征

（一）空间直线与投影面的相对位置及名称

1. **倾斜线：**与各个投影面均倾斜的直线。

2. **平行线：**平行于一个投影面，与另两个投影面倾斜。

3. **垂直线：**垂直于一个投影面，与另两个投影面平行。

平行线、垂直线统称为特殊线，倾斜线称为一般线。

（二）特殊位置直线的投影特征

1. **平行线**　平行线中**平行 *H* 面**的直线称**水平线；平行 *V* 面**的直线称**正平线；平行 *W* 面**的直线称**侧平线**。各种平行线的投影特征见表 1－1。

从表 1－1 可归纳出平行线投影特征如下：

①平行线在其平行的投影面上投影反映实长，且投影与投影轴的夹角，即表示该直线与相应投影面的倾角。

②平行线在另外两个投影面上的投影小于实长，且平行于相应的投影轴。

2. **垂直线**　垂直线根据其垂直投影面的不同可分为三种：**垂直 *H* 面**的为**铅垂线、垂直 *V* 面**的为**正垂线**及**垂直 *W* 面**的为**侧垂线**。各种垂直线的投影特征见表 1－2。

表 1－1 各种平行线的投影特征

直线	直观图	投影图	投影特性
水平线	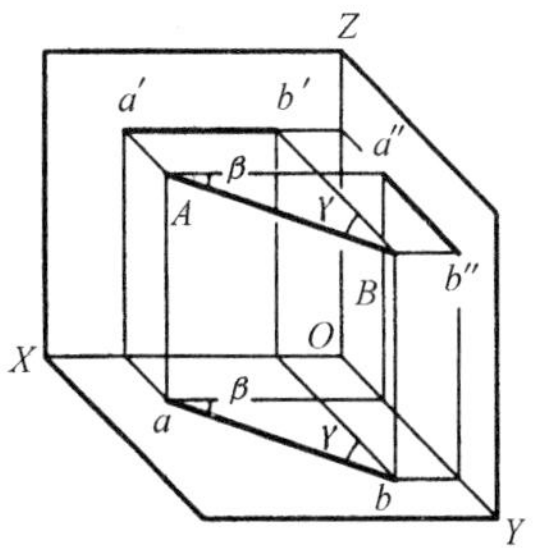	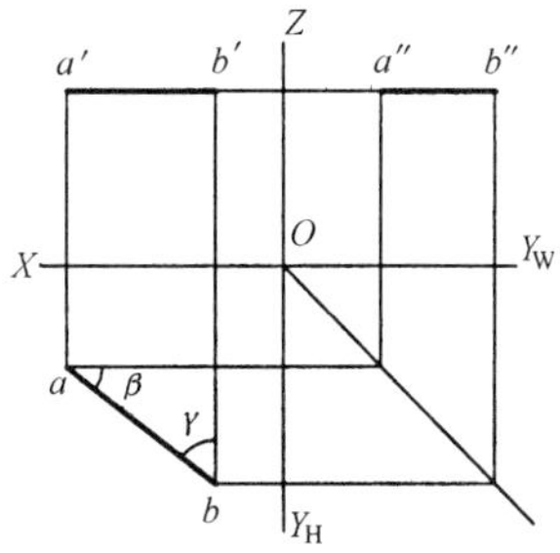	1. 水平投影 ab 反映实长和倾角 β、γ 2. 另两投影面上的投影（$a'b'$、$a''b''$）平行于相应的投影轴，且小于实长 AB
正平线	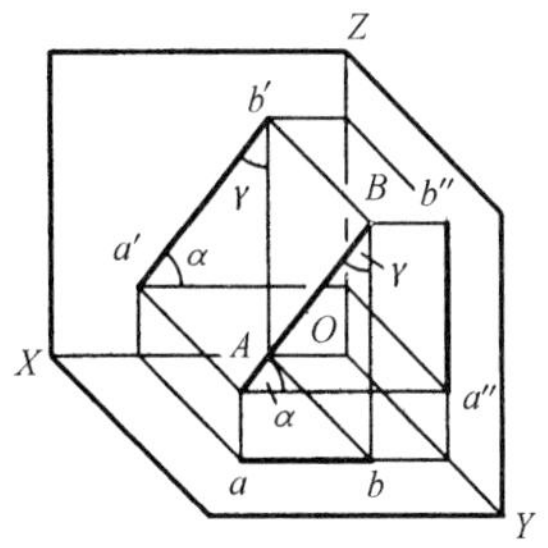	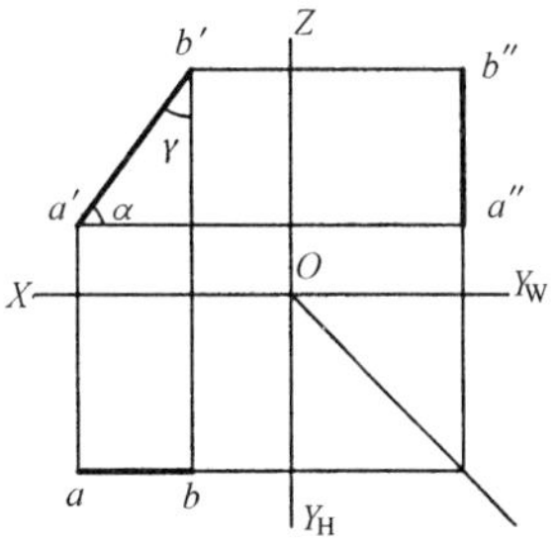	1. 正面投影 $a'b'$ 反映实长和倾角 α、γ 2. 另两投影面上的投影（ab、$a''b''$）平行于相应的投影轴，且小于实长 AB
侧平线	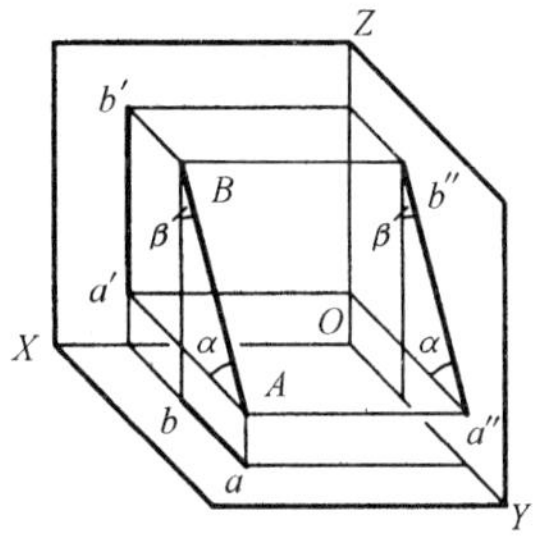	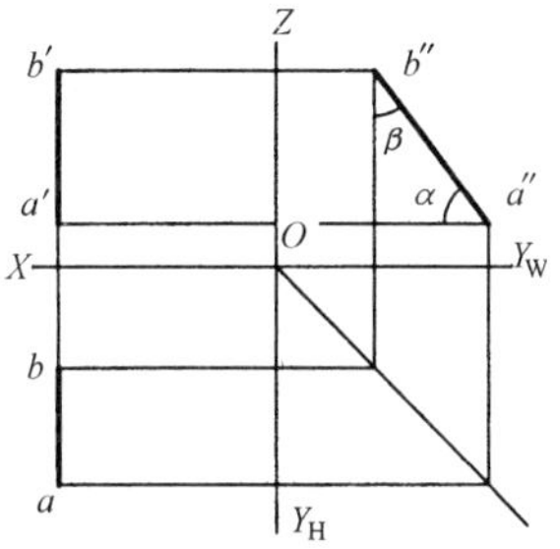	1. 侧面投影 $a'b'$ 反映实长和倾角 α、β 2. 另两投影面上的投影（ab、$a'b'$）平行于相应的投影轴，且小于实长 AB

表 1－2 各种垂直线的投影特征

直线	直观图	投影图	投影特性
铅垂线	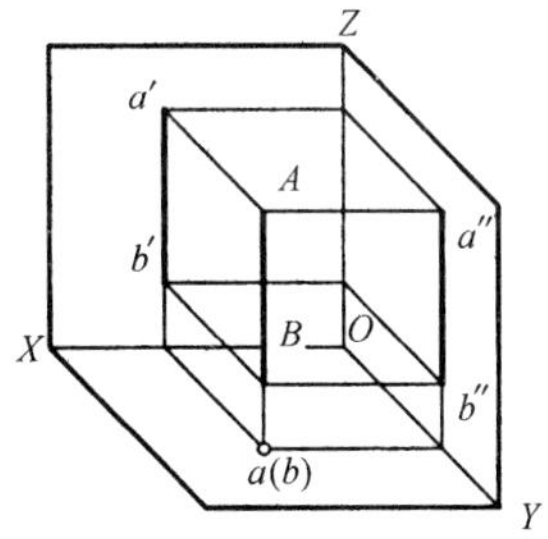	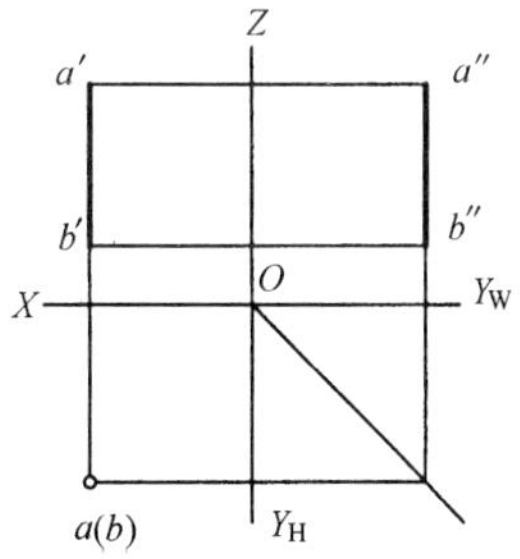	1. 水平投影积聚成一点 $a(b)$ 2. 另两投影面上的投影（$a'b'$、$a''b''$）垂直于相应的投影轴，且等于实长 AB
正垂线	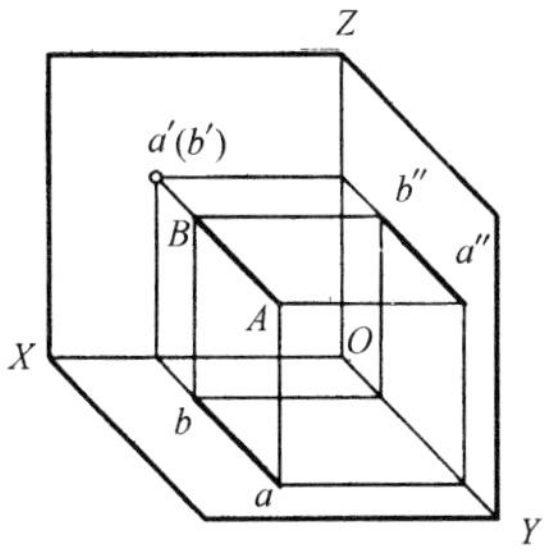	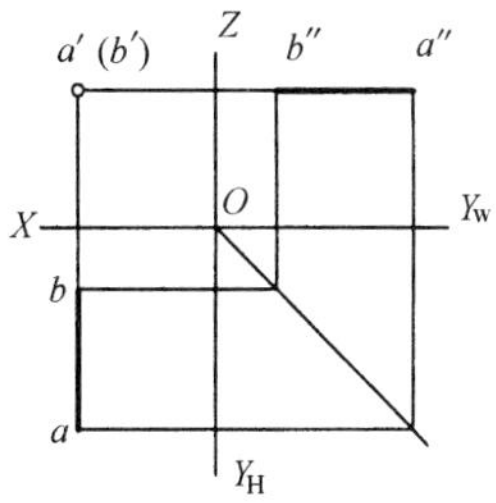	1. 正面投影积聚成一点 $a'(b')$ 2. 另两投影面上的投影（ab、$a'b'$）垂直于相应的投影轴，且等于实长 AB

续表

直线	直 观 图	投 影 图	投 影 特 性
侧垂线	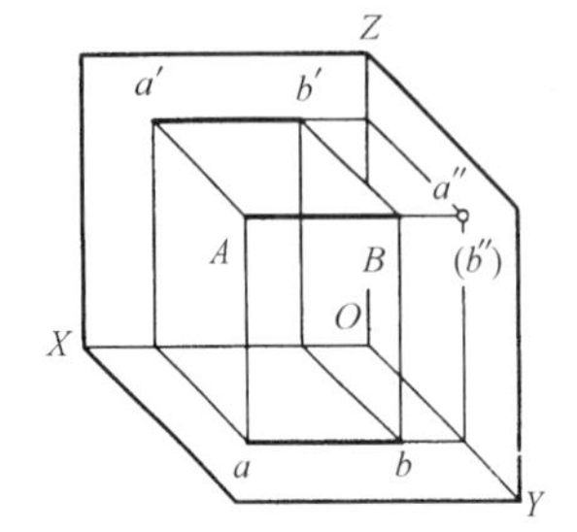	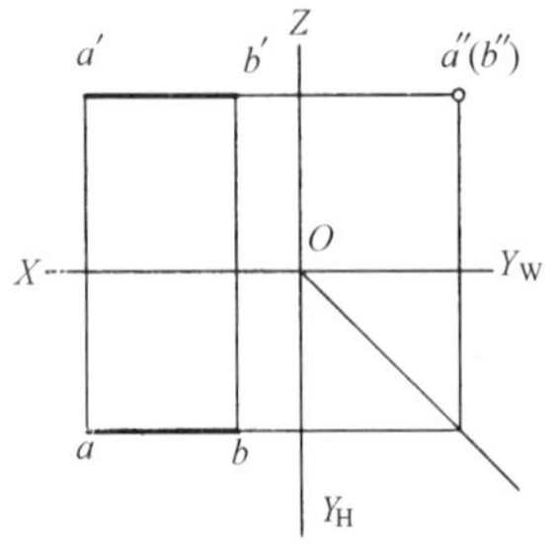	1. 侧面投影积聚成一点 $a''(b'')$ 2. 另两投影面上的投影（ab、$a'b'$）垂直于相应的投影轴，且等于实长 AB

从表 1－2 可归纳出垂直线的投影特征如下：

①垂直线在其垂直的投影面上投影有积聚性。

②其余两投影均反映直线实长，且垂直于相应的投影轴。

（三）倾斜线的投影

从图 1－23（b）及图 1－24（b）中可以看出倾斜线投影特征如下：

1. 倾斜线的各个投影均不反映实长，且比实长缩短。

2. 倾斜线的各个投影均与投影轴倾斜，且都不反映直线与投影面的倾角。

一般位置直线的倾斜状态虽然千变万化，但直线的空间走向有两种，如图 1－25（a），图 1－26（a）所示。

①**上行直线**　离开观察者而逐渐升高的直线。即直线上的两端点中近观察者的一端点低于另一端点时为上行直线。其投影特征是：**正面投影与水平投影同向**，如图 1－25（b）所示。

②**下行直线**　离开观察者而逐渐降低的直线。即直线上的两端点中近观察者的一端点高于另一端点时为下行直线。其投影特征是：**正面投影与水平投影反向**，如图 1－26（b）所示。

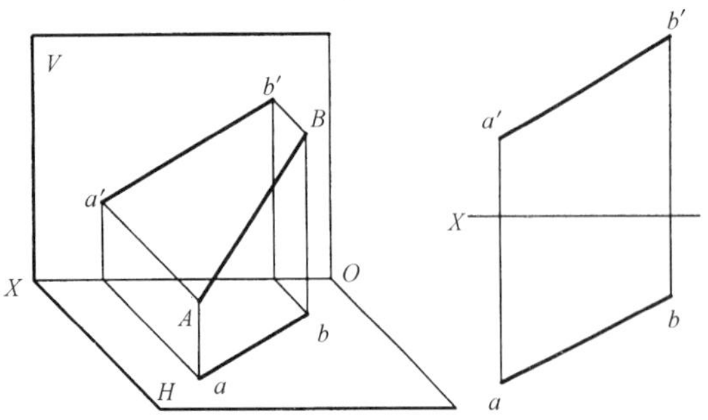

(a) 直观图　(b) 投影图

图 1－25　上行直线

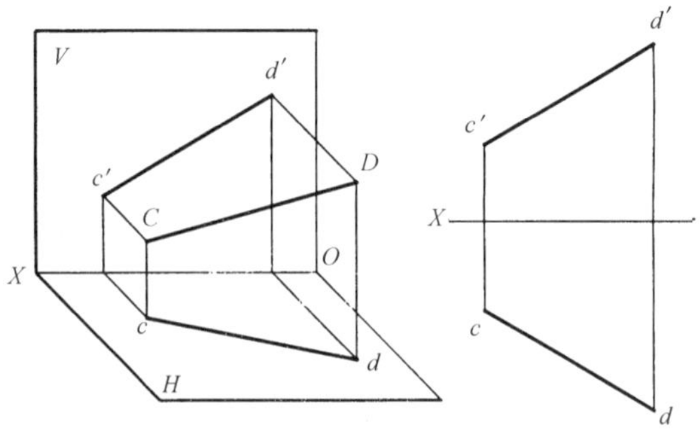

(a) 直观图　(b) 投影图

图 1－26　下行直线

三、直线上的点

(一)直线上点的投影

当点在直线上,则点的投影必然满足点与直线的从属性和等比性,如图1－27(a)、图1－27(b)所示。

1. 点在直线上,则点的各个投影必在该直线的同面投影上;反之,点的各个投影在直线的同面投影上,则该点一定在直线上(满足从属性)。

2. 点分割线段成定比,则分割线段的各个同面投影之比等于其线段之比(满足等比性)。

即:$AK: KB = ak: kb = a'k': k'b' = a''k'': k''b''$

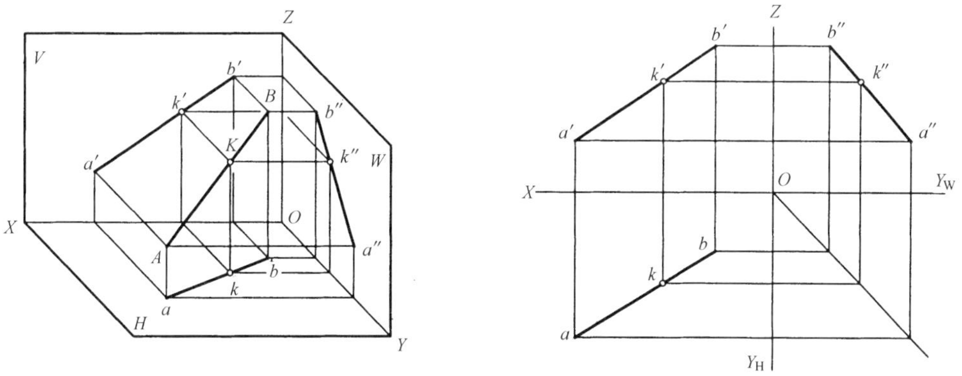

(a) 直观图　　(b) 投影图

图1－27　直线上的点

(二)直线的迹点

直线与投影面的交点称为迹点。其中,**直线与*H*投影面的交点称为水平迹点,**以***M***表示;**直线与*V*投影面的交点称为正面迹点,**以***N***表示,如图1－28(a)所示。

迹点的基本特征是:

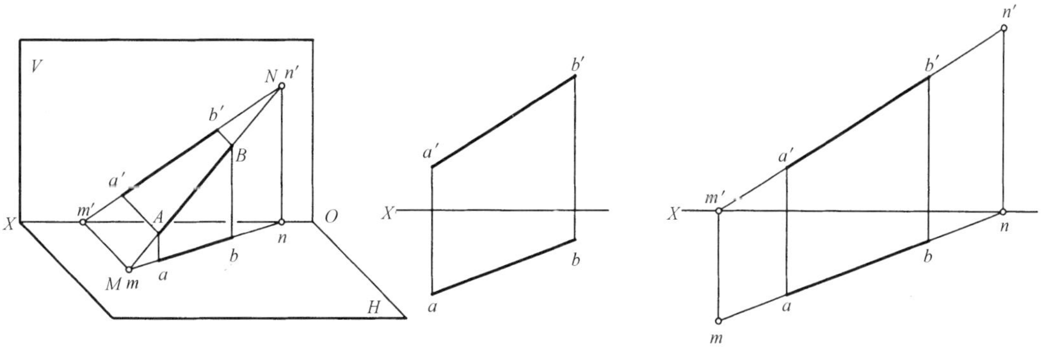

(a) 直观图　　(b) 已知直线的投影　　(c) 求直线迹点的投影

图1－28　直线的迹点

1. 迹点即是直线上的点，所以它的投影在直线的同面投影上。

2. 迹点是投影面上的点，所以它在该投影面上的投影与其本身重合，而另一投影在投影轴上。

根据迹点的基本特征，可求作已知直线的迹点，如图 1－28（b）、图 1－28（c）所示。

四、两直线的相对位置

空间两直线的相对位置有平行、相交与交叉三种情况，其投影特征分述如下：

(一)两直线平行

如图 1－29 所示，**若两直线在空间平行，其各个同面投影必平行，反之若各个同面投影平行，则空间两直线也必平行。**这点可由平行投影特性得出。

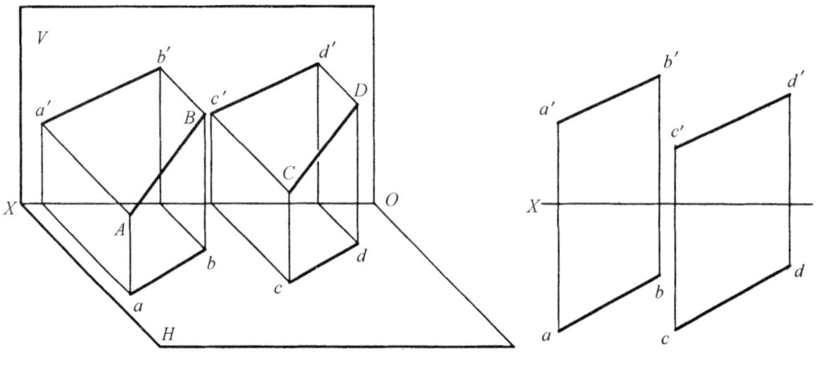

(a) 直观图　　(b) 投影图

图 1－29　两直线平行

(二)两直线相交

若两直线在空间相交，其各个同面投影必相交，且交点连线必垂直相应投影轴。

如图 1－30 所示，AB、CD 为空间相交两直线，其交点 K 是两直线的共有点。两直线水平投影 ab、cd 的交点 k 是 K 的水平投影；两直线正面投影 $a'b'$与 $c'd'$的交点 k'是 K 点的正面投影。因为 k、k'是同一点 K 的两面投影，故 k 与 k'的连线必与其投影轴垂直。

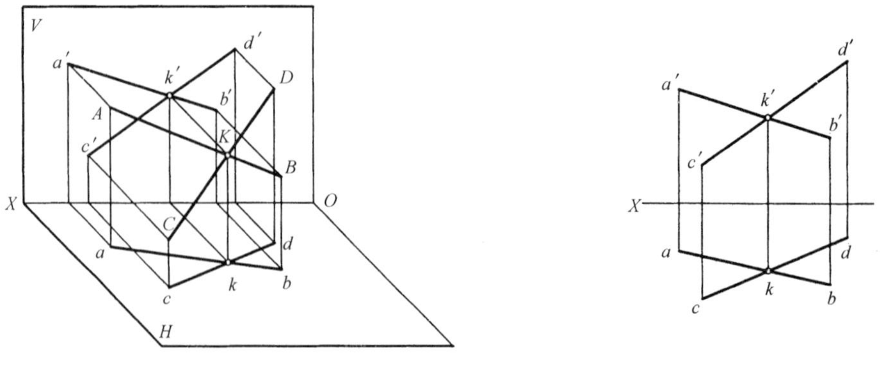

(a) 直观图　　(b) 投影图

图 1－30　两直线相交

反之如两直线的各个同面投影相交且交点连线垂直投影轴，则空间两直线必相交。

（三）两直线交叉（或称异面直线）

空间两直线交叉，其投影既不符合平行线投影特征，也不符合相交直线的投影特征。

由图 1－31 可以看出：两直线同面投影可以相交，但其投影产生的交点不是空间两直线交点的投影，而分别是两直线上两个点的重影。

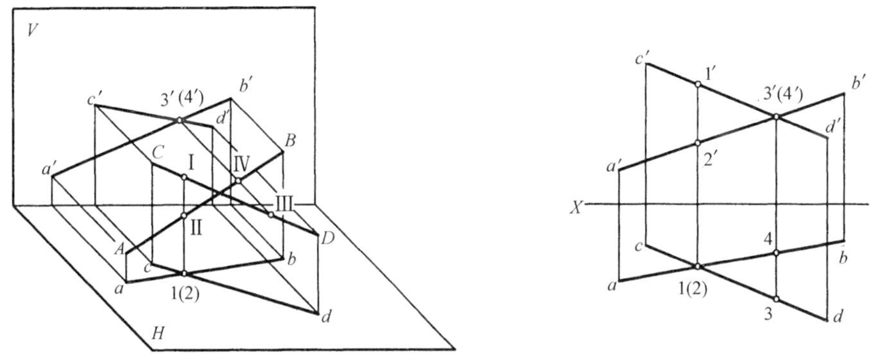

(a) 直观图　　(b) 投影图

图 1－31　两直线交叉

交叉直线上重影点可见性的判别，是根据其坐标的大小判定。如图 1－31(b)中 1、2 两点，因 1′到 *OX* 轴的距离大于 2′到 *OX* 轴的距离，故 1 为可见点，2 为不可见点。

第五节　平面的投影

一、平面表示法

平面表示法是指如何用投影给出平面的空间位置或形状。

（一）用几何元素表示平面

在图 1－32 中：图(a)是用三个不在同一直线上的点表示平面；图(b)是用一直线及线外一点表示平面；图(c)是用相交两直线表示平面；图(d)是用平行两直线表示平面；图(e)是用平面图形表示平面。

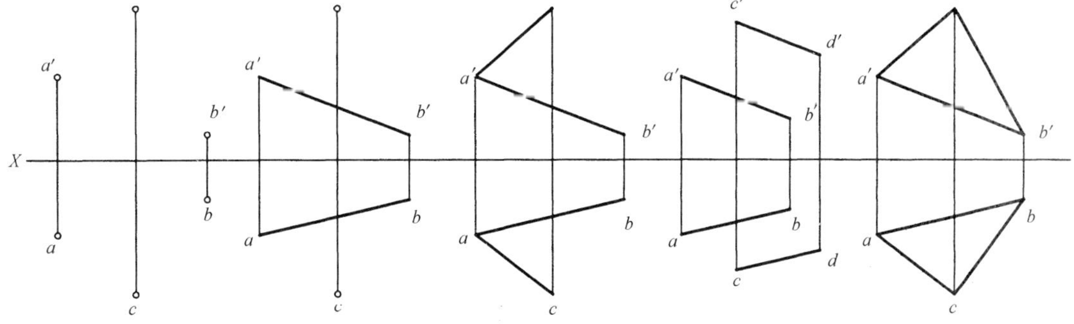

(a)　(b)　(c)　(d)　(e)

图 1－32　平面的几何元素表示法

以上均是用构成平面的几何元素的投影给出平面。

(二)用迹线表示平面

迹线就是将平面扩展后与投影面相交的交线,如图1-33。**平面 *P* 与 *H* 面的交线称水平迹线,**用 P_H 表示;**平面 *P* 与 *V* 面的交线称正面迹线,用 P_V** 表示;**平面 *P* 与 *W* 面的交线称侧面迹线,用 P_W** 表示。P_H、P_V、P_W 两两相交于 X、Y、Z 轴上的一点称迹线集合点,分别用 P_X、P_Y、P_Z 表示。**这种用迹线表示的平面称为迹线平面。**工程图样中常用平面图形来表示平面,而在某些只需表明平面空间位置的特殊情况下用迹线表示更为简单。

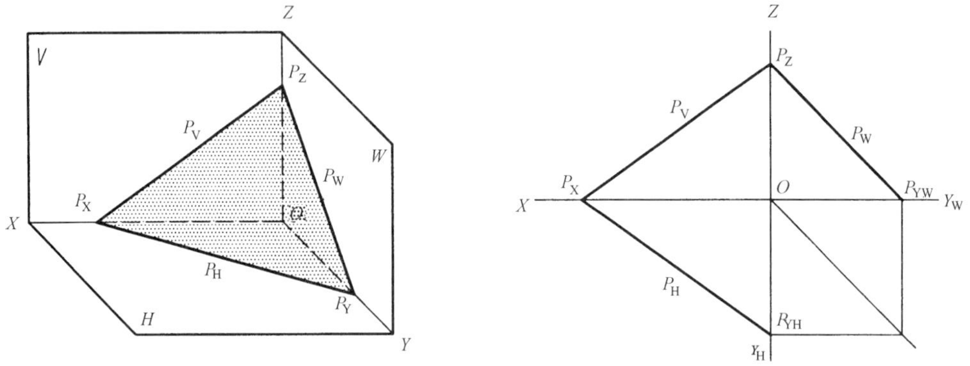

(a)直观图 (b)投影图

图1-33 用迹线表示平面

二、各种位置平面及其投影特征

(一)平面与投影面体系的相对位置

平面与投影面的相对位置有以下三种:

1. **倾斜面**:与各个投影面均倾斜的平面称一般面或倾斜面;
2. **平行面**:平行某一投影面的平面(垂直另外两个投影面);
3. **垂直面**:垂直某一投影面的平面(倾斜另外两个投影面)。

平行面与垂直面均为特殊位置平面。

(二)各种位置平面的投影特征

1. 倾斜面 如图1-34(a),△*ABC* 为一倾斜面,其投影如图1-34(b)。由图可知倾斜面的投影特征如下:

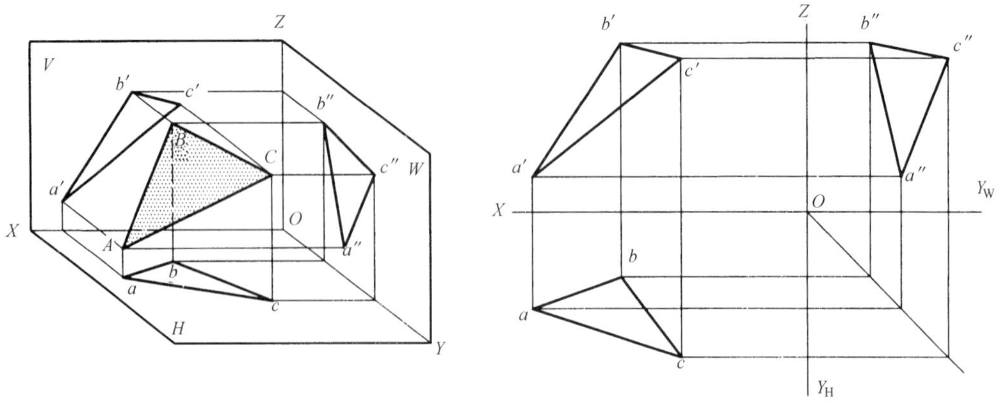

(a)直观图 (b)投影图

图1-34 倾斜面的投影

①倾斜面的各个投影均不反映实形，但都为实形的类似形。

②倾斜面的各个投影均无积聚性，也不反映平面与投影面的倾角。

2. 平行面　平行面中将平行 ***H*** 面的平面称**水平面**；平行 ***V*** 面的平面称**正平面**；平行 ***W*** 面的平面称**侧平面**。其投影特征如表 1－3 所示。

表 1－3　　**各种平行面及投影**

平面	直观图	投影图	投影特性
水平面	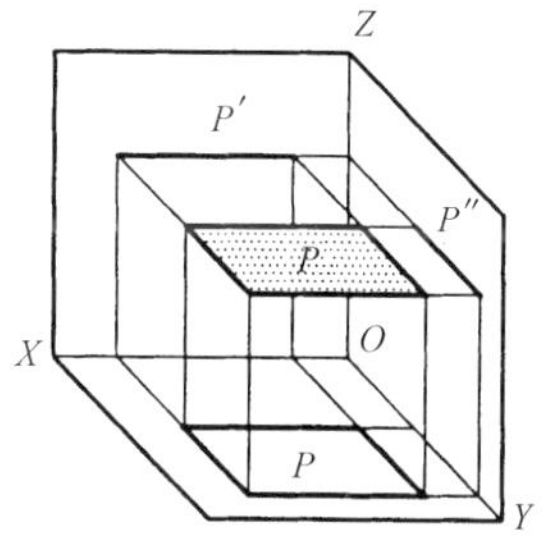	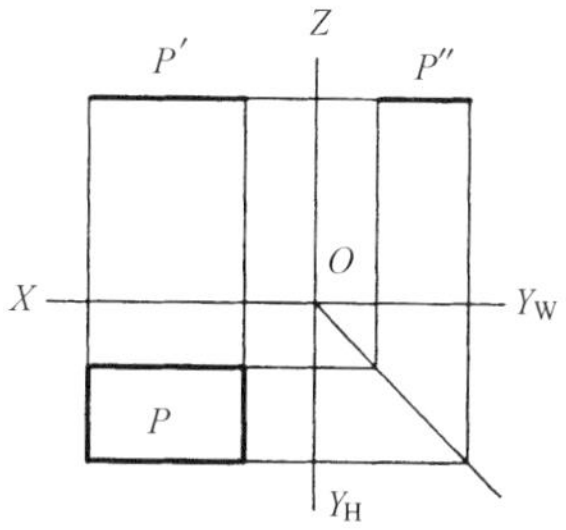	1. 水平投影 *P* 反映实形 2. 另两投影面上的投影（*P′*、*P″*）积聚成一直线，且平行于相应的投影轴
正平面	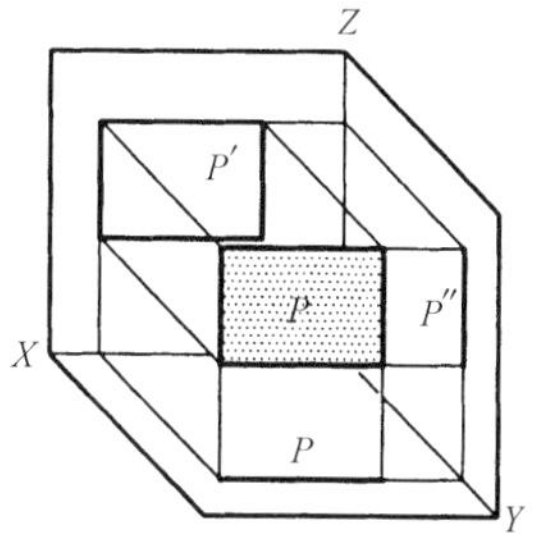	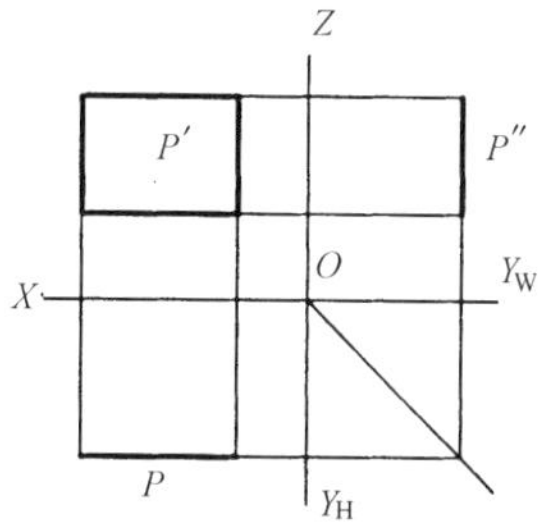	1. 正面投影 *P′* 反映实形 2. 另两投影面上的投影（*P′*、*P″*）积聚成一直线，且平行于相应的投影轴
侧平面	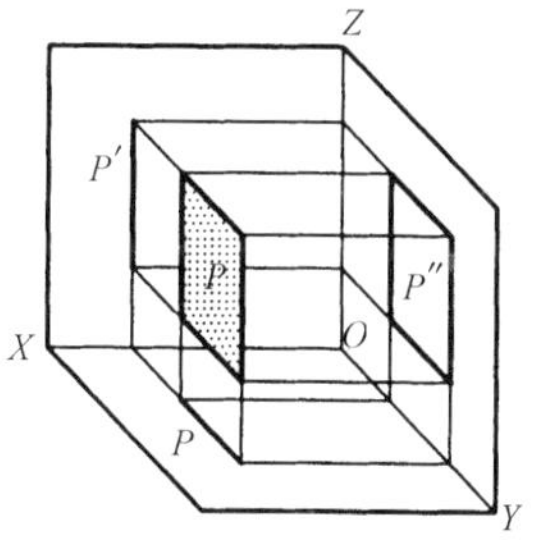	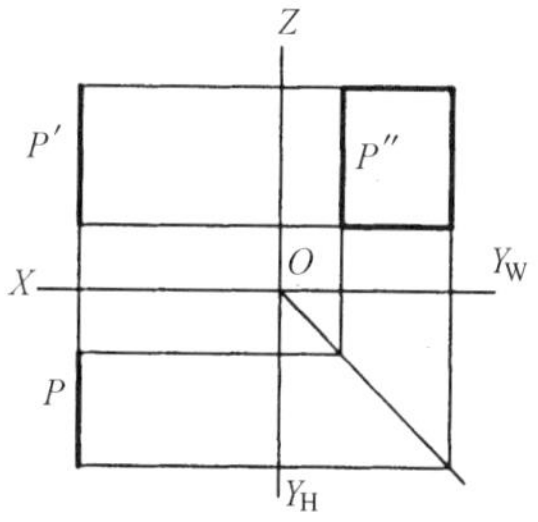	1. 侧面投影 *P″* 反映实形 2. 另两投影面上的投影（*P*、*P′*）积聚成一直线，且平行于相应的投影轴

根据上表所述归纳出平行面的投影特征如下：

①平行面在与其平行的投影面上的投影反映实形。

②其余两投影面上的投影均积聚成直线，且平行于相应的投影轴。

用迹线表示的平行面如图 1－35(a)、图 1－35(b)。

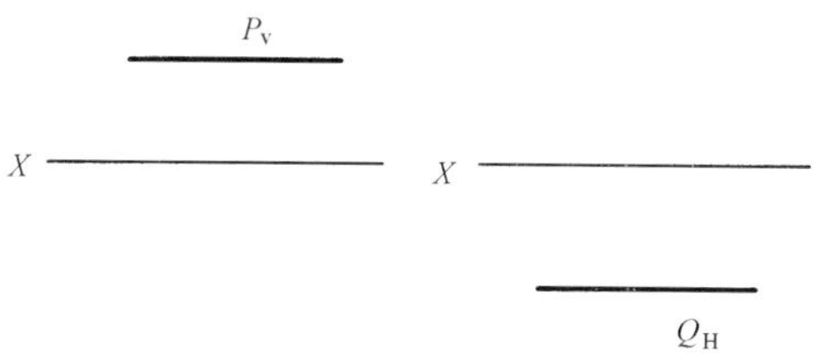

(a) 水平面的迹线表示法　　(b) 正平面的迹线表示法

图 1－35　平行面的迹线表示法

3. 垂直面　垂直面也分为三种：将垂直 ***H*** 面的平面称**铅垂面**；垂直 ***V*** 面的平面称**正垂面**；垂直 ***W*** 面的平面称**侧垂面**。各种垂直平面的投影特征如表 1－4 所示。

表 1－4　　各种垂直面及投影

平面	直观图	投影图	投影特性
铅垂面	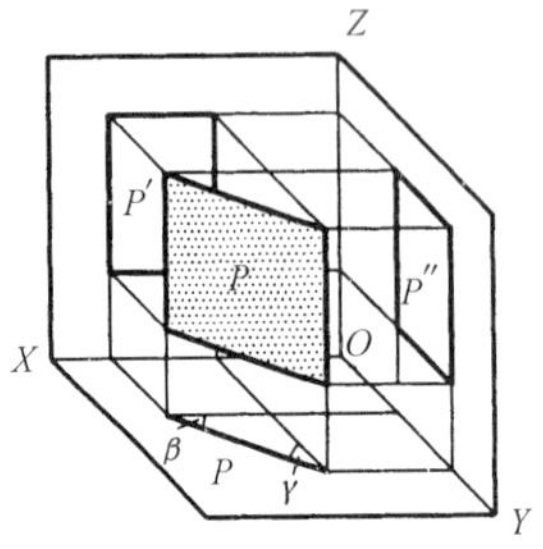	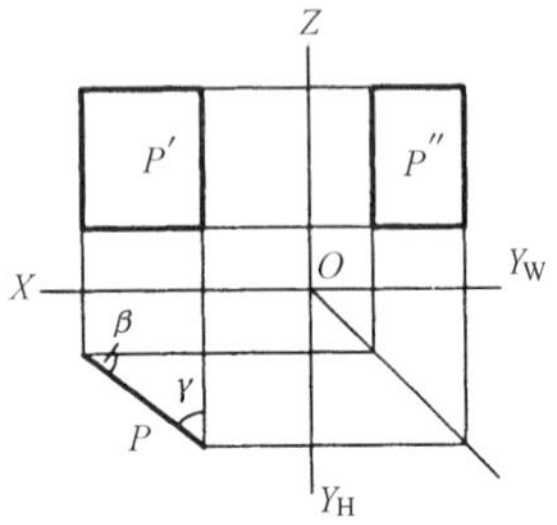	1. 水平投影 P 积聚成一直线，并反映平面对投影面的倾角 β 和 γ 2. 另两投影面上的投影（P'、P''）不反映实形，且均为实形的类似形
正垂面	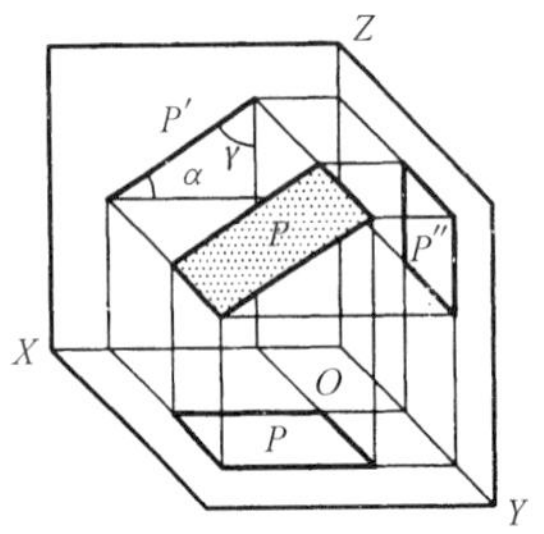	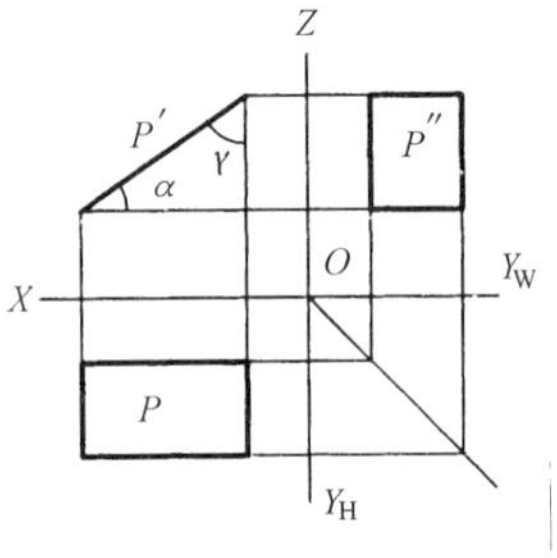	1. 正面投影 P' 积聚成一直线，并反映平面对投影面的倾角 α 和 γ 2. 另两投影面上的投影（P、P''）不反映实形，且均为实形的类似形
侧垂面	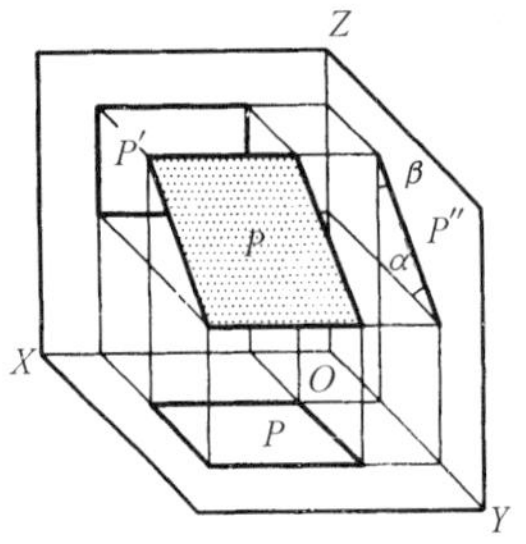	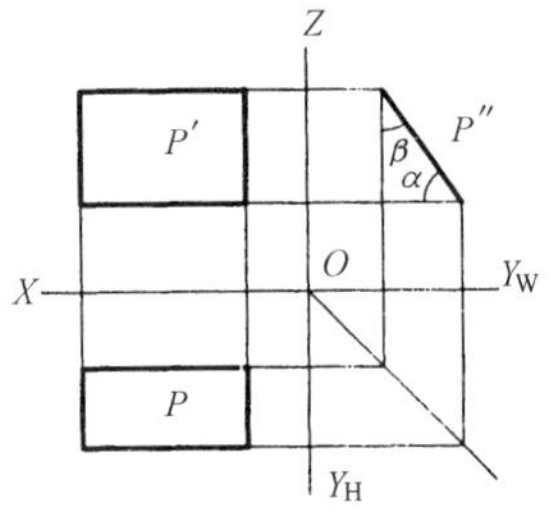	1. 侧面投影 P'' 积聚成一直线，并反映平面对投影面的倾角 α 和 β 2. 另两投影面上的投影（P、P'）不反映实形，且均为实形的类似形

从上表可归纳出垂直面的投影特征如下：

①在与其垂直的投影面上的投影有积聚性，且投影与投影轴的夹角反映出平面与另外两投影面的倾角。

②其余两投影均为实形的类似形。

用迹线表示的垂直面如图 1－36（a）、图 1－36（b）。

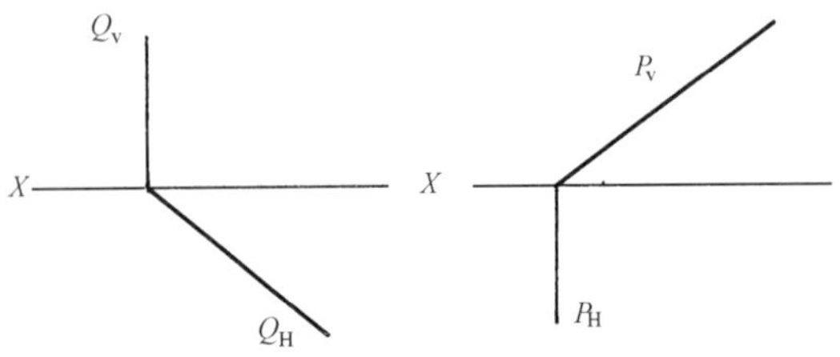

(a) 铅垂面的迹线表示法　　(b) 正垂面的迹线表示法

图 1－36　垂直面的迹线表示法

三、平面内的点和直线

(一)平面内的点

根据初等几何可知:**若点在平面的一条直线上,则点即在该平面内。**如图1－37(a)所示。其投影画法如图1－37(b)。若平面处于特殊位置时,可直接由平面有积聚性的投影确定,如图1－37(c)、(d)所示。

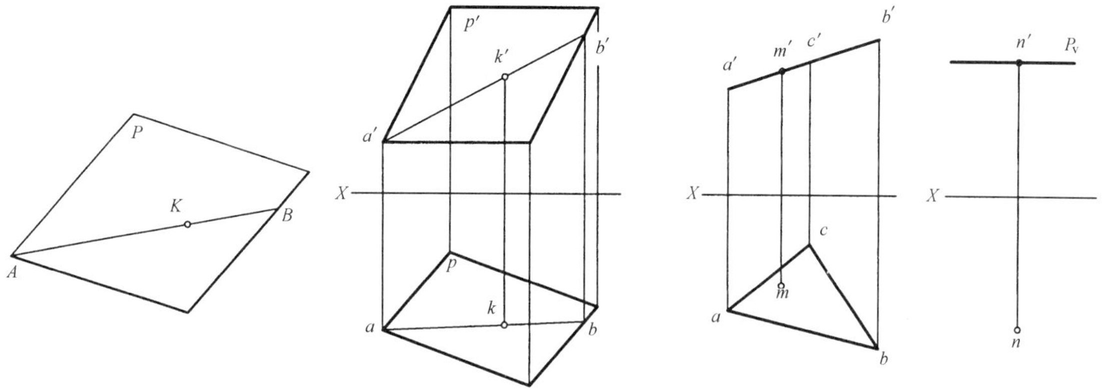

(a)直观图　　(b)投影图　　(c)、(d) 特殊情况

图1－37　平面内的点

(二)平面内的直线

若直线通过平面内的两个点,则直线即在该平面内;或者直线过平面内的一个点且平行平面内的一条直线,则直线也位于该平面内。如图1－38(a)所示,其投影画法如图1－38(b)所示。同样若平面处于特殊位置时,即可直接由直线的投影是否与平面的积聚投影相重合来判定,如图1－38(c)、(d)所示。

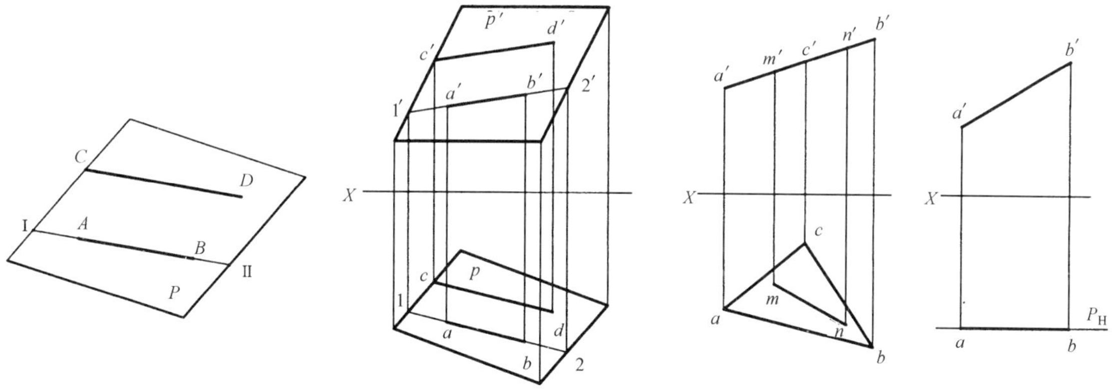

(a)直观图　　(b)投影图　　(c)、(d)特殊情况

图1－38　平面内的直线

第六节　线面相对位置

一、直线与平面、平面与平面平行

(一)直线与平面平行

1. 几何条件　**如直线平行平面内的一条直线,则直线与平面平行,反**

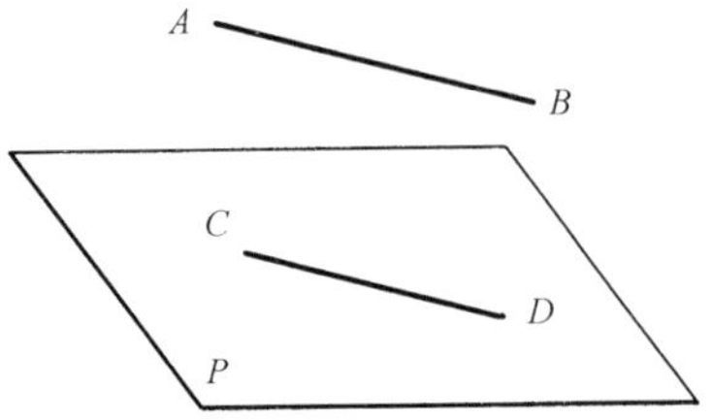

图 1－39　直线与平面平行的条件

之若平面平行空间一直线，则平面即与该直线平行。如图 1－39 所示，AB 平行 P 面内直线 CD，则 $AB /\!/ P$。

2. 作图举例

［例 1－3］如图 1－40（a）所示，过空间点 M 作一水平线使其与△ABC 平行。

分析与作图

根据线与面平行的几何条件，需先在△abc 内任作一水平线，如图 1－40（b）中的 ad。然后过点 m 作 $mn /\!/ ad$，即令 $m'n' /\!/ a'd'$，$mn /\!/ ad$。

当平面处于特殊置，过点作直线平行平面时，只要直线的一个投影与平面有积聚性的投影平行即可。如图 1－40（c）所示，因 $kl /\!/ abc$，故直线 kl 即与△abc 平面平行。

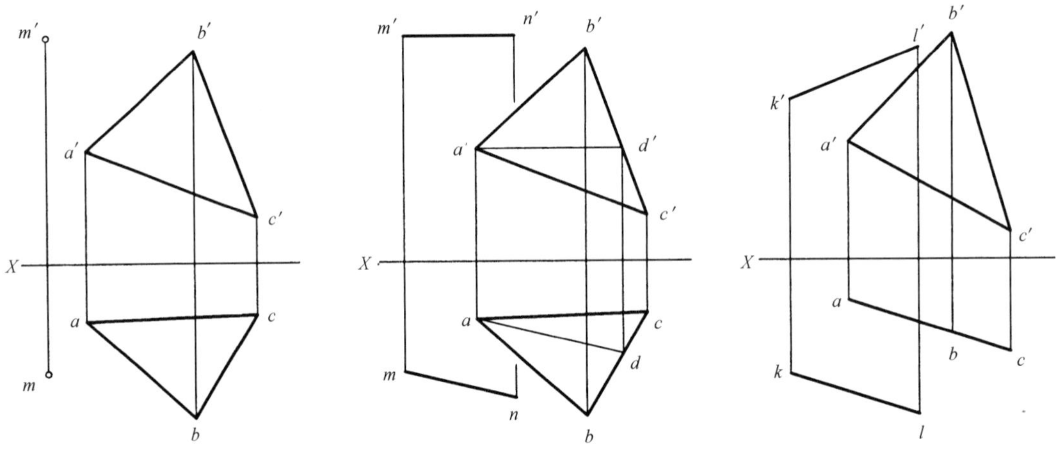

(a)已知条件　(b)投影图　(c) 特殊情况

图 1－40　作直线与平面平行

（二）平面与平面平行

1. 几何条件　**若一平面内相交两直线对应平行另一平面内相交两直线，则两平面平行。**如图 1－41 所示，P 平面内相交两直线 ABC 对应平行 Q 平面内相交两直线 $A_1B_1C_1$，则平面 P 与 Q 平行。

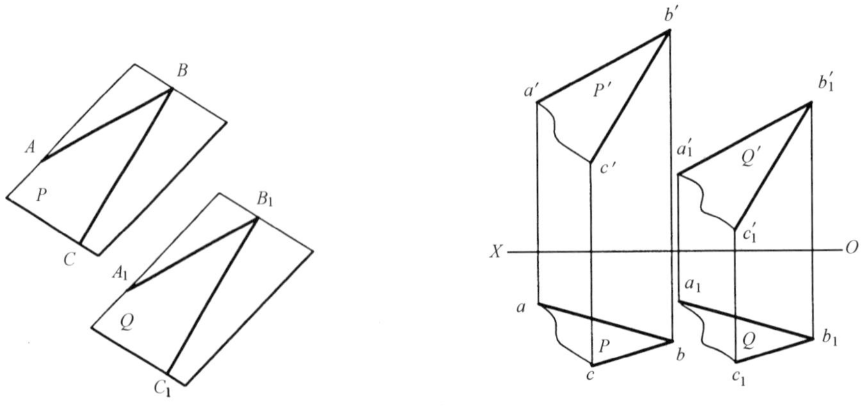

(a) 直观图　(b) 投影图

图 1－41　两平面平行的几何条件

2. 作图举例

[例1-4]如图1-42(a),过点 m 作一平面与△abc 平行。

分析与作图

根据两平面平行的几何条件,可过点 m 引两条直线与△abc 内任意两条相交直线对应平行。如图1-42(b)所示,过 m' 作 $m'k' /\!/ a'b'$,$m'n' /\!/ b'c'$;同样过 m 作 $mk /\!/ ab$,$mn /\!/ bc$,则平面 nmk 与△abc 对应平行。

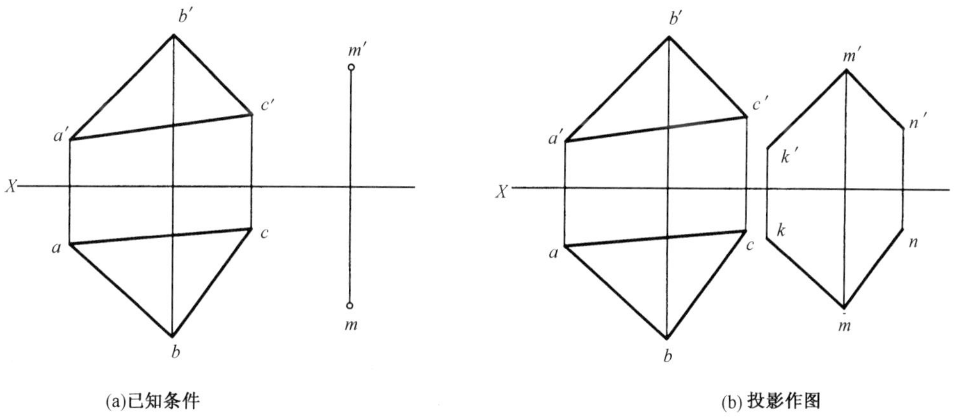

图1-42　过点作平面与已知面平行

特殊情况下两平面平行,只要两平面有积聚性的投影对应平行,两平面即平行。如图1-43中 P 与 Q 平面皆为铅垂面,且 $P_H /\!/ Q_H$,故 P 面与 Q 面平行。

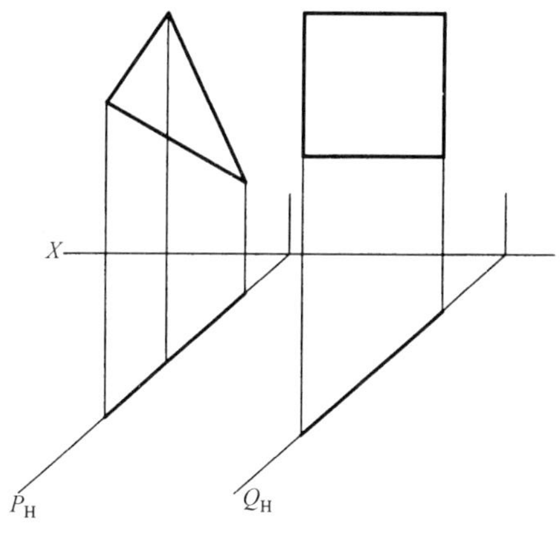

图1-43　两平面平行的特殊情况

二、直线与平面、平面与平面相交

(一)直线与平面相交

1. 交点的性质　**直线与平面的交点是直线与平面的共有点,它既属于直线也属于平面。**如图1-44中 AB 与平面 P 的交点 K,既是线面共有点又是直线段上可见与不可见部分的分界点。

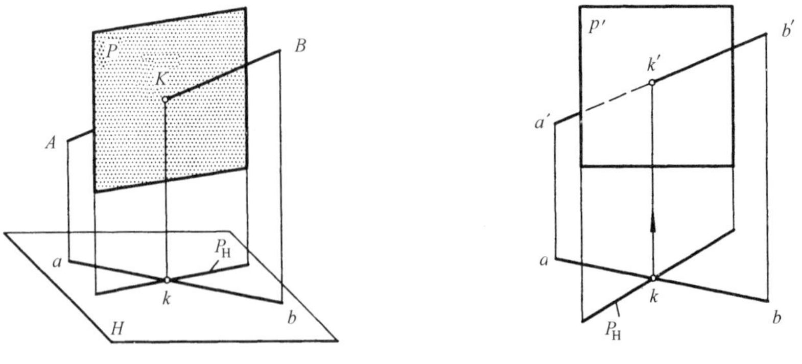

(a)直观图　　(b)投影图

图 1 - 44　直线与平面相交

2. 作图举例

[例 1 - 5]求直线 MN 与△ABC 的交点 K,并判别可见性,如图 1 - 45(a)。

分析与作图

因交点 k 是共有点,故 H 面上投影 mn 与 abc 的交点 k,即交点 k 的水平投影;又因 k 为直线上的点,故过 k 作 OX 轴垂线交于 $m'n'$ 上可得 k',则 k、k' 即所求交点的投影,如图 1 - 45(b)所示。最后判别可见与不可见:从水平投影中可以看出 kn 位于 abc 之前,故 $k'n'$ 为可见,而 $k'm'$ 一侧为不可见,但露在△$a'b'c'$之外的直线投影仍为可见。

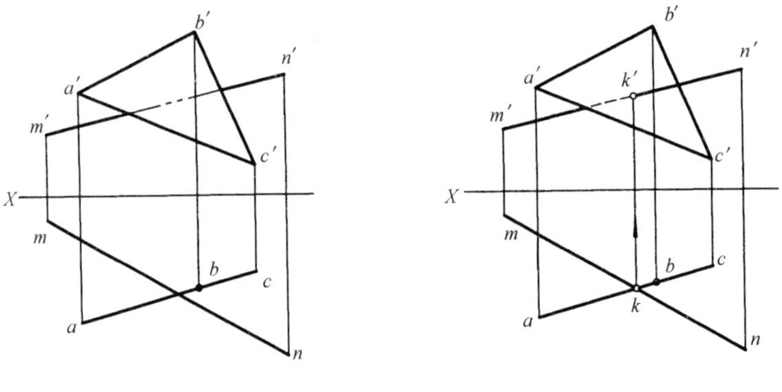

(a)已知条件　　(b)投影图

图 1 - 45　求直线与平面的交点

[例 1 - 6]求直线 AB 与 DEF 平面的交点 K,并判别可见性,如图 1 - 46(a)。

分析与作图

因为交点 k 是共有点,则交点 k 必在直线 ab 上。而直线是铅垂线,其水平投影积聚,故交点的水平投影 k 必在直线的水平投影 ab 的积聚点上。又因交点也必是平面内的一点,所以交点一定在平面内的某条直线 $a1$ 上,如图 1 - 46(b)所示。最后判别可见与不可见:铅垂线与下行面相交,其正面投影一定是过交点的下部分直线可见,又交点是可见与不可见的分界点,所以直线上部分被平面遮挡的区域为不可见。

(二)平面与平面相交

1. 交线的性质　**两平面相交时交线是两平面的共有线,也是两平面**

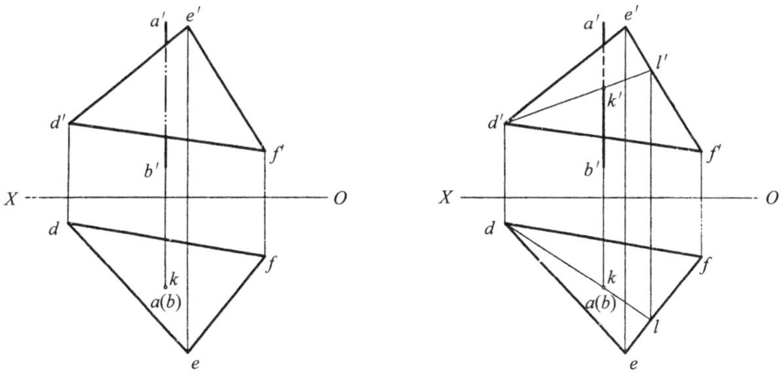

(a)已知条件　　(b)投影图

图1－46　求直线与平面的交点

上可见与不可见部分的分界线，如图1－47所示。

2. 作图举例

[例1－7]如图1－48所示，求△*ABC*与平面*P*的交线，并判别可见性。

分析与作图

因*P*面是正垂面，故其P_V在*V*面的投影有积聚性，利用其在*V*面投影中△$a'b'c'$与P_V的重叠部分$m'n'$即交线的*V*面投影，并可由$m'n'$得出交线的水平投影*mn*。如图1－48（b）所示。又因a'位于$m'n'$之上，即*MNA*位于*P*面之上方，故*mna*为可见，而另一侧即为不可见。

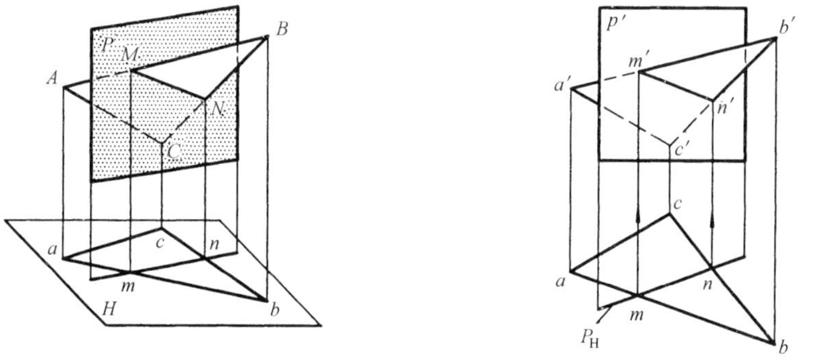

(a)直观图　　(b)投影图

图1－47　平面与平面相交

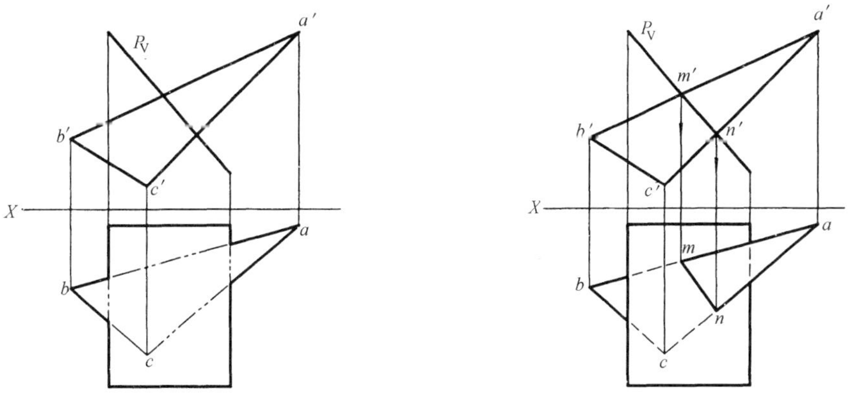

(a)已知条件　　(b)求交线及可见性

图1－48　求两平面交线

思 考 题

1. 投影的种类有哪些？常用的图示方法有哪些？

2. 平行投影的特性有哪些？

3. 什么是投影面体系？形体的三面正投影是怎样形成的？它们之间有什么内在联系？

4. 点在两面投影体系中的投影规律是什么？点在三面投影体系中的投影规律有哪些？

5. 什么叫重影点？其可见性如何判别？

6. 直线与投影面的相对位置有哪些？各种位置线的投影特征是什么？

7. 什么是直线上点的从属关系与等比关系？

8. 空间两直线的相对位置有哪些？其投影特征是什么？

9. 平面的表示法有几种？P_V、P_H 的几何含义是什么？

10. 平面与投影面相对位置有哪些？其投影特征是什么？

11. 平面内取点、取线的几何条件是什么？怎样使用？

12. 线、面平行与面、面平行的几何条件是什么？如何区别特殊位置的线、面平行及平面与平面的平行？

13. 如何确定特殊情况下线面的交点与面面的交线？如何区分相交两平面上可见与不可见部分？

第二章　立体的投影

几何形体分平面立体和曲面立体两大类。平面立体是由平面围合而成的空间封闭实体，如棱柱、棱锥及多面体等，曲面立体则是由曲面或平面与曲面围合而成的空间封闭实体，如圆柱、圆锥及圆球体等。

本章主要讲述各种立体投影的画法以及与其相关的一些投影作图问题。

第一节　立体的投影画法

一、平面立体的投影及其表面取点

由于平面立体是由平面多边形围合而成，因此，**绘制平面立体投影，可归结为绘制所有表面多边形的投影，也就是绘制这些多边形的边线和顶点的投影**。多边形的边线是平面立体的棱线。当棱线的投影为可见时，画成粗实线，不可见时画成虚线，当粗实线与虚线重合时，应画成粗实线。

（一）平面立体的投影

1. 棱柱的投影　棱柱是由棱面、棱线及端面构成，其投影就是表达这些棱面、棱线及端面的投影。常见的棱柱有三棱柱、四棱柱等。棱柱可立放也可以平放。图 2－1（a）给出一个水平放置的三棱柱，它由 5 个棱面围成。它的两个端面 ABC 与 $A_1B_1C_1$ 均与 W 面平行，侧面投影反映实形并重合；下表面 BB_1C_1C 与 H 面平行，水平投影反映实形；前、后两个棱面 AA_1B_1B，AA_1C_1C 均垂直 W 面，侧投影积聚成直线，其 V、H 投影为类似形。画图时应先画出两端面 ABC 及 $A_1B_1C_1$ 的各个投影，然后把各顶点投影相连即可，见图 2－1（b）。

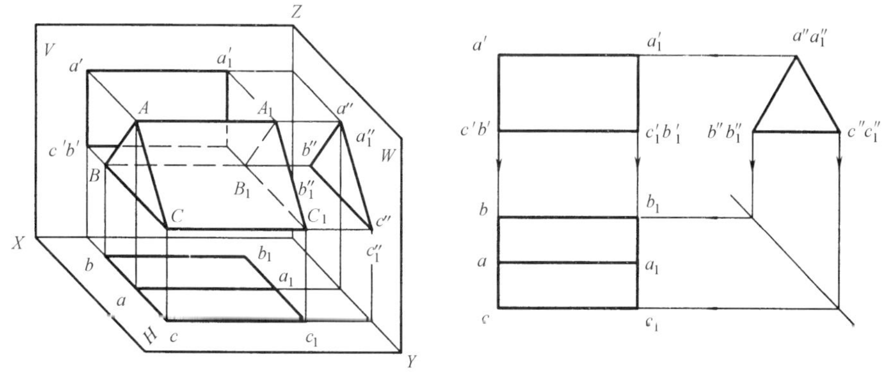

(a)直观图　　(b)投影图

图 2－1　三棱柱的投影

2. 棱锥的投影　棱锥是由顶点、棱线及棱面构成。图 2－2（a）给出一个竖直放置的三棱锥。它是由顶点 S 及棱面 SAB、SBC、SAC 和底面

ABC 组成，它的底面与 *H* 面平行，画图时可先画出底面 *ABC* 的三面投影及顶点 *S* 的三面投影，然后将顶点 *S* 与 *A*、*B*、*C* 各点的同面投影相连即可完成三棱锥的三面投影，如图 2－2（b）所示。

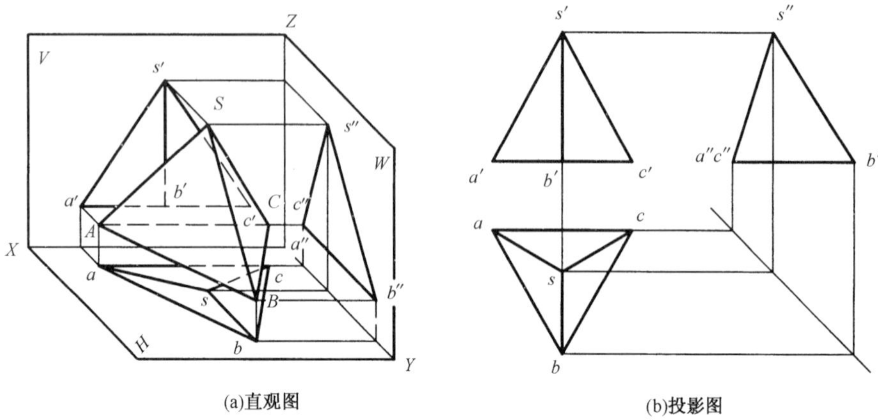

图 2－2　三棱锥的投影

（二）平面立体表面取点

平面立体表面取点，实质就是平面图形内取点。

［例 2－1］如图 2－3（a）所示，已知三棱锥棱面 *sac* 内一点 *k* 的 *h* 面投影 *k*，棱面 *sbc* 内一点 *n* 的 *v* 面投影 *n'*，求 *k*、*n* 两点的其他投影。

分析与作图

因棱面 *sac* 的棱线 *ac* 垂直于 *w* 面，故 *sac* 为侧垂面，其侧面投影积聚成一直线，故可利用积聚性投影由 *k* 求得 *k''*，再由 *k*、*k''* 求得 *k'*。因棱面 *sac* 是三棱锥的后表面，故 *s'a'c'* 不可见，所以 *k'* 为不可见，应加括号，见图 2－3（b）。

棱面 *sbc* 是一倾斜面，无积聚性。按照点在平面上的几何条件，只要过点 *n* 在棱面 *sbc* 上作一辅助直线，就可求得它的另一投影。具体作图方法：①过点 *n* 作一直线 *sd*（其 *v* 面投影 *s'd'* 过点 *n'*），再由 *s'd'* 求得 *sd*，并由 *n'* 在 *sd* 上求得 *n*，点 *n* 可见；②过点 *n* 作一水平线 *ne*（其 *v* 面投影 *n'e'*∥*b'c'*），再由 *e'* 求得 *e*，过 *e* 作 *en*∥*bc*，并由 *n'* 在 *en* 上求得 *n*。如图 2－3（c）所示。

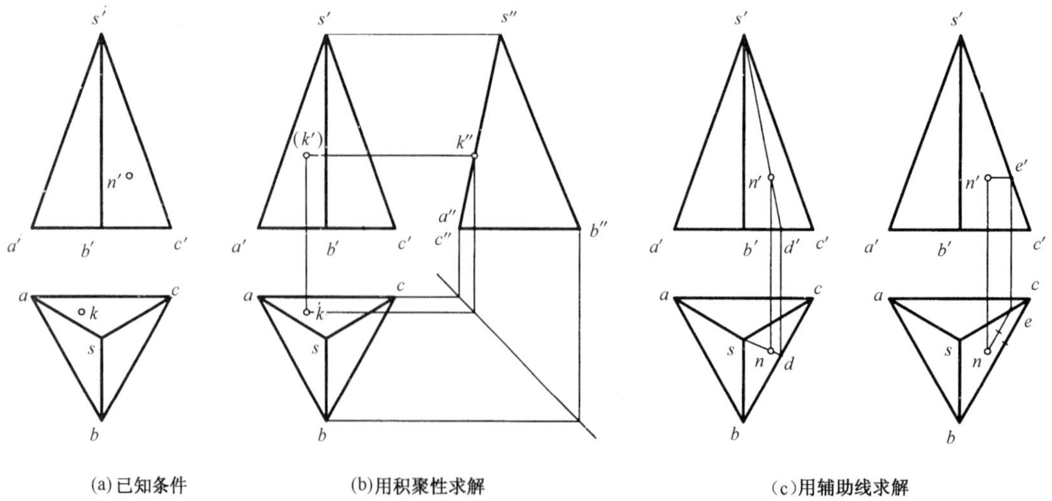

图 2－3　平面立体表面取点

从上述 k、n 两点投影的作图可以看出：平面立体表面取点可以利用积聚性，若无积聚性则可用辅助线求出。

二、常见曲面立体的投影及其表面取点

工程上常见的曲面立体主要是回转体，如圆柱、圆锥及圆球等，它们都是由曲面或平面与曲面围合而成的形体，其投影就是画出围合形体的曲面与平面的投影。

（一）常见曲面立体的投影

1. 圆柱　图 2－4（a）给出一直圆柱投影的形成与画法。由于圆柱的轴线与 H 面垂直，所以其上、下底圆在 H 面上的投影重合并反映实形，圆柱表面也都积聚在底圆的水平投影上。圆柱的正面和侧面投影都是矩形，矩形两侧边线称外形线。如图中 AB、CD 的 V 面投影 $a'b'$ 与 $c'd'$，其侧面投影与圆柱轴线重合，不需单独表示；同样侧面投影中的外形线 EF、GH 的正面投影与圆柱轴线的正面投影重合，也不另外表示。所以画圆柱三面投影时旋转轴的投影必须用点划线画出。圆柱的投影画法如图 2－4（b）所示。圆柱外形线是圆柱表面对某个投影面的可见与不可见部分的分界线。

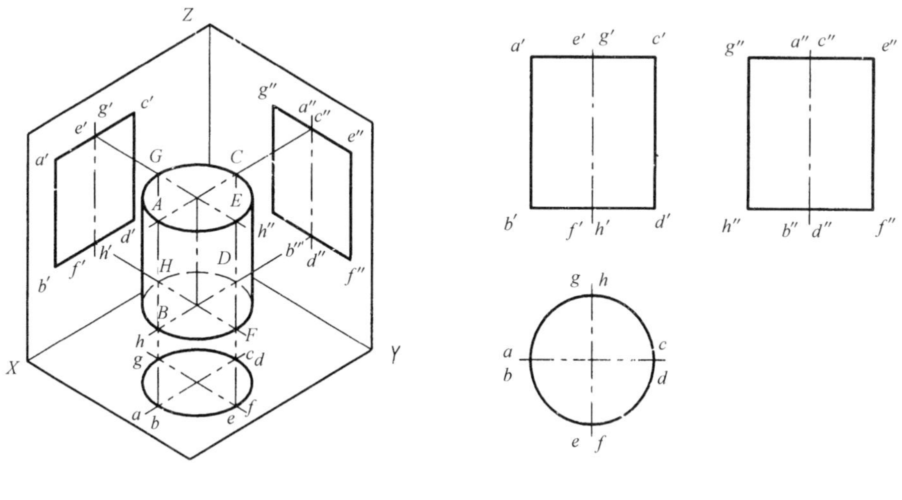

（a）直观图　　（b）投影图

图 2－4　圆柱体的投影

2. 圆锥　图 2－5（a）给出一正圆锥投影的形成与画法。由于圆锥的轴线垂直于 H 面，故圆锥底面与 H 面平行，其 H 面投影为一反映实形的圆。圆锥的正面投影与侧面投影为两个等大的等腰三角形。三角形的两腰是圆锥的外形线。如正面投影中的 $s'a'$ 与 $s'b'$，是圆锥前后表面的分界线 SA、SB 的正面投影，SA 与 SB 的侧面投影与圆锥轴线重合不单独表示；同样，圆锥侧面投影外形线 SC、SD 也是圆锥左右两部分表面的分界线，其正面投影与圆锥轴线重合也不单独表示。圆锥的三面投影画法如图 2－5（b）所示。

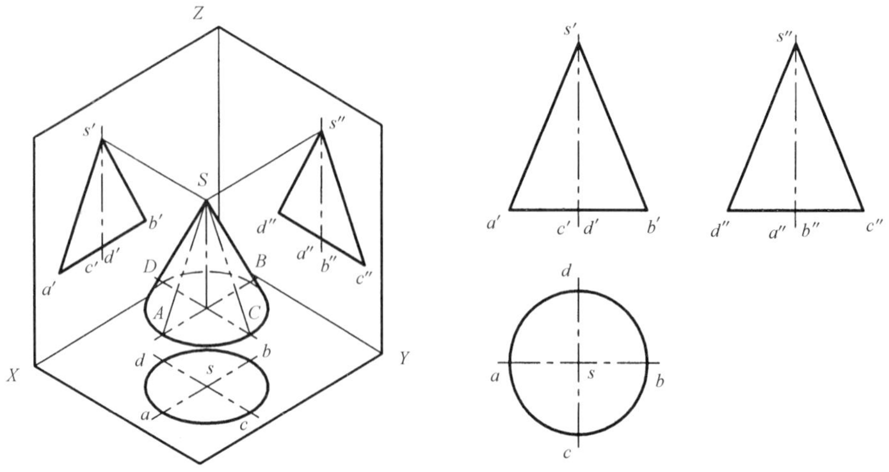

（a）直观图　　（b）投影图

图 2－5　圆锥体的投影

3. 圆球　圆球是由球面围合而成的实体，其投影形成如图 2－6（a）所示。球的三个投影均为等大的圆。这三个圆都是相应投影的外形线。如正面投影中的 a'圆，是球体前后两半球表面分界线 A 圆的投影，其水平投影 a 及侧面投影 a''均与对称中心线重合，画图时不单独标明；同样水平投影中 b 圆是过球心与 H 面平行的 B 圆的投影，它是球体上下两半球表面的分界线，B 圆的正面投影与侧面投影也都与圆的水平轴线重合；与侧面平行的 C 圆的投影不再叙述。球体的三面投影如图 2－6（b）所示。

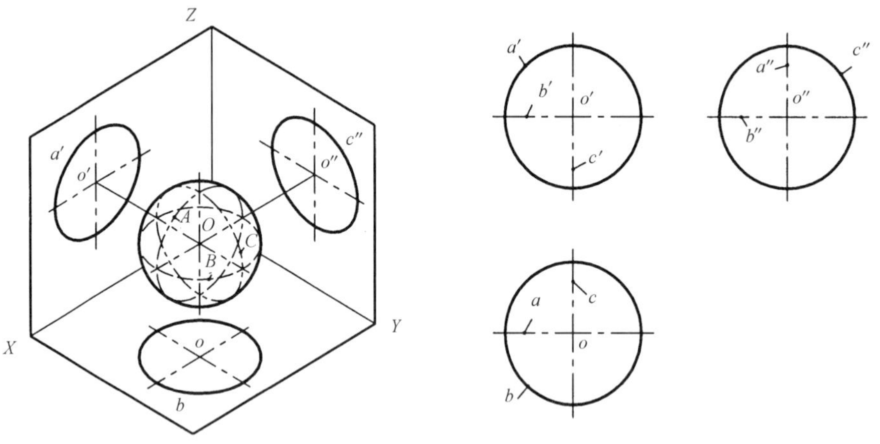

（a）直观图　　（b）投影图

图 2－6　圆球的投影

（二）曲面立体表面取点

所谓曲面立体表面取点是指：根据给出曲面立体表面上点的一个投影求出其余投影的方法。曲面上取点可利用曲面投影的积聚性或在曲面上过点作辅助线的方法来实现。

1. 圆柱表面取点　圆柱体一般都使其轴线垂直于某一投影面，因此其表面上的点可利用积聚性求出。

［例2－2］如图2－7（a）所示，已知圆柱表面上一点 A 的 V 面投影。求点 A 的 H、W 面投影。

分析与作图

因圆柱的轴线垂直于 H 面，故圆柱的水平投影有积聚性，又因 a'为可见，表明点 A 位于圆柱的前半个表面内，因此过 a'向下投影，在圆柱面水平投影的前半圆周上得到点 A 的水平投影 a。由 a、a'可求得 a''，因 a'位于 V 面投影对称轴的右侧，故 a''为不可见，如图2－7（b）。

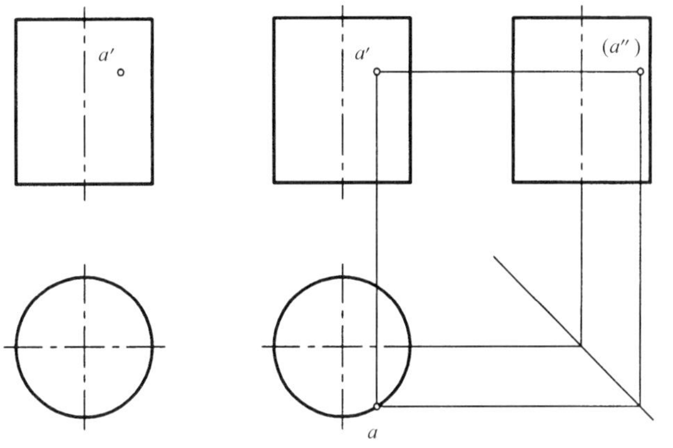

（a）已知条件　　（b）投影作图

图2－7　圆柱表面取点

2. 圆锥表面取点　圆锥体表面，除底圆外都没有积聚性可利用，因此在锥表面上取点需要作辅助线。在锥面上作辅助线有两种形式：一是在锥面上过给定点作一素线；二是在锥面上过给定点作一纬圆。

［例2－3］如图2－8（a）已知圆锥表面内一点 A 的 V 面投影 a'，求其水平投影 a 及侧面投影 a''。

方法1：**素线法**

所谓素线法就是过给定点和锥顶在锥面上作一条素线为辅助线，再利用点、线从属关系，从而得出点的其余投影的作图方法。

分析与作图

如图2－8（b），过锥顶 S 的 V 面投影 s'与点 A 的 V 面投影 a'作一条素线 $s'a'$与底圆交于 b'，则 $s'b'$为锥表面素线 SB 的 V 面投影，由 $s'b'$可求出 sb。因点 A 在素线 SB 上，故过 a'在 sb 上可得 a，由 a'和 a 求得 a''。由于 a'在锥面的右侧，故 a''为不可见。

方法2：**纬圆法**

纬圆法就是过锥面内给定的点画一纬圆，再根据所画纬圆的投影而求得点的其他投影的作图方法。

分析与作图

如图2－8（c），过 a'作一条平线 $1'2'$，$1'2'$即过点 A 的水平纬圆的 V 面投影。然后以 $1'2'$为直径（以过点 A 的轴线到外形线的距离为半径）

在 H 面上画出纬圆的水平投影，过 a' 在纬圆的水平投影上得出 a，再由 a' 和 a 求得 a''。

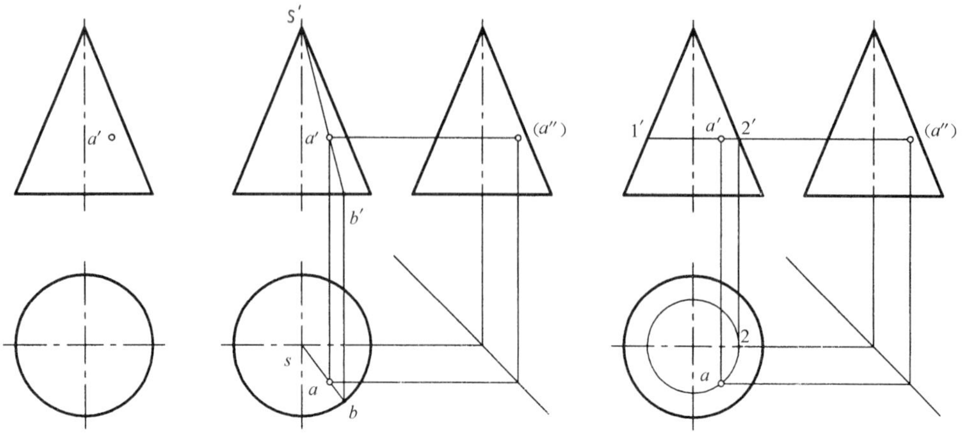

（a）已知条件　　（b）素线法　　（c）纬圆法

图 2－8　圆锥表面取点

3. 球表面取点　在球面上取点只能用平行投影面的纬圆为辅助线进行作图。

［例2－4］如图2－9（a），已知球面上一点 M 的水平投影 m，求 m' 及 m''。

分析与作图

过 m 引一水平线 12，12 即是球面上与 V 面平行的正平纬圆的 H 面投影。其 V 面投影反映实形，即以 o' 为圆心以 12 为直径画圆。因 m 可见，故将 m 投影于此纬圆的上半圆周上得出 m'，由 m 及 m'，可求出 m''，因 M 位于球的左侧表面内，故 m'' 为可见，如图 2－9（b）所示；用水平纬圆作图的过程见图 2－9（c），具体步骤由读者自行分析。

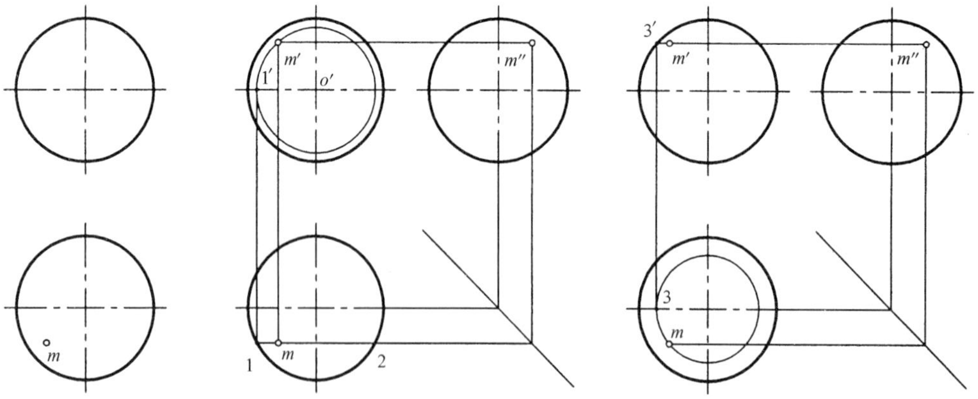

(a)已知条件　　(b)用正平纬圆作图　　(c)用水平纬圆作图

图 2－9　球表面取点

第二节　立 体 截 断

用平面切割立体称**立体截断**。切割立体的平面称截平面；平面与立体表面的交线称**截交线**；由截交线所围成的平面图形称**截面或断面**；立体被一个或几个平面切割后余下的部分称为切割体。如图 2－10 所示。

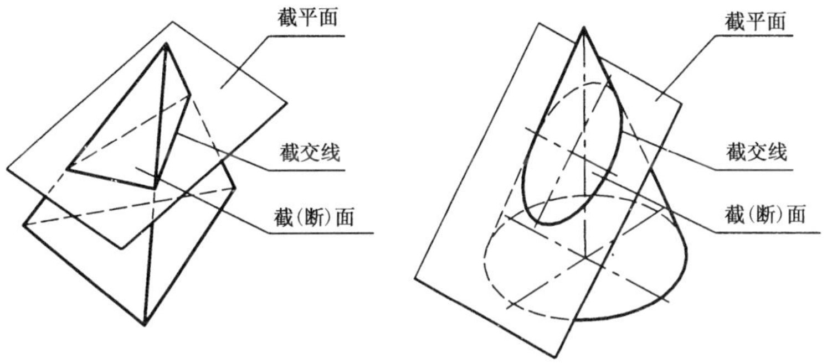

(a)平面立体截断　　(b)曲面立体截断

图 2－10　立体截断

一、平面立体的截断

平面切割平面立体时，其截交线是截平面与立体表面的共有线，它是一个封闭的平面多边形，其每一边都是截平面与立体一棱面的交线，其顶点则是截平面与一棱线的交点，所以画截（断）面的实质就是求面面交线与线面交点。

［例 2－5］ 如图 2－11（a）所示，已知三棱锥 $S-ABC$ 被正垂面 P 所截，求截切后立体的投影。

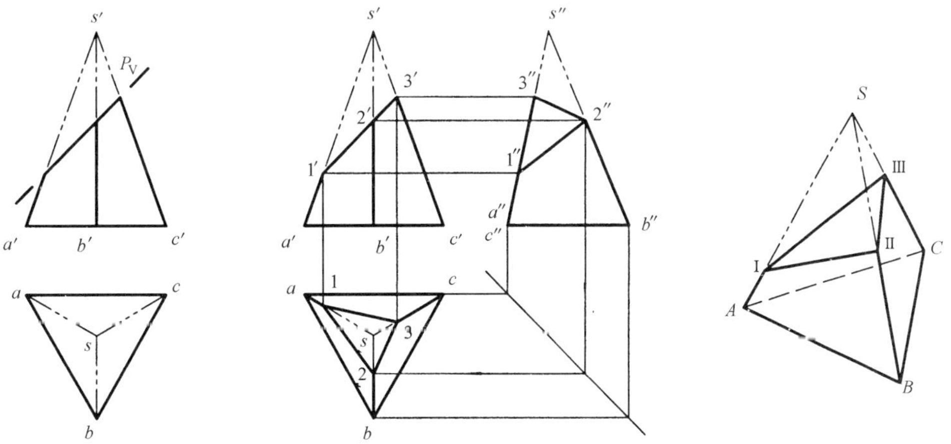

(a)已知条件　　(b)投影作图　　(c)直观图

图 2－11　三棱锥的截断

分析与作图

图2－11（b）所示，因截平面P是正垂面，其正面投影P_V有积聚性，截交线是截平面P上的线，所以其V面投影与P_V重合；三棱锥各棱SA、SB、SC与截平面P的交点Ⅰ、Ⅱ、Ⅲ的V面投影即$s'a'$、$s'b'$、$s'c'$与P_V的交点1′、2′、3′。按点在线上的投影规律可求出Ⅰ、Ⅱ、Ⅲ点的水平投影1、2、3及侧面投影1″、2″、3″，将1、2、3相连即得截交线的水平投影；将1″、2″、3″相连即得截交线的侧面投影。再将余下部分的棱线按规定线型加深，便可完成切割后三棱锥的投影。

［例2－6］如图2－12（a）所示，已知一带切口的四棱柱的V、H面投影，求其W面投影。

分析与作图

分析四棱柱切口的形状，可知四棱柱的切口是被一正垂面P与一侧平面Q联合切割而成。由于四棱柱与H面垂直，所以截平面P与四棱柱的截交线$ABDEC$的V面投影积聚成一段斜线，H面投影与四棱柱的水平投影重合且为类似形，侧面投影也为类似形。截平面Q与四棱柱的截交线$DFGE$的侧面投影反映实形，其余两面投影均积聚成直线。两截平面间的交线为DE，并注意右侧的棱线ⅠⅡ在侧面投影中为虚线，不要遗漏。切口四棱柱的投影如图2－12（b）所示。

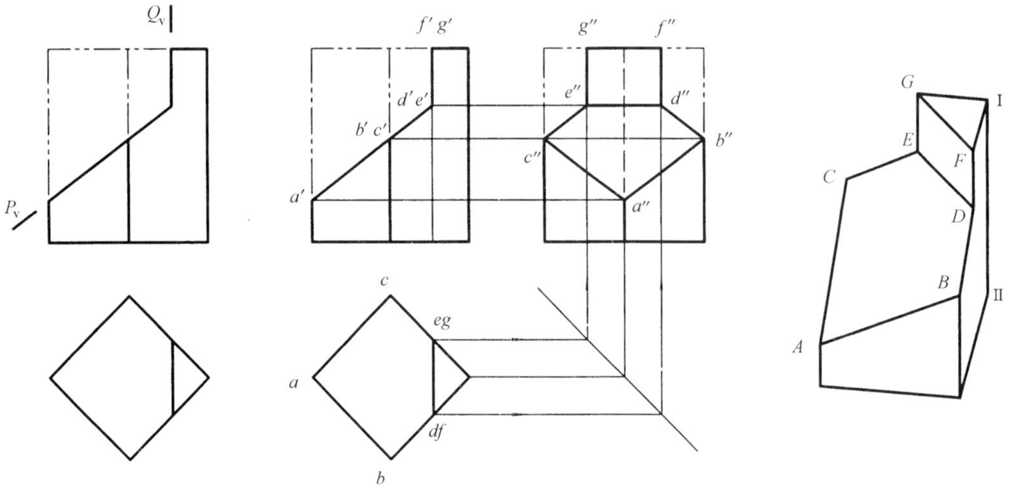

图2－12　切口四棱柱的投影

二、曲面立体的截断

平面与曲面立体相交时其截交线为封闭的曲边平面图形，因此画截断面时需找出截交线上的若干点，再用光滑曲线相连。

（一）圆柱体的截断

由于截平面与圆柱体轴线的相对位置的不同，其截断面有矩形、圆及椭圆三种情况。分述如下：

1. 截平面平行于圆柱的轴线　当截平面平行于圆柱的轴线时，截交线是矩形，如图2－13（a）、图2－13（b）所示。

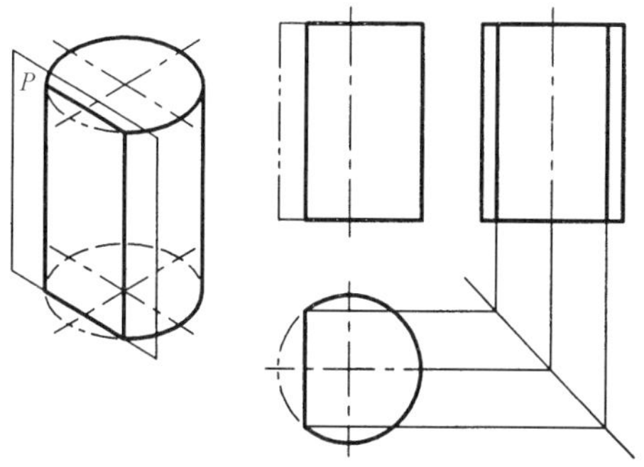

(a)直观图　　(b)投影图

图 2－13　截面平行于圆柱轴线的截断

2. 截平面垂直于圆柱的轴线　如图 2－14（a）、图 2－14（b）所示，截交线为垂直于轴线的圆。

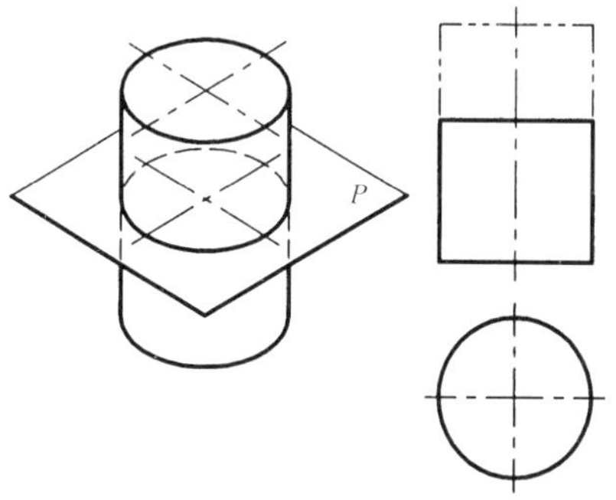

(a)直观图　　(b)投影图

图 2－14　截面垂直于圆柱轴线的截断

3. 截平面倾斜于圆柱的轴线　如图 2－15(a)所示,圆柱被平面斜截时的交线为椭圆。为求得椭圆截交线的投影,需找出椭圆上的若干点,如:最高、最低、最前、最后等极端位置上的点的投影以及椭圆长短轴的端点等特殊点,另外还需找出一些中间点以使连线更趋准确，由图 2－15(b)中可

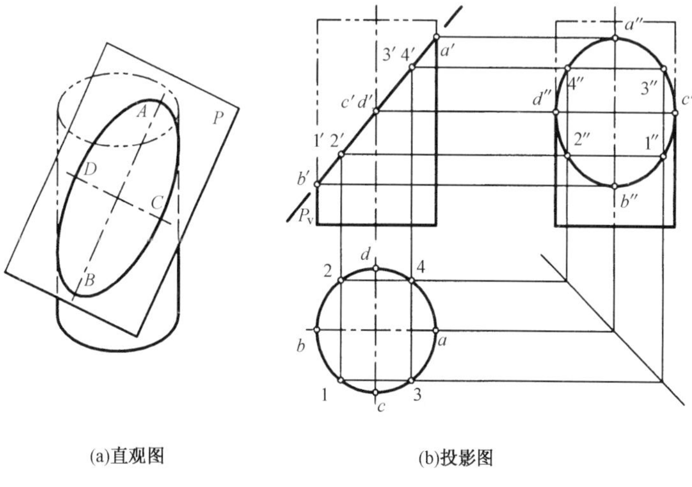

(a)直观图　　(b)投影图

图 2－15　截面倾斜于圆柱轴线的截断

以看出：截面 P 是正垂面，其 P_V 有积聚性，所以点 A 是最高点，点 B 为最低点，也是椭圆长轴的端点，点 C 和 D 是最前与最后点，也是椭圆短轴的端点。此外还需作几个一般点，如图中 Ⅰ、Ⅱ、Ⅲ、Ⅳ点。作图时可先确定各点的 V、H 面投影，再求 W 面投影。

4. 带切口圆柱

[例 2－7] 如图 2－16（a）所示，已知切口圆柱的 V 面投影，完成其 H 面投影及 W 面投影。

分析与作图

根据已给带切口圆柱体的 V 面投影，可知切口是被一水平面与一正垂面联合切割而成，因此需要分别求出它们的截交线及截平面间的交线，并完成作图。具体步骤如下：

①根据已知圆柱的 V、W 面投影，先补画出完整圆柱的 H 面投影。

②由于切口的一截平面为水平面，即图 2－16（b）中矩形ⅣⅥⅦⅤ，其侧面投影积聚为一直线，水平投影反映实形。

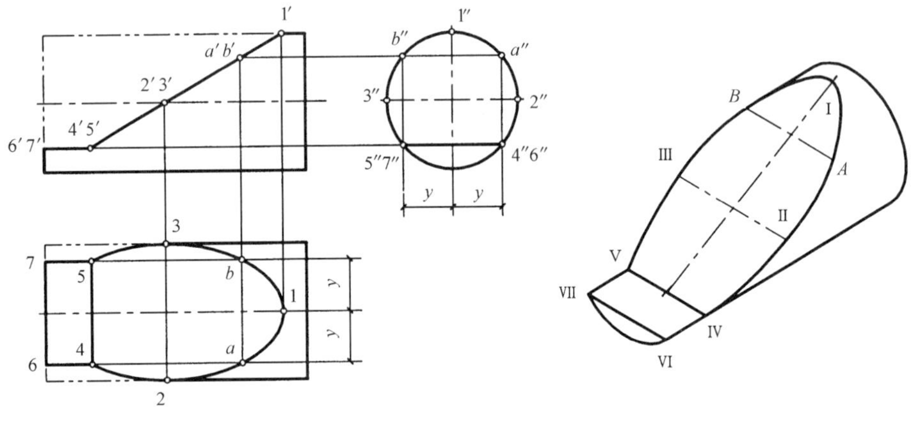

(a)投影图　(b)直观图

图 2－16　切口圆柱体的投影

③切口的另一截面为一正垂面，其 V 面投影有积聚性，侧面投影与圆柱面有积聚性的投影重合，水平投影仍为椭圆，对于非圆曲线而言，应先求特殊点Ⅰ、Ⅱ、Ⅲ、Ⅳ、Ⅴ的水平投影 1、2、3、4、5，当求一般点 A、B 的水平投影时，可先任意给定 A、B 的 V 面投影 a'、b'，再求出 a''、b''，用 Y 相等返回 H 面求得 a、b，然后将求得的各点连接成光滑曲线。

④画出截平面间交线的投影，整理外形线并完成作图。

（二）圆锥的截断

圆锥被不同位置平面切割时，其截交线的形状有：圆、椭圆、双曲线、抛物线以及相交二直线（断面为三角形）等五种情况。

1. 截面垂直于圆锥的轴线　如图 2－17（a），截交线是一纬圆，截圆的正面投影积聚为一直线，水平投影反映纬圆实形。如图 2－17（b）所示。

2. 截面过锥顶　过锥顶的截平面与圆锥面的交线是两条相交直线，其截断面是一个三角形，如图 2－18（a）、图 2－18（b）所示。

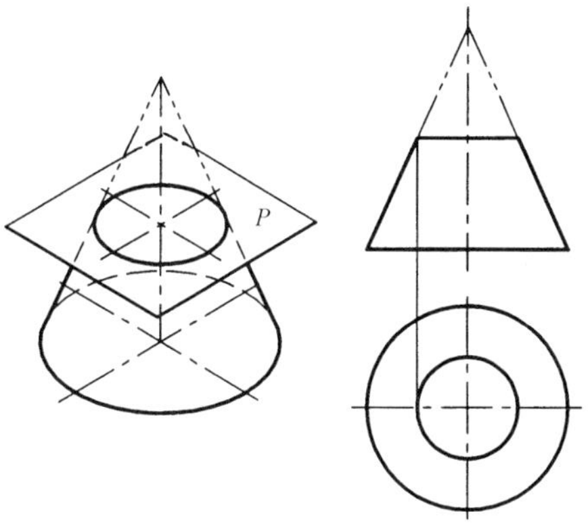

(a)直观图　　(b)投影图

图 2－17　截面垂直于圆锥轴线的截断

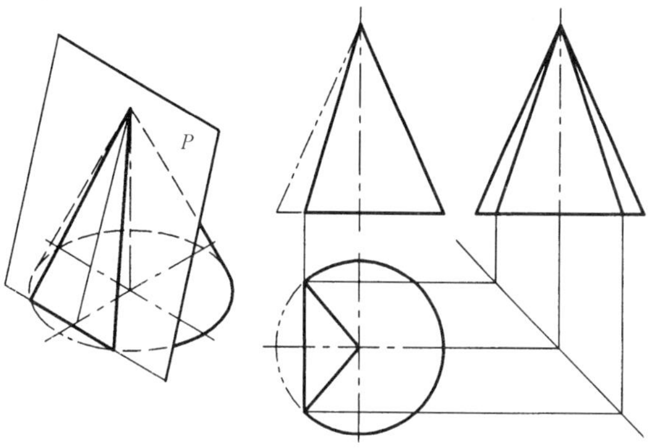

(a)直观图　　(b)投影图

图 2－18　截面过锥顶的截断

3. 截面倾斜于圆锥的轴线　截平面倾斜于圆锥的轴线时，其截交线为椭圆或双曲线或抛物线，总之皆为非圆曲线，如图 2－19（a）为一椭圆。画椭圆投影需找出曲线上一些特殊点及若干一般点。由正面投影可知点 1′、2′为最高、最低点，又因它在圆锥的外形线上，故可直接在轴线上求得其水平投影 1、2 和侧面投影 1″、2″，如图 2－19（b）；Ⅴ、Ⅵ为椭圆短轴的端点即最前、最后点，其正面投影位于 1′2′的中点处，其投影 5、6 可用纬圆法或素线法求得。由 5′、6′及 5、6 可求出 5″、6″；由于 3′、4′位于正面投影的轴线上，其侧面投影 3″、4″必位于外形线上，且为侧面投影外形线的终止点。中间点 *A*、*B* 的投影与点Ⅴ、Ⅵ的求法类同。

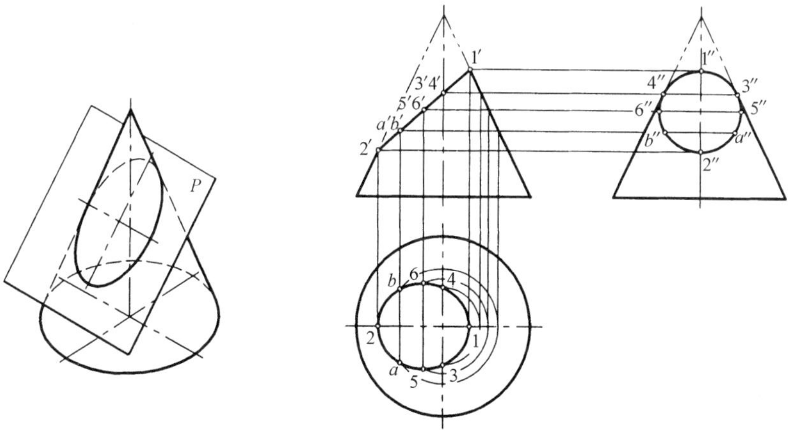

(a)直观图　　(b)投影图

图 2－19　截面倾斜于圆锥轴线的截断

4. 带切口的圆锥

［例 2－8］如图 2－20（a），已知带切口圆锥的正面投影，补画出其水平及侧面投影。

分析与作图

因为构成切口的两平面一为水平面与圆锥轴线垂直，其截交线为纬圆，另一平面为正垂面，与圆锥轴线倾斜并平行于外形线，其截交线是一抛物线。具体作图步骤如下：

①由已知的两面投影，先画出完整圆锥的侧面投影。

②画出水平截面与锥面交线（部分纬圆）的水平投影及侧面投影，其端点（也是抛物线的端点）为Ⅴ、Ⅵ。

③画倾斜截面与锥面交线的投影，最高点2′在正面投影的外形线上，可直接求得点2及2″；由于点3′、4′位于正面投影的轴线上，其侧面投影3″、4″必位于外形线上，且为侧面投影外形线的终止点。中间各点可用纬圆法求得，如图2－20（b）中的 *a*、*b*、*c*、*d* 所示，按所得的Ⅴ、*c*、Ⅲ、*a*、Ⅱ、*b*、Ⅳ、*d*、Ⅵ各点连成光滑曲线即抛物线，并判别可见性。

④整理投影轮廓线去掉切口处外形线投影，将截平面间交线的水平投影5、6画成虚线，完成切口圆锥的投影。带切口圆锥的直观形象如图2－20（c）所示。

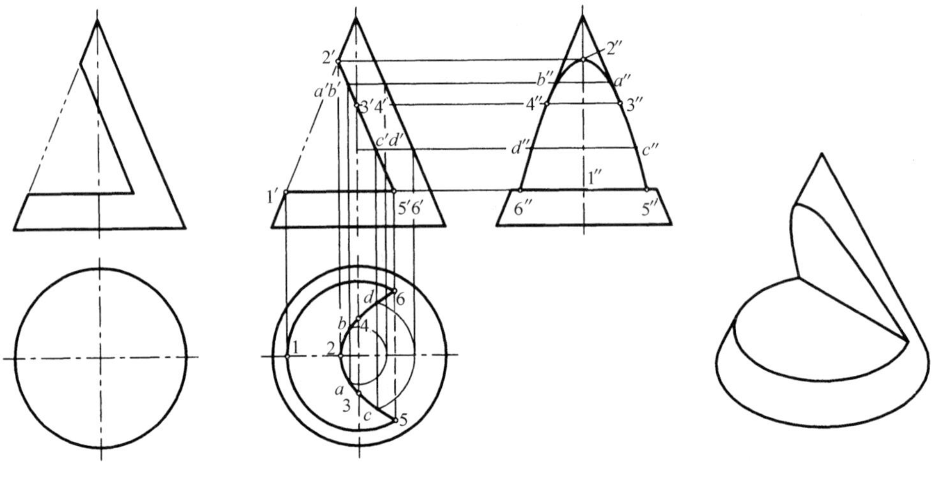

(a)已知条件　　(b)投影图　　(c)直观图

图2－20　带切口圆锥的投影

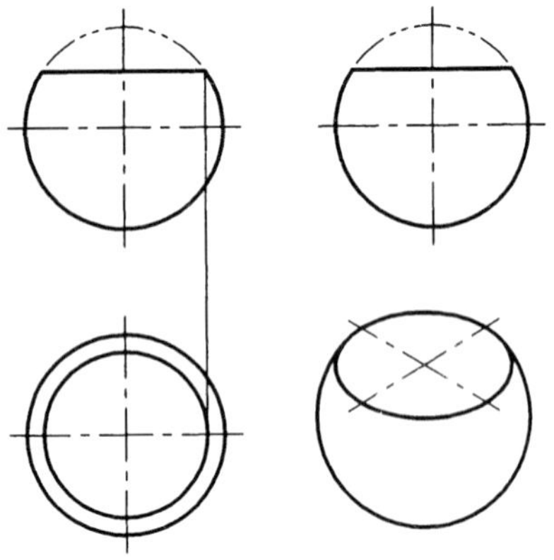

图2－21　圆球的截切

（三）圆球的截断

1. 平面与圆球相交时其**截交线始终是圆，但由于截平面与投影面相对位置的不同，其投影可为圆或椭圆或积聚为一直线**。图2－21中，圆球被一水平面所截，其截交线的水平投影反映实形，截圆的正面投影及侧面投影均积聚为一水平线。

2. 带切口圆球

［例2－9］图2－22给出一带切口半圆球的投影，补画出其水平投影及侧面投影。

分析与作图

根据给出带切口半圆球的正面投影可知，切口是由一个水平面与两个侧平面切割而成。水平面与球的截交线为水平纬圆，其水平投影反映实形；侧平面与球的截交线为侧平纬圆，其侧面投影反映实形。从正面投影出发，向下和向右投射可画出水平纬圆与侧平纬圆的投影，其结果如图所示。

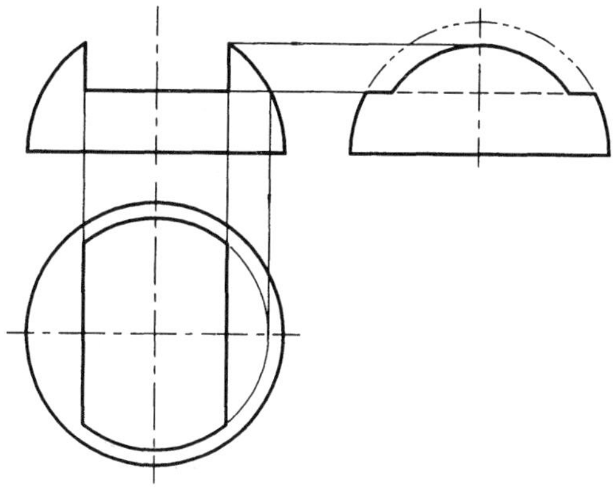

图 2－22 带切口的半圆球

第三节 直线与立体相交

直线与立体表面相交称为**贯穿**，其交点称为**贯穿点**（也是直线的终止点）。**贯穿点是成对存在的：一为贯入点，一为贯出点。贯穿点的性质是共有性：既是立体表面上的点，又是直线上的点。**求贯穿点的方法一般是用辅助平面法，具体步骤如下：

（1）包含直线作一辅助平面；

（2）求出辅助平面与立体表面的截交线；

（3）求出截交线与直线的交点即贯穿点，如图 2－23 所示。

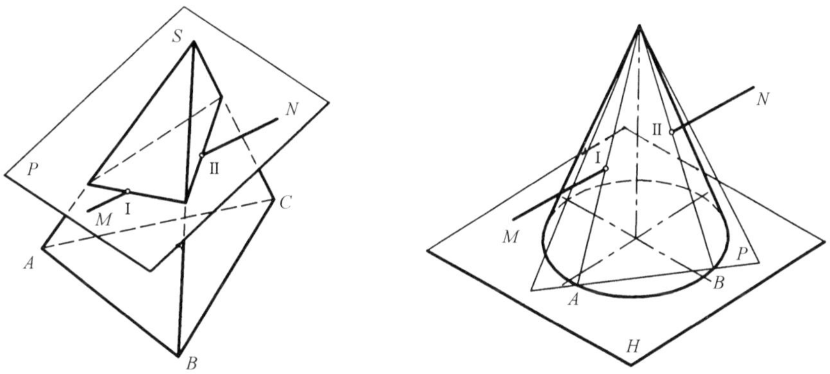

(a)直线与平面立体相交　　(b)直线与曲面立体相交

图 2－23 直线与立体相交

一、直线与平面立体相交

直线与平面立体相交其实质是求直线与平面图形的交点，可利用线面的积聚性或辅助平面法求出。

［例 2－10］ 如图 2－24（a），求直线 *MN* 与四棱柱 *ABCD* 的贯穿点。

分析与作图

由于四棱柱各棱面的水平投影有积聚性，上下底面的正面投影有积聚性。贯穿点为共有点，在水平投影上可得交点 1、3，按投影规律在 m'

n'上可得$1'$、$3'$，点$1'$在棱面 AB 内，故点Ⅰ为贯穿点；点$3'$在四棱柱之外（不在棱面 CD 内），因此点Ⅲ不是贯穿点；再看正面投影的交点$2'$，其水平投影 2 在顶面内，所以点Ⅱ是贯穿点。因点Ⅰ是在 AB 棱面上，AB 棱面的正面投影可见，故$1'$也可见；同理点 2 也可见。作图方法如图 2－24（b）所示。

［例 2－11］求直线 MN 与三棱锥 $s-abc$ 的贯穿点，如图 2－25(a)所示。

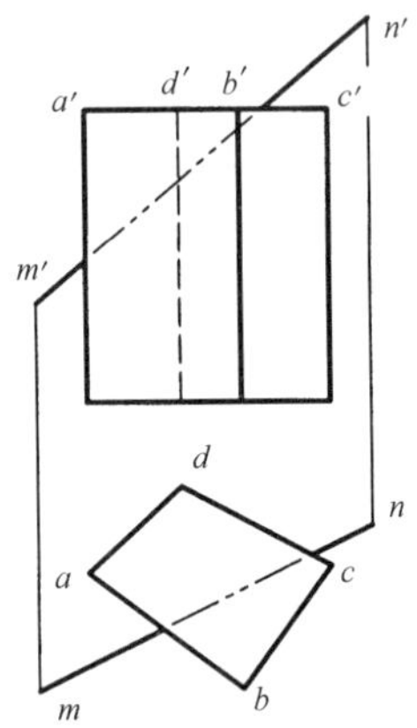

(a)已知条件　(b)投影作图

图 2－24　求直线与四棱柱的交点

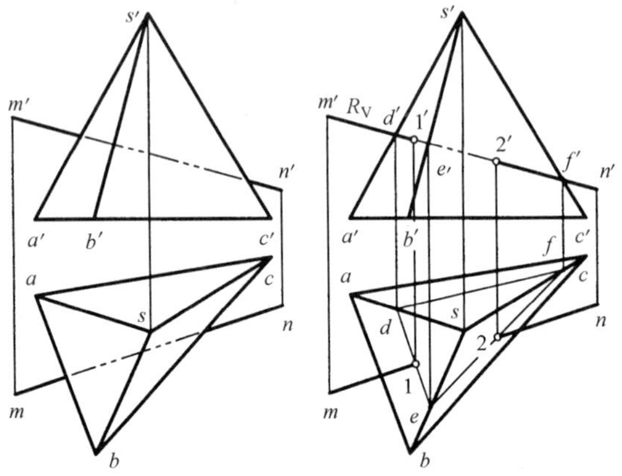

(a)已知条件　(b)投影作图

图 2－25　求直线与三棱锥的交点

分析与作图

由于直线与三棱锥的棱面均无积聚性可利用，不能像上例那样直接求出贯穿点。为求直线与棱锥的贯穿点，需过直线作一辅助平面，图中过直线 mn 作一正垂面 R（用 R_V 表示），R 平面与三棱锥的截交线 def 的水平投影 def 与 mn 的交点 1、2 即为贯穿点的水平投影，将 1、2 投影于 $m'n'$上则可得$1'$、$2'$，贯穿点Ⅰ、Ⅱ的两面投影均可见，从而完成贯穿点的作图。见图 2－25（b）。

二、直线与曲面立体相交

直线与曲面立体表面相交，可用在曲面体表面取点或过直线作辅助平面的方法求出，但在选用辅助平面时，必须使其截交线为直线或圆。

［例 2－12］求正垂线 MN 与圆锥表面的贯穿点，见图 2－26（a）。

分析与作图

由于直线为正垂线，贯穿点Ⅰ、Ⅱ的正面投影$1'$、$(2')$与正垂线有积聚性的投影 m'（n'）重合，故可用圆锥表面取点来完成作图。即过$1'$、$(2')$引两条素线 $s'a'$、s'（b'），其水平投影为 sa、sb，mn 与 sa、sb 的交点即为贯穿点Ⅰ、Ⅱ的水平投影 1、2，再将 mn 的水平投影画至 1、2 处，完成作图，结果见图 2－26（b）。

［例 2－13］求水平线 mn 与圆锥的贯穿点，见图 2－27（a）。

分析与作图

在所给条件下，直线与圆锥面均无积聚性，为求贯穿点，可过 MN 作一水平面 R（即过 $m'n'$的 R_V 所示平面），水平面 R 与锥表面截圆的水平投影反映实形，即以 sa 为半径的水平纬圆。此纬圆与 mn 的交点 1、2

即为贯穿点的水平投影，由 1、2 在 $m'n'$ 上可得 1′及（2′），因点 2 位于后半锥面上，故点 2′不可见。见图 2－27（b）。

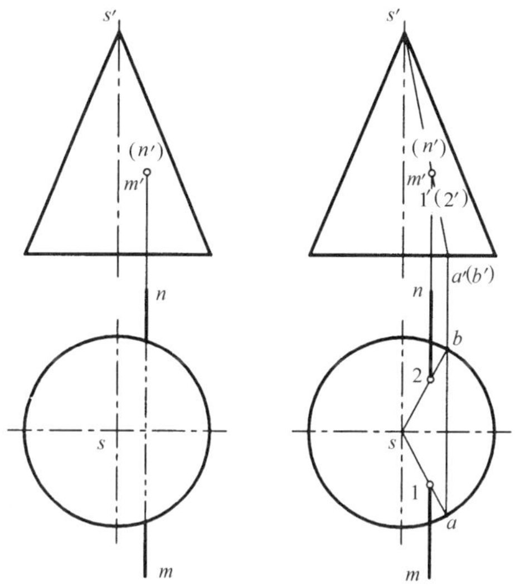

(a)已知条件　(b)投影作图

图 2－26　正垂线与圆锥的交点

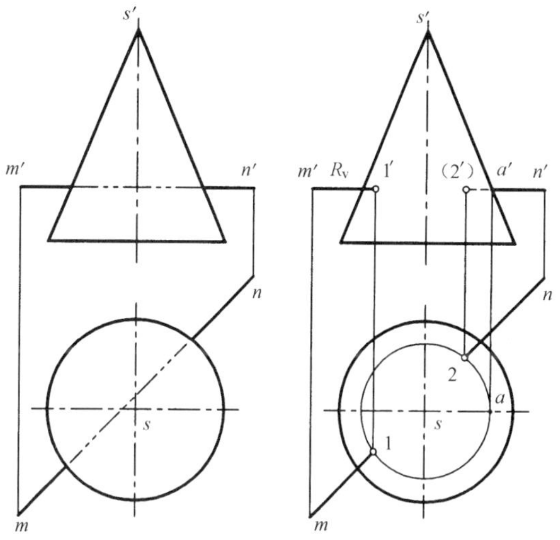

(a)已知条件　(b)投影作图

图 2－27　水平线与圆锥的交点

求直线与曲面体的贯穿点时，如曲面有积聚性则可用积聚性直接求得；**若直线与曲面均无积聚性时，则需用辅助平面，但其截交线必须为直线或圆时方可采用。**

第四节　两立体相贯

立体与立体相交称为**立体相贯**。由相交而成的立体是一个整体，称为**相贯体**。其表面交线称为**相贯线，相贯线是两立体表面的共有线，也是两立体表面的分界线**。画相贯体投影时不仅要画出其轮廓线投影，更要画出其相贯线的投影。

相贯体因参与相交的立体类型的不同可分为：**平平相贯体、平曲相贯体和曲曲相贯体。**

相贯体又可因相交立体相对位置的不同而分为**全贯体**和**互贯体**。全贯体是一立体穿过另一立体，如图 2－28（c），它有两组交线。互贯体是两立体互相咬合相交，故只有一组相贯线，如图 2－28（a）、图 2－28（b）所示。

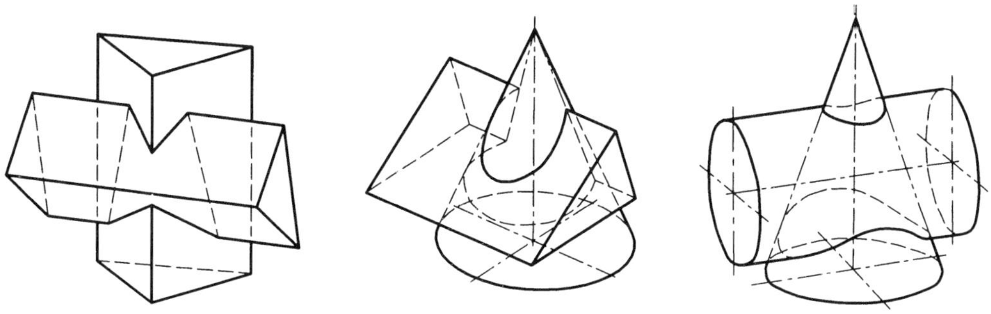

(a)平平相贯体　(b)平曲相贯体　(c)曲曲相贯体

图 2－28　相贯体的类型

一、两平面立体相贯

两平面立体相贯时其相贯线是一段段直线连接而成的空间封闭折线，且相贯线是两立体表面的共有线。求相贯线的方法可利用线面积聚性或辅助平面法求出各个参加相交棱线的交点，然后再依次相连，并判别可见性。

［例 2－14］求作两三棱柱的相贯线，如图 2－29（a）、图 2－29（b）所示。

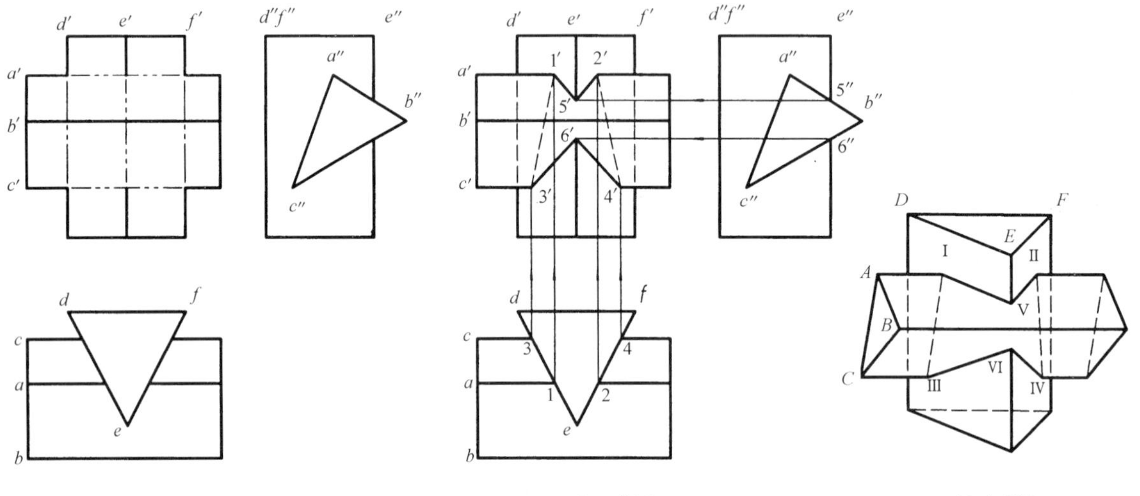

(a)已知条件　　(b)投影作图　　(c)直观图

图 2－29　两三棱柱相贯

分析与作图

根据给出的已知条件可看出两三棱柱是相互咬合在一起的一个互贯体，因三棱柱 *DEF* 垂直于 *H* 面，其水平投影 *def* 有积聚性，三棱柱 *ABC* 垂直于 *W* 面，其侧面投影 $a''b''c''$也有积聚性。又因为相贯线是两立体表面的共有线，故相贯线的水平投影及侧面投影与两棱柱有积聚性的投影重合（即投影中的重叠部分）不需再求，只有正面投影需要画出。具体步骤如下：

①由水平投影得知，*A*、*C* 两棱线参与相交，其交点为 1、2 和 3、4。根据直线上点的投影规律，在 a'、c'棱线上可分别得出 $1'$、$2'$和 $3'$、$4'$点。

②由侧面投影得知，*E* 棱线与 *ABC* 的棱面相交，由交点的侧面投影 $5''$、$6''$返回 *V* 面 e'上可得 $5'$、$6'$点。

③**将同处于两立体相同表面上的点顺序相连**：即 $1'-5'-2'-4'-6'-3'-1'$。

④区别连好相贯线各段投影的可见与不可见性。区别相贯线的可见性原则是：**同位于两立体可见表面上的交线为可见，否则为不可见**。如ⅠⅢ、ⅡⅣ是在 *ABC* 的后表面上，故 $1'3'$、$2'4'$不可见，画成虚线。

⑤最后整理各棱线的投影，将参与相贯的棱线延长到贯穿点（即棱线的终止点）处。

二、平面体与曲面体相贯

当参与相交的立体分别是平面体和曲面体时，所形成的相贯便是平曲相贯。平曲相贯体的相贯线是一段段平面曲线连接而成的空间闭合线，求平曲相贯线的实质就是求平面与曲面体的截交线；**各段曲线的连接点，就是平面立体的棱线与曲面立体的贯穿点。**

［例2－15］求作四棱柱与正圆锥相贯体的投影，如图2－30（a）。

分析与作图

四棱柱与H面垂直，其水平投影有积聚性（即相贯线的水平投影与棱柱的水平投影重合），所以相贯线的水平投影已知；又因为柱轴线与锥轴线重合（即棱面平行于圆锥轴线），所以棱柱与正圆锥表面的交线为4段双曲线；又因四棱柱前、后表面是以轴线为对称的正平面，故其交线的正面投影重合并反映双曲线实形；同样棱柱左、右两侧棱面也是左、右对称的侧平面，其侧面投影重合并反映实形。按上述分析求相贯线的V、W面投影步骤如下：

①求各段曲线的连接点。连接点即棱A、B、C、D与圆锥表面的交点，因其水平投影已知，故可用锥面取点法得出。如图2－30（b）中：以圆锥水平投影对称中心线的交点为圆心，到棱线积聚性的投影为半径作纬圆，该纬圆与对称中心线交于点e，其正面投影e'位于外形线上，过e'作纬圆的正面投影，各段曲线的连接点即各棱线的终止点交于该纬圆上。

②求各段曲线上的特殊点。由于四棱柱前、后两棱面交线的正面投影重合，其最高点正面投影也重合，又因为前后两段曲线的侧面投影有积聚性，其最高点Ⅴ的侧面投影5″在外形线上，故5′在对称中心线上即是正平双曲线的最高点；同样侧棱面上最高点Ⅳ的正面投影4′在外形线上，4″在对称中心线上即是侧平双曲线的最高点。

③为使曲线画得更准确，可再求出曲线上若干个一般位置的点，如在水平投影上作适当的纬圆，进而求得一般位置点的其余投影。

④将求得的特殊点与一般位置点用光滑曲线相连，并将各棱的投影画至连接点处，整理完成相贯体的投影。

相贯体的直观形象如图2－30（c）所示。

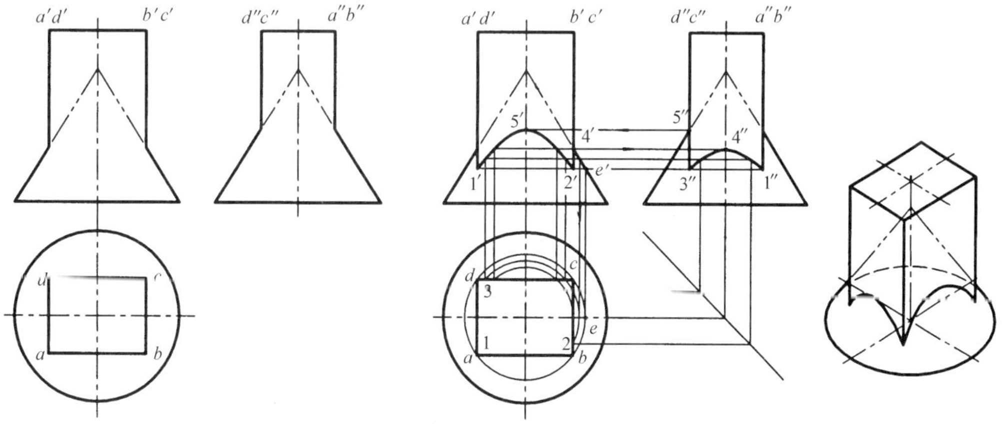

(a)已知条件　(b)投影作图　(c)直观图

图2－30　四棱柱与圆锥相贯

三、两曲面立体相贯

（一）立体相贯的一般情况

两曲面立体相贯的交线一般情况下为封闭的空间曲线，因此画相贯线时就必须确定相贯线上的一系列点，然后再依次相连。当两个立体中有一个立体表面的投影具有积聚性（如垂直投影面的圆柱）时，可用**在曲面立体表面上取点的方法**作出两曲面立体表面上的共有点。

［例 2－16］ 已知铅垂圆柱与侧垂圆柱相贯，见图 2－31(a)，求作相贯线。

分析与作图

从给出的投影图可知：铅垂圆柱的水平面投影与侧垂圆柱侧面投影已知，因此相贯线的水平投影及侧面投影均为已知，只有正面投影需要求作。另外根据给出的投影还可知两圆柱属于全贯体，且两圆柱轴线正交，具有公共的对称平面，所以相贯线前、后两部分的正面投影重合。为求得相贯线上的相贯点可用表面取点法。具体作图步骤如下：

①求相贯线上的特殊点。如图 2－31(b)，**相贯线上特殊点一般位于立体的外形线、轴线位置上，它们可能是相贯线上可见与不可见段的分界点，或是相贯线上最高、最低等极端位置点。**求得这些特殊点可确定相贯线的范围。如Ⅰ、Ⅱ点是铅垂圆柱侧面投影外形线的贯穿点，其侧面投影1″、2″已知，其正面投影 1′、2′位于铅垂圆柱的轴线处；Ⅲ、Ⅳ点是侧垂圆柱轴线水平投影的贯穿点，其正面投影 3′、4′位于侧垂圆柱的外形线上。可以看出：点Ⅲ、Ⅳ和点Ⅰ、Ⅱ分别是相贯线上的最高、最低点。

②求相贯线上的一般点。在相贯线的水平投影上定出前后、左右对称的 4 个点 *A*、*B*、*C*、*D* 的投影 *a*、*b*、*c*、*d*，由此可求得相贯线侧面投影上的 *a*″、*b*″、*c*″、*d*″。再由 *a*、*b*、*c*、*d* 和 *a*″、*b*″、*c*″、*d*″即可作出 *a*′、*b*′、*c*′、*d*′。

③将特殊点与一般点光滑连接，完成相贯线的正面投影。本例中因相贯线具有平行 *V* 面的公共对称平面，所以可见部分与不可见部分的正面投影重合，画成实线。**可见部分的相贯线一定是同属于两立体的可见表面上的交线，否则交线为不可见。**

④整理投影轮廓线，完成相贯体的投影。

相贯体的直观形象如图 2－31（c）所示。

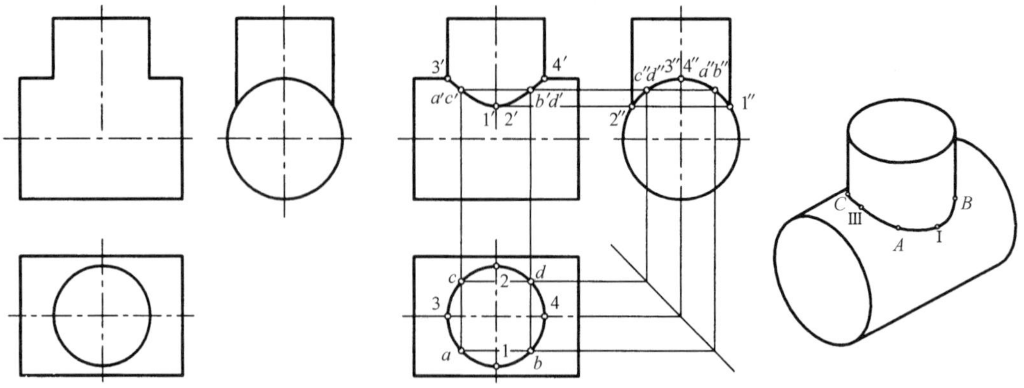

(a)已知条件　　(b)投影作图　　(c)直观图

图 2－31　圆柱与圆柱相贯

［例2－17］已知圆柱与圆锥相贯，见图2－32（a），求作其水平投影。

分析与作图

从已知条件可知：由于圆柱与圆锥是互交，相贯线是1条前后对称且闭合的空间曲线，其正面投影与正垂圆柱的正面投影重合于圆锥的外形线内，因此相贯线的正面投影已知，且为圆锥表面上的曲线。故求相贯线的水平投影，可用圆锥表面取点法作出相贯线上的特殊点与一般点，然后将各点用光滑曲线相连，并区分可见性，最后完成作图。具体作图步骤如下：

①求特殊点。在相贯线的正面投影上，定出外形线上的点Ⅰ、Ⅱ以及与对称中心线（水平或侧面投影外形线）相交的点Ⅲ、Ⅳ、Ⅴ、Ⅵ的正面投影1′、2′、3′、4′、5′、6′，其中点Ⅰ、Ⅵ为最高、最低点，点Ⅲ、Ⅱ为最左、最右点（本例不能直接确定最前、最后点）；由1′、2′在圆锥水平投影的水平对称中心线上作出1、2，再由点3′、4′、5′、6′作水平纬圆的正面投影，并以各点处**轴线到外形线的距离为半径**，在水平投影上作出各水平纬圆的水平投影（一组同心圆）得到3、4、5、6，见图2－32（b）。

②求一般点。在相贯线正面投影上的特殊点之间，任取一组一般点（如点A的正面投影a'），然后用纬圆法作出其水平投影a，见图2－32（b）。图中未作其他一般点。

③按相贯线在正面投影中所显示的诸点的顺序，光滑连接诸点的水平投影，就得到相贯线的水平投影。由于点Ⅰ到点Ⅲ段处于圆柱的上表面，故水平投影可见，应画成粗实线；点Ⅲ到点Ⅱ段处于圆柱的下表面，水平投影不可见，画成虚线，见图2－32（c）。

④最后整理圆柱水平投影的外形线，完成相贯体的投影，其结果如图2－32（c）所示。

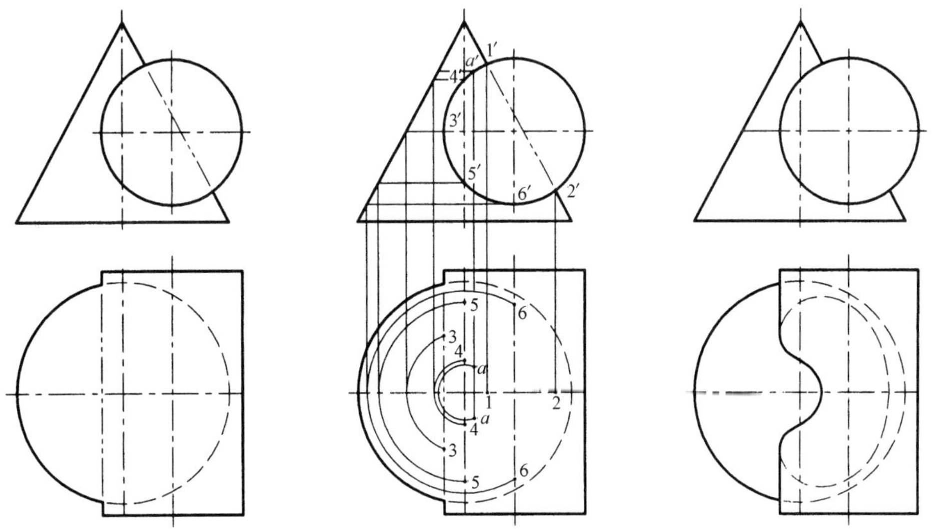

(a)已知条件　　(b)投影作图　　(c)直观图

图2－32　圆柱与圆锥相贯

（二）立体相贯的特殊情况

在一般情况下，两曲面立体的相贯线是空间曲线，但是**在某些特殊情况下也可能是平面曲线或直线**。分述如下：

1. 当两圆柱相贯或柱锥相贯并有一个公共内切球时，其交线则变为两条平面曲线。并在与两相交轴线平行的投影面上投影成直线。如图 2－33（a）、图 2－33（b）、图 2－33（c）、图 2－33（d）所示。

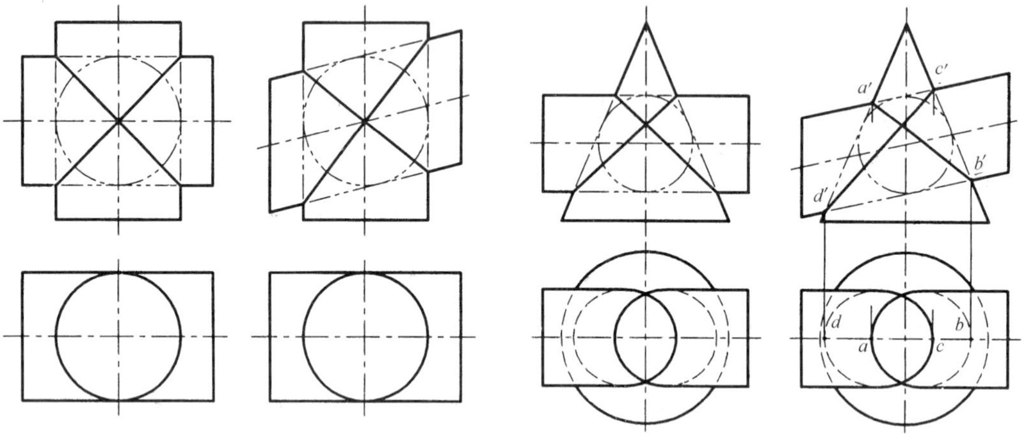

(a)两圆柱正交　(b)两圆柱斜交　(c)圆柱与圆锥正交　(d)圆柱与圆锥斜交

图 2－33　具有公共内切球时的特殊相贯

2. 当两回转体具有公共轴线相贯时，其相贯线是垂直于回转轴的圆，在与轴线平行的投影面上的投影为直线，在与轴线垂直的投影面上反映圆的实形，如图 2－34（a）、图 2－34（b）、图 2－34（c）所示。

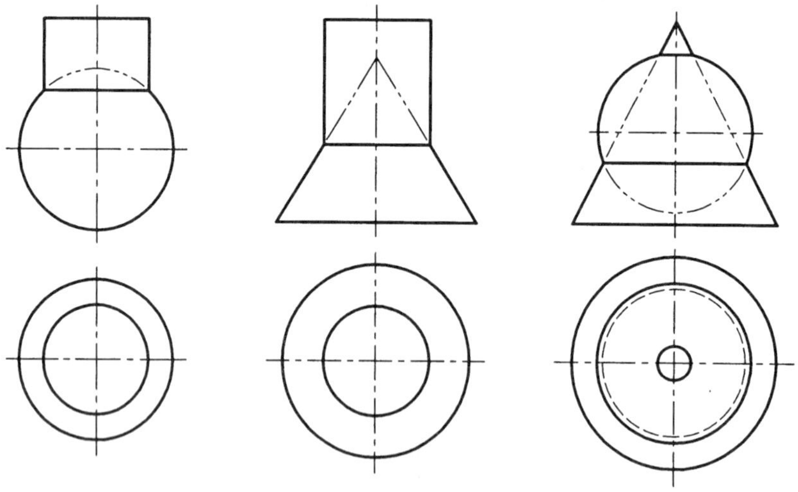

(a)球柱共轴相贯　(b)锥柱共轴相贯　(c)锥球共轴相贯

图 2－34　具有公共轴线的回转体相贯

3. 当两圆柱轴线平行或两个圆锥共顶相贯时，其相贯线分别成两条直线。如图 2－35 所示。

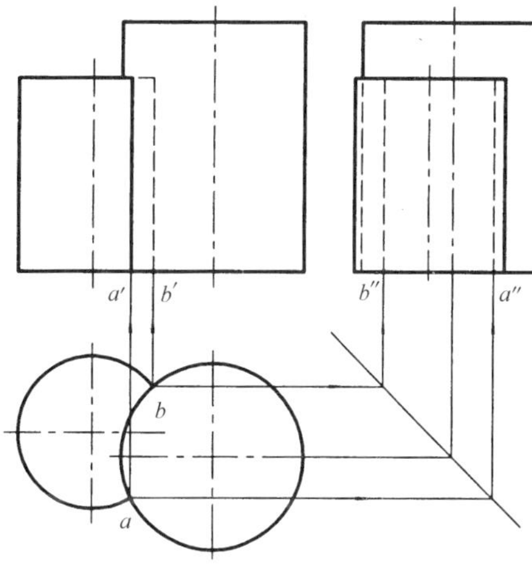

(a)两圆柱轴线平行时的相贯

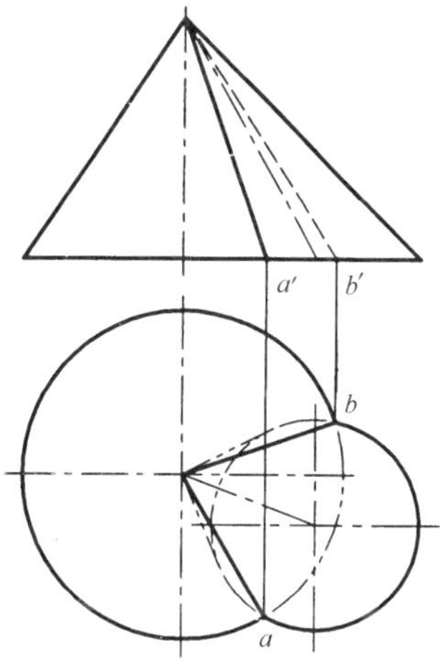

(b)两锥共顶时的相贯

图 2－35　相贯线为直线的特殊相贯

四、立体投影在建筑设计中的运用

立体——不论是平面立体还是曲面立体以至于相贯体，都是任何建筑设计中不可缺少的形体，掌握立体投影的画法是完成良好设计的开端。图 2－36 即是各种立体在建筑设计中运用的具体表现，感兴趣的读者可仔细分析设计中所使用的各类立体。

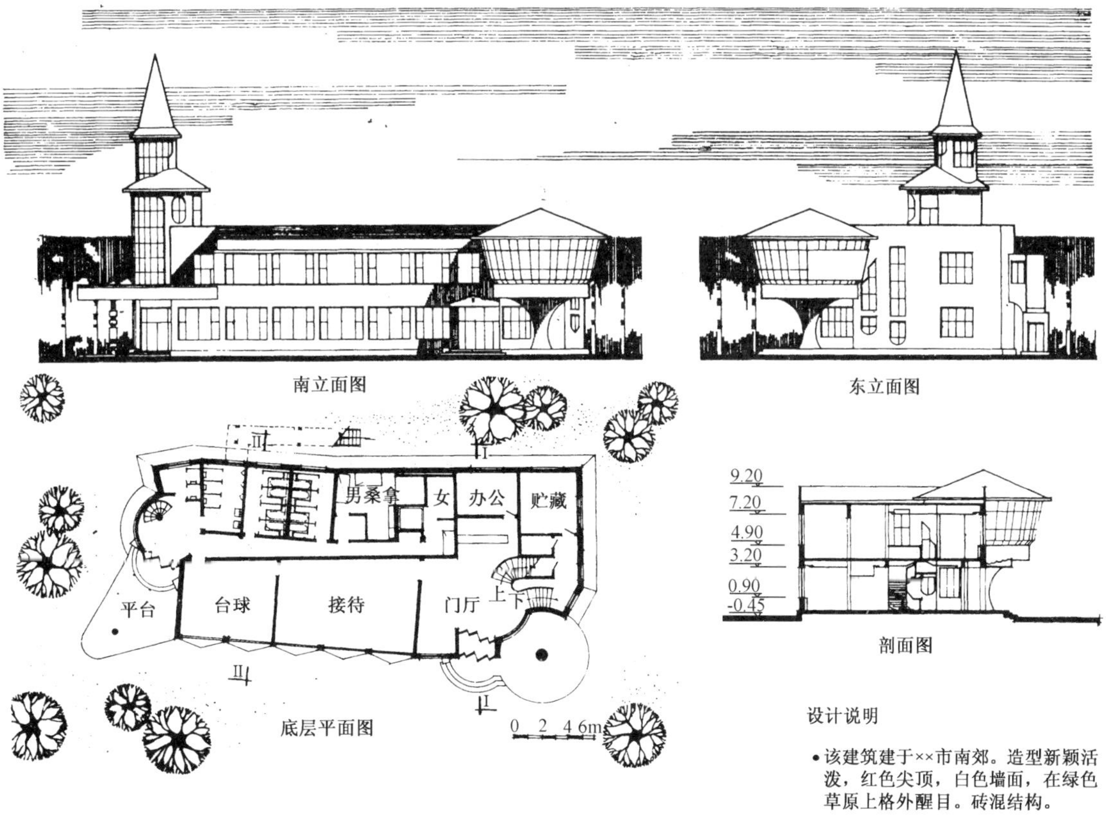

图 2－36　立体投影在建筑设计中的应用

思 考 题

1. 立体的形成方式有哪些？平面立体是怎样形成的？怎样画它的投影？其表面内的点如何确定？

2. 常见曲面立体都有哪些？它们的投影是怎样形成的？在曲面立体表面上如何取点？什么是素线法？什么是纬圆法？都可在什么曲面上使用？

3. 什么是截断？什么是截交线？什么是断面？截交线有什么性质？立体的切口或穿孔是怎样形成的？其投影该怎样确定？

4. 什么是贯穿？贯穿点的性质是什么？求贯穿点的方法有哪些？直线与曲面立体的贯穿点应如何求？对过直线所设的截平面在选择上有什么要求？

5. 立体相贯有哪些类型？全贯体和互贯体有什么不同点？什么是相贯线？相贯线有哪些性质？

6. 平平相贯时交线有何特点？相贯线的连点原则是什么？相贯线可见性判别的原则是什么？

7. 平曲相贯时交线的特点是什么？应找出相贯线上哪些点？

8. 两曲面立体相贯时交线有什么特点？求相贯线上点的作图方法有哪些？

9. 曲曲相贯时交线上的特殊点一般应怎样找到？这些特殊点对画相贯线有什么意义？

10. 曲曲相贯时在什么情况下，交线可变成平面曲线或直线？这种情况下其投影如何求？

第三章 轴测投影

轴测投影也是一种平行投影，但它是一种可以同时表现形体长、宽、高三个方向形状的单面投影。这种投影具有立体感且可度量，是家具设计、房间布置及其他构造设计中常用的一种图示手段。

第一节 基本知识

一、轴测投影的形成

如图 3－1 所示，轴测投影的形成，**可看成是将形体连同其参考直角坐标系，沿不平行于任一坐标面的方向，用平行投影法将其投射在某单一投影面上，所得到的具有立体感的图形，该图形称轴测投影或轴测图。**

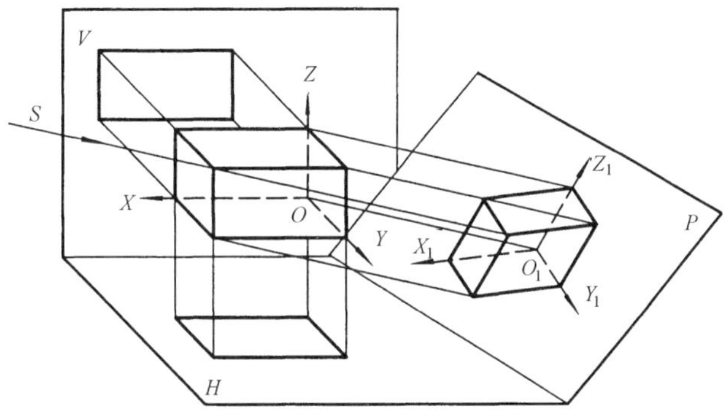

图 3－1 轴测投影的形成原理

二、轴测投影的分类

轴测投影可根据投射方向是否与投影面垂直而分为**正轴测投影**与**斜轴测投影**。

（一）正轴测投影

当投射方向 S 与投影面 P 垂直时，所形成的轴测投影称为正轴测投影。

在正轴测投影中，又可根据形体自身的直角坐标系中的各坐标轴与投影面倾斜的角度是否相同分为：**正等轴测投影、正二轴测投影及正三轴测投影**。其中正轴测投影中使用较广的是正等轴测投影。

（二）斜轴测投影

当投射方向 S 与投影面 P 倾斜时，所形成的轴测投影称为斜轴测投影。斜轴测投影中使用最多的是正面斜轴测投影与水平斜轴测投影。正面斜轴测投影又可分为**正面斜等测投影**与**正面斜二测投影**；水平斜轴测投影又可分为**水平斜等测投影**与**水平斜二测投影**。

三、轴间角与轴向伸缩系数

1. 轴间角　如图3－2所示，**任意两条直角坐标轴在轴测投影面上的投影之间的夹角称为轴间角**，如$\angle X_1O_1Z_1$、$\angle X_1O_1Y_1$及$\angle Y_1O_1Z_1$。

2. 轴向伸缩系数　**轴测轴上单位长度与相应直角坐标轴上单位长度的比值称为轴向伸缩系数**。如图3－2所示，如令直角坐标中各轴上单位长度为u，投影后其长分别变为i、j、k则：

$p_1 = i/u$——X轴轴向伸缩系数

$q_1 = j/u$——Y轴轴向伸缩系数

$r_1 = k/u$——Z轴轴向伸缩系数

轴向伸缩系数表明凡与空间各直角坐标轴平行的线段经轴测投影后，其伸长或缩短的程度。

图3－2中还给出空间直角坐标中一点A的轴测投影A_1，其水平投影a的轴测投影为a_1，a_1也称A_1的次投影。因为轴测投影属单面投影，所以欲确定点A_1的空间位置必须给出其次投影a_1。

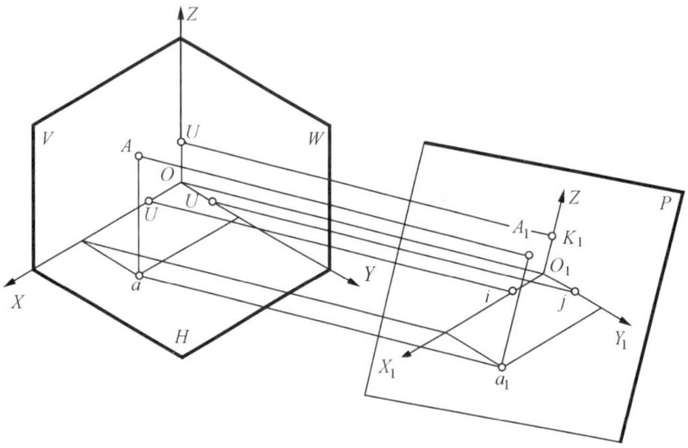

图3－2　轴间角与轴向伸缩系数

四、轴测投影的基本性质

轴测投影既然属于一种平行投影，所以它就具有平行投影的一切特性，但在画图实践中主要应用以下几点特性：

1. 同素性：点的轴测投影仍是一点，直线的轴测投影还是直线。

2. 从属性：若空间一点属于某一直线，则点的轴测投影也必在该直线的轴测投影上。

3. 平行性：凡**空间平行直线段其轴测投影仍平行**，且伸长缩短程度相同；**若直线段与空间直角坐标系中的某一轴平行，则其轴测投影也与该轴的轴测投影平行且伸缩变化程度也与该轴伸缩系数相同**。

4. 实形性：当空间平面图形与轴测投影面平行时，其轴测投影反映实形。

第二节　正轴测投影

一、正等轴测投影

当投射方向与投影面垂直，且物体所有的三个坐标轴与轴测投影面倾角相等时，所形成的轴测投影称正等轴测投影简称正等测。

1. 轴间角　经证明正等测中三条轴测轴之间的夹角均为120°，画图时常令 O_1Z_1 轴为竖直方向，这样 O_1X_1 轴与 O_1Y_1 轴均与水平线成30°角。画法如图3－3所示。

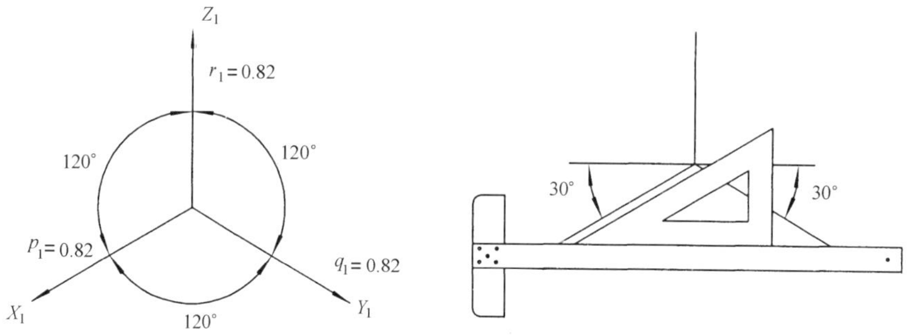

图3－3　正等测的轴间角画法和轴向伸缩系数

2. 轴向伸缩系数　经证明正等测中各轴的轴向伸缩系数均相同，即：$p_1=q_1=r_1=0.82$。为作图方便起见，常采用**简化系数**，即 $p=q=r=1$，采用**简化系数**作图时，沿各轴向的所有尺寸都可按真实长度量取。

图3－4（a）是一长方体的三面投影。图3－4（b）、图3－4（c）则是分别用轴向伸缩系数与简化系数画出的该长方体的正等测投影，比较两个投影可以看出形体空间形状没改变，只是图形放大了约1.22倍，因此**实际画图中常采用简化系数**。

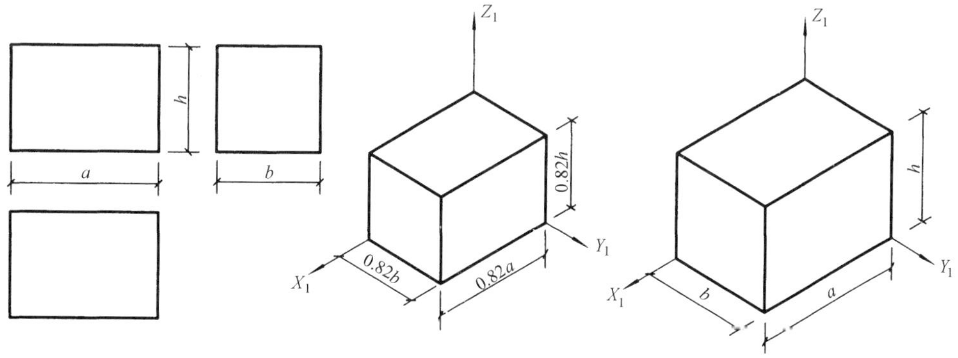

(a) 长方体的投影图　　(b) 用 $p_1=q_1=r_1=0.82$ 画图　　(c) 用 $p=q=r=1$ 画图

图3－4　长方体的正等轴测图

二、轴测图的基本画法

（一）坐标法

坐标法就是根据点的坐标（或投影）画出其轴测投影，再将各点的轴测投影逐次相连完成立体的轴测投影。

坐标法是画轴测图的基本方法，也是其他画法的基础。它主要用于绘制由顶点连线而成的简单平面立体或一系列点连接而成的平面曲线与空间曲线。

［例3－1］如图3－5（a）给出一三棱锥 $S-ABC$ 的两面正投影，试画出此三棱锥的正等轴测图。

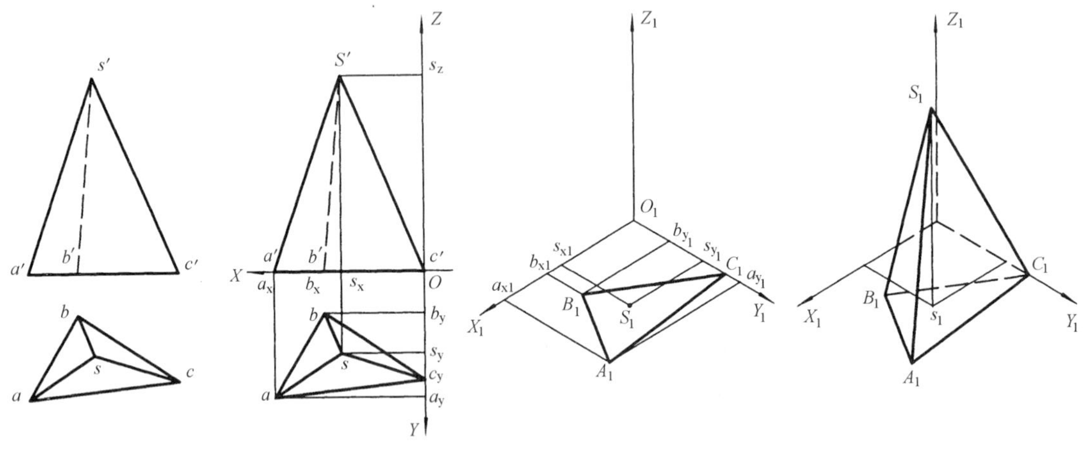

图3－5　用坐标法画三棱锥

分析与作图

由于所给三棱锥是由顶点依次相连而成。故可根据给出正投影图量得各顶点的坐标，根据各点的坐标值可以画出点的轴测投影，从而完成三棱锥的轴测投影。具体步骤如下：

①在正投影图中选定一坐标系，并画出各点的坐标。如 a_x、a_y、b_x、b_y 等。

②画出轴测轴 $O_1-X_1Y_1Z_1$，并取轴向伸缩系数为简化系数，即 $p=q=r=1$。

③画出水平投影 $s-abc$ 的轴测图 $S_1-A_1B_1C_1$（水平投影的轴测图也称次投影）。

④将各点次投影升高。因 A、B、C 三点为 H 面内的点，其高度为零不必升高。只有顶点 S 高度为 s_z，故过 s_1 引 Z_1 轴平行线，截取 $s_1S_1=s_z$ 可得出锥顶点 S_1。

⑤将 S_1 与 A_1、B_1、C_1 各点相连并将可见棱线加深，不可见棱线可以不画。

（二）堆积法

有些工程物体往往是由若干个基本几何形体依次叠加或堆积而成，绘制这类物体的轴测图时，**可按其构成的顺序依次逐个画出每一形体的轴测图，最后完成整个形体轴测图，这种画法称为堆积法或叠加法。**

［例3－2］画出图3－6（a）所给建筑形体的正等轴测图。

分析与作图

从正投影中不难看出：该形体是由三部分形体叠加而成，其轴测图可依次由下而上或由上而下逐个绘出。为节省一些中间环节或作图线，坐标系的原点应选在两基本形体的结合面上。具体步骤如下：

①首先选取底部与中部形体结合面的中心为坐标原点，画出坐标轴的投影。

②画出轴测轴并采用简化系数 $p=q=r=1$。画出原点 O_1 处结合面上形体的次投影。

③将底部形体各顶点处的棱线向下延伸并截取等于底部形体高，画出底部形体。再将结合面上中间形体各棱向上升高并截取等于中间形体的高，如图 3－6（b）、图 3－6（c）。

④将坐标系原点由 O_1 点升至 O_2 点（中间形体与上部形体的结合面的对称中心处），并画出 O_2 结合面上形体的次投影。

⑤将顶部各顶点升高并等于顶部形体高。最后将整个形体多余作图线擦去并加深可见轮廓线，完成建筑形体的轴测图，如图 3－6（d）所示。

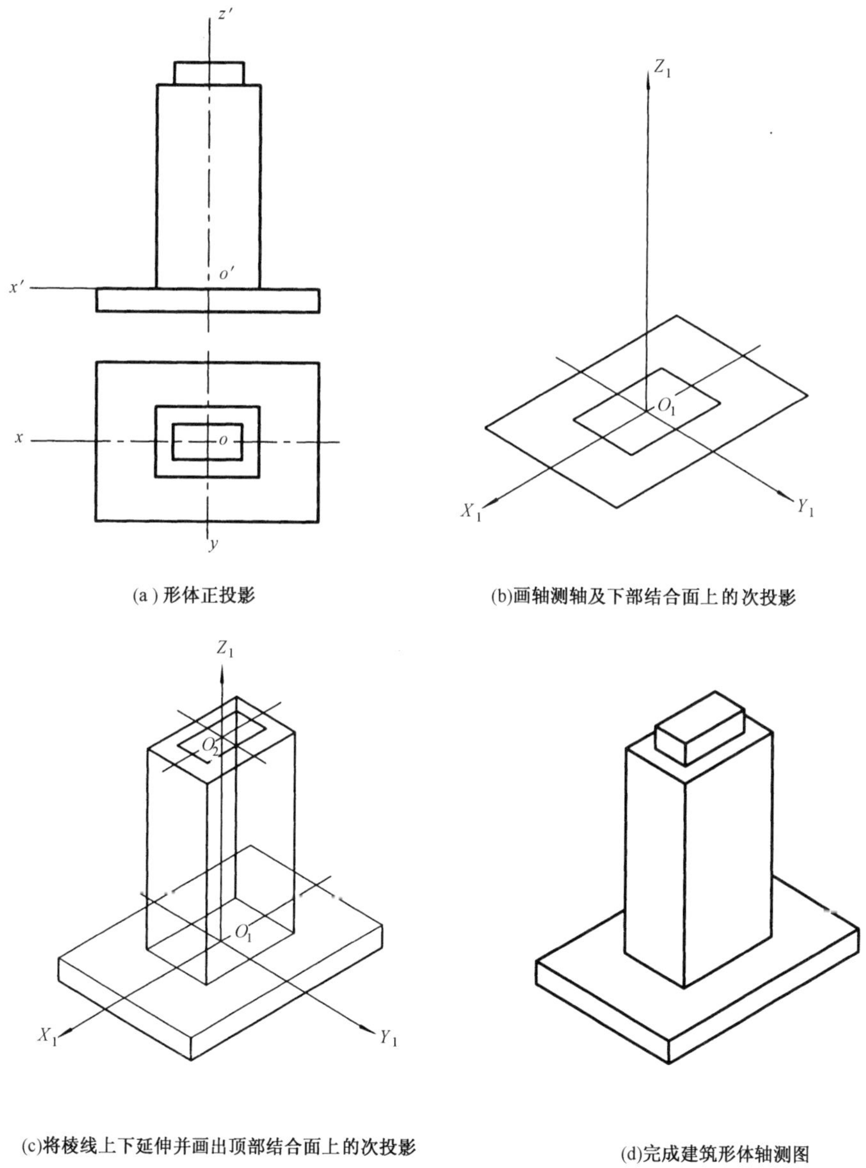

(a)形体正投影

(b)画轴测轴及下部结合面上的次投影

(c)将棱线上下延伸并画出顶部结合面上的次投影

(d)完成建筑形体轴测图

图 3－6　堆积法画轴测图

（三）切割法

由于实际工程中有些形体也可能是由简单形体经过切割而成，因此其轴测图的绘制也可按其形成过程，**先画出整体再依次切去多余部分，逐步完成作图，这种由整体到局部的绘图方法称为切割法。**

［例3－3］画出图3－7（a）所示形体的正等轴测图。

分析与作图

根据所给正投影图不难看出，该形体是由一长方体切去前上角后，再将中间开槽而成。为画图准确简便，可先画出整体再依次切割。具体步骤如下：

①选定坐标系及简化系数后画出轴测轴。

②按投影图中的长、宽、高画出长方体，并按侧面投影轮廓切去长方体前上角如图3－7（b）。

③根据正投影轮廓切去中间凹槽，如图3－7（c）。

④擦去多余线，完成切割体的轴测图，如图3－7（d）。

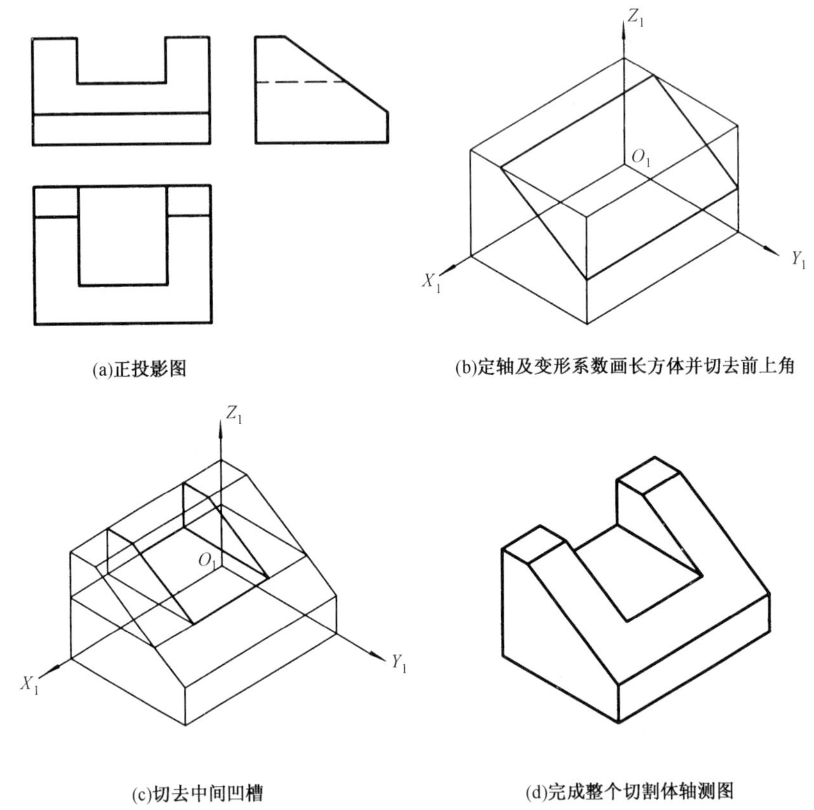

(a)正投影图　(b)定轴及变形系数画长方体并切去前上角

(c)切去中间凹槽　(d)完成整个切割体轴测图

图3－7　切割法画轴测图

上述三种作图方法是最基本的画法，也是常用画法。但实际工作中由于形体本身的复杂性，画图时并不是单纯地使用堆积法或切割法，而往往是几种画法综合在一起使用。

第三节　斜轴测投影

在斜轴测投影中，使用最多的是正面斜轴测与水平斜轴测两种斜轴测图。下面对这两种斜轴测的形成与画法作进一步讲述。

一、正面斜轴测投影

（一）正面斜轴测投影的形成

如图3-8所示，**当空间形体正面投影面（XOZ面）与轴测投影面P平行或重合时，且投射方向与投影面倾斜，这样所形成的轴测投影称为正面斜轴测投影。**

（二）轴间角与轴向伸缩系数

1. 轴间角　由于空间坐标系的XOZ（V）面与轴测投影面P平行或重合，故$\angle X_1O_1Z_1=90°$而O_1Y_1轴的方向则随投射方向S的改变而改变（即轴间角是任意的）。为了画图方便，通常取O_1Y_1轴与水平线成30°、45°或60°角，如图3-9所示。

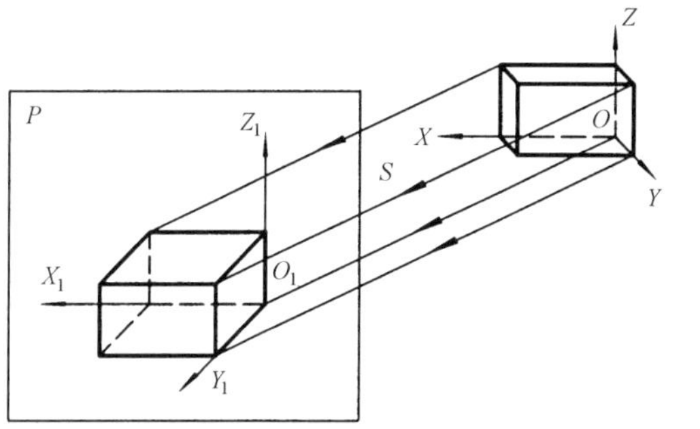

图3-8　正面斜轴测的形成

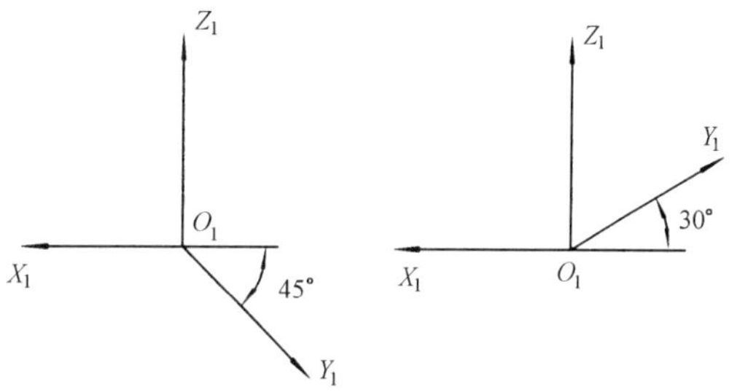

图3-9　正面斜轴测的轴间角

2. 轴向伸缩系数　同样由于XOZ坐标面与轴测投影面P平行或重合。所以OX轴与OZ轴在经轴测投影后没有长度变化，即其轴向伸缩系数$p_1=r_1=1$，而OY轴的投影O_1Y_1的长短程度则可随投射方向S的改变而变化。因此为简便画图，常取$q=1/2$或1。当$p=r=1$，$q=1/2$时称为**正面斜二测**，当$p=q=r=1$时称为**正面斜等测**。

（三）画图举例

[例3-4] 画出图3-10（a）所示混凝土花格预制块的正面斜二测。

分析与作图

图中所示花格的正面投影比较复杂，适合用正面斜轴测，本例选用正面斜二测。作图步骤如下：

①取花格前表面右下角为坐标系原点。

②定轴测轴及轴向伸缩系数，取O_1Y_1与水平线成30°角，取$q=1/2$。

③将花格正面投影平移至$X_1O_1Z_1$面内，然后过各顶点引O_1Y_1轴平行线并分别截取其长为花格厚度的1/2，如图3-10（b）所示。

④依次将各点相连并整理投影轮廓线，完成花格预制块的正面斜二测图，如图3-10（c）。

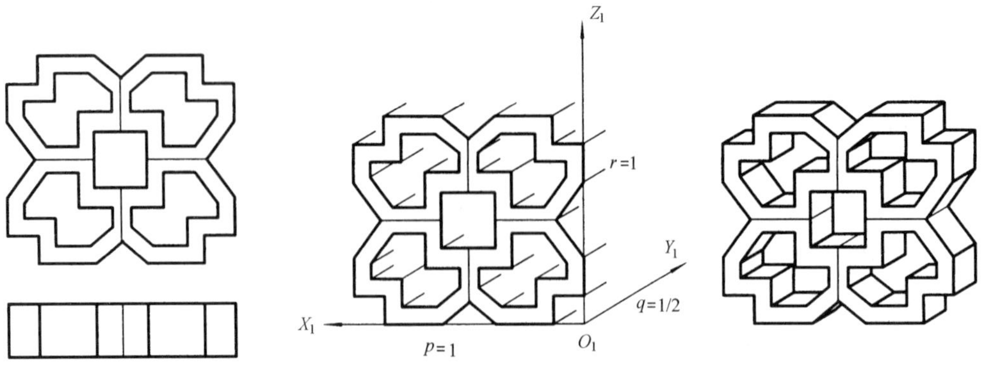

(a)花格正投影图　　(b)画轴测轴及平移正面投影　　(c)完成花格正面斜二测

图 3－10　正面斜二测画法示例

二、水平斜轴测投影

（一）水平斜轴测的形成

如图 3－11 所示，**当空间坐标系的水平投影面（*XOY* 面）与轴测投影面 *P* 平行或重合时，则所形成的斜轴测称为水平斜轴测。**

（二）轴间角与轴向伸缩系数

1. 轴间角　由于水平斜轴测形成时，其水平投影面（*XOY* 面）与轴测投影面 *P* 平行，所以它的投影 $X_1O_1Y_1$ 反映实形。故 O_1X_1 与 O_1Y_1 轴间角 $\angle X_1O_1Y_1=90°$，而 O_1Z_1 轴则随投射方向 *S* 的改变而改变，因此为作图简便取 O_1Z_1 轴与水平线成 60°（或 45°、30°）角，如图 3－12（a）。但用这样的 O_1Z_1 轴画出的图形给人一种倾倒的感觉，为避免这种现象的产生，画图时常常令 O_1Z_1 轴竖直放置，而令 O_1X_1 轴与水平线成 30°（或 45°、60°）角，如图 3－12（b）所示。

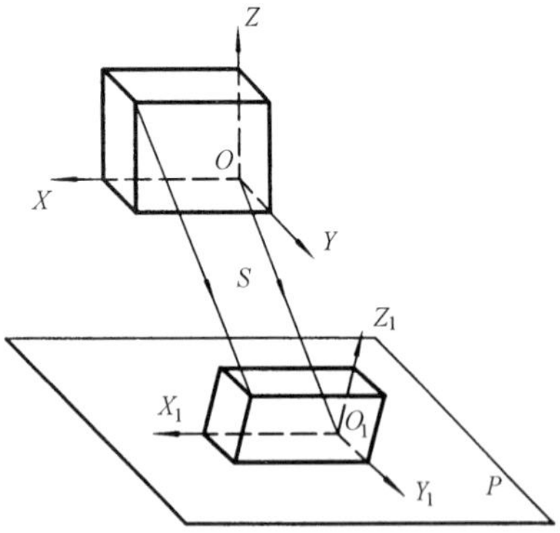

图 3－11　水平斜轴测的形成

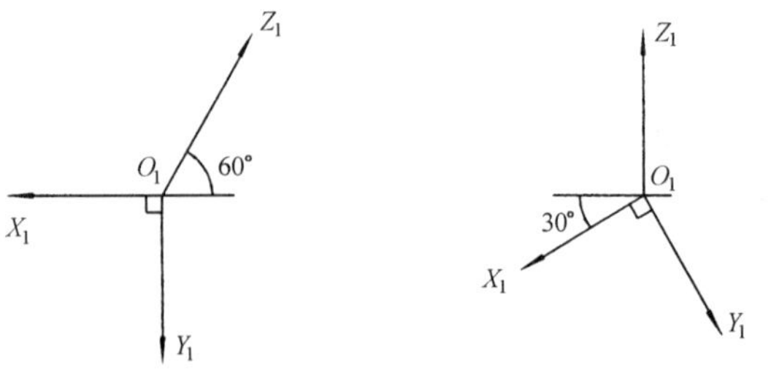

(a)O_1Z_1轴与水平成60°角　　(b)O_1Z_1轴与水平线垂直

图 3－12　水平斜轴测轴间角的画法

2. 轴向伸缩系数　由于 $X_1O_1Y_1$ 面反映水平投影面实形，所以 O_1X_1 与 O_1Y_1 轴没有改变长度，因此其轴向伸缩系数 $p_1=q_1=1$，而 O_1Z_1 轴的长短则随 *S* 方向的改变而改变，为作图简便常取其轴向伸缩系数 $r=1$。当 $p=q=r=1$ 时，称这样的水平斜轴测为**水平斜等测**。当 $r=1/2$ 时则称**水平斜二测**。

（三）画图举例

［例 3－5］图 3－13（a）给出一建筑群的平面布置图，试画出其鸟瞰图（水平斜等测）。

作图与分析

为方便快捷，可将已给的建筑总平面图旋转一个角度（图中旋转 45°角），然后过平面图各顶点按层高升高。图 3－13（b）即是升高后建筑群的鸟瞰图，请读者自行分析作图方法。

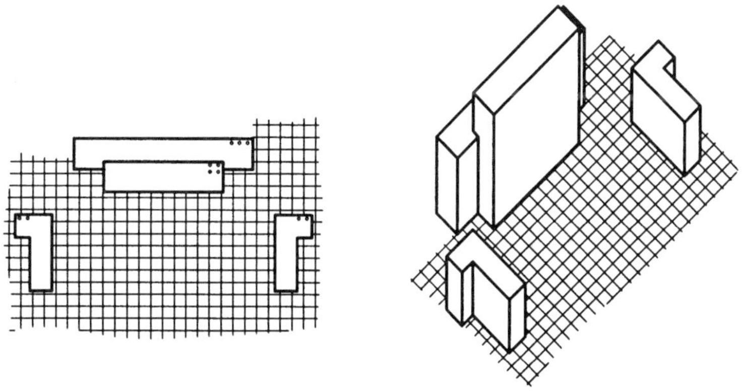

(a)建筑平面图　　(b)水平斜等测

图 3－13　水平斜等测画法举例

第四节　圆及曲面立体的轴测投影

一、平行坐标面圆的轴测投影

在正轴测图中与坐标面平行的圆，其轴测投影均为椭圆。画椭圆的方法很多，下面介绍几种常用画法。

（一）近似画法

在正等轴测投影中，平行于三个坐标面圆的正等测均为椭圆，当平行于三个坐标面圆的直径相等时，其轴测投影——椭圆的大小也相同。椭圆长短轴的大小与方向如图 3－14 所示。

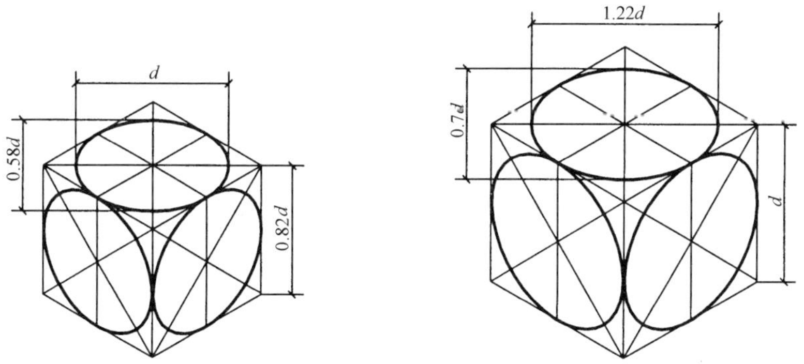

(a)当 $p_1=q_1=r_1=0.82$ 时　　(b)当 $p=q=r=1$ 时

图 3－14　平行坐标面圆的正等测投影

三个坐标面上椭圆的长短轴方向位置不同但画法一样。下面以一水平面中圆的正等测画法为例进行说明。

［例 3－6］设一直径为 d 的水平圆，如图 3－15（a）所示，试完成其正等轴测图。

分析与作图

为作图方便采用 $p=q=r=1$。取圆心为坐标原点画出轴测轴，然后用四段圆弧连接成一扁圆近似表示所求椭圆。具体步骤如下：

①画出圆的外切正方形的正等轴测图（菱形），并找出外切正方形上 4 个切点 A、B、C、D 及对称轴，如图 3－15（b）。

②连接对角线。然后将 4 个切点 A、B、C、D 与顶点 E、F 分别相连，交长对角线于点 O_1、O_2，将 O_1、O_2 及 E、F 作为四圆弧的圆心，如图 3－15（c）。

③分别以 O_1、O_2 为圆心，O_1A、O_2C 为半径画 AD 弧及 CB 弧；再以 E、F 为圆心，EB、FD 为半径画 BA 弧及 DC 弧，完成椭圆近似作图，如图 3－15（d）所示。

上述画法也称菱形画法，它只适于正等测中圆的近似画法。其中椭圆长轴 $\perp O_1Z_1$ 轴，椭圆短轴 $/\!/ O_1Z_1$ 轴。**这种用四段圆弧相连近似表示圆的轴测投影——椭圆的画法称四圆心法。**

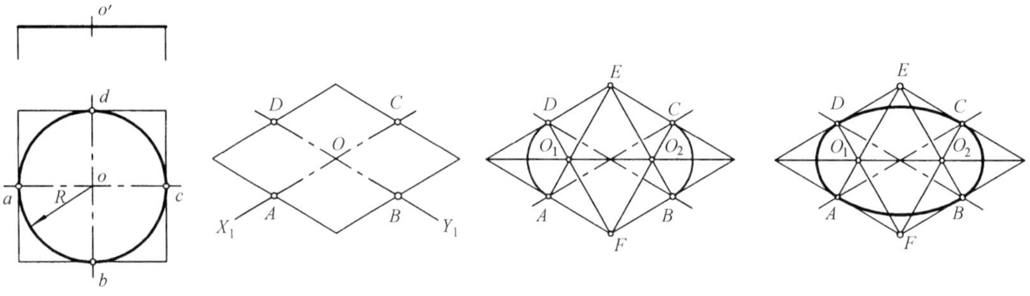

(a)已知条件　(b)画轴线及外切正方形　(c)找4个圆心并画小圆弧　(d)画大圆弧完成椭圆

图 3－15　水平圆正等测的近似画法

（二）简化画法

该方法是简化了的四圆心法。图 3－16 所示为一半径为 r 的水平圆，该水平圆的正等测简化画法具体作图步骤如下：

①选取圆心为坐标原点，画出坐标轴，并找出圆位于对称中心线（轴线）上的 4 个点：a、b、c、d，如图 3－16（a）所示。

②画出轴测轴 X_1、Y_1（水平圆与 Z 轴无关，不画 Z 轴），在轴上以 O 为圆心，r 为半径定四点 A、B、C、D，过 X_1 轴上的 A、C 作 Y_1 轴的垂线，过 Y_1 轴上的点 B、D 作 X_1 轴的垂线，如图 3－16（b）所示。

③四条垂线分别交于 O_1、O_2、O_3、O_4 四个点，这四点即为四个圆心，分别以 O_1、O_2 为圆心，O_1A、O_2C 为半径画 AD 及 CB 弧，如图 3－16（c）所示。

④再分别以 O_3、O_4 为圆心，O_3D、O_4B 为半径画 DC 及 BA 弧，完成椭圆近似作图，如图 3－16（d）所示。

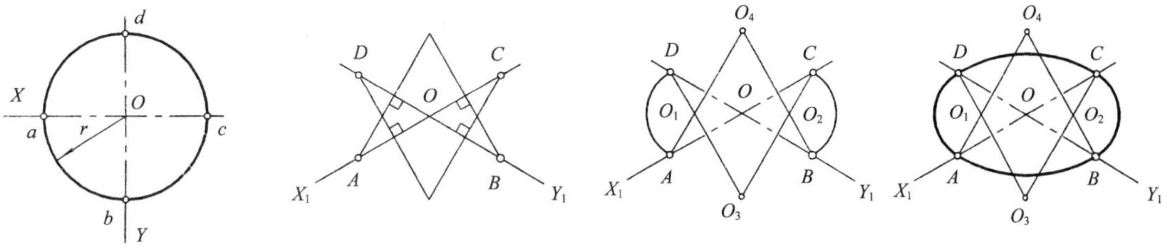

(a)投影图　(b)过轴线上的点作另一轴线的垂线　(c)找到4个圆心并画小圆弧　(d)画大圆弧完成椭圆

图 3－16　水平圆正等测的简化画法

在作半圆（或四分之一圆）时，可采用相同的方法。图 3－17（a）、图 3－17（b）所示分别为一半径为 r 的正平半圆和侧平半圆的正等轴测图，作图步骤由读者自行分析。

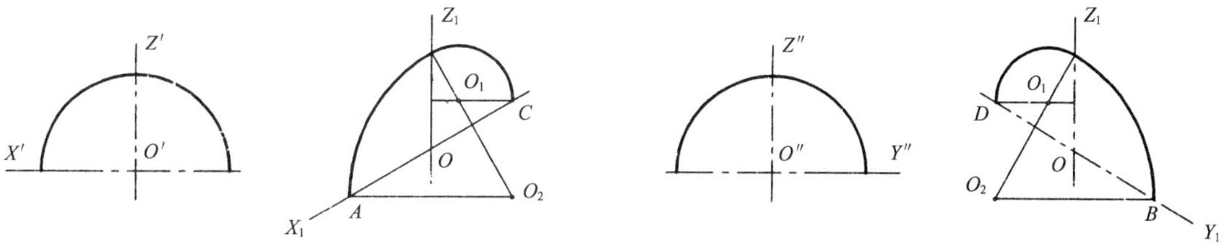

(a)正平半圆的正等测　(b)侧平半圆的正等测

图 3－17　半圆的正等测简化画法

推广：上述画法除了适用于正等测中圆的画法外，还是可用于任意轴间角的等轴测画法。

①当轴间角为 90°时，四条垂线只有一个交点，轴测投影仍为圆；

②当轴间角为 0°时，四条垂线平行无交点，轴测投影为直线；

③当轴间角为任意角度时，四条垂线有四个交点，作图方法与步骤同图 3－16，如图 3－18 所示。

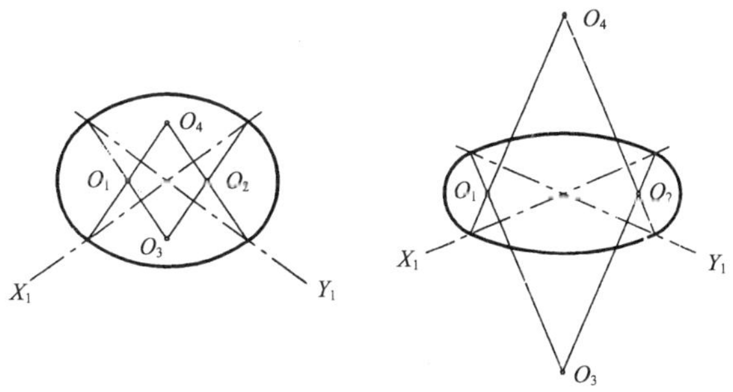

图 3－18　任意轴间角简化画法

（三）平行弦法

平行弦法就是作出圆周平行弦上若干点的轴测投影，然后依次将各

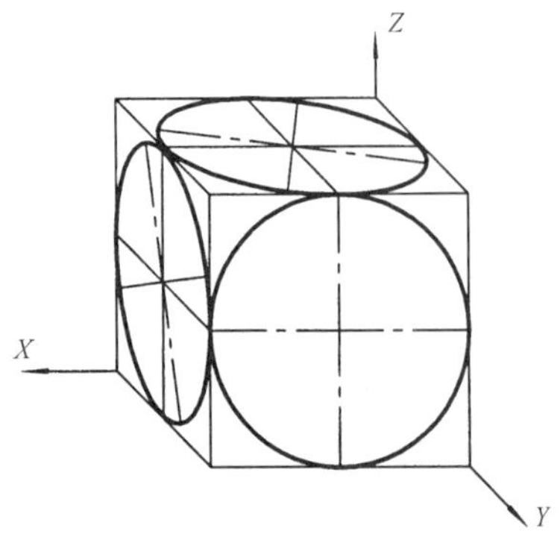

图 3-19　平行坐标面圆的斜二测图

点相连得出椭圆。这种方法适用于各种类型的轴测图。

在斜轴测投影中与坐标面平行的圆的轴测图如图 3-19 所示。其中与轴测投影面平行的坐标面上的圆仍是一圆，而其余两坐标面上的圆则投影为椭圆。

［例 3-7］如图 3-20（a）给出一水平圆，画出其正面斜二测图。斜轴测投影中椭圆画法多采用平行弦法。

作图步骤如下：

①画出轴测轴 O_1X_1 及 O_1Y_1 并取 $p=1$、$q=1/2$，故在 O_1X_1 轴上量取 $OA=OC=oa$（半径）；在 O_1Y_1 轴上量取 $OB=OD=1/2ob$（半径），如图 3-20（b）。

②根据所作平行弦 *ef*、*gh* 的 *X*、*Y* 坐标，画出其斜二测投影 *EF* 及 *GH*，见图 3-20（c）。

③依次光滑连接 *A*、*E*、*D*……各点即得所求椭圆，如图 3-20（d）。

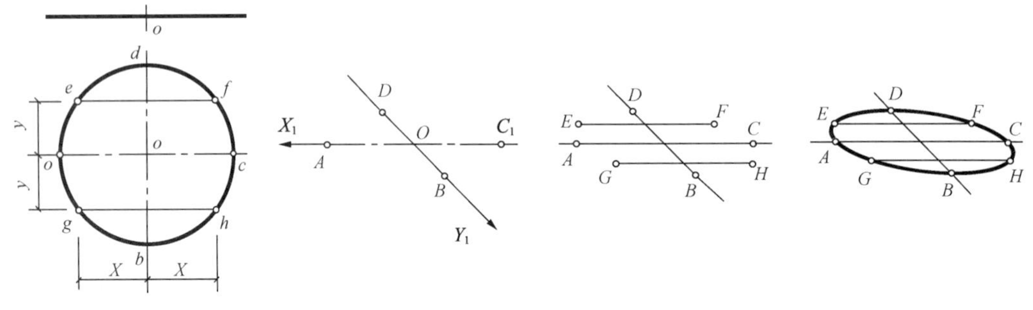

(a)已知圆的投影　(b)画轴测轴及直径端点　(c)作一组平行弦　(d)完成椭圆

图 3-20　平行弦法画圆的斜二测图

二、曲面立体轴测投影的画法

常见的曲面立体多是回转体，而回转体的底面为圆。所以掌握了圆的轴测画法也就不难画出曲面立体的轴测图。下面介绍圆柱与圆锥的画法。

［例 3-8］如图 3-21（a）所示，已知一圆柱的正投影图，求作其正等测图。

分析与作图

圆柱为直圆柱，上下两底圆均与 *H* 面平行，故其正等测图为两个大小相同的椭圆，运用上述四圆心法可以画出上、下底圆的轴测投影，圆柱表面的投影轮廓则是上下椭圆的公切线。作图步骤如下：

①以上底圆心为原点确定一坐标系，如图 3-21（a）。

②由于上底圆为水平圆，则先不画 *Z* 轴，用四圆心画法求得圆柱上底圆的正等测投影，见图 3-21（b）。

③将四个圆心沿 *Z* 轴方向，向下截取柱高 *h* 得到下底椭圆的作图圆心的位置，用同样方法画出下底圆的轴测图，见图 3-21（c）。

④作上、下椭圆的公切线得出圆柱的外形轮廓线，将可见线加深即完成圆柱体的正等测图。

［例 3-9］如图 3-22（a）所示，已知一圆锥的正投影，求作圆锥的正面斜二测。

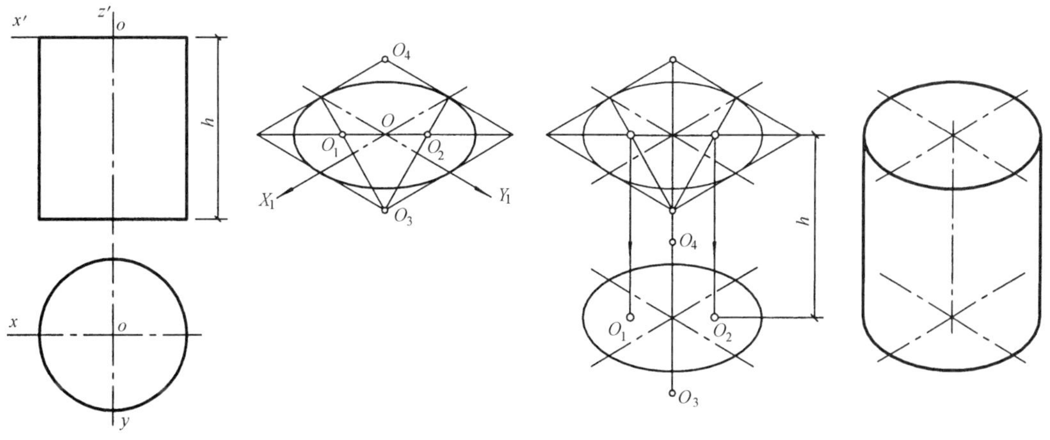

(a)已知条件　(b)画轴测轴及圆柱上底圆　(c)取柱高画下底圆　(d)完成圆柱轴测图

图 3－21　圆柱的正等测图

分析与作图

由于正圆锥的底圆是一水平圆，其正面斜轴测为一椭圆，可用平行弦法求出。而正圆锥的外形轮廓线的轴测投影是过锥顶与底面椭圆相切的两直线。作图步骤如下：

①取锥底圆心为坐标轴原点，画出斜二测轴测轴，并取 $p=r=1, q=1/2$，见图 3－22(b)。

②用平行弦法画出锥底圆的轴测投影，并在 O_1Z_1 轴上截取锥顶高，见图 3－22（c）。

③过锥顶向底面椭圆作切线得出锥面外形线，擦去多余图线，加深可见投影轮廓线完成作图，如图 3－22（d）所示。

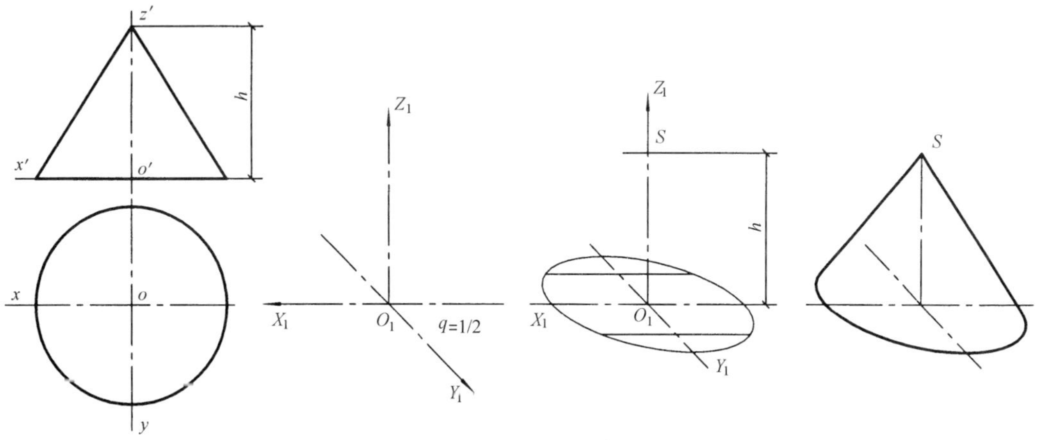

(a)已知条件　(b)画轴测轴、定伸缩系数　(c)画圆锥底圆并升高锥顶　(d)完成圆锥轴测图

图 3－22　画圆锥的正面斜二测图

［例 3－10］如图 3－23（a）所示，已知一形体的正投影，求作该形体的正等测图。

分析与作图

从正投影图中可以看出：该形体是由两部分形体叠加而成，其轴测图在水平及正面均有椭圆，应分别依次由下而上或由上而下逐步绘出。具体步骤如下：

①首先选取底部与上部形体结合面的前部中心为坐标原点 O，画出相应坐标轴的投影。

②画出轴测轴，再画出结合水平面的轴测图，如图 3－23（b）。

③将底部形体各顶点棱线向下延伸并取其等于底部形体高，画出底部形体；再确定结合面上部前立面形体椭圆的中心 O_Z，画出其上半个椭圆，沿 Y 轴方向平移圆心，如图 3－23（c）。

④画出形体立面后面的半个椭圆，最后将整个形体多余作图线擦去并加深可见线，完成形体的轴测图，如图 3－23（d）所示。

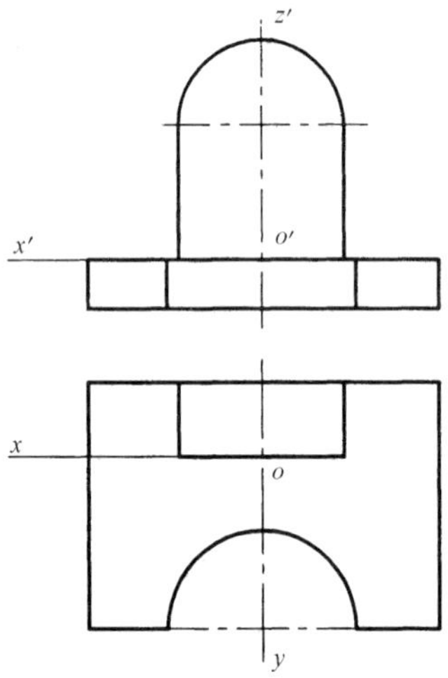

(a)形体正投影

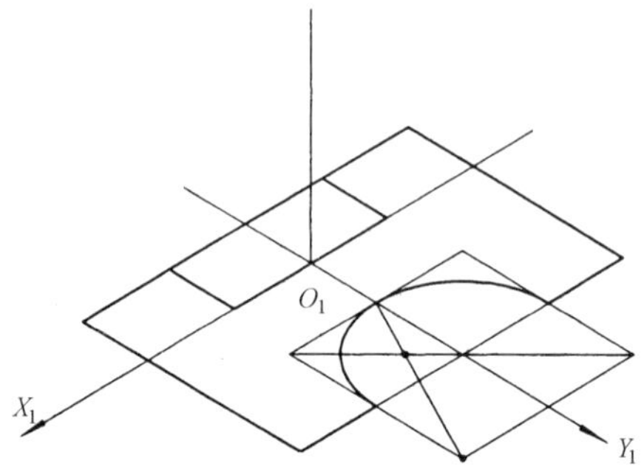

(b)画结合平面的轴测图

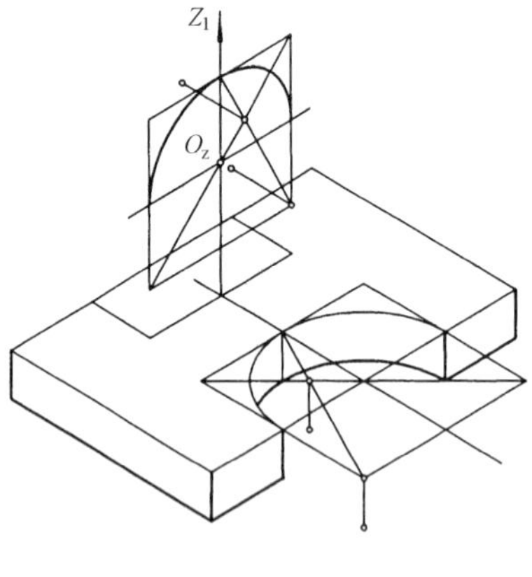

(c)完成下部并画上部立面半个椭圆

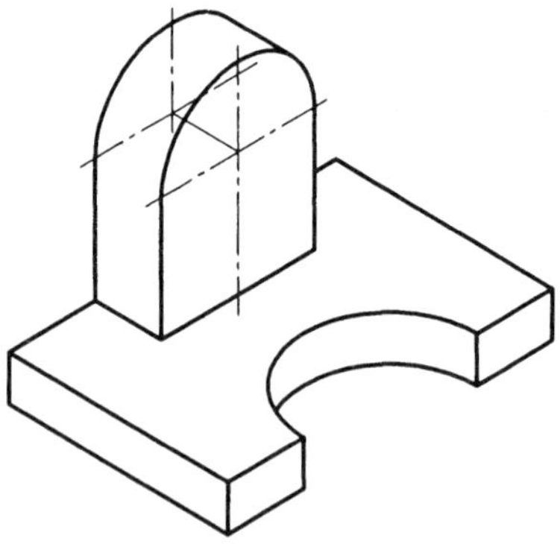
(d)完成形体轴测图

图 3－23　形体正等测画图示例

［例 3－11］如图 3－24（a）所示，已知一形体的正投影，求作该形体的正面斜二测。

分析与作图

从正投影图中可以看出：该形体是由三部分形体叠加而成，其立面部分有曲面，应分别依次由结合面向上、下逐步绘出。具体步骤如下：

①首先选取底部与上部形体结合面的右后点为坐标原点。

②画出轴测轴，再画出结合水平面的轴测图，并完成底部形体，如图 3－24（b）。

③确定结合面上部立面形体半圆弧的中心 O_Z，画出前立面的半圆，如图 3－24（c）。

④平移圆心，画出形体立面后部半圆并画出左侧立板。最后将整个形体多余作图线擦去并加深可见线，完成形体的轴测图，如图 3－24（d）所示。

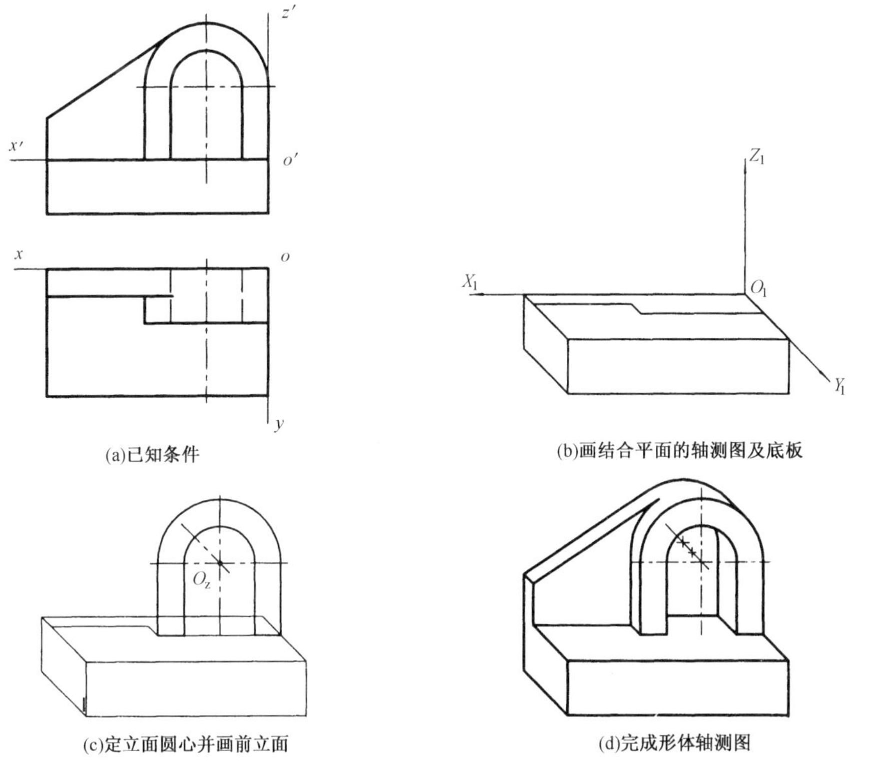

图 3－24　形体正面斜二测画图示例

第五节　轴测投影在装饰工程设计中的应用

轴测图是建筑设计与室内装饰设计中经常采用的一种表现手法，其应用范围很广，为开阔视野，下面简单介绍一些运用实例供将来在设计实践中参考。

一、在家具设计中的应用

家具种类繁多、形式各异，为配合房间整体装修效果，常常要针对不同要求进行家具设计。家具构造有的也很复杂，不仅要画投影图还要辅之以轴测图，有时甚至也直接用轴测图指导施工。图 3－25 就是家具设计中应用轴测图的一个实例。

二、房间布置设计中的轴测图

在室内设计中，为便捷体现空间效果，常常用轴测图进行表达，表

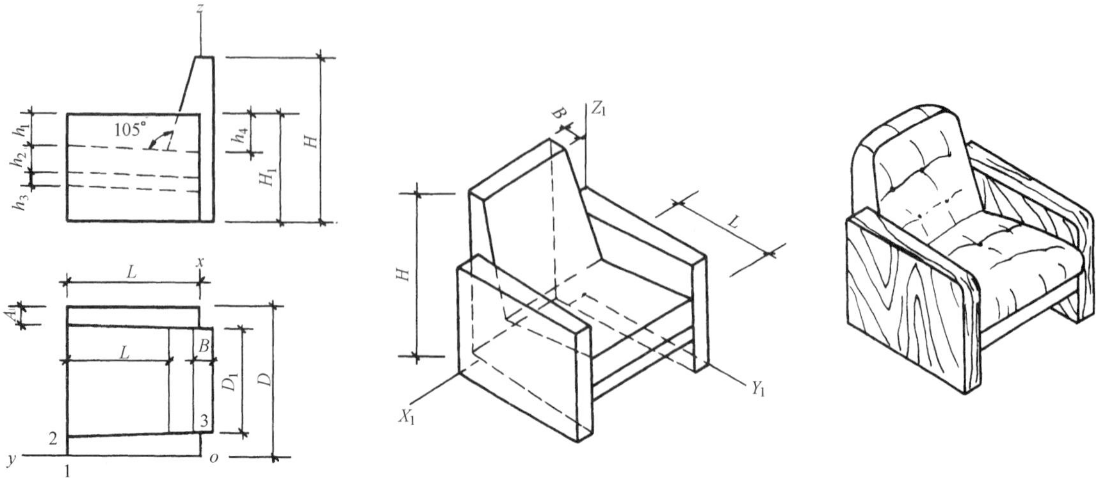

(a) 正投影图　　(b) 单线轴测图　　(c) 装饰效果图

图 3－25　家具设计中轴测图实例

达时还常将一些墙体假想打断或拆除，以便看清房间内部布置状况。图 3－26 为一室内布置实例。

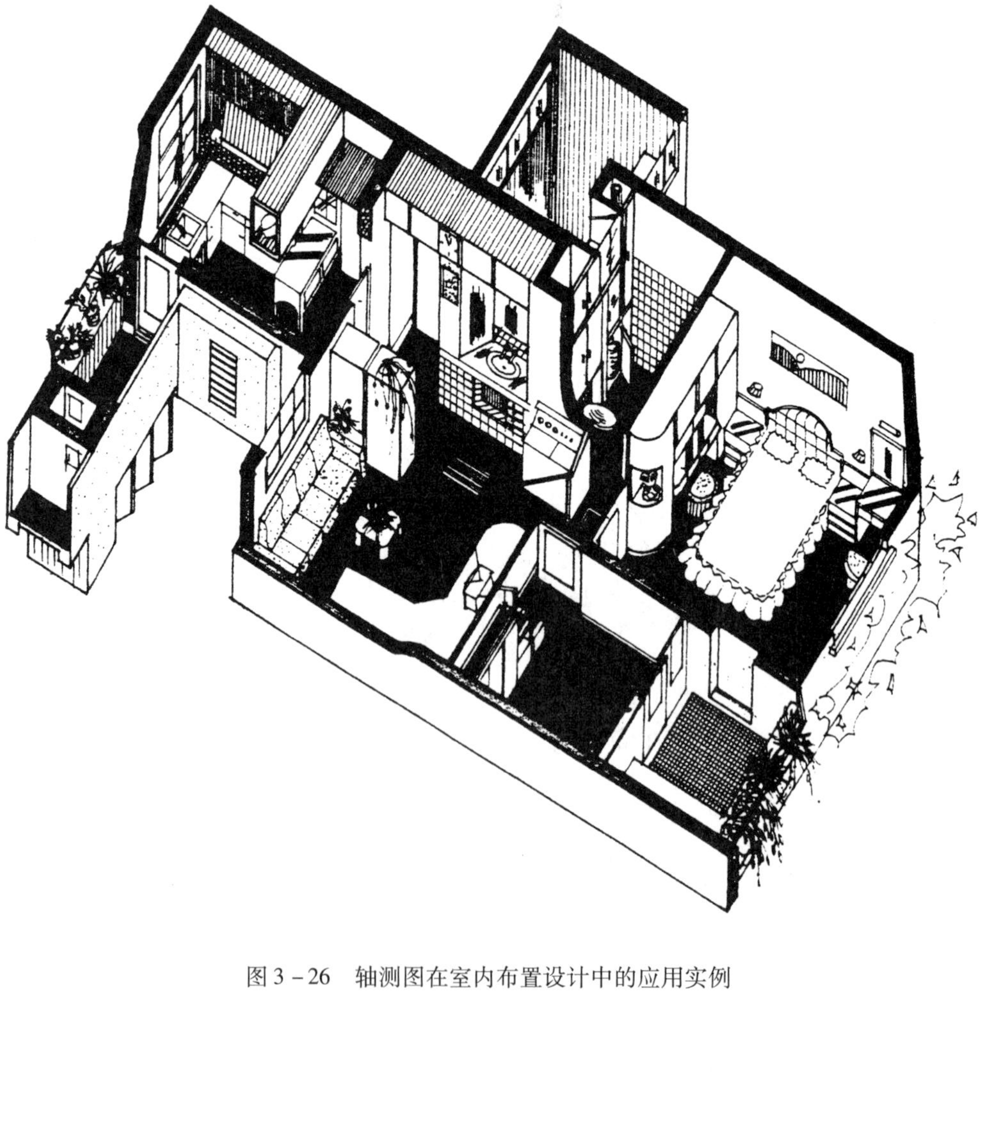

图 3－26　轴测图在室内布置设计中的应用实例

三、在住宅布置设计中的应用

为表现住宅小区或街道两侧建筑群体之间的相互关系以及表现小区内绿化布置、四周环境关系等状况，常常用轴测图表达，其表达效果不但令人满意，且作图方法也很简便，多为广大设计人员所采用。图3－27是一建筑单元组合布置图的实例。

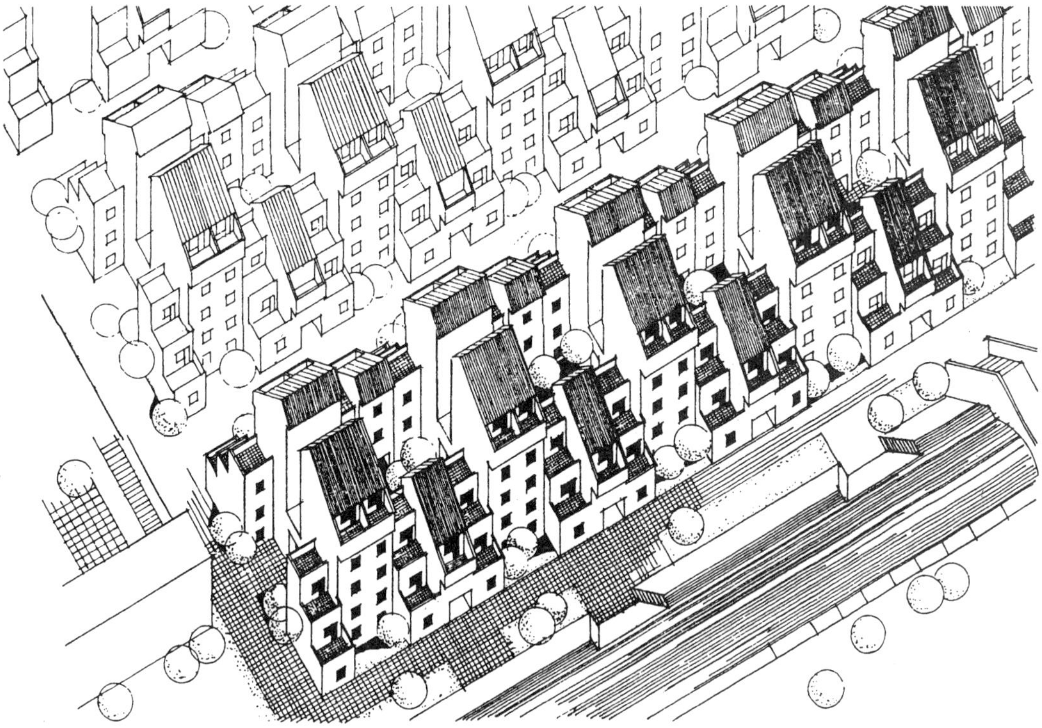

图3－27　轴测图在规划设计中的应用实例

思　考　题

1. 轴测投影与正投影有什么不同？它有什么特点？
2. 轴测投影是怎样形成的？怎样分类？
3. 轴测投影的基本性质是什么？
4. 什么是轴间角与轴向伸缩系数？
5. 正等测的轴间角是多少度？轴向伸缩系数是多少？简化系数是多少？
6. 正面斜二测与水平斜等测的轴间角与轴向伸缩系数各是多少？
7. 画形体轴测图的基本方法有哪些？
8. 画圆轴测投影的基本方法有哪些？都适用于何种类型的轴测？
9. 怎样画圆柱、圆锥等曲面立体的轴测图？

第四章　透 视 投 影

透视投影又称透视图，由于其立体感很强，即使不具有投影能力的人也能看懂，因此在工程设计的投标或报批中必须绘制能体现设计意图的效果图。效果图也称表现图，即是以透视投影为基础绘制而成的，这种图是建筑装饰工程图样的重要组成之一。本章讲述有关透视投影的一些基本原理与作图方法。

第一节　基 本 知 识

一、透视图的形成及特点

透视图简称透视，属于单面投影，它是用中心投影法绘制的。其形成过程可看作是人的眼睛透过一个透明的平面来观察形体，然后把观察到的视觉印象描绘在该平面上，这样就可得到一幅反映这个空间形体的平面图像，如图4－1。用这种原理绘制的图形，接近人的视觉印象，极富立体感且形象逼真，似有亲临其境的感觉，其特点是近大远小、近高远低、近宽远窄，是设计人员绘制表现图的基础。

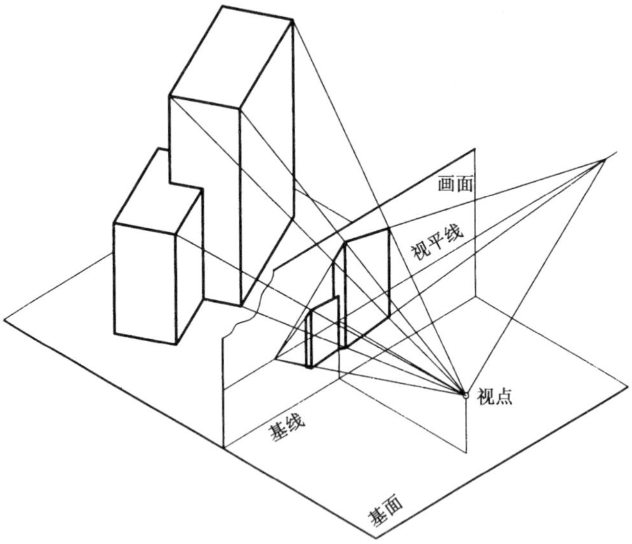

图4－1　透视图的形成

二、常用术语及符号

为了便于掌握透视图的绘制方法，应先弄清楚绘制透视图的一些专用名词术语及符号（见图4－2）。

画面：形成透视图的平面，用字母 P 表示。

基面：放置建筑物的水平地面，用字母 G 表示。也可理解成三面正投影中的水平投影面。

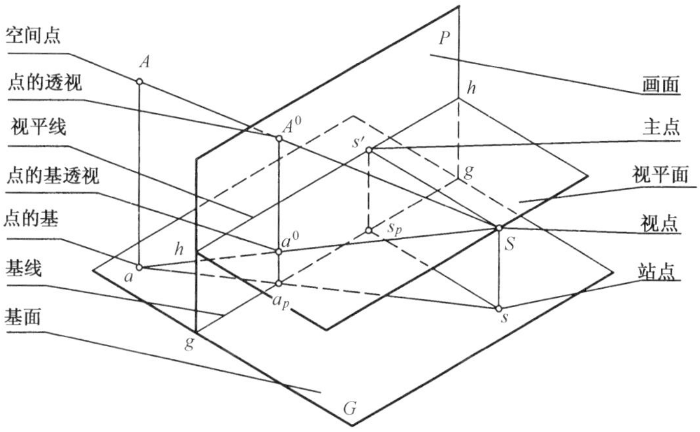

图 4－2　透视的名词术语

基线：画面与基面的交线，在平面图中用字母 $p-p$ 表示；在画面中用字母 $g-g$ 表示。平面图中的 $p-p$ 可理解为画面在基面上有积聚性的投影；画面中的 $g-g$ 可理解为基面在画面上有积聚性的投影。

视点：相当于人眼所在的位置，即投射中心 S。

站点：视点 S 在基面 G 上的正投影，用 s 表示。可理解为人在观察建筑物时所站立的位置。

主点：视点 S 在画面上的正投影，用 s'表示，主点也称心点。

主视线：过视点并垂直于画面的视线，也就是视点 S 和主点 s'的连线 Ss'。

视距：视点到画面 P 的距离，即主视线 Ss'的长度。当画面为铅垂面时，站点与基线的距离 ss_p 即反映视距。

视平面：过视点的水平面。

视平线：视平面与画面的交线，用 $h-h$ 表示。当画面为铅垂面时，主点 s'必位于视平线 $h-h$ 上。

视高：视点 S 到基面 G 的距离，即人眼的高度 Ss。当画面为铅垂面时，视平线与基线的距离反映视高。

三、点 的 透 视

（一）形成原理

点的透视仍是一点。它是过空间 A 点的视线与画面 P 的交点以字母 A^0 表示，如图 4－3 所示，从图中可以看出同位于视线 SA 上的点 B 的透视 B^0 与 A^0 重合。显然只用 A^0 不能确定点 A 的空间位置，为此尚需给出点 A 在 G 面上的水平投影 a 的透视 a^0，a 称为空间点 A 的基。a^0 称点 A 的基透视。A^0a^0 是 Aa 的透视，称为点 A 的透视高，一般情况下 A^0a^0 与 Aa 不相等。

（二）透视作图

点的透视求法是透视作图的基础，其实质就是根据透视形成原理，**用正投影法求出视线与画面的交点。视线与画面的交点就是视线的迹点，故这种求透视的方法被称为视线迹点法**，其空间关系如图 4－4（a），具体作图步骤［见图4－4（b）］如下：

1. 将画面与基面分开，并放置在同一平面上，为了使两个投影面不致因重叠而引起混乱，故将两投影面稍稍拉开距离并上下对齐放置，在画面P上画出$h-h$与$g-g$，并给出视点S的正投影——主点s'。在基面上画出基线$p-p$及视点的水平投影——站点s，即用三线一点表示透视投影体系。

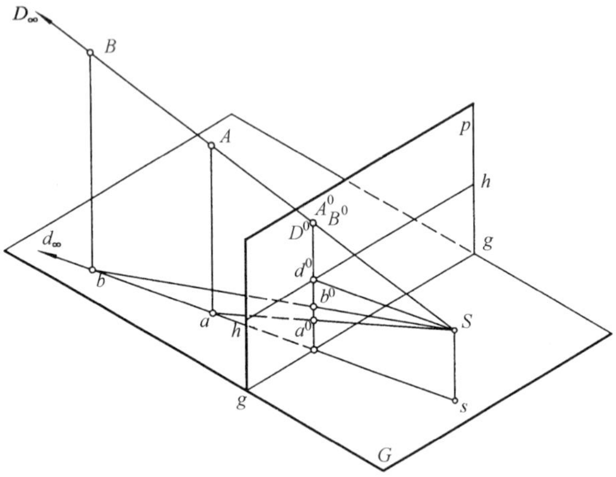

图4－3　点的透视

2. 空间点A用正投影a'及其基a给出，基a的画面正投影用a'_g给出。视线SA的投影即为$s'a'$及sa。

3. 视线的水平投影sa与画面基线$p-p$的交点a_p即是视线SA的画面迹点的水平投影，所以过a_p向上作垂线与$s'a'$交于点A^0即为点A的透视。

4. 过点A的基a的视线Sa的投影由$s'a'_g$给出。过a_p作的垂线与$s'a'_g$的交点a^0，即为点A的基透视；a^0、A^0的连线位于同一条与$h-h$垂直的垂线上，即为点A的透视高，$a'a'_g$为点A的真高。

由于画面P与基面G的边界是可以变化的，与作图无关，因此实际作图时略去其边框线，只保留$h-h$、$g-g$、$p-p$与s、s'，见图4－4（c）。并且也可以让基面在上，画面在下，以充分利用图纸幅面。

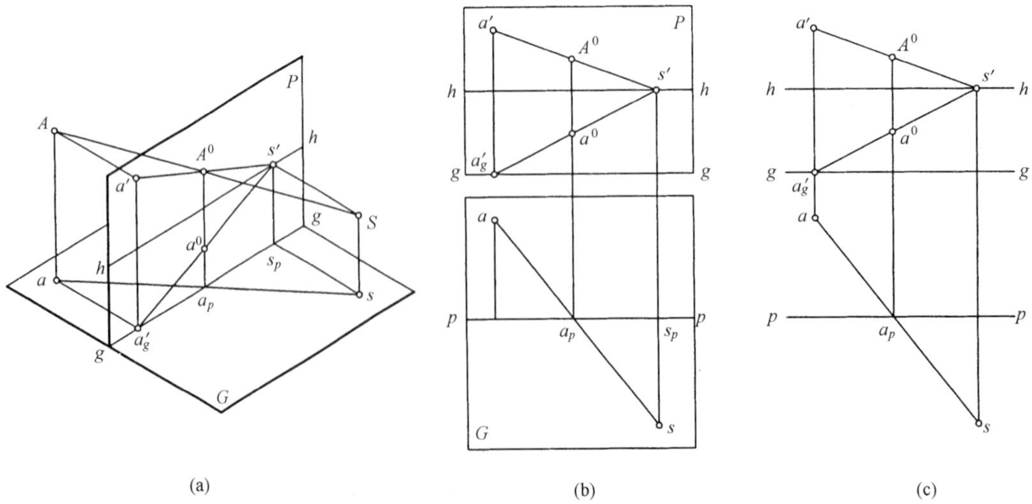

图4－4　用视线迹点法作点的透视

（三）透视特征

空间不同位置点的透视特征，主要是根据其基透视的位置来确定。

1. 当空间点位于画面之后时，如图 4－3 中点 A 和 B 是位于画面之后的空间点，其基透视 a^0 和 b^0 位于基线和视平线之间，空间点越远离画面，其基透视就越接近视平线 $h-h$。当点在画面之后无限远时，如 D_∞，其基透视 d^0 就在视平线上。画面后的点的透视高小于真高。

2. 当空间点位于画面内时，则基透视 a^0 位于基线上。其透视高等于真高，如图 4－5（a）。

3. 当空间点位于画面之前时，其基透视 a^0 位于基线之下。其透视高大于真高，如图 4－5（b）。

4. 当空间点位于基面上时，其基透视 a^0 与其透视 A^0 重合，表明其透视高为零，如图 4－5（c）。

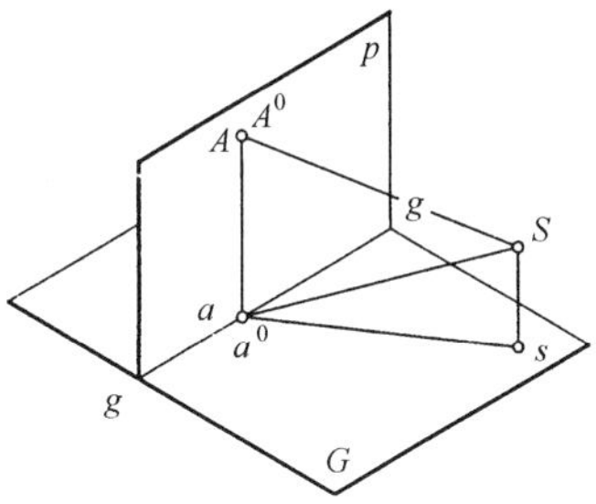

(a)画面内的点

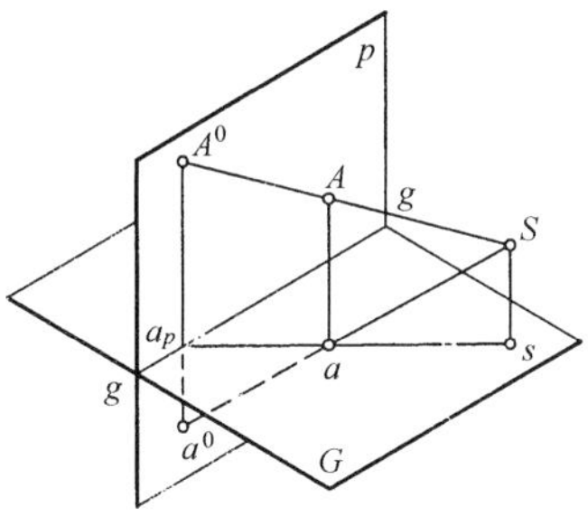

(b)画面前的点

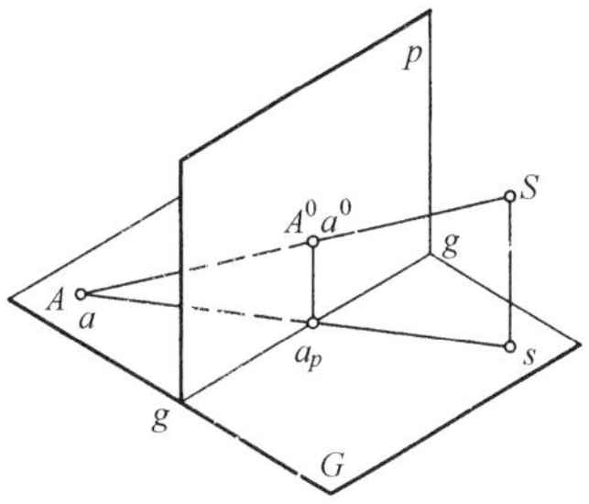

(c)基面内的点

图 4－5 空间各种位置点的透视特征

四、直线的透视

（一）直线透视的几种情况

直线的透视是直线上所有点的透视的集合。如图 4－6 所示，由视点 S 引向直线 AB 上所有点的视线组成一个视线平面，其与画面的交线必然是一条直线，故 A^0B^0 就是直线 AB 的透视。因此，**直线的透视可由直线上两个端点的透视相连而得**。直线的透视一般情况下仍为直线。但当直线恰好通过视点 S 时，其透视则重合为一点，而画面内的直线的透视则与其自身重合（即反映实长）。

（二）直线上的点的透视

直线上的点，其透视仍在直线的透视上。如图 4－6 所示，由于视线 SM 为视线平面 SAB 内的一条直线，所以 SM 与画面的交点必位于视线平面 SAB 与画面的交线 A^0B^0 上。从图 4－6 中还可看出，点 M 位于直线 AB 的中点，即 $AM=MB$，但由于 AM 比 MB 近，使得 AM 的透视长度 A^0M^0 大于 MB 的透视长度 M^0B^0，即近大远小。也就是说，**点在直线上分割线段之比，在透视图中不再保持原来的比例。**

（三）直线的迹点、灭点及全长透视

1. **迹点：直线与画面的交点称为直线的画面迹点**。如图 4－7 中的点 N，迹点的透视即其本身，其基透视 n 则在基线 $g-g$ 上。直线的透视必然通过直线的画面迹点 N；直线的基透视必然通过该迹点的基透视 n。

2. **灭点：直线上无限远离画面处点的透视称为直线的灭点**（也可称

为消失点）。如图4－7中的点 F，灭点 F 是直线 AB 上无限远点 F_{∞} 的透视，即是过视点 S 引出的一条与直线 AB 平行的视线与画面的交点。图中 AB 为一条水平线，故灭点 F 位于视平线 $h-h$ 上。

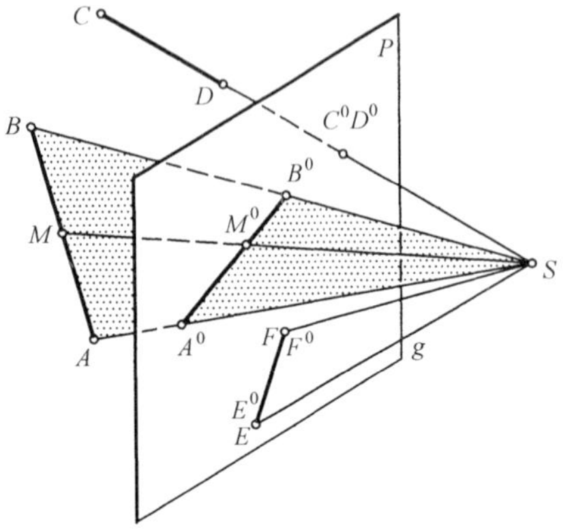

图4－6　直线透视的几种情况

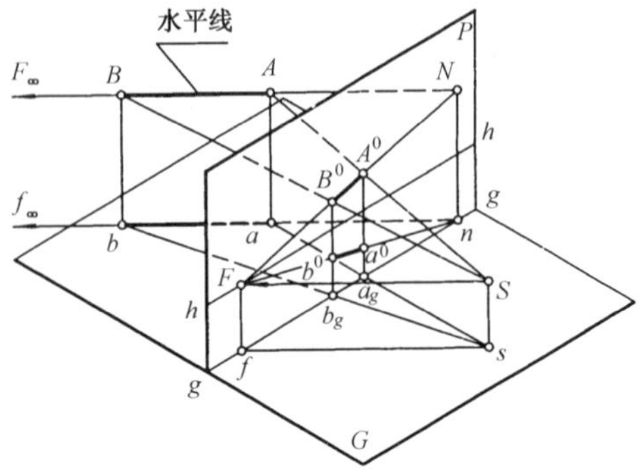

图4－7　直线的迹点、灭点与全长透视

3. **全长透视：从直线的迹点 N 到灭点 F 的连线 NF，是空间直线 AB 延长到无限远处所有点的透视的集合**，因此称 NF 为直线 AB 的全长透视（或称**全线透视**或**透视方向**）。

（四）直线的透视作图

直线根据它们与画面的相对位置不同，可分为两类：一类是与画面相交的直线，这类直线有灭点，称为**有灭点直线**，其透视可用全长透视来求；另一类是与画面平行的直线，没有灭点，称为**无灭点直线**，其透视只能用其端点的透视来确定。

1. 水平线的透视：水平线属有灭点直线，可用全长透视来求，如图4－8所示，具体步骤如下：

①给出 $h-h$、$g-g$、$p-p$ 及 s、s'分别表明画面、基面及视点（即三线一点）。

②给出水平线 AB 的水平投影 ab 及其距基面的高度 H，见图4－8(a)。

③在基面上将 ab 延长交 $p-p$ 于 n，即迹点 N 的水平投影，过 n 作 $p-p$的垂线交 $g-g$ 于 n'，并截取 $n'N=H$（H 为该水平线到基面的距离），点 N 即为直线 AB 的迹点。

④过站点 s 作 ab 的平行线与 $p-p$ 交于 f，再过 f 作 $p-p$ 的垂线交 $h-h$于 F，点 F 则为直线 AB 的灭点，同时也是直线 AB 的基 ab 的灭点。

⑤将 N、F 及 n'、F 相连，即得 AB 的全长透视 NF 及其基的全长透视 $n'F$。

⑥将站点 s 与 a、b 两点相连，则 sa 与 sb 分别与 $p-p$ 交于 a_p、b_p；再过 a_p、b_p 向上引垂线，分别与 NF、$n'F$ 交得 A^0B^0 及 a^0b^0，即水平线 AB 的透视及基透视。见图4－8（b）。

从作图结果可以得出水平线的透视特征：**水平线的灭点与其基透视的灭点重合，且位于视平线 $h-h$ 上**。

2. 正垂线的透视：由于正垂线垂直于画面，所以其灭点与主点 s'重合，而其迹点 N 则与其正投影 $a'b'$重合，其透视仍用其全长透视来求，如图4－9（a）、图4－9（b）所示，具体步骤如下：

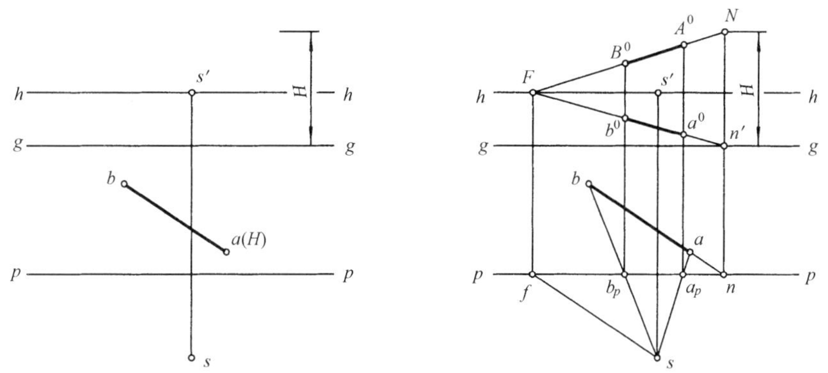

(a)已知条件　　(b)投影图

图4－8　水平线的透视作图

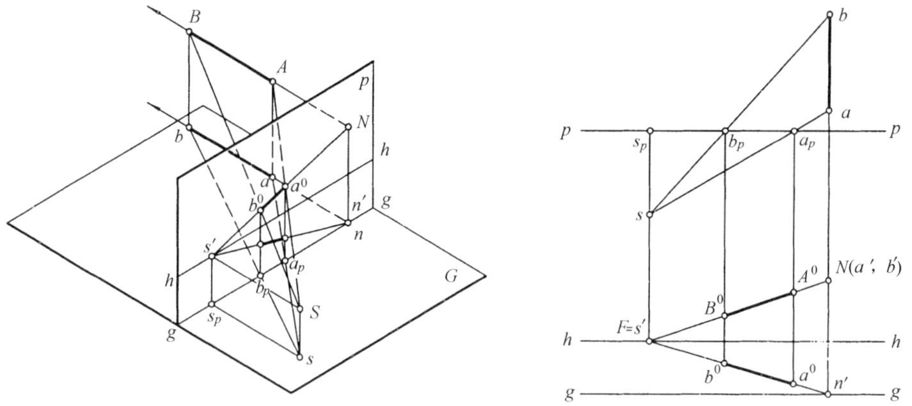

(a)直观图　　(b)投影图

图4－9　正垂线的透视作图

①给出三线一点（本例将画面放在下方，基面放在上方）。

②给出正垂线 AB 的水平投影 ab 及其正面投影 $a'b'$。

③将 N、s'及 n'、s'相连，可得出其全长透视 Ns'及其基的全长透视 $n's'$。

④将站点 s 分别与水平投影的两个端点 a、b 相连，则 sa 与 sb 分别与 $p-p$ 交于 a_p、b_p 两点。

⑤过 a_p、b_p 向下引垂线，分别交 Ns'于点 A^0、B^0，交 $n's'$于点 a^0、b^0，则直线 A^0B^0 及 a^0b^0 即为正垂线 AB 的透视与基透视。

从上述作图结果可以得出正垂线（画面垂直线）的透视特征：**正垂线的灭点与其基灭点均重合于视平线的主点 s'处。**

3. 一般位置直线的透视：一般位置直线分为两种情况：①前低后高（上行线）直线的灭点 F_t 在视平线 $h-h$ 的上方，称为**天际点**；②前高后低（下行线）直线的灭点 F_d 在视平线 $h-h$ 的下方，称为**地下点**。但它们的基透视的灭点 F 仍在视平线上，如图4－10（a）、图4－10（b）所示。其中天际点 F_t 与其基灭点 F 或地下点 F_d 与其基灭点 F 位于垂直于视平线 $h-h$ 的竖直线上。具体作图步骤放在后面讲述。

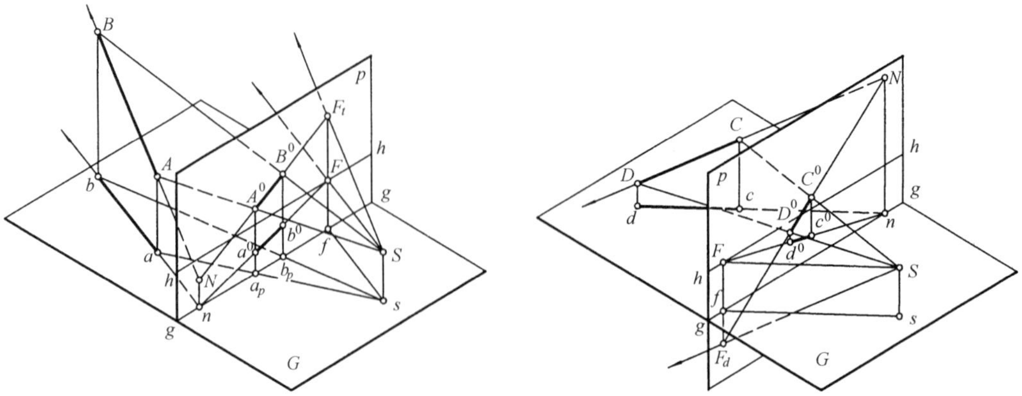

(a)上行线的灭点F_t　　(b)下行线的灭点F_d

图 4－10　一般位置直线的灭点

4. 正平线的透视：如图 4－11（a）、图 4－11（b）所示，AB 是一条正平线，即画面 P 的平行线，因其与画面平行，故过视点 S 所引的与其平行的视线不会与画面相交，所以正平线属于无灭点直线，无灭点直线同时也无迹点，因而不能用全长透视来求其透视。但正平线的透视与其自身平行，并成比例，且直线与基面的倾角 α 也等于其透视与基线的倾角 α。画面平行线的这一特点给其透视作图带来方便。具体步骤如下：

①给出正平线 AB 的水平投影 ab 及其一个端点 A 的正面投影 a'，并给出直线 AB 与基面的倾角 α。

②作出过点 A 的正垂线的全长透视 $a's'$ 及其基的全长透视 $a'_g s'$。

③将站点 s 与点 a、b 相连，则 sa 与 sb 分别与 p－p 交于 a_p、b_p 两点；然后过 a_p、b_p 引垂线，过 a_p 的垂线与 $a's'$ 交于 A^0 点，与 $a'_g s'$ 交于 a^0 点，即得到端点 A 的透视与基透视。

④过点 A^0 作倾角为 α 的直线与过 b_p 的垂线交于点 B^0，再过点 a^0 作 g－g 的平行线与过 b_p 的垂线交于点 b^0，则直线 A^0B^0 及 a^0b^0 即为正平线 AB 的透视与基透视。

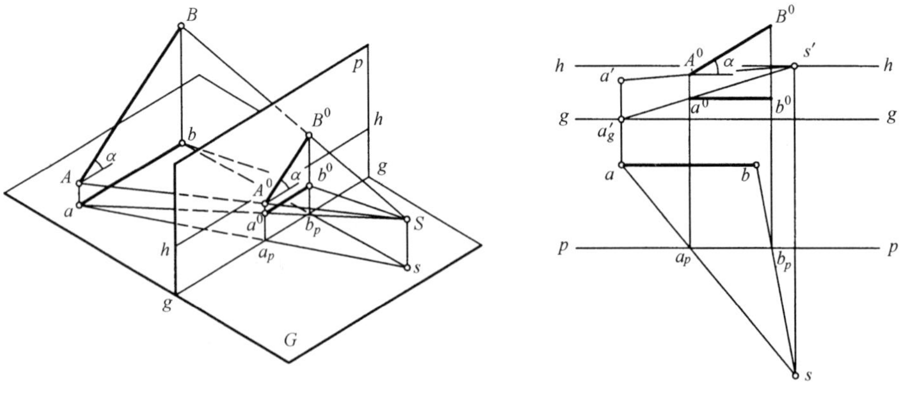

(a)直观图　　(b)投影图

图 4－11　正平线的透视作图

从上例作图结果可以得出正平线（画面的平行线）的透视特征：**画**

面平行线的透视与自身平行且成比例，其透视与基线的倾角等于直线与基面的倾角。

5. 铅垂线的透视：如图 4－12（a）所示，铅垂线（基面的垂直线）仍为画面平行线，故其透视仍是铅垂线。具体作图步骤［见图 4－12（b）］如下：

①给出铅垂线 AB 的正面投影 $a'b'$ 及水平投影 ab。

②求出过两端点 A、B 的正垂线的全长透视及其基的全长透视。即将 s' 分别与 a'、b' 相连，再将 s' 分别与 $a_g'b_g'$ 相连。

③将站点 s 与点 a、b 相连，与 $p-p$ 交于 $a_p(b_p)$；再过点 a_p 引垂线分别与 $s'a'$、$s'b'$ 及 $s'a_g'$ 交于点 A^0、B^0 及 a^0b^0，即得到端点 A、B 的透视与基透视。

④连接 A^0B^0 即得铅垂线 AB 的透视，a^0b^0 即为其基透视。

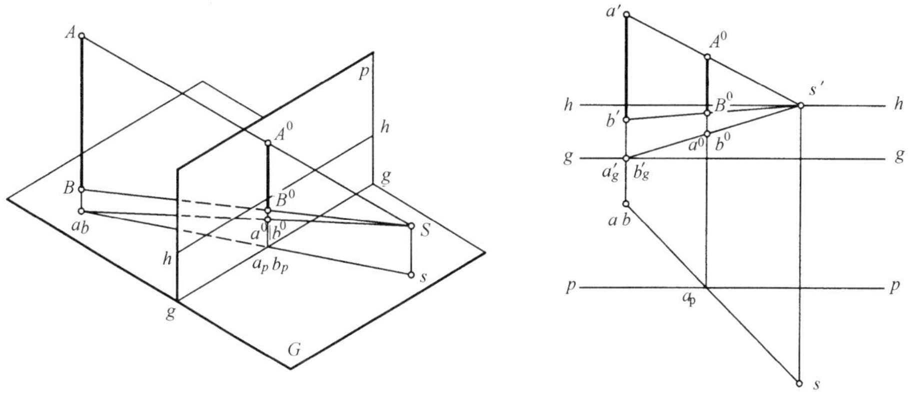

(a) 直观图　　(b) 投影图

图 4－12　铅垂线的透视作图

从上述作图结果可以得出铅垂线的透视特征：**铅垂线的透视仍是一铅垂线，其基透视则重合为一点。**

对于多条直线的相互关系的透视不再作深入讲述。只需强调其中两点：一是**相交直线的透视必然相交，且交点的透视必然是其透视的交点**，见图 4－13（a）；二是凡**相互平行的画面相交直线必有共同的灭点，不同方向的平行线的灭点不同**，见图 4－13（b）。

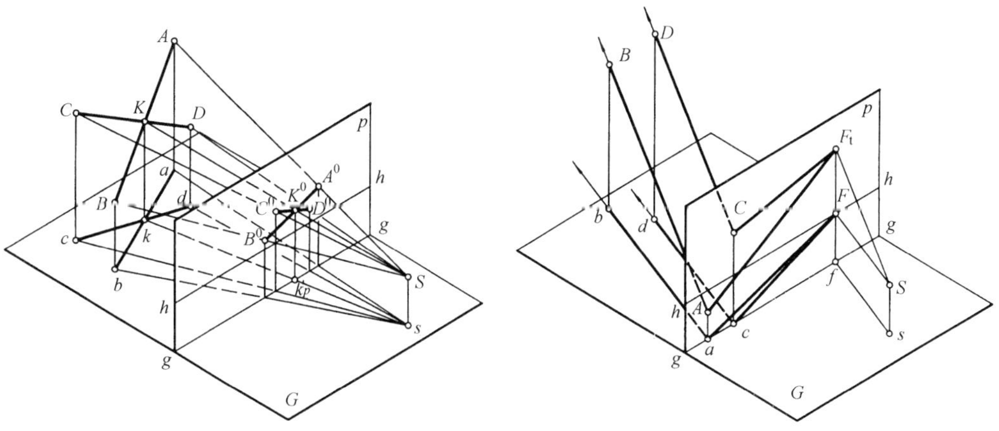

(a)相交直线的透视　　(b)平行直线的透视

图 4－13　相交线、平行线的透视

(a)一点透视的应用实例

(b)两点透视的应用实例

(c)三点透视的应用实例

图 4－23　三种类型透视实例

此外，无论上述哪一类透视，当所选取视点的高度远高于建筑物时，所绘出的透视图就会显示出“俯视”的效果，通常称为“鸟瞰图”。在建筑群的规划设计中就常采用鸟瞰图。

二、透视图的基本画法

作建筑物的透视图，一般分为两步进行：**首先作建筑物的基透视，即建筑平面图的透视**，得到所谓的“透视平面图”；**然后再根据真高线画出形体的透视高**。在画建筑物的透视时，只需画出可见的立面，而不可见的立面就不再画出。

对于建筑物的基透视，也不是不分主次、毫无遗漏地全部画出来。而只是将建筑物的主要轮廓在基透视中画出即可，至于门、窗等细部结构可用其他简便画法来解决。

（一）视线法

1. 原理：视线法的实质也就是视线迹点法。它**是利用直线的迹点和灭点来确定直线的全长透视，然后再借助视线与画面的交点（视线迹点）在基面上的水平投影，求作直线线段的透视长度的作图方法。**

用**视线法**作建筑平面图的透视原理，在前面讲述平面图形的透视作法时已经讲过，不再重复。下面举例说明用视线法画立体透视的方法步骤。

2. 作图举例：

［例4－1］如图4－24所示，在给定的建筑形体的平面图、立面图上，按表现图要求定出画面位置（画面偏角 α 取45°）、站点及视高，求作透视图。

（1）分析：由图4－24（a）平面图可知，建筑物的长（X）向、宽（Y）向与 $p-p$ 倾斜（为作图方便，偏角 α 常取30°、45°），因墙面与画面倾斜，有两个灭点 F_x、F_y，故为两点透视。角点 a 与 $p-p$ 线重合，故房屋一墙角线 Aa 位于画面上，反映真高。为了简化作图，通常选择形体的一条棱线靠在画面上，使其显示真高。

（2）作图步骤：

第一步：先作建筑物的基透视，如图4－24（b）所示。

①将基面、画面分开放置：基面在上、画面在下，并定出三线一点。

②求灭点 F_x、F_y：过站点 s 引两组平行线的平行视线 sf_x、sf_y，即 $sf_x /\!/ ab$（X 轴）、$sf_y /\!/ ad$（Y 轴）并交 $p-p$ 线于 f_x、f_y。过 f_x、f_y 引铅垂线，与 $h-h$ 相交，即得灭点 F_x、F_y。

③求 ab、ad 线的迹点：由于点 a 在画面上，故由 $p-p$ 线上的点 a 引铅垂线，与 $g-g$ 相交，即是 ad、ab 的迹点 a^0。

④求 X 向和 Y 向的全长透视：在画面上将 ad、ab 的迹点 a^0 与 F_x、F_y 相连，则 a^0F_x、a^0F_y 即是 ad、ab 的全长透视。

⑤求端点透视 g^0、f^0、e^0、d^0：将站点 s 分别与 g、f、e、d 点相连，则 sg、sf、se、sd 分别与 $p-p$ 交于 g_p、f_p、e_p、d_p 点，过 e_p、d_p 引铅垂线，分别与 a^0F_x、a^0F_y 交得点 e^0 和点 d^0；将 e^0 与 F_y 相连并延长，与过 f_p 所引的铅垂线交得点 f^0，将 f^0 与 F_x 相连，与过 g_p 所引的铅垂线交得点 g^0，随后交得点 b^0 和点 c^0。将各点相连则可完成建筑物平面图的透视，即建筑物的基透视。

第二步：竖建筑物的透视高度，求得透视图，如图4－24（c）、图4－24（d）所示。

①利用立面图给出的主体高度，定出画面上的墙角棱线 aA 的真高 a^0A^0，因墙角线 A 与 B、D、C 各墙角线同高，故将 A^0 与 F_x、F_y 相连，分别与过 d^0 及 b^0 的铅垂线交得墙角 D^0、B^0 的透视高，再过 D^0、B^0 与 F_x、F_y 相连交得墙角 C^0 的透视高，就可得到主体部分的透视轮廓。

②用同样的方法也可画出附体部分的透视轮廓。但它的墙角线不在画面上，为求墙角线 E 的透视高度，可在真高线 a^0A^0 上截取其真高得点 T_e，然后将 T_e 与 F_x 相连，则 T_eF_x 即是点 E 高度的透视方向，与过 e^0 的铅垂线交得墙角线 e^0E^0 的透视高度，然后完成附体部分的透视轮廓。最后将可见表面的轮廓线加深完成透视作图，如图4－24（d）所示。

［例4－2］如图4－25所示，已知建筑形体的平面图、剖面图，按表现图要求给出画面位置、站点及视高，求作透视图。

（1）分析：由图4－25（a）平面图可知，画面位置与正面墙面重合，因此 X、Z 轴与画面平行而没有灭点，Y 轴垂直于画面，Y 向的灭点就是主点，凡平行于 Y 轴的直线均消失于主点 s'，故为一点透视。

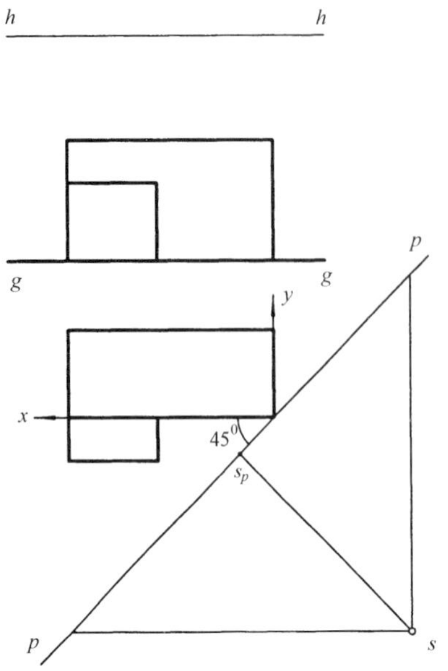

(a)给题，画面与主立面成45°偏角

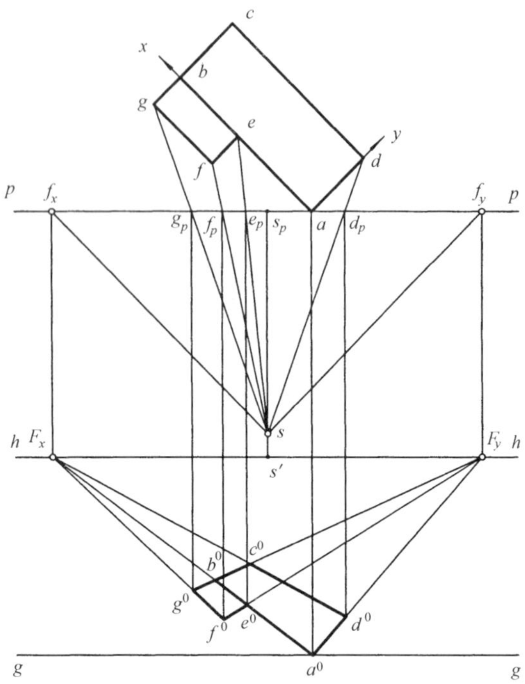

(b)画基透视

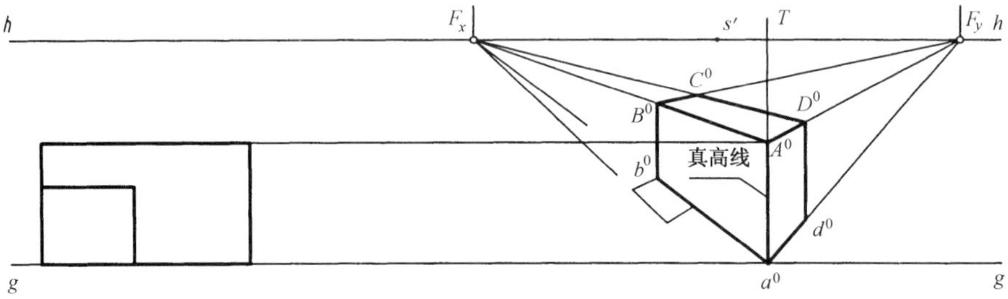

(c)竖主体高度

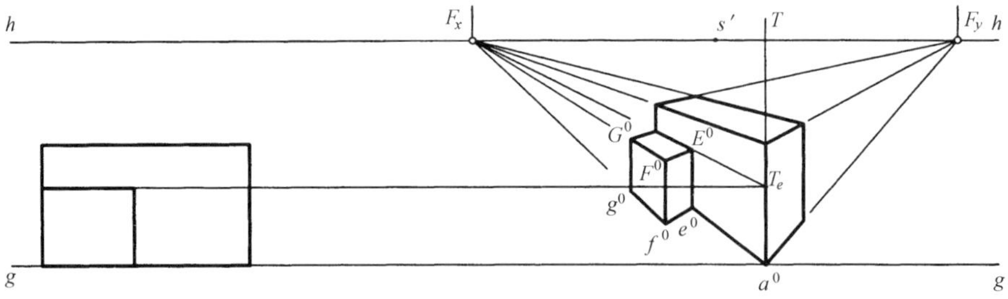

(d)竖附体高度

图4－24　用视线法画建筑形体的透视图

（2）作图步骤：

①在画面上首先指定s'的位置，画出$h-h$与$g-g$后，以s'为基准画出室内正墙面的可见部分，此图上的各个角点均为各条画面垂直线的迹点。由于正墙面与画面重合，故点a处的门框线及点b处的墙角线均可为真高线，因正墙面与画面重合故为透视图的组成部分。

②将画面上各角点均与主点s'相连，得到一组与Y轴平行的直线的全长透视。

③在过点a处的门框线及点b处的墙角线上量取门、窗的真高，并作其全长透视。

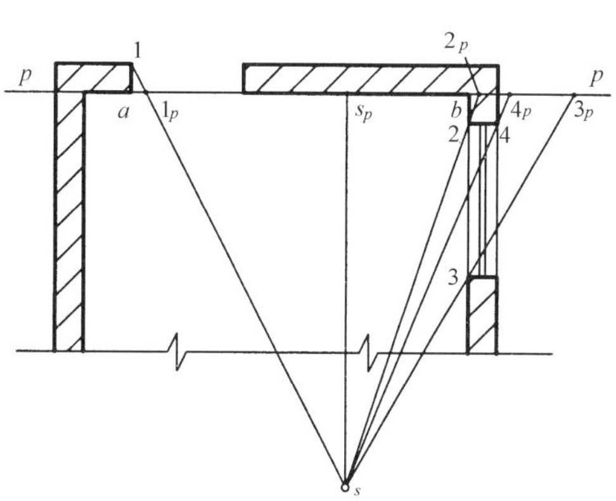

(a)

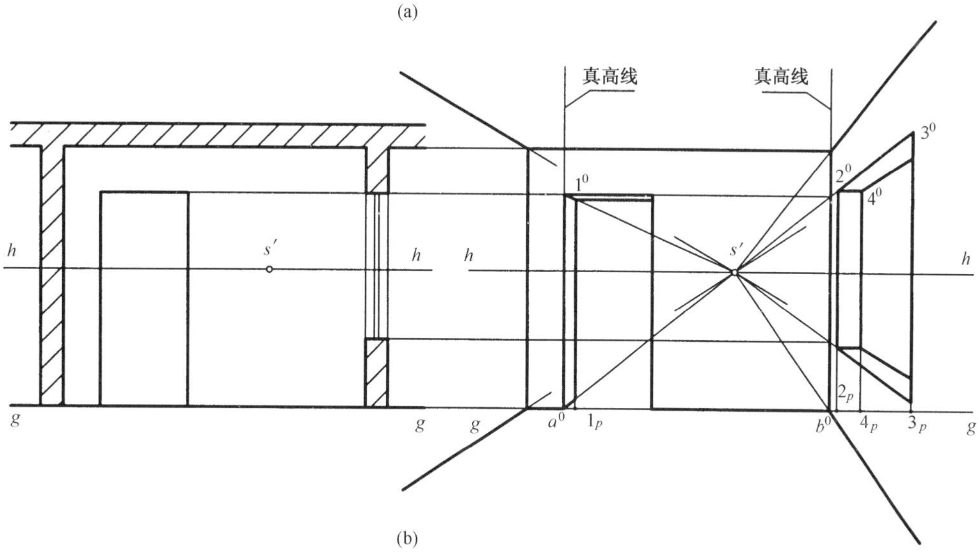

(b)

图 4－25 用视线法作室内的一点透视

④过平面图上的点 1、2、3、4 与站点 s 相连，则 $s1$、$s2$、$s3$、$s4$ 分别与 $p-p$ 交于点 1_p、2_p、3_p、4_p。再将与 $p-p$ 的交点 1_p、2_p、3_p、4_p 对应量取到 $g-g$ 上，然后过这些点引铅垂线，与门、窗处的全长透视相交，即得到各点的透视，如 1^0、2^0、3^0、4^0 等。连接各点的透视，最后将可见的轮廓线加深，得到室内的一点透视图，如图 4－25（b）所示。

注：由于墙面、窗户等在画面之前，其透视较平、剖面图所示尺度要大；门洞在画面之后，其透视较平、剖面图所示尺度要小。

（二）全长透视相交法（也称全线相交法）

1. 原理：**全长透视相交法的原理就是将平面图中的两组主方向的所有直线均延长到与画面相交，求得全部迹点，然后求出两组直线的全长透视，并将这些全长透视对应相交的交点相连，完成透视作图。**

2. 作图举例：

［例 4－3］如图 4－26 所示，已知纪念碑的平面图、立面图（图中已将平、立面图分开放置）及给定的画面位置、站点、视高，求作透视图。

（1）分析：由图 4－26 中平面图可知，纪念碑的长向（X）与 $p-p$ 倾斜 30°，即偏角 $\alpha=30°$，有两个灭点 F_x、F_y，故为两点透视。角点 a 与 $p-p$ 线重合，即纪念碑基座一棱角线 aA 位于画面上，反映真高。由于纪念碑的基座与碑体有一结合面，为便于作图，将基面抬高至基座的上表面处（高为 H）。

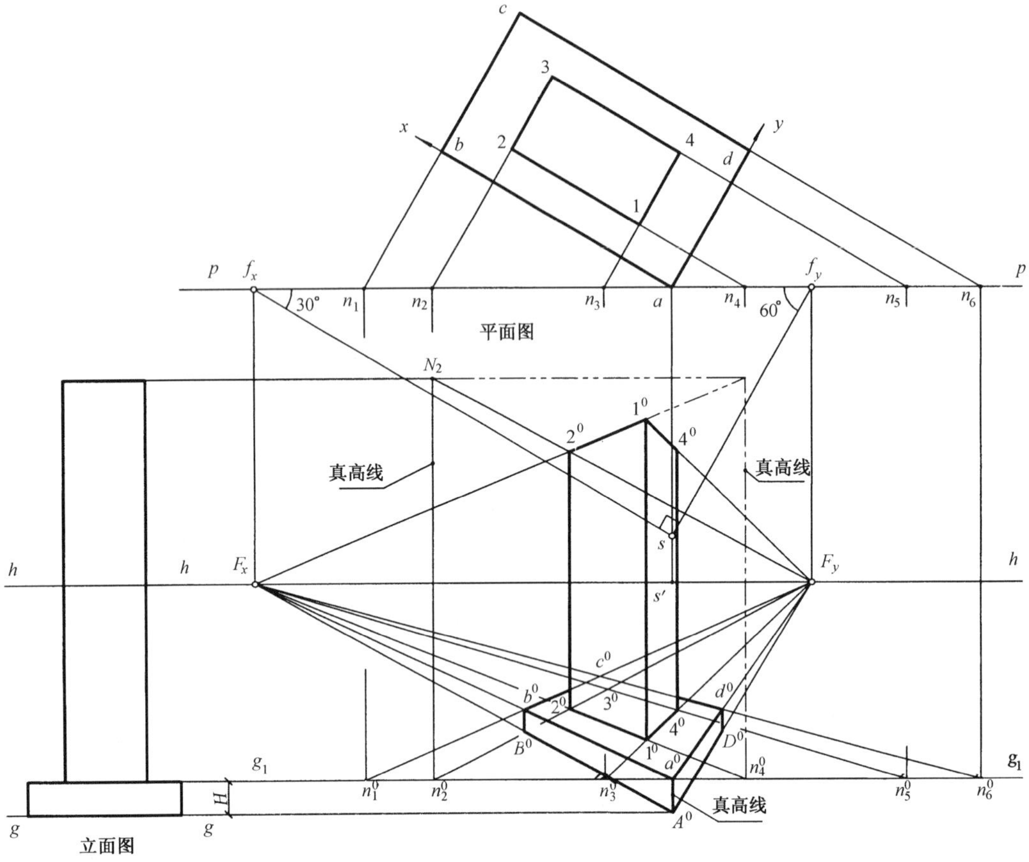

图 4－26　用全长透视相交法画纪念碑的透视图

（2）作图步骤：

①按前述方法求得灭点 F_x、F_y。

②将平面图上的两组主方向的所有直线均延长与 $p-p$ 相交，求得全部迹点 n_1、n_2、n_3、a、n_4、n_5、n_6，由 $p-p$ 线上的全部迹点引铅垂线与 g_1-g_1 相交。

③在画面上将迹点 n_1^0、n_2^0、n_3^0、a^0、n_4^0、n_5^0、n_6^0 分别与 F_x、F_y 对应相连，则得到所有直线的全长透视，将这些全长透视对应相交的交点 a^0、b^0、c^0、d^0 和 1^0、2^0、3^0、4^0 对应相连，即完成纪念碑的透视平面图，即纪念碑抬高一个基座高度 H 的基透视。

④利用纪念碑基座给出的高度，向下定出画面上的棱角线 A 的真高 a^0A^0，因 A、B、D 和 C 各点同高，故将 A^0 与 F_x、F_y 相连，分别与过 d^0 及 b^0 的铅垂线交得 D^0、B^0 的透视高度，就得到纪念碑基座的透视轮廓。

⑤用同样的方法也可画出纪念碑碑体的透视轮廓。但它的棱角线不在画面上，为求棱角线Ⅱ的透视高度，可在过点 2^0 的全长透视的迹点 n_2^0 处向上量取真高（$n_2^0N_2$ 为碑体高度），连接 N_2F_y 交得棱角线Ⅱ的透视高度，随后完成碑体的透视轮廓。最后将可见表面的轮廓线加深，如图 4－26所示。

［例4－4］如图4－27所示，已知带雨篷的门洞的平面图、剖面图（图中已将平、剖面图分开放置）及给定的画面位置、站点、视高，求作透视图。

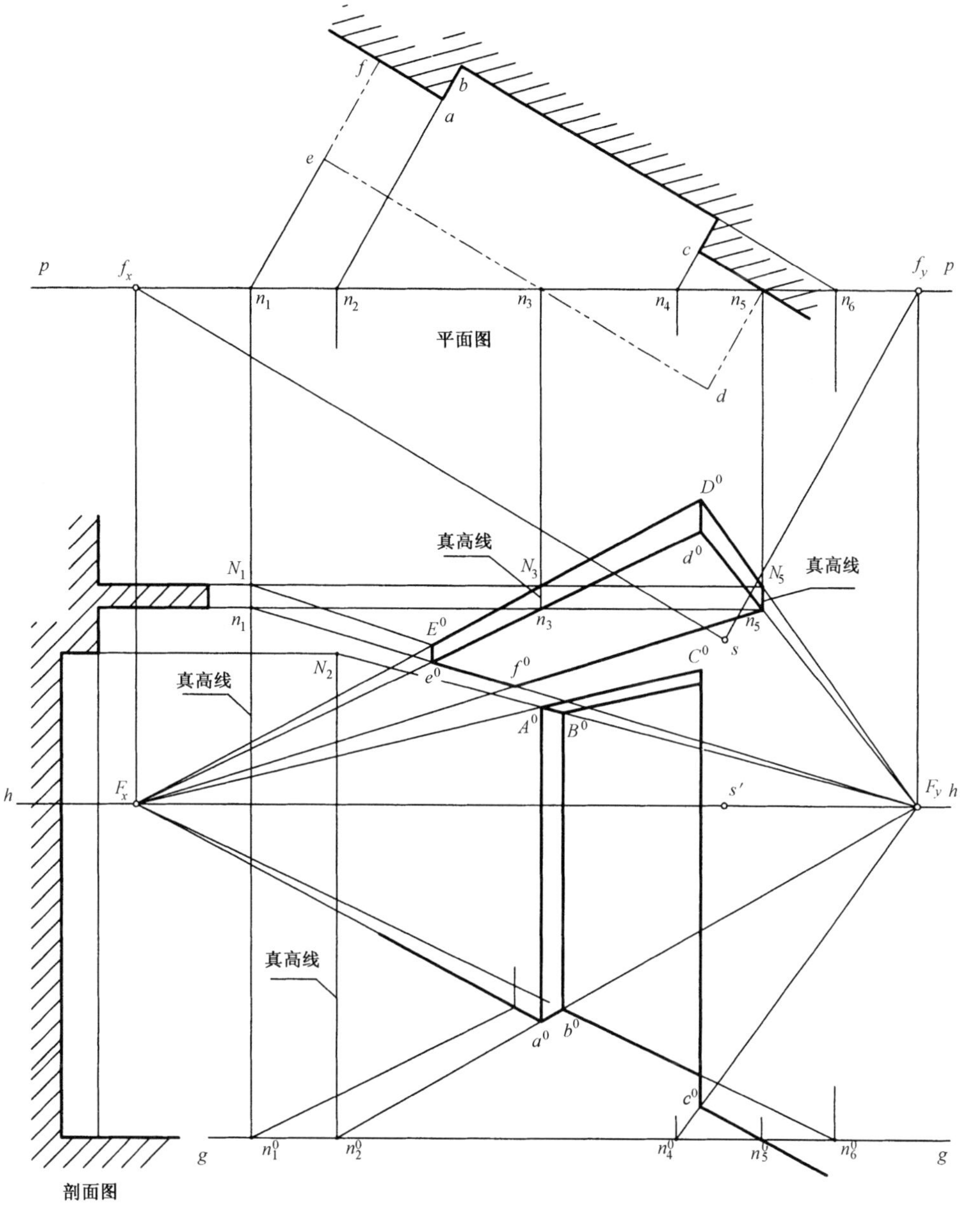

图4－27　用全长透视相交法画门洞的透视图

（1）分析：由平面图可知，墙面与画面倾斜，故有两个灭点 F_x、F_y，为两点透视。画面通过雨篷与墙面的交点，画面中迹点处均反映真高。

（2）作图步骤：

①在平面图上过站点 s 作 $sf_x /\!/ de$（X 轴），$sf_y /\!/ dn_5$（Y 轴），与 $p-p$ 线交于 f_x、f_y。过 f_x、f_y 引铅垂线，与 $h-h$ 相交得到灭点 F_x、F_y。

②将平面图上的两组主方向的所有直线延长与 $p-p$ 相交，求得全部迹点的基面投影 n_1、n_2、n_3、n_4、n_5、n_6，再根据剖面图中各部分的

高度，求得相应直线的画面迹点 N_1、n_1^0、N_2、n_2^0、N_3、n_3^0、n_4^0、N_5、n_5^0、n_6^0。

③求雨篷的透视：连接 N_5 与 F_y、n_5^0 与 F_y 并延长，连接 N_3 与 F_x、n_3^0 与 F_x 并延长，此两组全长透视相交得到角点 D、d 的放大（因在画面之前）透视 D^0、d^0；连接 N_1 和 F_y、n_1^0 和 F_y、n_5^0 和 F_x，$n_1^0F_y$ 与 d^0F_x、$n_5^0F_x$ 相交得到 e^0、f^0，N_1F_y 与 D^0F_x 相交得到 E^0。

④求门洞的透视：在画面上连接 n_5^0 与 F_x，则得到墙与地面的交线的全长透视；连接 n_6^0 和 F_x、N_2 和 F_y、n_2^0 和 F_y、n_4^0 和 F_y，$n_2^0F_y$、$n_4^0F_y$ 与 $n_5^0F_x$ 相交得到 a^0、c^0，$n_2^0F_y$ 与 $n_5^0F_x$ 相交得到 b^0，过 a^0、b^0 竖高度与 N_2F_y 交得门洞的透视高度 A^0a^0、B^0b^0；再连 A^0 与 F_x 并延长，A^0F_x 与过 c^0 的竖线交得 C^0；再连 B^0 与 F_x，将 B^0F_x 延长到与 c^0C^0 相交。

最后，将可见表面的轮廓线加深，即完成该门洞的透视图。

全长透视相交法不适合于求作一点透视。

（三）量点法

1. 量点的概念

所谓**量点，实质上是一组专门用来解决建筑形体长度和宽度方向上度量问题的辅助直线的灭点**。利用这些灭点，可方便地解决有关形体在长度和宽度方向上透视长的度量问题；更有意义的是，它可进一步简化作透视图的程序，并能直接根据设计图中的尺寸画出透视。如图 4－28（a）所示，在基面上有一直线 AB，它与画面的相对位置及视点等条件已知，求出其灭点 F 后就不必再用视线法作图。

AB 是基面 G 上的一直线，其全长透视为 NF，直线 AB 的透视 A^0B^0 必在 NF 线上，但具体位置尚不能确定。为了解决直线 AB 在 NF 上的透视位置，可在基面上作辅助线 AA_1、BB_1 与基线交于迹点 A_1、B_1，并令 $NA_1=NA$、$NB_1=NB$，即 $AA_1 /\!/ BB_1$。于是 ΔNAA_1、ΔNBB_1 成为等腰三角形，而辅助线 AA_1、BB_1 是等腰三角形的底边。因此，辅助线 AA_1、BB_1 的灭点，便是过视点 S 作 AA_1 与 BB_1 的平行视线与画面的交点 M（必在视平线上）。连接 A_1M、B_1M 就是辅助线 AA_1 与 BB_1 的全长透视。由于 A^0、B^0 既应位于全长透视 NF 上，又应位于 AA_1 及 BB_1 的全长透视 A_1M、B_1M 上，所以 A_1M 与 NF 的交点便是点 A^0，B_1M 与 NF 的交点便是点 B^0，则 A^0B^0 即是 AB 的透视。由于 $A_1B_1=AB$（实长），所以使用灭点 M 可确定直线 AB 在 NF 上的透视 A^0B^0 的位置。也就是量得了透视线段 A^0B^0 的真实长度 AB。

正因为灭点 M 是用来量取 NF 方向上的线段的透视长度的，所以将辅助线的灭点 M 称为量点。**利用量点与线段真长求作透视的方法称为量点法。**

分析量点形成的空间关系可知 $SM /\!/ AA_1$，$SF /\!/ AB$，所以 $\triangle FSM$ 与 $\triangle NAA_1$ 是两个相似的等腰三角形。其中 $NA=NA_1$，所以 $SF=FM$。这种关系表明：**视点到直线灭点的距离恰等于灭点到量点的距离**。用这种关系可实现量点 M 的作图。如图 4－28（b），在平面图中以 f 为圆心，fs 为半径画圆弧，与基线 $p-p$ 交于点 m，由 m 作垂线与 $h-h$ 相交，即得到量点 M。当然也可以直接在 $h-h$ 上截取 $FM=fs$ 得出量点 M。

利用量点 M 及在基线 $g-g$ 上截得 $NA_1=NA$、$NB_1=NB$，便可求出 A^0B^0。在实际画图时，无需在平面图上作出 AA_1 及 BB_1 等辅助线。

2. 投影作图

用量点法作图步骤归纳如下［见图 4－28（b）］：

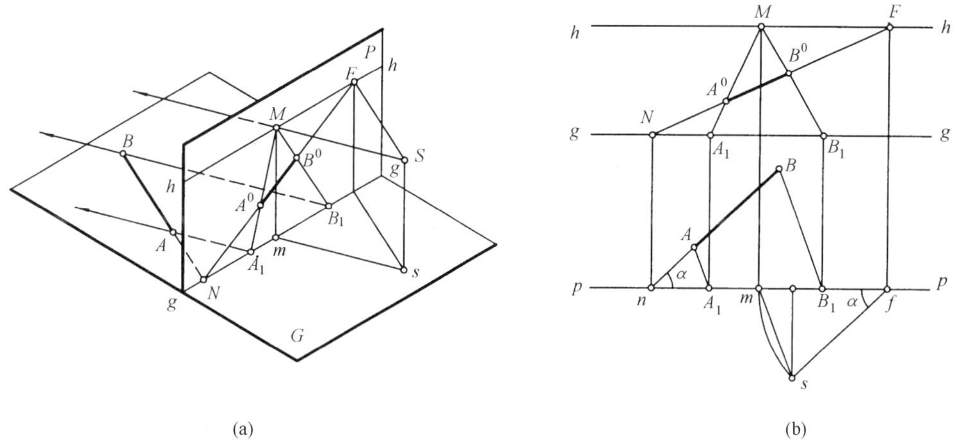

图 4－28　量点法原理

①根据作直线全长透视的原理，在基面上求出已知线 AB 的迹点 N 的水平投影 n 及直线灭点 F 的水平投影 f，再以 f 为圆心，fs 为半径画圆弧，在基线 $p-p$ 交得量点 M 的水平投影 m。

②分别过点 m、f 作垂线与 $h-h$ 相交，可得量点 M 与灭点 F；再由 n 作竖直线与 $g-g$ 相交，得到迹点 N，连接 NF 得直线 AB 的全长透视。

③以迹点 N 为起点，沿 NF 方向在 $g-g$ 上量取直线两端点到画面迹点的真实长度得到 A_1、B_1，再将点 M 与 A_1、B_1 相连，即辅助线 AA_1 及 BB_1 的全长透视。则辅助线的全长透视与所求直线全长透视的交点间 A^0-B^0 的线段，就是该直线段的透视。

最后还应指出：由于视平面与基面平行，所以灭点 F 与量点 M 的确定，可直接在视平线 $h-h$ 上定出，从而可省去水平投影。

3. 用量点法作平面图的透视

［例 4－5］如图 4－29（a）所示，给出了建筑物的平面图，选定了画面位置线 $p-p$（与 X 方向成 30°），并使 $p-p$ 通过平面图上一顶点 a，主点 s' 的水平投影 s_p 距离 a 为 k，视距 ss_p 为 50mm。

（1）分析：由于平面图尺寸的限制，未能给出站点 s 的位置，作图时可按给定视距在 $h-h$ 上直接找到灭点及量点，（在实际工作中也是根据视距在 $h-h$ 上直接找出灭点与量点）。

（2）作图步骤：

①在画面上定出灭点及相应的量点。如图 4－29（b）所示，在视平线 $h-h$ 上先定出主点 s'，由主点 s' 向下（也可向上）引垂线，并截取视距长，即得到视点 S。以 Ss' 为边，过视点 S 向左作 60°斜线与视平线 $h-h$ 线交得灭点 F_x，再过视点 S 向右作 30°（$\angle F_xSF_y=90°$）斜线与视平线 $h-h$ 线交得灭点 F_y；得出两组主向水平线的灭点 F_x、F_y，根据**视点到灭点**

的距离恰等于灭点到量点的距离，在 $h-h$ 求得量点 M_x、M_y。这里必须强调指出的是：**灭点是用以确定平面图上主向水平线的透视方向，而量点是用以确定辅助线的透视方向，并求得主向水平线的透视长度；且某一方向的直线透视长度，只能用与它相应的量点来解决。**

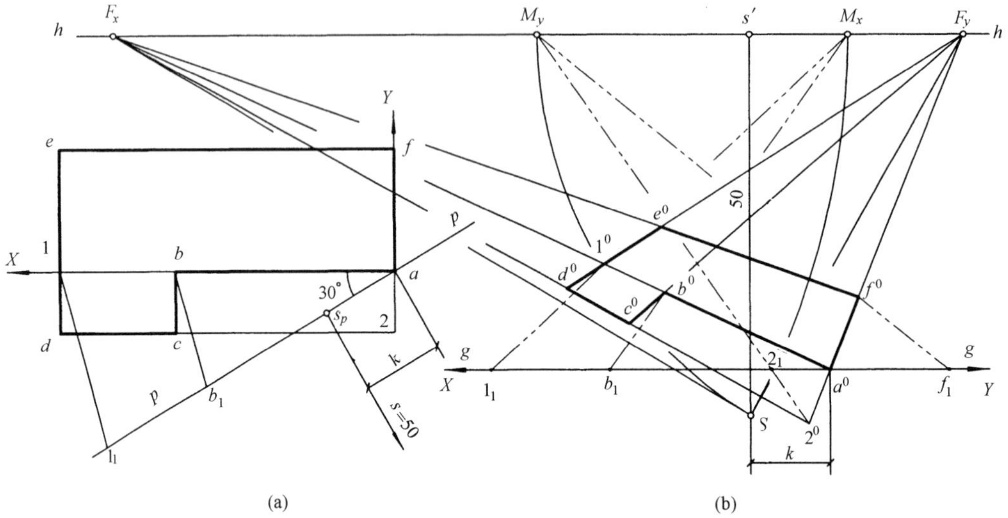

图 4－29　用量点法原理作透视平面图

②平面图上的顶点 a 在 $p-p$ 上，将点 a 对应移到图 4－29（b）中画面的 $g-g$ 上，就是透视 a^0。但应注意的是不能改变它与主点 s' 的相对位置。

③在平面图 4－29（a）中，用过点 a 的两条主向直线 ab 和 af 作为两个方向度量尺寸的坐标轴。在图 4－29（b）中，先作出这两条坐标轴的全长透视 a^0F_x 和 a^0F_y。根据平面图中 X 方向坐标轴上 b、1 各点的坐标，在 $g-g$ 线上自 a^0 向左（F_x 所在的一侧）量得点 b_1、1_1；由 b_1、1_1 各点向量点 M_x 引直线 b_1M_x、1_1M_x，即辅助线 bb_1、11_1（平面图中不必画出）的全长透视；b_1M_x、1_1M_x 与 a^0F_x 相交，即得其透视 b^0、1^0。同样，根据平面图中 Y 方向坐标轴上 f、a、2 各点间的坐标，在 $g-g$ 上量得点 f_1 和 2_1。注意平面图中点 f 在画面之后（Y 的正方向），而点 2 在画面之前（Y 的负方向），故图中从点 a^0 向右（F_y 所在的一侧）量得 f_1，而向左量得 2_1。连线 f_1M_y、2_1M_y 与 a^0F_y 相交，可得其透视 f^0 和 2^0。因为基面上的 2 点在画面之前，故其透视 2^0 点在 $g-g$ 的下方。

④连接 f^0 和 F_x、2^0 和 F_x，再连接 b^0 和 F_y、1^0 和 F_y 并延长，得到两组直线组成的透视网格，就可得出平面图的透视。

4. 量点法作图举例

[例 4－6] 如图 4－30（a）所示，已知建筑形体的平面图、立面图及给定的画面位置、站点及视高，求作透视图。

（1）分析：由于平面图尺寸的限制，未能给出站点 s 的位置，只给出了视距 ss_p 为 50mm。因此可在画面上直接根据视距找到灭点及量点，由图可知 $p-p$ 与 X 方向成 30°，顶点 a 在 $p-p$ 上，点 a^0 必在基线上，主点 s' 的水平投影 s_p 距离 a 为 k。

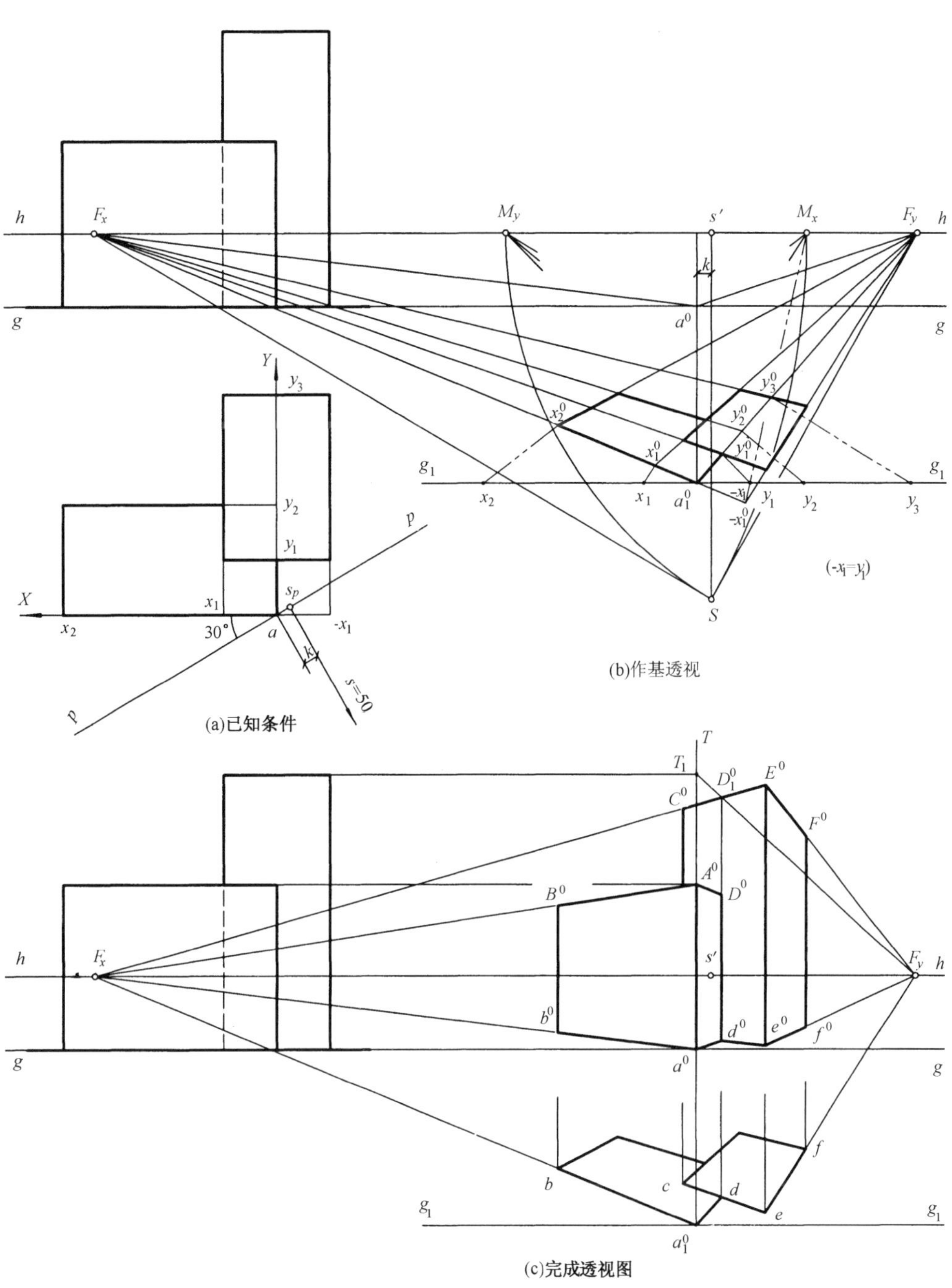

图 4－30 用量点法作透视图

（2）作图步骤：

第一步：先作建筑物的基透视。在画面上定出 $g-g$、$h-h$ 及 s'，由于给定的视高较低，故采用降低基面的方法，将基线面至 g_1-g_1，如图 4－30(b)所示。

①在画面上定出灭点及相应的量点。首先在视平线 $h-h$ 上先定出主点 s'，由主点 s'向下引垂线，并截取视距（50mm），即得到视点 S。以 Ss'为边，过视点 S 向左作 60°斜线与视平线 $h-h$ 线交得灭点 F_x，再过视点 S 向右作 30°斜线与视平线 $h-h$ 线交得灭点 F_y；根据灭点到量点的距离恰等于视点到灭点的距离而求得与两组主向水平线的灭点 F_x、F_y 相对

应的量点 M_x、M_y。

②将平面图中 $p-p$ 上的顶点 a 对应移到画面的降低基面 g_1-g_1 上，就是其透视 a_1^0（由主视线 Ss' 向左量取一个 k 值）。

③在平面中，把过点 a 的两条直线选作 X、Y 方向度量的坐标轴。先作出这两条坐标轴的全长透视 $a_1^0F_x$ 和 $a_1^0F_y$。根据平面图中 X 轴上 x_2、x_1、$-x_1$ 各点间的坐标，在 g_1-g_1 线上自 a_1^0 向左量得点 x_2、x_1，向右量得点 $-x_1$；由 x_2、x_1、$-x_1$ 各点向量点 M_x 引直线 x_2M_x、x_1M_x、$-x_1M_x$ 与 $a_1^0F_x$ 相交，即得各点的透视 x_2^0、x_1^0、$-x_1^0$。同样，根据平面图中 Y 轴上 y_1、y_2、y_3 各点间的坐标，在 g_1-g_1 上量得点 $y_1(y_1=-x_1)$、y_2、y_3。连线 y_1M_y、y_2M_y、y_3M_y 与 $a_1^0F_y$ 相交，即得各点的透视 y_1^0、y_2^0、y_3^0。

④过点 x_2^0、x_1^0、$-x_1^0$ 与 F_y 连线，过点 y_1^0、y_2^0、y_3^0 与 F_x 连线，得到两组直线组成的透视网格，就可交得建筑物的基透视。

第二步：竖建筑物的透视高度，完成透视图。回到画面 $g-g$、$h-h$ 上，过 a_1^0 作垂线与 $g-g$ 交于 a^0，如图 4-30（c）所示。

①定出画面上的墙角线 aA 的真高 a^0A^0，因 A 墙角线与 B、D 处墙角线同高，故可直接求得 b^0B^0、d^0D^0 的透视高度。

②因 C、E、F 三墙角线同高，但它们无一条在画面上，为求其透视高度，可在真高线 a^0A^0 的延长线上截取其真高 T_1；然后将 T_1 与 F_y 相连，则 T_1F_y 与 d^0D^0 的延长线交得 D_1^0 点；因 D_1^0 与 C^0、E^0 沿 X 向同高，E^0、F^0 沿 Y 向同高，故可求得各棱线的透视高度 C^0、e^0E^0、f^0F^0。最后将可见表面的轮廓线加深，完成透视作图。

［例 4-7］如图 4-31（a）所示，已知建筑形体的平面图、立面图及选定的画面位置、站点及视高，求作透视图。

（1）分析：该建筑为带基座的平顶房屋，$p-p$ 与 X 方向偏角为 45°，顶点 a 在 $p-p$ 线上，且基座和屋顶与 $p-p$ 交于 n_1、n_2，主点 s' 的水平投影与点 a 重合。

（2）作图步骤：

①在平面图的基线 $p-p$ 上定出灭点 f_x、f_y 及相应的量点 m_x、m_y［图 4-31（a）］。

②将基线 $p-p$ 上的点 f_x、m_y、s_p、m_x、f_y，以 s' 为基准对应移到视平线 $h-h$ 上，得到点 F_x、M_y、s'、M_x、F_y；再将基线 $p-p$ 上的点 n_1、a、n_2，对应移到基线 $g-g$ 与 g_1-g_1 上。

③画出该建筑的基透视。注意 1、6 两点分别为 X、Y 向的负值［图 4-31（b）］。

④由于点 n_1、a、n_2 在画面上，反映各自的真高，故由 $g-g$ 线上的 n_1、a、n_2 点向上作垂直线，量取各自的真实高度，如点 n_1、N_1、n_2、N_2……。

⑤结合三处的真高及建筑的基透视，就可完成该房屋的全部透视作图，如图 4-31（c）所示。

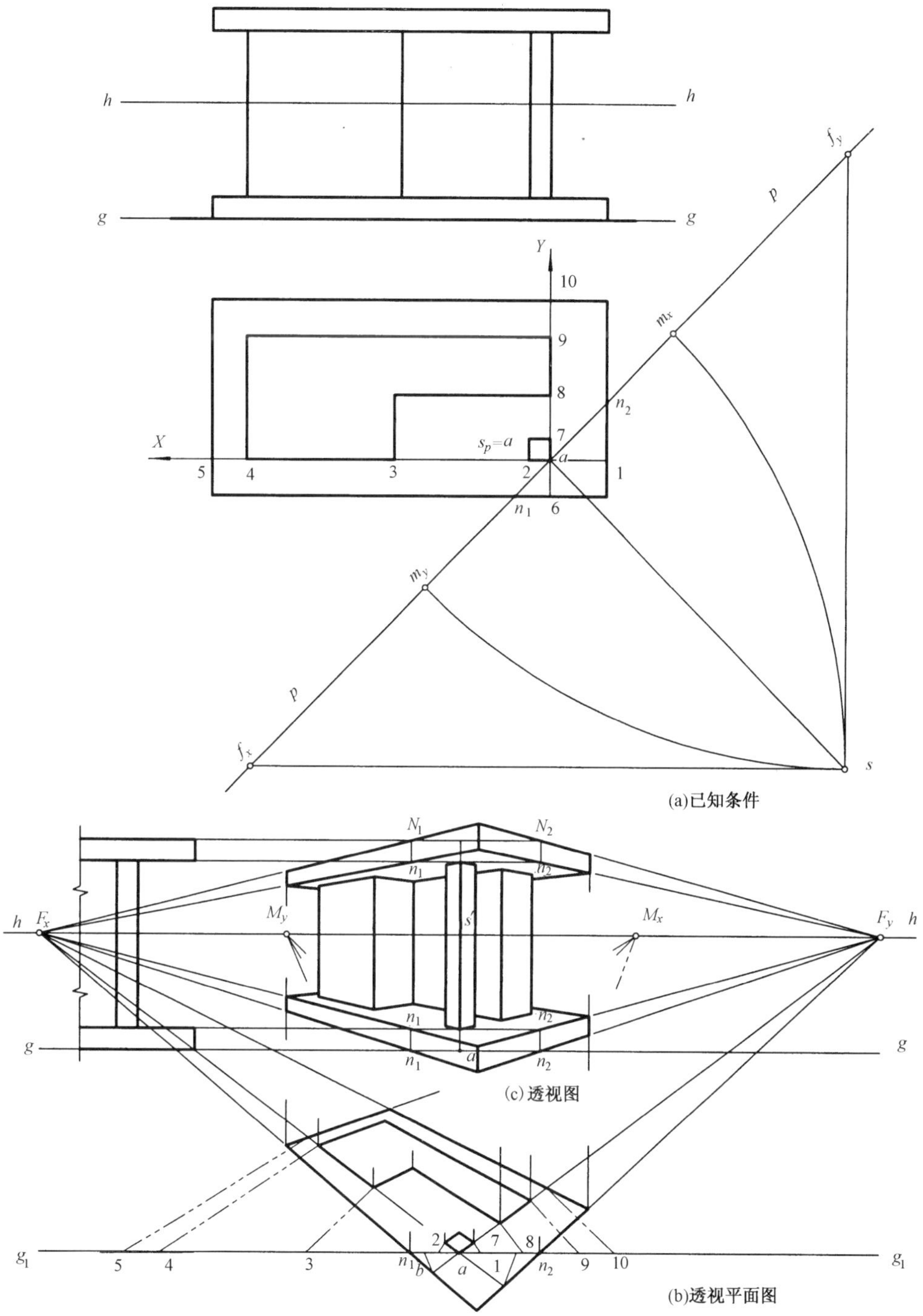

图 4－31　用量点法作透视图

（四）距点法

1. 距点的概念

距点法是量点法的特殊情况。当建筑物的主立面与画面平行时，只有一组主向轮廓线垂直于画面，其透视图只有一个主灭点，即主点 s'，这时画面垂直线的透视均指向主点 s'。如图 4－32（a）所示，基面上有一画面垂直线 AB，其灭点为主点 s'，Ns' 为其全长透视，为了解决直线

AB 在 Ns' 上的位置问题，在基面上作辅助线 AA_1、BB_1 与基线交于迹点 A_1、B_1，令 $NA_1=NA$、$NB_1=NB$，即 $AA_1 /\!/ BB_1$。这样在直角 $\triangle BNB_1$ 中 $\angle B=\angle B_1=45°$。过视点 S 作 AA_1 与 BB_1 的平行视线，与画面交于点 D（必在视平线上），点 D 即为辅助线 AA_1、BB_1 的灭点，也就是画面垂直线的量点。分析量点形成的空间关系可知 $SD /\!/ BB_1$，$Ss' /\!/ AB$，所以 $\triangle s'SD$ 与 $\triangle NBB_1$ 是两个相似的等腰三角形。其中 $NB=NB_1$，所以 $Ds'=Ss'$。这种关系表明：**量点到主点的距离，等于视点到主点的距离（即视距）。所以将这种情况下的量点称为距点，利用距点来作透视图的方法称为距点法。**

如图 4-32（b）所示，在平面图中以 s_p 为圆心，s_ps 为半径画圆弧，与基线 $p-p$ 交于点 d（或过站点 s 作 45°线，与基线 $p-p$ 交于点 d），过 d 作铅垂线与 $h-h$ 相交，即得到距点 D（当然也可以直接在 $h-h$ 上截取 $s'D=ss_p$ 得出点 D）。在基线 $g-g$ 上截得 $NA_1=NA$、$NB_1=NB$，A_1D、B_1D 与 Ns' 相交得 A^0、B^0，A^0B^0 便是画面垂直线 AB 的透视。

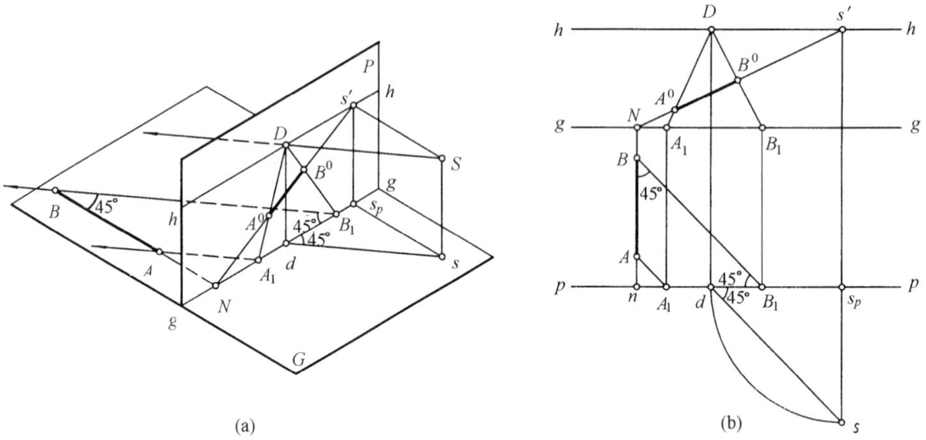

图 4-32　距点法原理

由于主向灭点 s' 只有一个，这样距点就可取在主点 s' 的左侧，也可取在主点 s' 的右侧。当距点 D 取在 s' 之左时，则画面后的点 A_1 应量取在直线的迹点 N 之右；如距点 D 取在 s' 之右，则画面后的点 A_1 应量取在直线的迹点 N 之左。

2. 距点法作图举例

[例 4-8] 如图 4-33（a）所示，已知一大门的平面图、立面图，求作透视图。

（1）分析：根据该大门的形状特点选用一点透视，选择视高 H、主点 s'，并设定视距等于画面宽（$W=af$）。

（2）作图步骤：

①如图 4-33（b）所示，在画面的视平线 $h-h$ 上定出主点 s'，由主点 s' 向下引垂线，并取 $Ss'=af$，即得到视点 S。过视点 S 向左作 45°斜线与视平线 $h-h$ 线交得距点 D。

②将 $p-p$ 上的点 a、b、c、n、e、f，对应移到降低的基线 g_1-g_1 上（移后未加下标）。先连接 ns'，即得到 Y 方向的全长透视（Y 轴透视）。

由于距点 D 在 s'之左，则画面后的点 2、3、4 对应量在点 n 的右侧；画面前的点 1 对应量在点 n 的左侧。将点 1、2、3、4 与距点 D 相连，与过点 n 的 Y 向全长透视交得 1^0、2^0、3^0、4^0 点。再过点 a、b、c、e、f 与 s' 相连，并过点 1^0、n、2^0、3^0、4^0 作基线 g_1-g_1 的平行线，两组直线组成透视网格，可交得其基透视。

③位于画面上的两个平面的透视 $f^0n^0N^0F^0$ 及 $c^0b^0B^0C^0$ 反映实形，雨篷位于画面之前的表面的透视，可用点 n 处的真高线来求得。

④结合真高线及其基透视，就可完成该大门的全部透视作图。

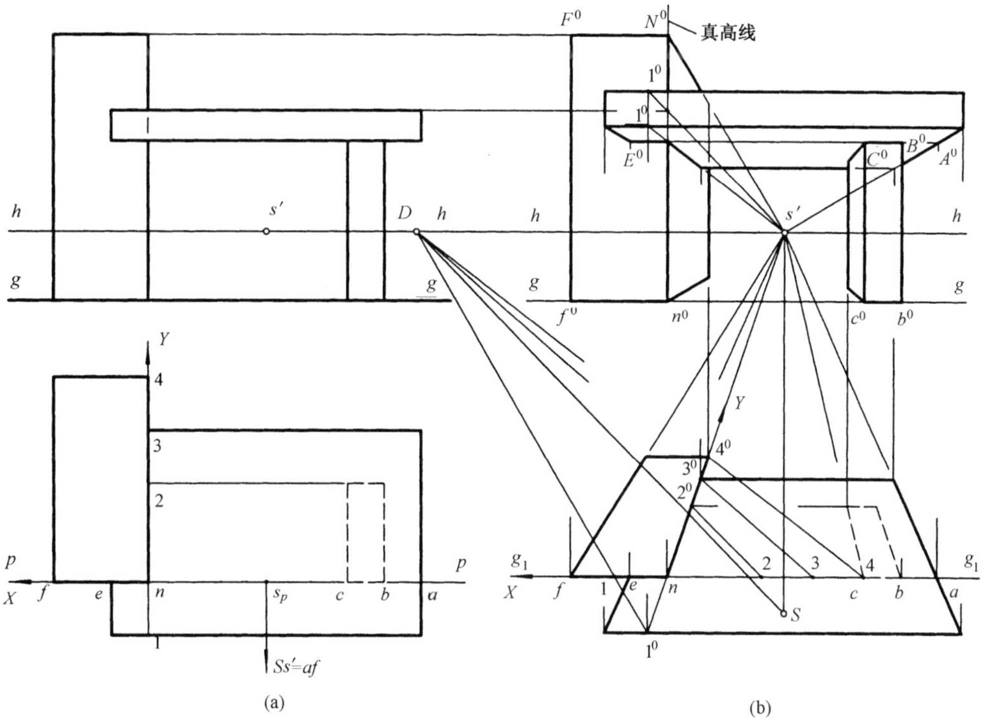

图 4－33　用距点法作大门的透视图

［例 4－9］如图 4－34 所示，已知某房屋室内的平面图及室内高度（由图中 1－1 局部剖面图给出），求作透视图。

（1）分析：根据该房屋室内的形状特点选用一点透视，选择视高 H、站点 s。

（2）作图步骤：

①过站点 s 向左作 45°斜线与基线 $g-g$ 线交得点 d，由点 d、s 向上引垂线，与画面上的视平线 $h-h$ 交得距点 D 及主点 s'。

②由于本例的视高较低，为了使得作图更为清晰准确，采用了升高基面（令基面由地面升高至天棚顶面）的方法来绘制。图中是利用画面垂直线 af 作为度量 Y 向（深度）的坐标轴，将室内各部分与画面的距离全部移到 af 线上。由于距点 D 在 s'左侧，点 c 在画面上，将画面后的点 e、f 的深度距离，对应量在点 c_1^0 的右侧；而画面前的点 a、b，则对应量在点 c_1^0 的左侧。

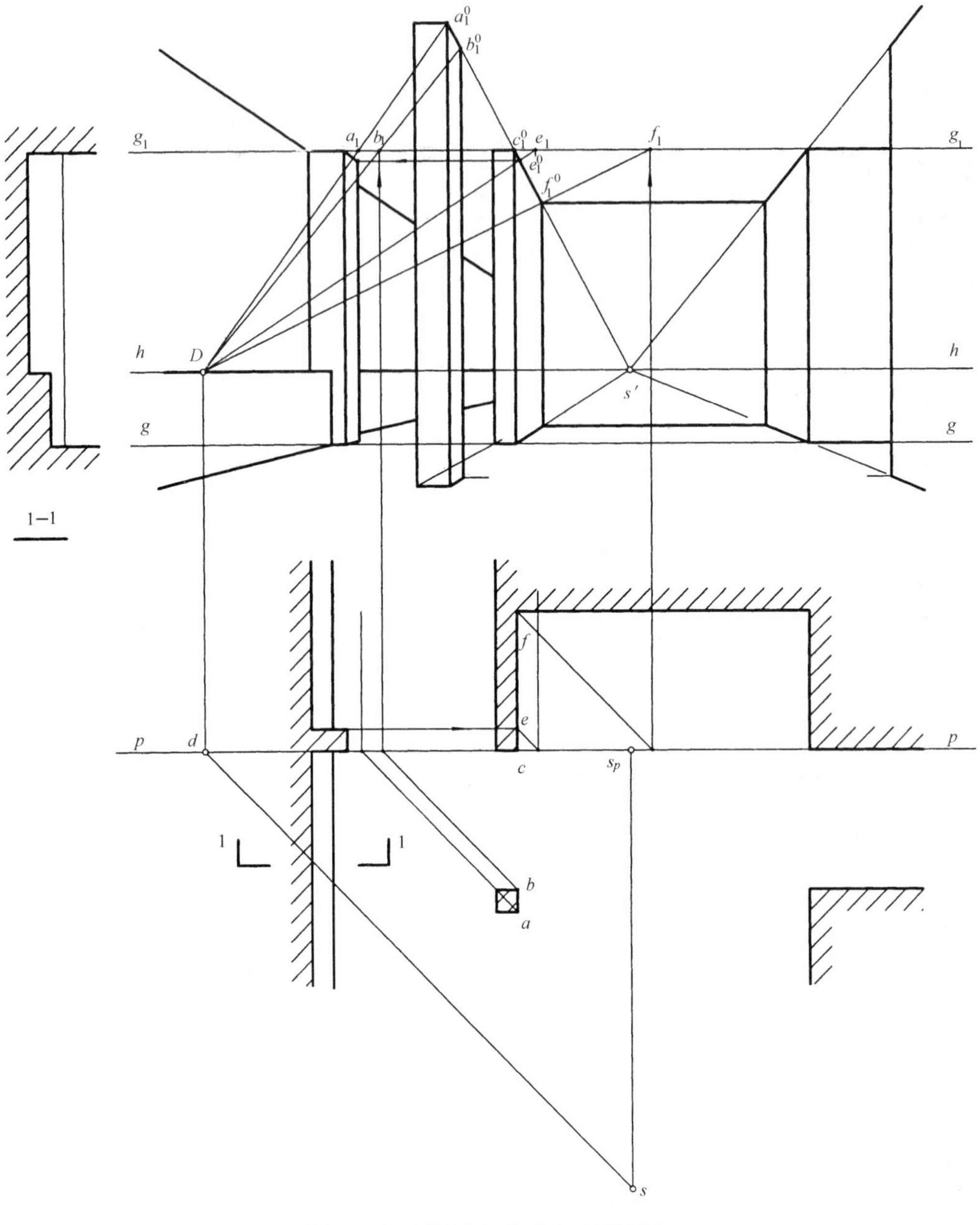

图 4－34　用距点法作室内的透视图

③余下作图步骤请读者自行分析。

三、倾斜线与倾斜面的透视

（一）倾斜线的透视

1. 倾斜线灭点的求法

倾斜线的灭点根据其空间走向分为上行线灭点（也称天际点）和下行线灭点（也称地下点）。分析图 4－35（a）不难看出：倾斜线 AB 和 BC 对地面的倾角分别为 α 和 β，AB 的灭点就是过视点 S 引出与 AB 平行的视线（上行）SF_t 与画面的交点——天际点 F_t，BC 的灭点就是过视点 S 引出与 BC 平行的视线（下行）SF_d 与画面的交点——地下点 F_d。显然 SF_t 和 SF_d 与地面的倾角也分别为 α 和 β。$\triangle F_tSF_d$ 平面是一铅垂面，因

此它与画面的交线 F_tF_d 是通过主灭点 F 的一条铅垂线。若使 $\triangle F_tSF_d$ 平面绕 F_tF_d 旋转至与画面重合，这样视点 S 则与量点 M 重合（因为它符合视点到灭点的距离等于灭点到量点的距离这一量点规律）。同时视线 SF_t 与画面重合成为 MF_t，它与视平线的夹角仍为 α；视线 SF_d 与画面重合成为 MF_d，它与视平线的夹角仍为 β。这就为在画面上利用量点 M 求取 F_t 和 F_d 提供了方便和依据。图 4－35（b）中给出倾斜线 AB、BC 的基面投影及其倾角 α、β，求作其透视的步骤是：

第一步：过站点 s 引 ab、bc 的平行视线 sf，将 f 投影于 $h-h$ 上得灭点 F，再过点 f 作 $h-h$ 的铅垂线。

第二步：以 f 为圆心，fs 为半径画圆弧交 $p-p$ 于 m，然后将 m 投影于 $h-h$ 上则得出量点 M；过 M 点作与 $h-h$ 成 α、β 角的直线 MF_t 和 MF_d，F_t 即是直线 AB 的灭点，F_d 即是直线 BC 的灭点。

第三步：将 A^0 与 F_t 相连，a^0 与 F 相连，即 AB 及 ab 的透视方向；因 A 与 C 距地面高度相同，故将 A^0 与 F 相连后再以 a^0 为基准向左取 $a^0c_1=ac$，并将 c_1 与 M 相连，则 Mc_1 交 a^0F 于 c^0，再过 c^0 作垂线与 A^0F 交于 C^0；最后将 C^0 与 F_d 相连，交 A^0F_t 于 B^0，则 A^0B^0 即 AB 的透视，B^0C^0 即 BC 的透视。

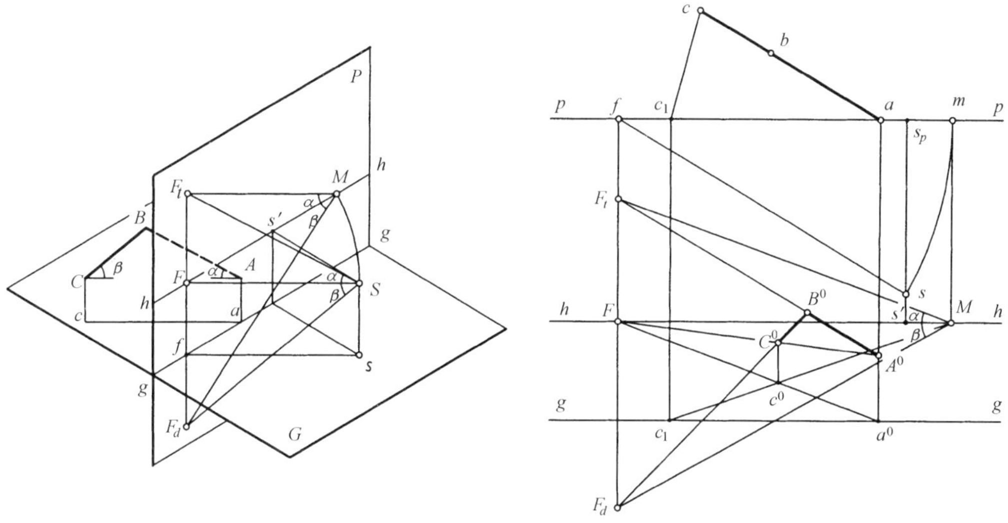

(a)空间关系　　　　(b)投影作图

图 4－35　斜线灭点的概念与求法

2. 倾斜线灭点的运用

［例 4－10］如图 4－36 所示，已知厂房的侧立面图，设该厂房的长度为其宽度 W 的 1.5 倍，视距为 $1.5W$，视高见立面图，求作其偏角为 45°时的透视。

（1）分析：该厂房为双坡屋面结构，适合于在量点法的基础上运用倾斜线的灭点来进行作图。

（2）作图步骤：

①在画面上画出视平线 $h-h$ 及基线 $g-g$，并按 45°成角透视的特性在视平线上定出 F_x、M_y、s'、M_x、F_y 五个点，用量点法根据所给定的长

度和宽度尺寸作出墙体部分总体轮廓的透视。

②过量点 M_x 分别作与视平线成30°角的两条斜线，这两条斜线与过 F_x 的铅垂线相交得天际点 F_t 和地下点 F_d；于是运用 F_t 和 F_d 就可作出屋面斜脊的透视。

③屋脊上点 K^0 的位置是运用过点 B^0 和点 1^0 所作的透视线的交点 2^0 而求得的。

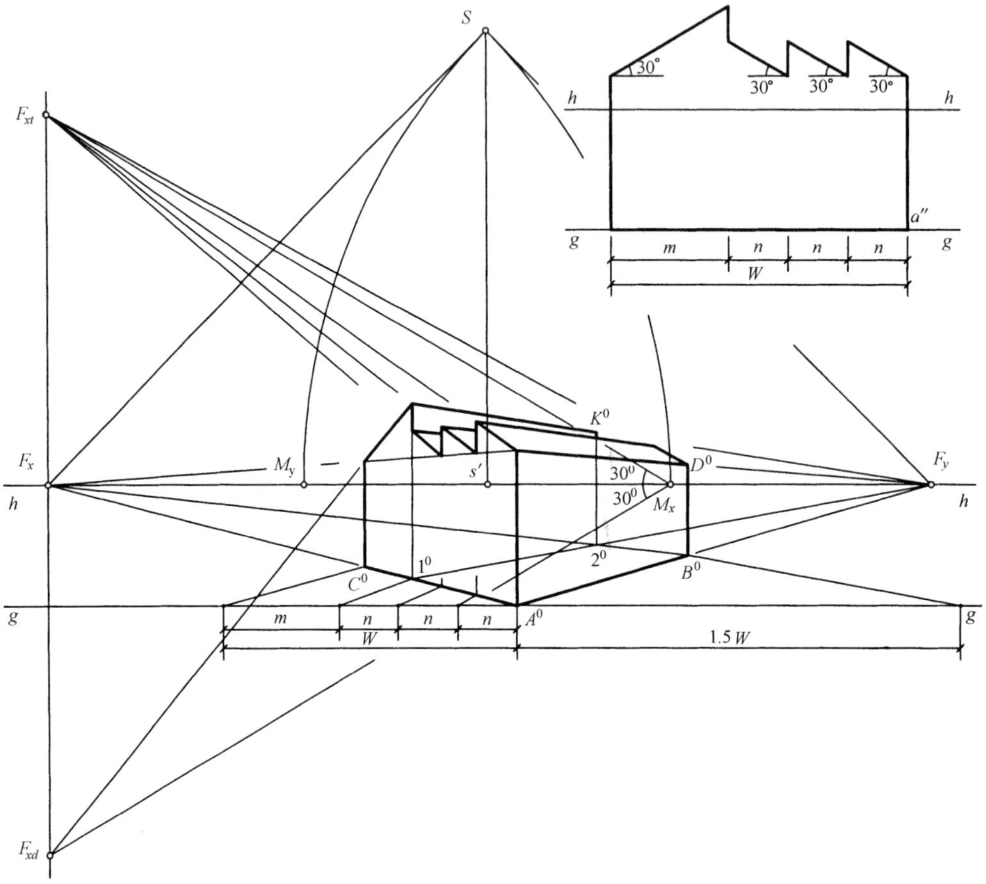

图4-36　斜线的灭点在两点透视中的运用

（二）倾斜面的透视

1. 平面灭线的形成与性质

过视点作已知平面的平行面（视线平面）与画面的交线，即为该平面的灭线或消失线，同时平面灭线也是该平面上所有与画面相交直线灭点的集合。

因平面灭线是一直线，所以平面上任意两条直线灭点的连线，即可确定该平面的灭线。凡相互平行的平面应具有唯一的公共灭线。因水平线的灭点均在视平线上，故**水平面的灭线为视平线**；另外**铅垂面的灭线仍是一条铅垂线**。

如图4-37（a）所示，空间平面 Q 的灭线是通过视点 S 引出的与 Q 平面平行的视线平面 Q_1 与画面 P 的交线 $F_{xt}F_y$。从图中不难看出，灭线 F_{xt}

F_y 是平面 Q 上所有与画面相交直线灭点的集合；另外由于 $F_{xt}F_y$ 是一条直线，可由灭线上两点确定，所以平面灭线便可由该面上任意两条直线的灭点得出。作图方法如图 4－37（b）所示。图中给出矩形 $ABCD$ 的基投影 $abcd$（矩形），且知 BC 与 bc 重合，AB 与基面倾角 $\alpha=30°$（图中 $ab\perp bc$）。设 ab 为 X 方向，bc 为 Y 方向，则倾斜平面矩形 $ABCD$ 透视的求作过程是：

第一步：过站点 s 引 ab、bc 边的平行视线，得出两组直线的灭点 f_x、f_y；再以 f_x 为圆心，f_xs 为半径画圆弧交 $p-p$ 于 m_x，将 m_x 投影于 $h-h$ 上则得出 M_x（X 方向量点），再用同样方法求出 M_y（Y 方向量点）。

第二步：在画面 $g-g$ 上令 $B^0=b^0$ 与 F_x、F_y 相连，再以 B^0 为基准点向左量 $a_1B^0=ab$，向右量 $B^0c_1=bc$，则连线 a_1M_x 及 c_1M_y 分别与 B^0F_y 和 B^0F_x 交得 a^0、c^0（$c^0=C^0$）点，然后再将 a^0、c^0 分别与 F_y、F_x 相连，则得出平面的基透视 $a^0b^0c^0d^0$。

第三步：过 M_x 作 $\alpha=30°$角与过 F_x 的铅垂线交于 F_{xt}，则 B^0F_{xt}即 AB 的全长透视；过 a^0 作垂线交 B^0F_{xt}于 A^0 点，再将 A^0 与 F_y 相连，C^0 与 F_{xt} 相连得交点 D^0，则 $A^0B^0C^0D^0$ 即为所求倾斜面 $ABCD$ 的透视，$F_{xt}F_y$ 为其灭线。

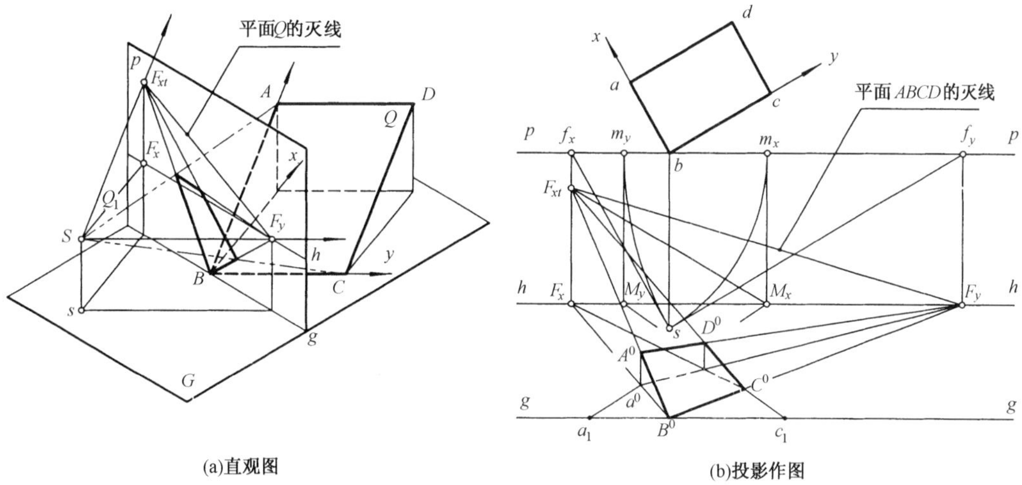

图 4－37　倾斜面的透视

2. 运用平面灭线的作图举例

［例 4－11］如图 4－38（a）所示，已知双向双坡顶房屋的平面图、正立面图、侧立面图，其屋顶坡度均为 30°，设已用量点法求出该房屋各墙体的透视图，如图 4－38（b）中屋檐及屋檐以下部分所示，试完成其屋顶的透视。

（1）分析：屋顶部分除要画出山墙上的斜脊和屋脊的透视外，还要求出屋面之间的交线（天沟）和烟囱与屋面的交线的透视。

（2）作图步骤：

①过量点 M_x 作与视平线成 30°角的斜线，与过 X 方向的灭点 F_x 的铅垂线相交分别得到 X 方向的天际点 F_{xt}和地下点 F_{xd}；同理可得 Y 方向的天际点 F_{yt}和地下点 F_{yd}。屋面 Q 上前低后高斜脊的灭点是 Y 方向的天

际点 F_{yt}，前高后低屋面斜脊的灭点是 Y 方向的地下点 F_{yd}；屋面 R 上左高右低斜脊的灭点是 X 方向的地下点 F_{xd}，左低右高屋面斜脊的灭点是 X 方向的天际点 F_{xt}。画出各斜脊后，即可过它们之间对应的交点画出水平屋脊的透视。

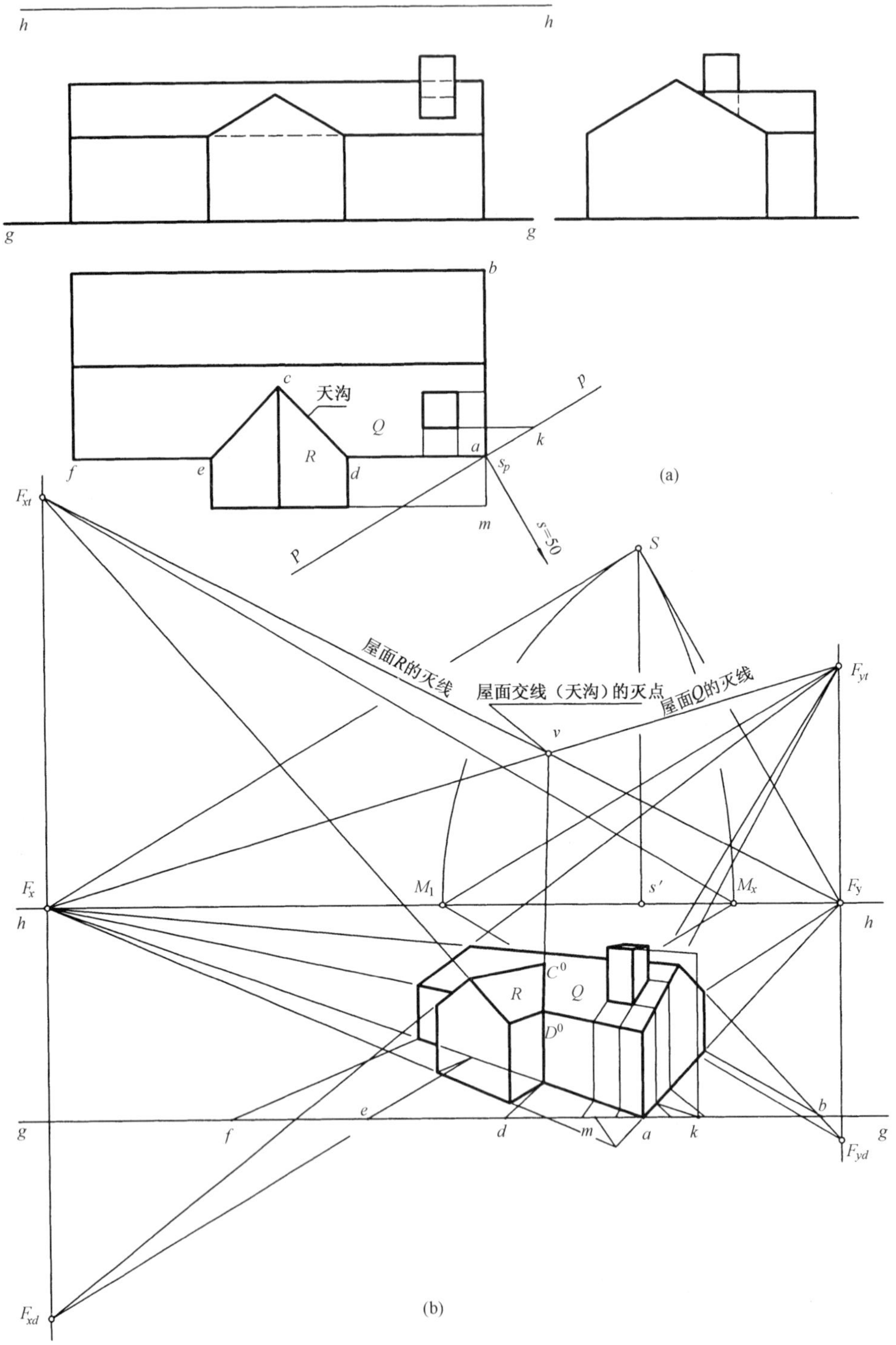

图 4－38　斜面灭线的运用

②连接 F_yF_{xt} 得屋面 R 的灭线；连接 F_xF_{yt} 得屋面 Q 的灭线。两屋面

灭线的交点 V 为屋面 R、Q 的共有点，故过点 D^0 作直线与 V 相连，得出两屋面 R、Q 交线（天沟）D^0C^0 的透视。

③烟囱侧面与屋面 Q 的交线有两种，平行于檐口线者可利用 X 方向的灭点 F_x 求出；平行于斜脊者可利用天际点 F_{yt} 得出，烟囱的透视高可用点 k 处的真高线求得。作图结果如图 4 – 38（b）所示。

四、圆及曲面体的透视

圆是建筑形体中最常见的曲线。由于圆平面与画面所处位置的不同，而使其透视图像不同。一般情况下圆的透视为椭圆，但当圆与画面平行时其透视仍为圆，如果圆平面通过视点时则其透视成为一条直线，这种情况应尽量避免。

（一）平行于画面的圆

当圆平面与画面平行时，其透视仍然是一个圆。圆的透视的大小由圆平面距画面的远近而定。在这种情况下，其透视的绘制只需求出圆心的透视位置及其对应半径的透视长度即可。

图 4 – 39 所示是一圆柱管的透视。圆管的前端位于画面上，其透视就是它本身（反映实形）。后端面的透视为缩小了的圆，其圆心 O_1 的透视 O_1^0 用视线法求得，过点 O_1^0 作对称中心线，与过点 A^0、B^0 的全长透视交得 A_1^0、B_1^0，分别以 $O_1^0A_1^0$、$O_1^0B_1^0$ 为半径作圆，再作两圆的公切线（透视投影的转向轮廓线），即完成圆管的透视。

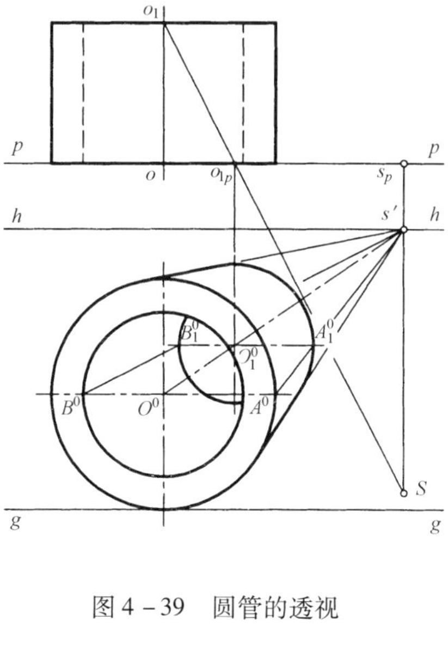

图 4 – 39　圆管的透视

（二）与画面相交的圆

无论是水平圆还是铅垂圆都是与画面相交的圆，其透视一般皆为椭圆。为了画出圆的透视——椭圆，通常采用八点法进行作图，即利用圆周的外切正方形的 4 个切点和正方形对角线上的 4 个交点，求出此 8 个点的透视位置后，再把它们光滑地连接成椭圆，即可得到圆的透视。

1. 水平圆的透视图：如图 4 – 40（a）所示是一水平圆的透视。作图步骤如下：

①作出水平圆外切正方形的透视 $A^0B^0C^0D^0$，然后将对角顶点相连，得对角线 A^0C^0 及 B^0D^0。

②过对角线交点 O^0 与主点 s' 相连，交 A^0B^0 于 1^0，交 C^0D^0 于 5^0，再过 O^0 作 $g-g$ 平行线与 B^0C^0、D^0A^0 交得 3^0、7^0，即得到 4 个切点的透视。

③由水平投影求出外切正方形对角线与圆周的交点 8、2，然后再将其投影于 $g-g$ 上得 e、f。过点 e、f 与 s' 的连线，与对角线交得点 2^0、4^0、6^0、8^0。

④将求得的点 1^0、2^0、3^0、4^0……8^0 用光滑曲线相连，即完成水平圆的一点透视作图。

2. 铅垂圆的透视图：如图 4－40（b）所示是一铅垂圆的透视。作图步骤如下：

①作出铅垂圆外切正方形的透视 $A^0B^0C^0D^0$，然后将对角顶点相连，得对角线 A^0C^0 及 B^0D^0。

②过对角线交点 O^0 与该铅垂圆的灭点 F 相连，交 A^0B^0 于 1^0，交 C^0D^0 于 5^0，再过 O^0 作铅垂线与 B^0C^0、D^0A^0 交得 3^0、7^0，即得到 4 个切点的透视。

③根据图 4－40（a），过点 1^0、A^0 作 45°斜线交得点 k，再以点 1^0 为圆心，1^0k 为半径作圆，与 A^0B^0 交得 e、f。过点 e、f 与 F 的连线，与对角线交得点 2^0、4^0、6^0、8^0。

④将求得的点 1^0、2^0、3^0、4^0……8^0 用光滑曲线相连，即完成铅垂圆的透视。

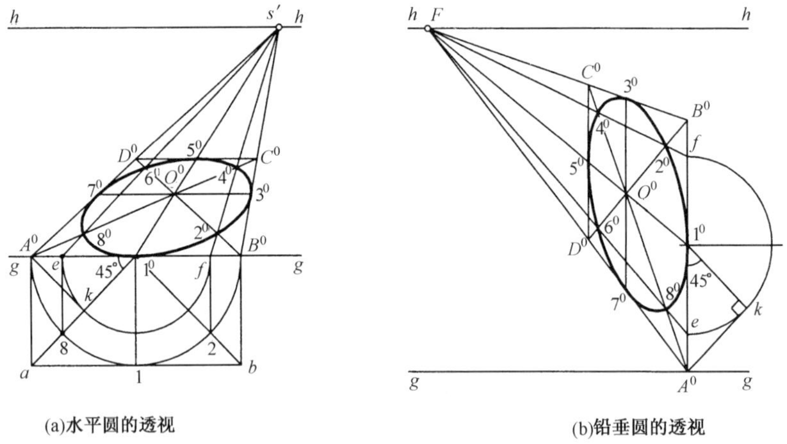

图 4－40　用八点法作圆的透视

（三）圆透视的应用

［例 4－12］如图 4－41（a）所示，已知拱门的立面图及其厚度 W，求作它的偏角为 30°透视。

（1）分析：根据给出拱门的立面图可以看出，画拱门透视的主要问题是，先求出拱门前表面上半圆弧的透视，再借助于拱门墙体的厚度。然后通过一系列辅助直线，求出后表面上半圆弧的透视。

（2）作图步骤：

①如图 4－41（b）所示，作出拱门外形的透视。

②先画出拱门洞前表面半圆的外切矩形，求出切点 1^0、3^0、5^0；再求出对角线上的交点 2^0、4^0，将点 1^0、2^0、3^0、4^0、5^0 用光滑曲线相连，即得前表面半圆的透视图。

③过点 1^0、2^0、3^0、4^0、5^0 沿拱门表面素线向后平移拱门的厚度，图 4－41（b）中点 4_1^0 的作图过程如箭头所示，则得出对应的 1_1^0、2_1^0、3_1^0、4_1^0、5_1^0。将各点以光滑曲线相连，即得后表面半圆的透视图。

④过点 1^0、5^0、5_1^0 作铅垂线，并与地面上墙脚线相交，便可完成门洞透视。

⑤整理加深可见轮廓线，完成透视作图。

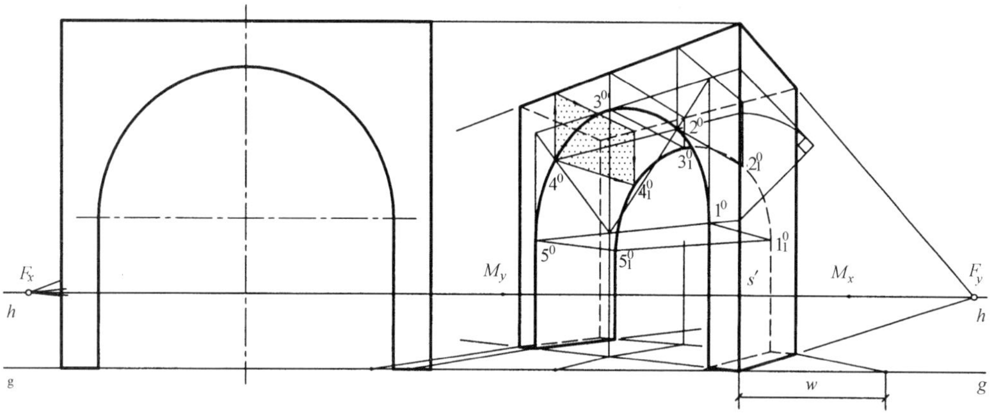

(a)立面图　　(b)透视作图

图 4－41　半圆拱门的透视图

第三节　透视图的辅助画法

建筑的造型复杂多变，因此所画的透视图形式也多种多样，有时要求在较小的幅面上画出较大的透视图形，还有门、窗等细部结构用什么画法更简便？所以我们还必须掌握各种特殊情况下的画法，这对精简作图程序、提高画图效率和图面质量将会带来许多好处。

一、辅助灭点法

在透视图的绘制过程中，有时会出现一个甚至两个主灭点落在图板之外的情况，这就给透视作图带来不便，为此可根据实际情况引入一些辅助直线，利用这些辅助直线的灭点作为辅助灭点来求解。

如图 4－42 所示，当一个主向灭点落在图板外面，为求其左墙面的透视，可过墙角点 d 作下列两种辅助直线之一。

（1）图 4－42（a）所引的辅助直线为画面垂直线 dn，其透视 d^0n^0 就应指向主点 s'，利用点 n 处的真高就可求得墙角点 d 处的透视高。

（2）图 4－42（b）所引的辅助直线为另一个可达灭点的直线段 cd 的延长线，将其延长至画面上得 dn，则其透视 d^0n^0 指向主向灭点 F_y。

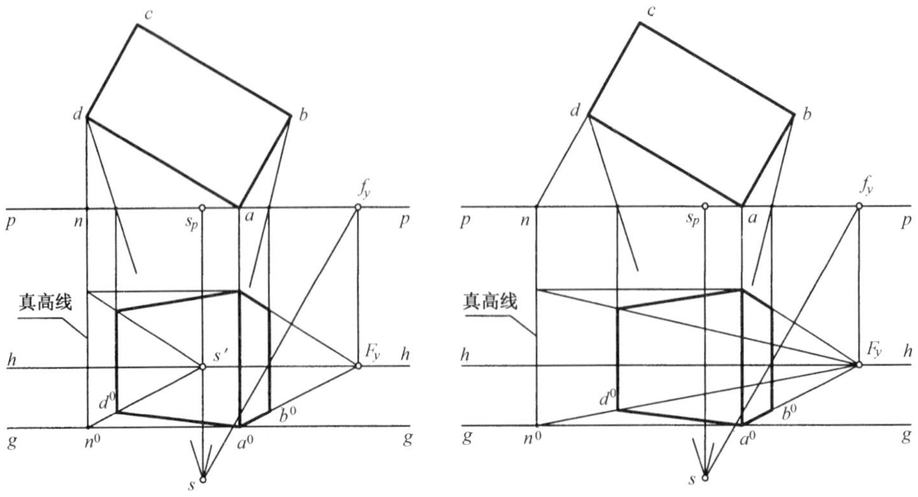

(a)利用主点为辅助灭点　　(b)利用另一个主向灭点为辅助灭点

图 4 - 42　辅助灭点法

二、透视图中的分割与倍增

在绘制建筑物的透视图时，通常是按建筑透视图的基本画法，先画出它的主要轮廓线，再逐步画出它的细部。此时要用到有关分割与倍增的几何知识，以确保所画透视的准确性。

（一）直线段透视的定比分割

1. 画面平行线透视的分割：如图 4 - 43（a）所示，对于平行于画面的直线，直线上各段之比等于其透视各段之比。例如铅垂线 AB 上的 C、D 两点把 AB 分为 $AC:CD:DB=2:1:3$，则其透视各段之比 $A^0C^0:C^0D^0:D^0B^0$ 也为 $2:1:3$，这些分点可直接由线段平行分割得出。

2. 水平线透视的分割：如图 4 - 43（b）所示，如果要把一水平线段 AB 分为 $AC:CD:DB=2:1:3$ 三段，则在透视图中经 A^0 点引水平线 A^0b_1，在其上截取 c_1、d_1、b_1 三点，使 $A^0c_1:c_1d_1:d_1b_1=2:1:3$。连接 b_1B^0 并延长，与视平线 $h-h$ 交于辅助灭点 F，则 c_1F、d_1F 就可与 A^0B^0 交出所需的分点 C^0、D^0。

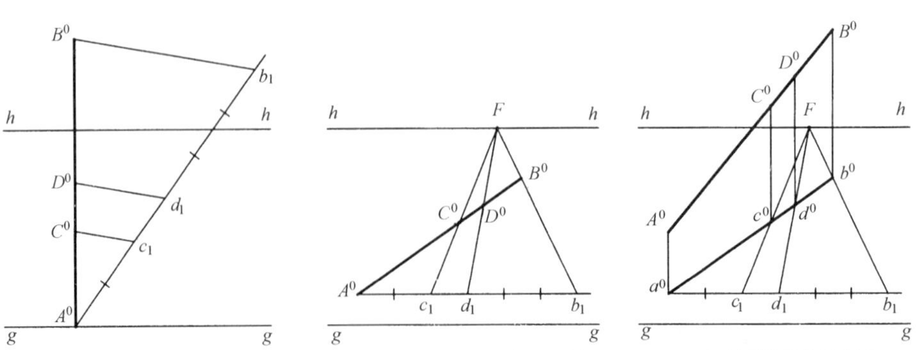

(a)铅垂线的定比分割　　(b)水平线的定比分割　　(c)倾斜线的定比分割

图 4 - 43　直线透视的定比分割

3. 倾斜线透视的分割：如图 4－43（c）所示，如果要把一般位置线段 AB 分为 AC∶CD∶DB＝2∶1∶3 三段，则在透视图中先将其基透视 a^0b^0 分为所需的三段，作法与图 c 中的水平线相同。作出分点 c^0、d^0 后，再经分点 c^0、d^0 引铅垂直线，交 A^0B^0 于所需的分点 C^0、D^0。

显然，上述方法同样可用来作等分点的透视。

（二）矩形透视的分割

1. 矩形透视的对等分割

由于矩形对角线的交点是矩形的中心，这个性质在透视图中依然不变。如图 4－44（a）是位于水平面内一组对边平行于画面的矩形的透视，由对角线的交点确定其中心点的透视 O^0。过点 O^0 引至主点 s' 的直线及平行于视平线 $h-h$ 的直线，把矩形分成四等分。在图 4－44（b）中的位于水平面内的矩形，其两组对边的灭点为 F_x 和 F_y，同样利用对角线作出其中心点的透视 O^0，再经 O^0 引线至灭点 F_x 和 F_y，把矩形四等分。图 4－44（c）中则是把铅垂面内的矩形，在透视中分割为四等分的做法。

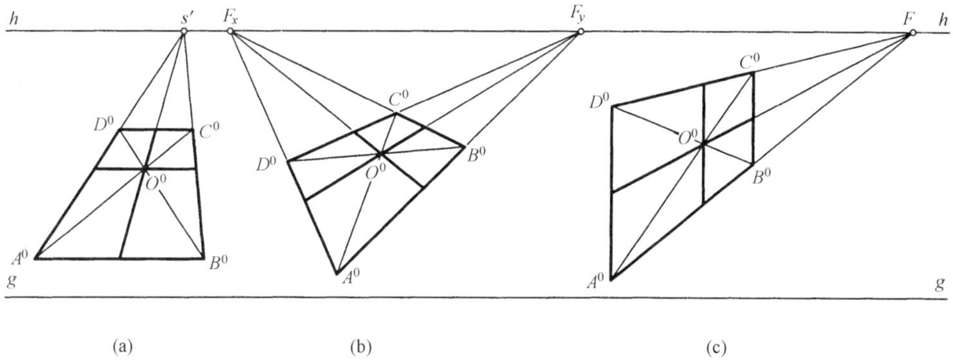

图 4－44 矩形透视的对等分割

2. 矩形透视的竖向分割

①利用矩形的一条对角线和一组平行线，将竖直矩形分割成若干等大的矩形，或分割成一定比例的小矩形。在图 4－45（a）中，要将矩形沿水平方向按 2∶1∶3 的比例分割，可先在竖直线 A^0D^0 上以适当长度为单位，按已知比例截得点 m、n、K^0。以 $A^0K^0K_1^0B^0$ 作为矩形的透视，作对角线 $A^0K_1^0$，然后将 m、n 两点与灭点 F 相连，直线 mF、nF 与对角线 $A^0K_1^0$ 相交于 M、N 两点，通过 M、N 作铅垂线，就可完成矩形 $ABCD$ 按比例 2∶1∶3 在透视图中的分割。注意：如对角线作成 K^0B^0，则所分矩形的比例变为 3∶1∶2。

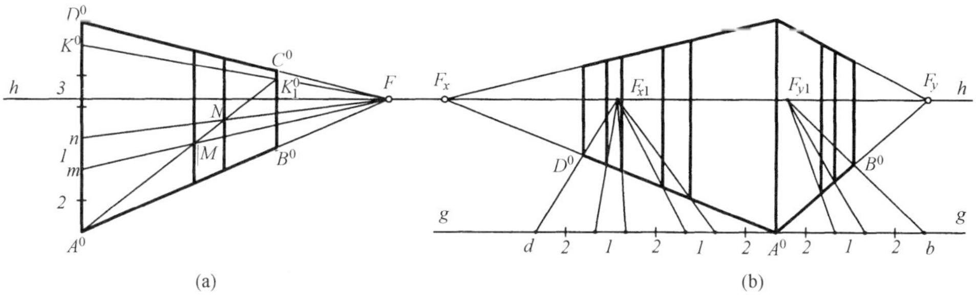

图 4－45 矩形透视的竖向分割

②利用辅助灭点进行分割，首先按图 4－43（b）中的方法，把两个矩形墙面的底边分割成所需的比例，然后通过各分点作铅垂线，就可分别将建筑物的两个墙面进行所需的分割，见图 4－45（b）。

（三）矩形透视的倍增

按照一个已知的矩形的透视进行倍增，即连续地作若干个等大的矩形的透视，可利用这些矩形的对角线相互平行的性质来解决作图问题。

1. 铅垂矩形透视的倍增

图 4－46 中给出了一个铅垂矩形的透视 $A^0B^0C^0D^0$，要求连续地作几个等大矩形的透视。

方法 1：如图 4－46(a)所示，首先作出两条水平线的灭点 F 及对角线 A^0C^0 的灭点 F_t，因各等大矩形的对角线相互平行，有共同的灭点 F_t，故将第二条对角线 D^0F_t 相连，与 B^0F 交于点 E^0，再过点 E^0 作铅垂线，得到第二个矩形的边线 E^0F^0。依此类推可继续作出若干等大矩形的透视。

方法 2：用方法 1 作图时，如对角线的灭点 F_t 超出图板，就可按图 4－46（b)所示作图。首先过 A^0B^0 的中点 M^0 作出矩形 $A^0B^0C^0D^0$ 的水平中线 M^0N^0，连接 A^0N^0 与 B^0C^0 交于点 E^0，再过点 E^0 作第二个矩形的铅垂边 E^0F^0。依此步骤可继续作出若干等大矩形的透视。

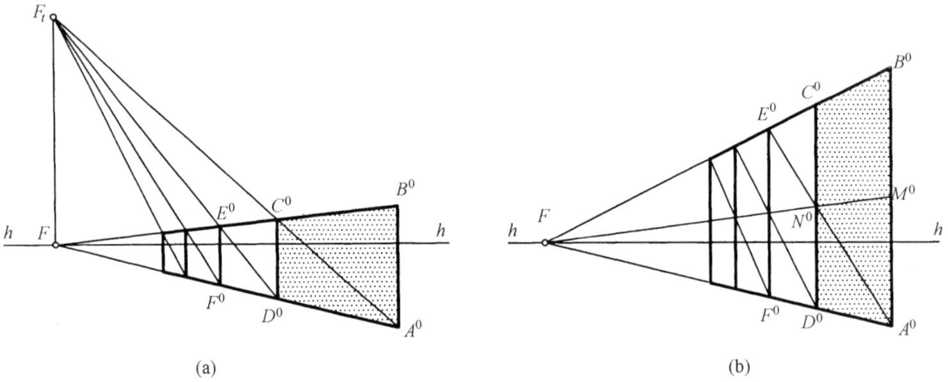

图 4－46　铅垂矩形透视的倍增

2. 水平矩形透视的倍增

图 4－47 中给出了一个两点透视的矩形 $A^0B^0C^0D^0$，要求在纵横两个方向上，连续地作若干个等大矩形的透视。首先作出两个主向灭点 F_x、F_y，及对角线 A^0C^0 的灭点 F，点 F 是 A^0C^0 与 $h-h$ 的交点，因水平线的灭点一定在视平线——水平面的灭线上，又因各等大矩形的对角线相互平行，有共同的灭点 F，据此可画出若干等大矩形的透视。

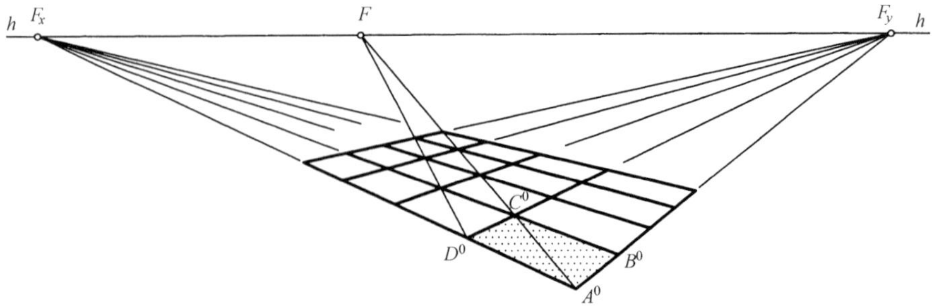

图 4－47　水平矩形透视的倍增

此法同样适用于一般位置平面上的矩形，以至平行四边形的倍增作图。注意：一般位置平面上矩形的对角线的灭点一定在该平面的灭线上。

（四）宽窄相间矩形透视的倍增

连续作宽窄相间的矩形，主要也是利用对角线来解决的。图 4－48 中给出了一宽一窄，两个相连的矩形 $A^0B^0C^0D^0$ 与 $C^0D^0E^0F^0$，要求连续地作出几组宽窄相间的矩形。

1. 利用对角线来解决：如图 4－48（a）所示，首先作出矩形 $C^0D^0E^0F^0$ 的对角线的交点 K^0，连接 B^0K^0 与 A^0F 交于点 H^0，过点 H^0 作铅垂线 H^0G^0，则矩形 $E^0F^0G^0H^0$ 是与 $A^0B^0C^0D^0$ 相对称的矩形。再作出矩形的水平中线 K^0F，与 E^0F^0、G^0H^0 交于 1、2 两点，连接 B_1^0、C_2^0 并延长，与 A^0F 交于点 I^0、M^0，过点 I^0、M^0 作铅垂线 I^0J^0、M^0L^0，这样就得到一宽一窄两个相连的矩形，按此步骤可继续作出几组宽窄相间的矩形的透视。

2. 利用辅助灭点来解决。如图 4－48（b）所示，首先过点 B^0 作水平辅助线 B^0L，由点 B^0 起以适当长度 m 确定点 C_1，由 C_1C^0 作出辅助灭点 M，连接 M、F^0 并延长，与 B^0L 交于点 F_1，得出长度为 n 的线段。于是在直线 B^0L 上定出长度为 m、n 的相间线段。通过灭点 M 就可在 B^0C^0 的延长线上确定若干点，过这些点作的铅垂线即为所求。

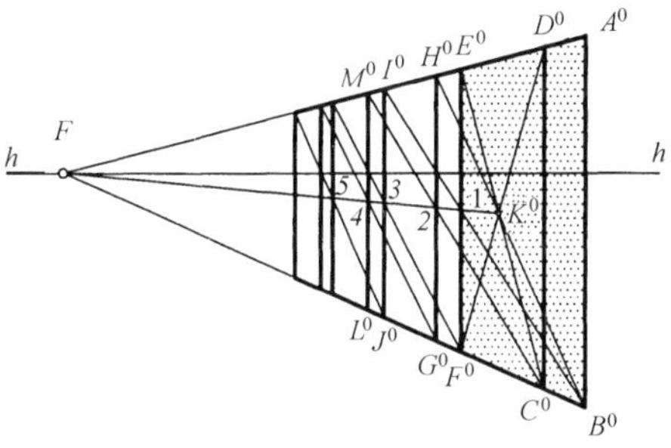

(a) 利用对角线作图

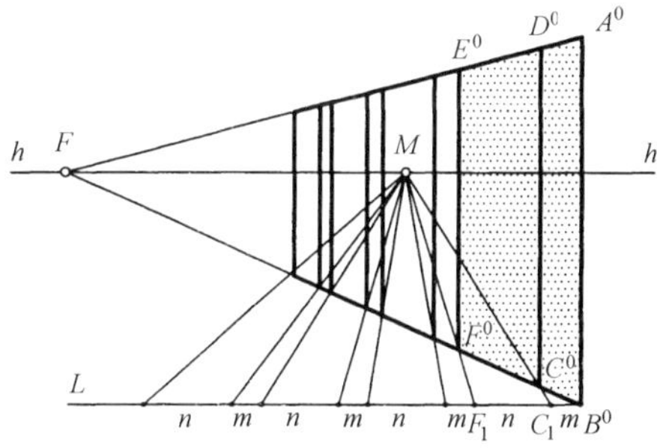

(b) 利用辅助灭点作图

图 4－48　宽窄相间矩形透视的倍增

第四节　视点、画面和物体相对位置的选择

一建筑物体的透视图效果是由视点、画面与建筑物三者之间的相对位置所决定的。恰当选取三者之间的相对位置，可以获得满意的透视效果。

一、视点的选择

视点的选择主要是确定站点与视高。为了真实地再现建筑物体的形象，站点应选在人们可以到达的位置，且最好是人们经常观看的位置，但是站点的选择也应符合人眼的视觉要求。当人们观察某一特定目标时，在主视线附近的物像十分清晰，其周围的物像越是远离主视线就越模糊不清，因此，人们在观察物体时便存在一个看清的范围，**这个范围被称为视域**。如图 4－49（a）所示，这个视觉范围是以人的眼睛为顶点，以中心视线为轴的**视锥**来表示。视锥顶角称**视角**，据测定，视角在 28°～

37°时视觉效果最佳，视角超过60°时就会出现失真现象，视角越大失真越严重。为了保证视角在这一最佳范围内，可以根据视角确定视距，从而得知画面宽度。若画面宽为 W，视距则以（1～2）W 为宜，且主点一般宜在画面中部的三分之一范围内。如图4－49（b）、图4－49（c）所示。

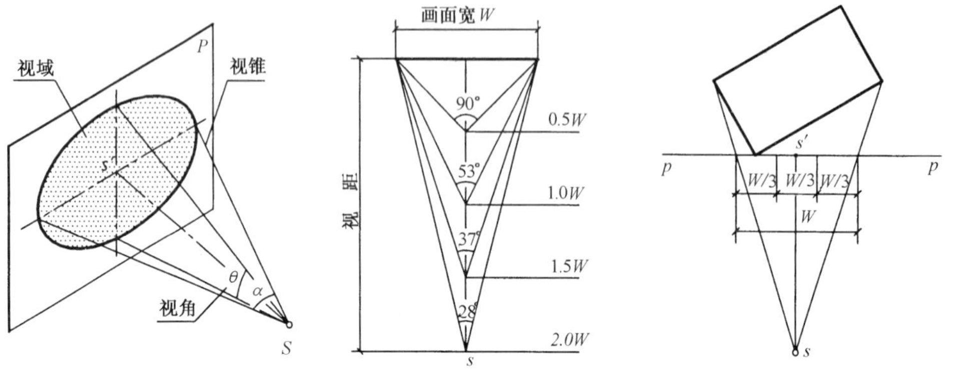

(a)视锥和视域　(b)视角与视距　(c)主点与画面宽

图4－49　视锥和视距

另外视高一般应选取正常视高，大约是1.7m左右，但在某些特定情况下，出于某种需要，视高也可抬高或降低。

画室内透视时由于受空间限制，站点一般不易选得很远，视点的高度以及其在画面中的位置，则要依据表达的侧重点来决定，如图4－50所示。

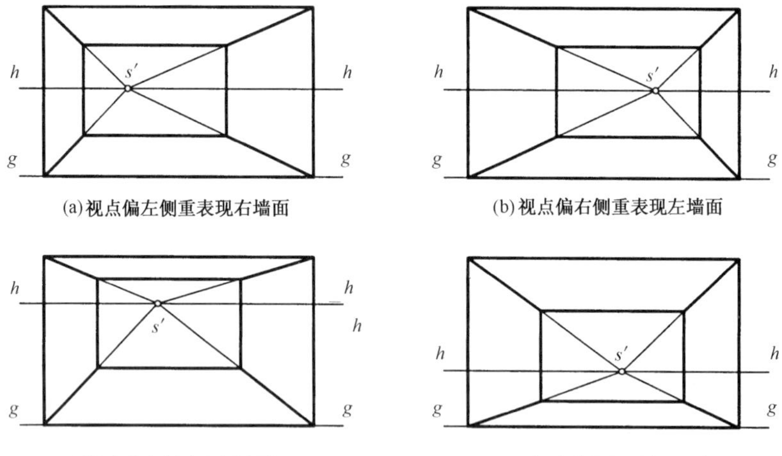

(a)视点偏左侧重表现右墙面　(b)视点偏右侧重表现左墙面

(c)视点偏高侧重表现地面　(d)视点偏低侧重表现顶棚

图4－50　室内透视中视点的确定

二、画面位置的确定

画面一般设置成与基面垂直且通过建筑形体转角处一棱线，以便直接作为真高线画出形体的透视高。如图4－51（a），如果建筑形体不动而移动画面时，画面在前则透视图较小，画面在后则透视图较大，如图4－51（b）、图4－51（c）。

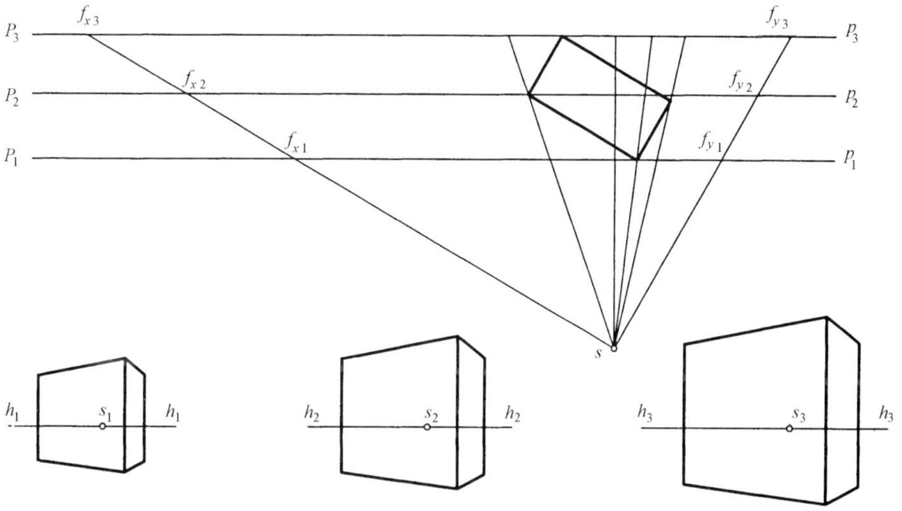

(a)画面在形体之前并通过转角处棱线　　(b)画面在形体中间　　(c)画面在形体之后

图 4－51　建筑形体与画面关系

画面与建筑形体的主要立面的偏角大小变化会影响立面透视宽度的改变，如图 4－52 所示。偏角越小透视越宽，偏角越大则收敛越快，偏角一般取 30°、45°为宜，但应注意能体现形体本身的特征。

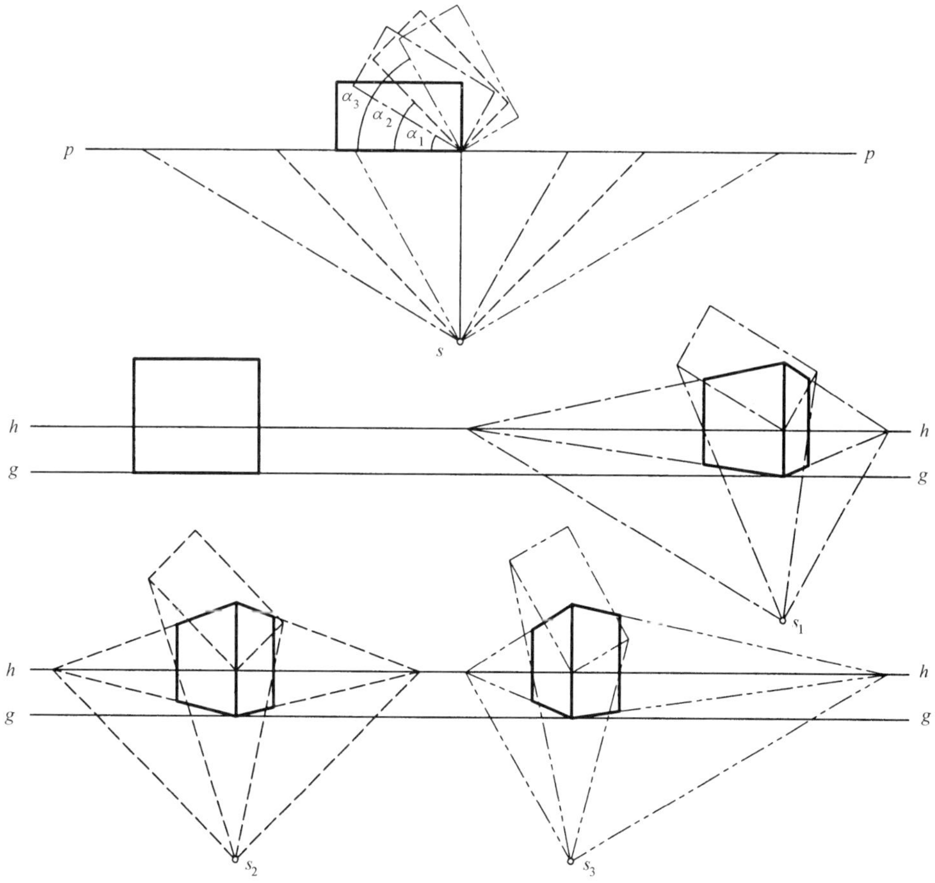

图 4－52　画面偏角的选取

在作室内一点透视时，画面常取在与端墙面重合处，这样可使透视图作得较大，且作图较简便实用，如图 4－53（a）；如作室内二点透视时，则常采取使画面通过墙面转角处棱线，如图 4－53（b）所示。

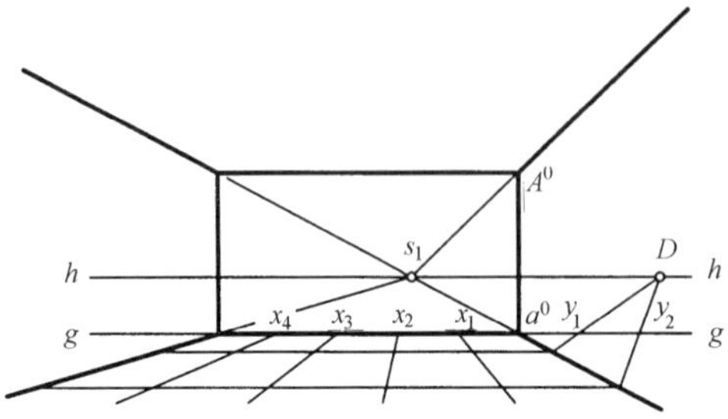

(a)室内一点透视取画面与墙面重合

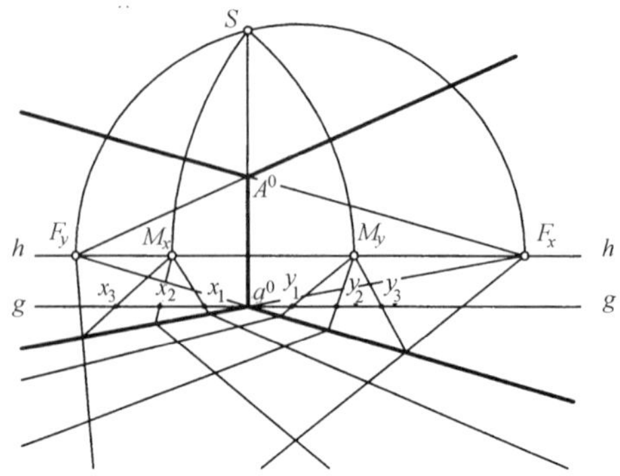

(b)室内二点透视取画面与棱线重合

图 4－53　室内透视中画面的选取

另外在作室内透视时为了体现某些特殊效果，有时也将画面设成与地面平行，这时产生的透视称正俯透视图或正仰透视图，如图 4－54（a）、图 4－54（b）所示，也称室内鸟瞰图与室内仰视图，其画法与平行透视相同。但由于这种透视不太符合人们通常的感觉，故实际工作中应用较少。

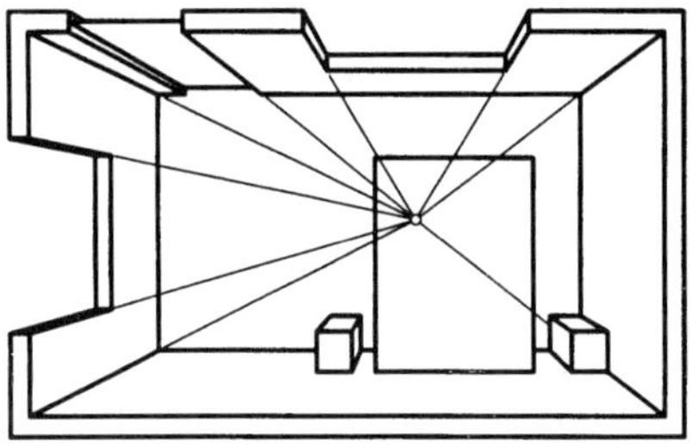

(a) 正俯透视图

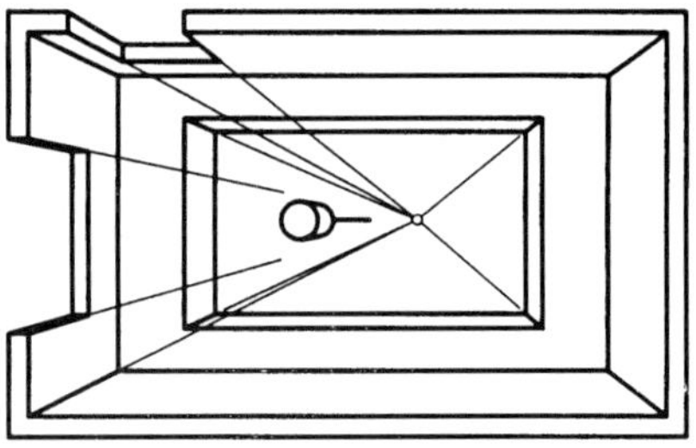

(b) 正仰透视图

图 4－54　画面与地面平行时的透视

画高耸建筑形体时画面常常设置成与基面倾斜，这种情况下产生的透视即三点透视也称斜透视，参见图 4－23（c）。

三、透视在设计中的应用实例

无论是建筑设计还是室内装饰设计，一般都需要绘制效果图（表现图）。图 4－55 是两幅效果图实例，它们都是运用透视原理绘制的，效果很好，可供读者分析欣赏。

（a）一点透视应用实例

（b）两点透视应用实例

图 4－55　透视效果图的应用实例

思 考 题

1. 透视图是怎样形成的？有何特点？何谓视点、画面及基面？各用什么符号表示？

2. 如何判定点在空间的位置，点的基透视在 $g-g$ 上说明什么？何谓透视高？当透视高为零时，点的透视有何特征？

3. 水平线、铅垂线、正垂线及正平线透视特征是什么？

4. 何谓直线的迹点、灭点及全长透视？何谓真高线与集中真高线，它们有什么用途？

5. 透视图有几类？都是在什么情况下形成的，各应用在什么场合？

6. 画透视图的基本方法有几种？何谓视线法、全长透视相交法、量点法、距点法？适用范围与优缺点是什么？

7. 如何求倾斜线的灭点与倾斜面灭线？两坡面交线的灭点如何求？

8. 基面为什么要降低或抬高？降低基面会不会影响透视效果？

9. 什么情况下使用辅助灭点？什么样的点可作为辅助灭点？

10. 透视图中的线段怎样进行等比分割？透视矩形面积如何等分？

11. 如何求平行画面的圆及与画面相交圆的透视？圆柱与圆锥的透视该怎么画？

12. 为什么要进行视点、画面的选择？选择视点要考虑什么问题？室内透视中视点位置如何选取？

13. 何谓画面偏角？画面与形体的相对位置对透视图有何影响？

第五章　建 筑 阴 影

建筑装饰设计阶段，常常需要在设计表现图上加画阴影。表现图中加画阴影及一些人物、树木等配景后，可使表现图更加生动逼真，更能深入细致地表达设计意图，且更能增强图面的艺术感染力和表现力，因此学习阴影的画法也是学习表现图绘制的基础。为此应了解阴影的形成条件、落影规律及其作图方法。本章着重描述正投影图中阴影与透视图中阴影的画法。

第一节　基 本 知 识

一、阴影的形成

实际生活中阴影是由阳光或灯光产生的，限于篇幅我们只讲述阳光下的阴影。有关阴影形成的概念如图 5 – 1 所示。

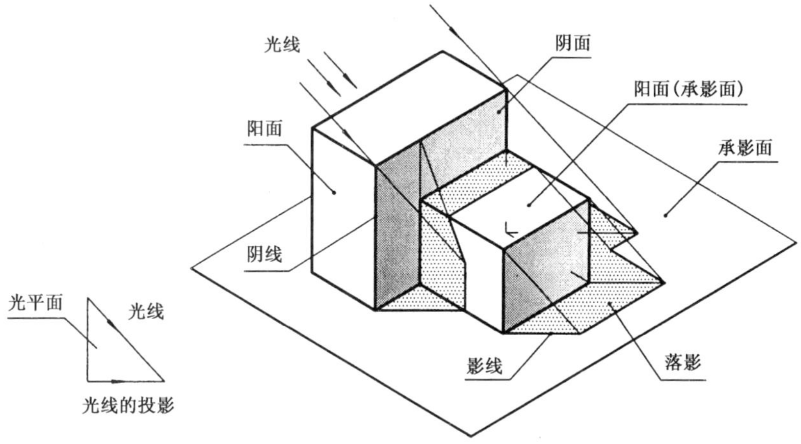

图 5 – 1　阴影的形成及各部分的名称

1. **阳面：**直接受到阳光照射的物体表面比较明亮，被称为阳面。

2. **阴面：**没有受到阳光照射的物体表面比较暗淡，被称为阴面。

3. **阴线：**物体表面上阳面与阴面的分界线称阴线。

4. **落影：**物体被看成是不透明的，照射在物体上的光线被阻挡后，便在原来应受光的表面上留下一片较暗的区域，称为物体的影或落影。

5. **影线：**落影的外形轮廓线被称为影线，影线也就是阴线的落影。

6. **承影面：**形成落影的表面，如墙面、地面等表面称为承影面。

二、点和直线的落影

1. 点的落影

空间一点在任何承影面上的落影仍然是一个点，实际就是过该点的光线与承影面的交点如图 5－2 所示，点 A 在承影面 P 上落影为 A_P；如点位于承影面内，则其落影与自身重合，如图 5－2 中的点 B（B_P）。

2. 直线的落影

如图 5－3 所示，直线在承影面上的落影，就是过该直线上各点的光线所形成的光平面与承影面的交线。当承影面为平面时，直线的落影仍为直线；当直线与光线方向相同时，则其落影为一点。由于直线的落影仍是直线，所以直线的落影可由直线端点的落影求得。

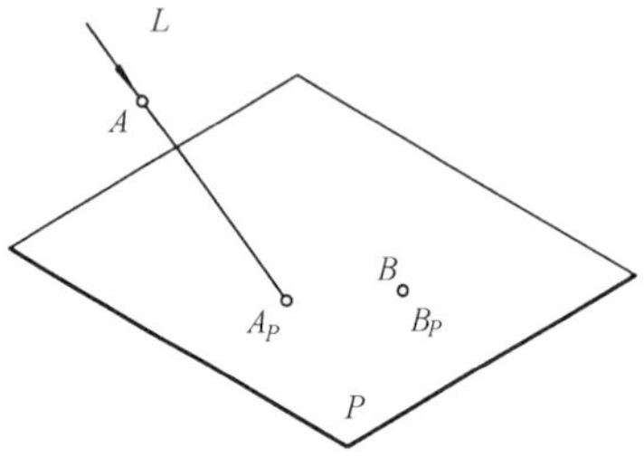

图 5－2　点的落影

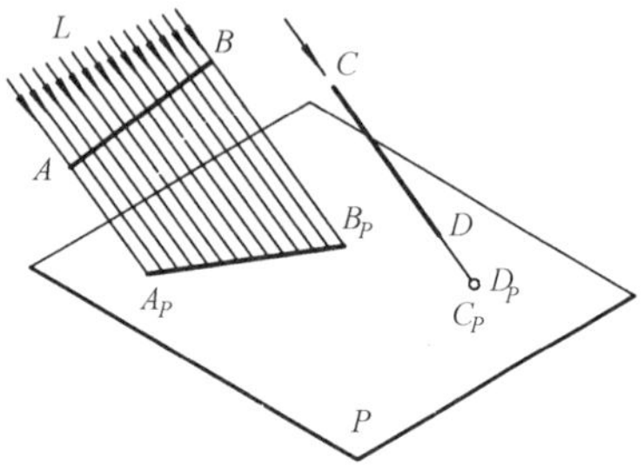

图 5－3　直线的落影

三、直线的落影规律

1. **当直线与承影面平行时，则直线在该承影面上的落影与直线自身平行且长度相等。**如图 5－4（a）所示，直线 AB 平行于承影面 P，其落影 $A_PB_P /\!/ AB$。

2. **空间平行两直线在同一承影面上的落影仍然平行。**如图 5－4（b）所示，直线 $AB /\!/ CD$，其落影 $A_PB_P /\!/ C_PD_P$。

3. **一直线落影于两平行的承影面上时，其落影为两段平行直线。**如图 5－4（c）所示，承影面 $P /\!/ Q$，直线 AB 落影 $A_PK_P /\!/ K_QB_Q$，点 K 称为过渡点。

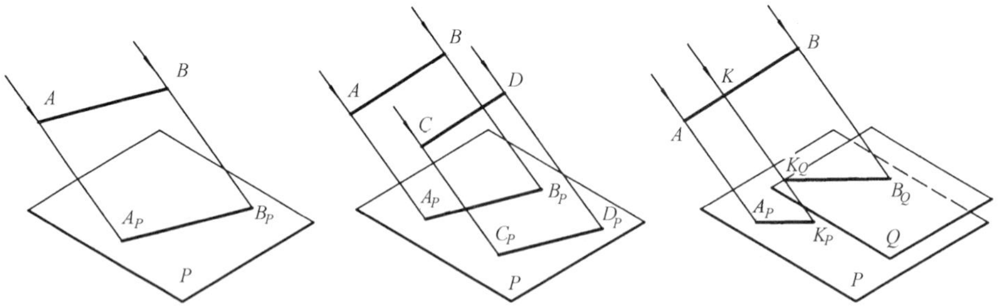

(a) 直线与承影面平行　　（b）两平行直线的落影　　（c）一直线落影于两平行承影面上

图 5－4　直线落影的平行规律

4. **直线与承影面相交时，其落影必过此交点。**如图 5－5（a）所示，直线 AB 与承影面相交于点 K，其落影 A_PB_P 必过交点 K。

5. **空间相交二直线在同一承影面上的落影必相交，落影的交点即为交点的落影。**如图 5－5（b）所示，直线 AB 与 CD 相交于点 K，其落影 A_PB_P 与 C_PD_P 也相交，落影的交点 K_P 即为点 K 的落影。

6. 一直线落影于两相交的承影面上时，其落影转折为两段相交直线。交点 K（称为折影点）必位于两承影面的交线上，如图 5－5（c）所示。

7. 投影面垂直线在其所垂直的投影面上的落影与光线在该投影面上的投影方向相同，如图 5－5（d）所示。**推论：某一投影面的垂直线，其在任何承影面上的落影在另外两投影面上的投影是对称形。**

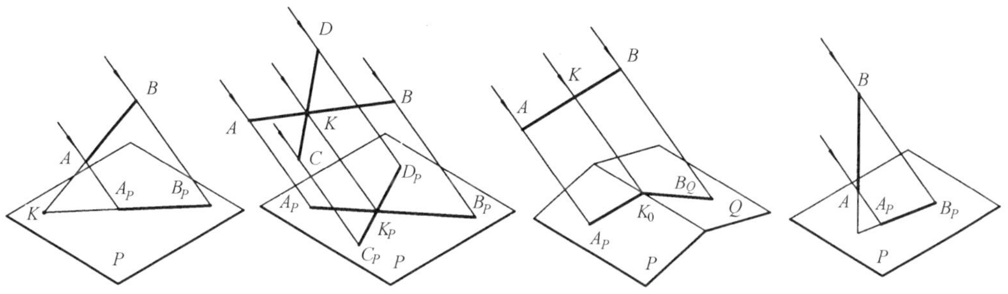

(a)直线与承影面相交的落影　(b)相交二直线的落影　(c)一直线落影于两相交承影面上　(d)投影面垂直线的落影

图 5－5　直线落影的相交规律

直线的落影规律还有一些，待后面作图时再做说明。

第二节　正投影图中阴影的画法

一、常用光线

照射在物体表面上的阳光会因时间、地点的不同而不同，不同方向光线形成的阴影也会有所不同。为了作图与度量的方便，在正投影图中加绘阴影，通常采用一种特定方向的平行光线：即用靠在投影面上的正立方体的对角线（即认为阳光是从左、前、上方射向右、后、下方）作为画阴影的光线方向，这种方向下的光线称为常用光线，由于该立方体的各表面分别平行于相应的投影面，所以常用光线的正投影 l、l'、l'' 均与水平线成45°角，如图 5－6 所示。

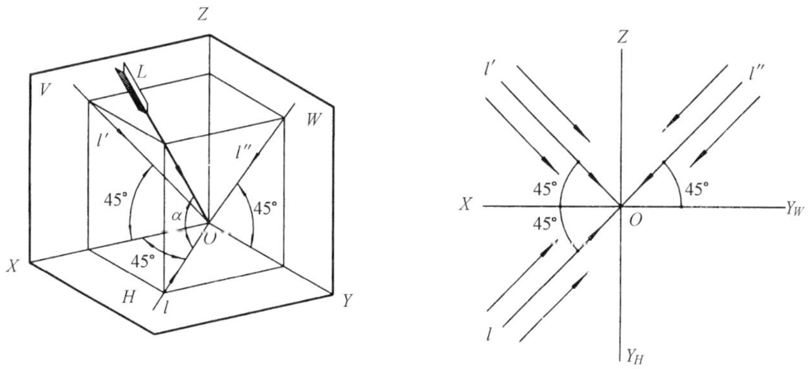

(a)空间关系　(b) 投影图

图 5－6　常用光线

二、点、线、面落影的画法

（一）点的落影画法

1. 点在投影面上的落影

当承影面为投影面时，则点在投影面上的落影即是过该点光线的迹点。如图5－7（a）所示，其投影画法：即过点A的投影a'、a作45°光线L的投影l'、l，l先与投影轴交于a_V，过a_V作垂线交l'于A_V即A在V面的落影；如果将l'延长与OX轴相交于a'_H，并过a'_H向上作垂线交l的延长线于（A_H），即A点在H面上落影（A_H实际是不存在的，故称虚影或假影，加括号表示）。

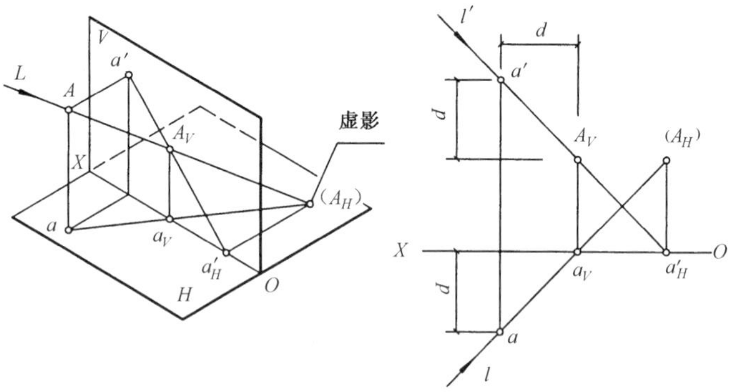

（a）直观图　　（b）投影作图

图5－7　点在投影面上的落影

2. 点在空间某承影面上的落影

当承影面为空间一平面时，则点在该承影面上的落影即是过该点光线与承影面的交点。如图5－8中给出点A在铅垂面P上落影的求法。由于承影面P为铅垂面，其水平投影具有积聚性，故可利用平面P的积聚性得出落影A_P的水平投影a_p，然后再将a_p投影于过a'的45°光线的正面投影上，便得出落影A_p的正面投影a'_p，显然AA_P在长、宽、高三个方向上的分量d均应相同，**即点落影的深度等于落影的宽度和落影的高度。**

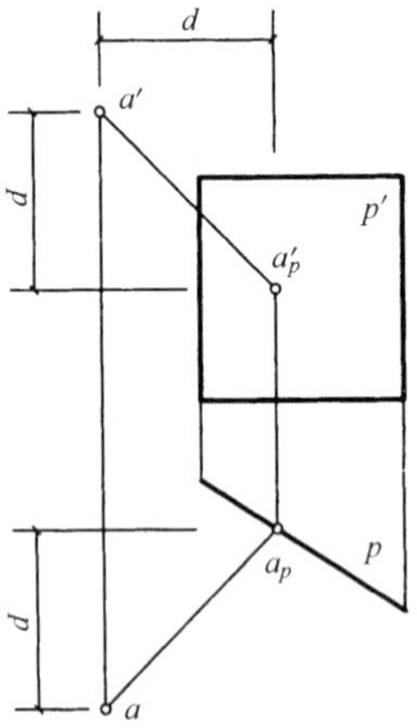

图5－8　点在铅垂面上的落影

（二）直线落影画法

1. 直线在投影面上的落影画法

图5－9（a）给出一直线AB在V面上落影的作图方法。不难看出，直线AB在V面上的落影就是将直线两端点A、B在V面的落影相连。

2. 直线在空间承影面上的落影画法

如图5－9（b）给出AB直线在铅垂面P上的落影画法。

3. 直线同时落影于两个投影面上的落影画法

如图5－10（a）所示，直线AB部分落影H面上，同时又有部分落影于V面上。其作图方法如图5－10（b），先求出端点A在H面上的落影A_H及端点B在H面上的虚影（B_H），将A_H与（B_H）相连与投影轴OX交于点K，即是直线落影的折影点，然后再求出端点B在V面上的落影B_V，将B_V与K相连即得AB在V面上的落影。

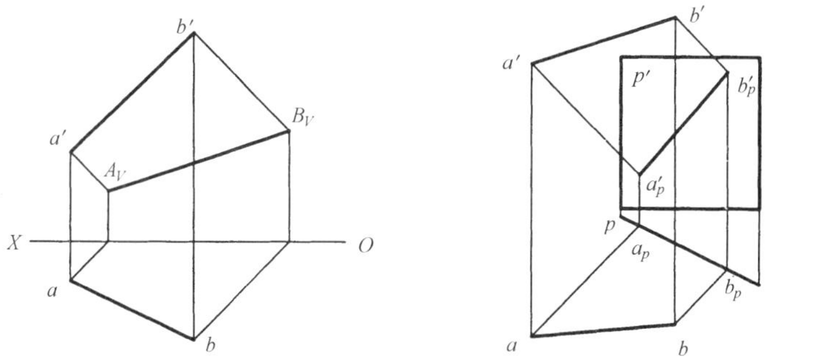

（a）直线在投影面上的落影　　（b）直线在特殊位置承影面上的落影

图 5－9　直线在承影面上的落影画法

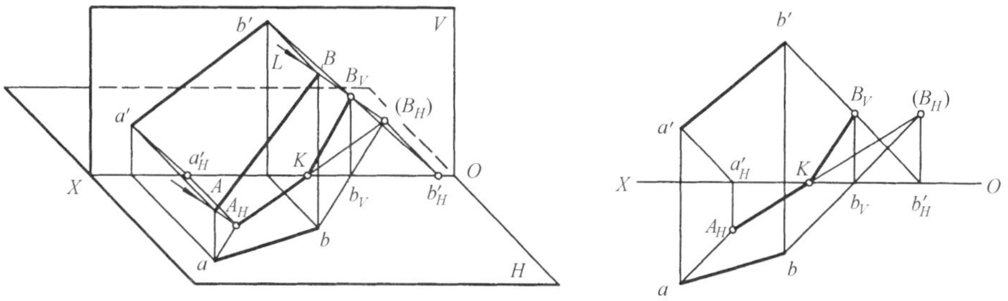

(a)直观图　　（b）投影作图

图 5－10　直线落影于两个投影面上的落影画法

4. 直线落影于两个相交承影面上的落影画法

如图 5－11 所示，直线 AB 同时落影于 P、Q 两个相交的承影面上，此时落影发生转折，根据前述的直线落影规律可知其折影点必处于两承影面的交线上。具体作图方法有：

方法 1（光线返回法）：首先求出两端点 A、B 在 P、Q 两承影面上的落影 A_p 及 B_q 的 H、V 面投影即：a_p、a'_p 及 b_q、b'_q，然后根据折影点必在两承影面的交线上的折影规律，可知直线落影的折影点 K 的水平投影 k_0（即两平面交线的水平投影），过 k_0 作 45°返回光线到直线的水平投影 ab 上得点 k，再由 k 返回到 a′b′上即可得出点 k′，然后过 k′作光线与两承影面的交线交于 k'_0。即折影点的 V 面投影，最后将 a'_p 与 b'_q 及 k'_0 相连即可完成直线 AB 的落影。

方法 2（扩展承影面法）：先求出直线端点 A 在 P 面上的落影 a_P 及 a'_p，然后将承影面 P 扩展，求出端点 B 在扩展后的 P 面上的落影 B_P（虚影）的 V、H 投影 b_p 及 b'_p，将 a'_p 与 b'_p 相连则可得出折影点 k'_0，再将端点 B 在 Q 面上的落影 b'_q 与 k'_0 相连便可完成直线落影的作图。

方法 3（交点法）：将直线 AB 延长与一承影面相交，如图 5－11（c）中的点 m′与 m，即 AB 延长后与扩展承影面 P 的交点 M 的 V、H 面投影，根据直线落影必通过直线与承影面交点的规律，可将 a'_p 与 m′相连，便得出折影点 k'_0，即可完成直线落影的作图。

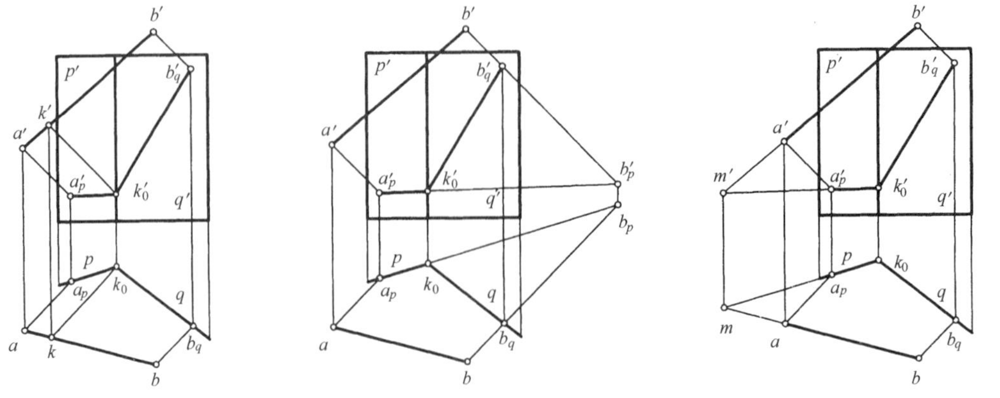

图 5－11　直线在相交承影面上的落影画法

（三）平面图形的落影画法

1. 平面多边形的落影

平面多边形的落影画法，实质就是求出平面多边形各边线的落影，作图方法就是求各直线段的落影。作图时只要找出多边形各顶点在同一承影面上的落影，然后用直线依次连接起来即可。如果一直线的两个端点不在同一承影面上，则要视实际情况找出其折影点。图 5－12（a）所示为△*ABC* 在两投影面上的落影，图 5－12（b）所示为一矩形旗帜在双坡房屋上的落影（注意平行性、对称性的运用）。

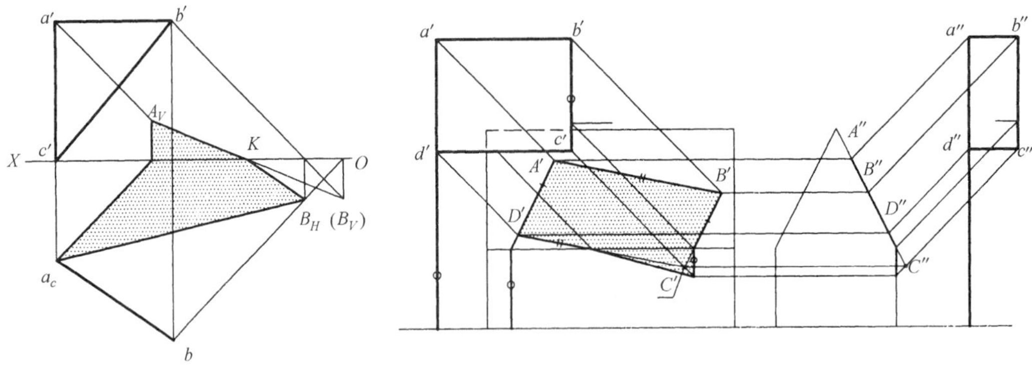

图 5－12　平面多边形的落影

2. 平面多边形阴面与阳面的判别

平面图形既然是一个面，因此它不仅会产生落影，而且还有阴面与阳面之分。所以在画平面图形落影之前，须先确定平面图形自身的阴面与阳面。对于与投影面垂直的平面，其阴面与阳面可直接利用平面自身的积聚性投影来确定。如图 5－13（a）中 *P*、*Q*、*R*、*S* 各平面均为正垂面，其 *V* 面投影均积聚成直线，α 为平面对 *H* 面的倾角。所以只需判别它们的 *H* 面投影是阴面还是阳面的投影即可。

当 $\alpha<45°$ 时，平面 P 的上表面为阳面，故其水平投影为阳面；当 $\alpha=45°$ 时，平面 Q 平行于光线，则平面的两侧表面均视为阴面，故其水平投影为阴面，投影应涂成暗色加以区别；当 $\alpha>45°$ 时，光线照射在平面 R 的下表面，因此该面的顶面为阴面，故其水平投影为阴面，投影仍应涂成暗色加以区别；当 $\alpha>90°$ 时，平面 S 的顶面又变为阳面，故其水平投影也应画成阳面。图 5－13（b）表示 P、Q、R、S 四平面均为铅垂面时，其 H 面投影有积聚性，与上述正垂面的判别方法类似，可直接利用 H 面投影判定各平面的前、后表面的阴面与阳面。

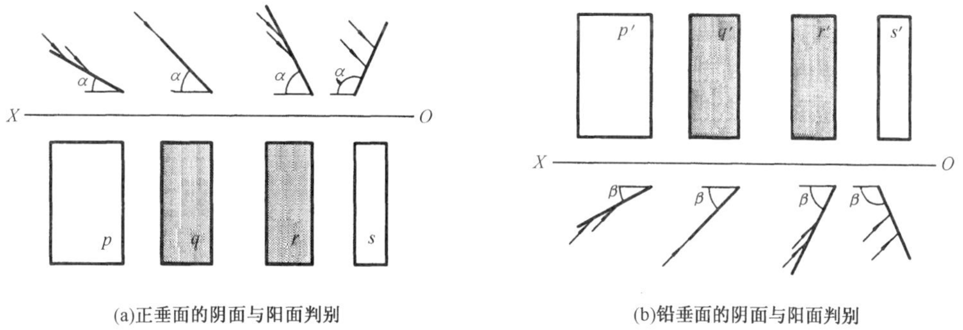

图 5－13　垂直平面的阴面与阳面的判别

3. 圆的落影

圆的落影一般情况下为椭圆，但当圆与承影面平行时，其落影仍为一大小与自身相等的圆。因此作图时只要求出圆心的落影便可画出圆的落影，如图 5－14 所示。

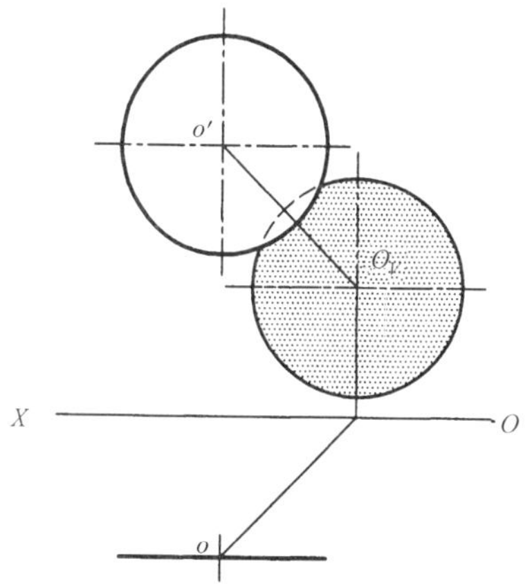

图 5－14　正平圆在 V 面上的落影

当圆不与承影面平行时，其落影为椭圆。落影椭圆的画法通常用“八点法”，如图 5－15 给出的水平圆在 V 面上落影的画法。作图步骤如下：

①先画出外切正方形的投影，如 H 面上的 $abcd$，然后求出外切正方形在 V 面上的落影 $A_vB_vC_vD_v$，将正方形落影的对角线相连，则对角线的交点 O_v 即圆心 O 的落影。

②过 O_v 画一水平线和一 45°斜线，交外切正方形的落影 $A_v\sim D_v$ 于 1_v 及 2_v、3_v、4_v（即 4 个切点的落影），因对角线 B_vD_v 恰好等于圆的直径，故以 O_vB_v 为半径画圆与 1_v3_v 交于 e 与 f。

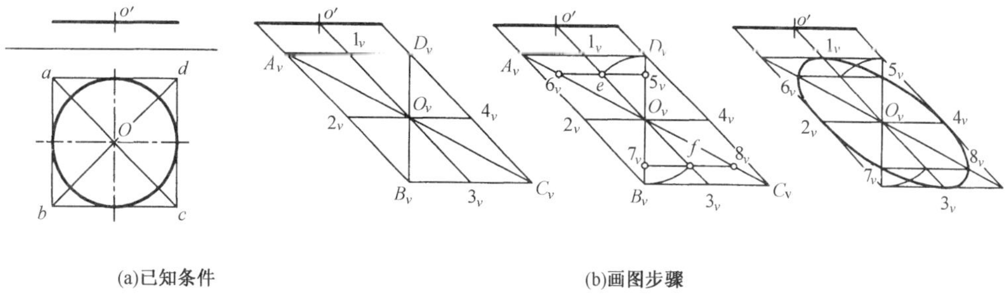

图 5－15　水平圆在 V 面的落影

③再过 e、f 各作一水平线分别与对角线交于 5_v、6_v 和 7_v、8_v，则 5_v、6_v 和 7_v、8_v 即点 5、6 和 7、8 的 V 面落影。

④将 $1_v \sim 8_v$ 各点光滑连接即得到水平圆在 V 面上的落影。

4. 圆心在 V 面上的水平半圆的落影

画建筑阴影时，常会遇到求作靠在墙面上半圆的落影问题。如图 5－16（a）所示水平半圆的落影的画法是用半圆周上 5 个特殊点完成的（即用半径两端点Ⅰ和Ⅴ点，对称轴上半径端点Ⅲ及 45°斜线方向上的点Ⅱ和Ⅳ共 5 个特殊点）。

因为点Ⅰ和Ⅴ在 V 面上，其影 I_v 和 V_v 与自身重合，左前方的点Ⅱ是位于过圆心的 45°斜线上，其影 II_v 恰好落影于对称轴线上；右前方的点Ⅳ和点Ⅱ距 V 面距离相等，故其影 IV_v 与 II_v 在同一水平线上，且 $\mathrm{II}_v k = k\mathrm{IV}_v = d$（$d$ 为Ⅱ、Ⅳ点距 V 面的距离）；正前方对称轴上的点Ⅲ，其影 III_v 应位于过圆心的 45°斜线上，且距 V 面距离应等于半径；将 $\mathrm{I}_v \sim \mathrm{V}_v$ 各点光滑相连即得出水平半圆的 V 面落影。

由于半圆上 5 个特殊点的位置特殊，其落影亦特殊，因此可直接在 V 面上进行作图，如图 5－16（b）。

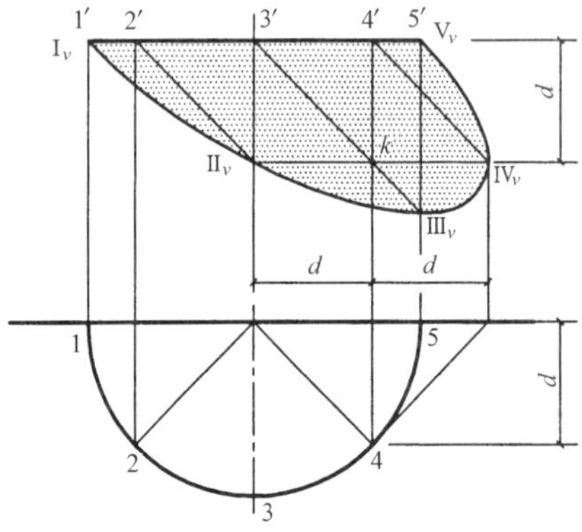

(a)半圆的落影画法

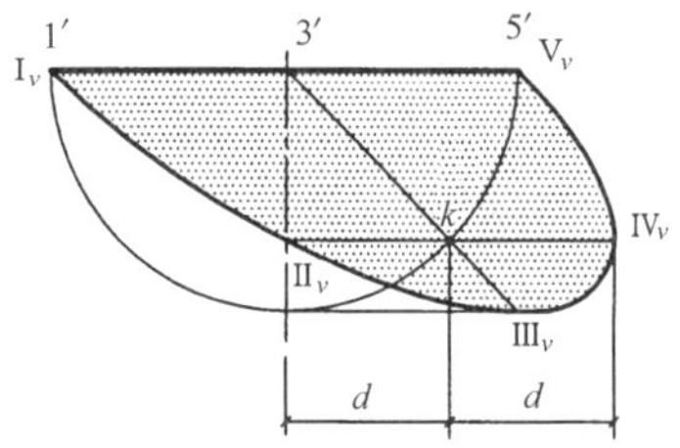

(b)半圆落影的单面作图方法

图 5－16　水平半圆的 V 面落影

三、基本几何形体的阴影画法

（一）平面立体的阴影画法

1. 作平面立体阴影的一般步骤

第一步：看懂立体的投影，分析立体各表面与投影面的关系。

第二步：根据光线的方向和形体表面的积聚投影，确定出立体表面的阴面与阳面，并定出立体表面上的阴线。

第三步：运用前述直线落影规律求出各段阴线的落影，并将阴面及落影涂上颜色以示区别。

2. 作图举例

[例 5－1] 作如图 5－17（a）所示四棱柱的阴影。

分析与作图

由于四棱柱各表面均与投影面方向相同，故其左、前、上三个表面为阳面，而右、后、下表面则为阴面。故棱线 $AB-BC-CD-DE$ 为阴线，根据直线落影规律可方便地求出各段阴线的落影。如阴线 AB、DE 为铅垂线，其在地面上的落影方向与光线方向相同，其落影的宽度和深度与高度相等。阴线 BC、CD 均与 H 面平行，故它们在 H 面上落影 B_HC_H 及 C_HD_H 与自身平行且等长。图 5－17（b）、图 5－17（c）给出了四棱柱靠近 V 面与靠在 V 面上时其落影部分在 V 面上，部分在 H 面上。另外四棱柱的阴面由于被遮挡或者有积聚性，在投影图中便不需表明。

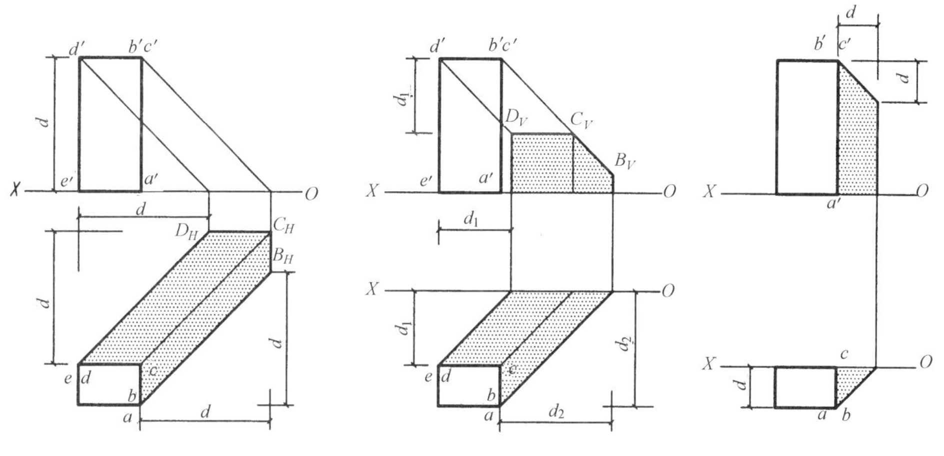

图 5－17　四棱柱的阴影

［例 5－2］作出图 5－18（a）所示三棱锥的阴影。

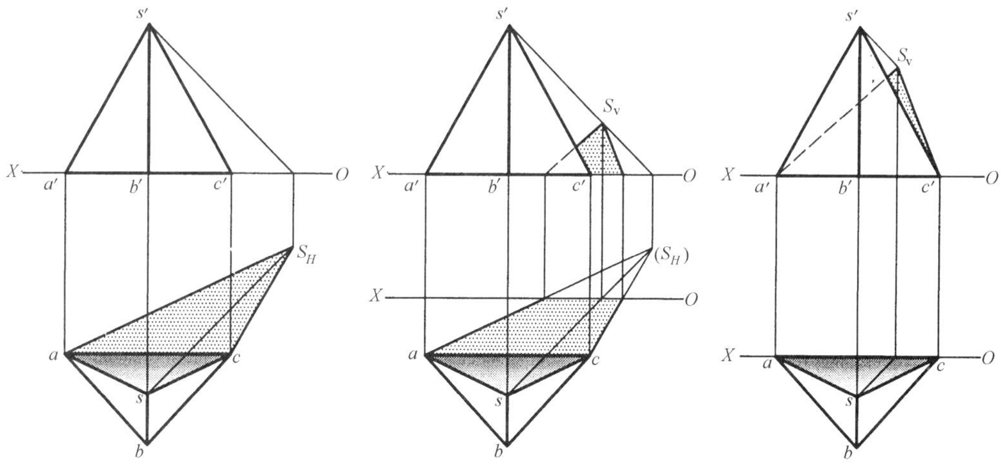

图 5－18　三棱锥的阴影

分析与作图

由于三棱锥底在 H 面上无需判别阴阳面，而三棱锥各棱面均为倾斜面，不便从投影中直接判别，为此可先求出三棱锥的落影，再根据落影找出影线（即落影的外形轮廓线），然后返回三棱锥确定阴线，进而分清阴、阳面。因三棱锥底在 H 面上只需求出锥顶 S 的落影 S_H 便可得出三棱锥的落影，即其外形线 S_Ha、S_Hc 是影线。因影线是阴线的落影，故 SA、SC 是阴线，所以 SAC 棱面为阴面，其水平投影应加涂颜色以示区别，其余二个棱面皆为阳面不需区分。三棱锥的 V 面投影因阴面被遮挡住不需区分。图 5－18（b）、图 5－18（c）给出了三棱锥靠近 V 面与靠在 V 面上时的落影与作图。

（二）曲面立体的阴影画法

1. 圆柱的阴影

圆柱体在阳光照射下的柱面一半是阳面，一半是阴面，阴、阳面的分界线（阴线）是光平面与柱面的切线。与柱面相切的光平面共有两个且相互平行，故圆柱表面上的阴线也有两条，这两条阴线将柱面分成阴、阳两半；圆柱的上底圆为阳面、下底圆为阴面，故整个圆柱体的阴线是由两条素线与两段半圆弧组成，图 5－19（a）所示圆柱是放置在 H 面上的，故其下底圆上的阴线不存在。

根据上述分析可进行圆柱体阴影的作图，如图 5－19（b）。首先在水平投影中作与圆相切于 ab、cd 的两条 45°斜线即圆柱面阴线 AB、CD 的 H 面落影方向，将 ab、cd 投影于圆柱的 V 面投影上即得出阴线 AB、CD 的 V 面投影 $a'b'$ 及 $c'd'$，$a'b'$ 的右侧为阴面的 V 面投影的可见部分，涂上颜色加以区分。

因圆柱上底阴线半圆与 H 面平行，其 H 面落影仍是等大的圆弧，故可先求得上底圆心 O 的 H 面落影 O_H，然后画出与上底等大的圆弧，且与过 ab、cd 两条 45°斜线相切，这样便得出圆柱的 H 面落影并将影区涂色区分。

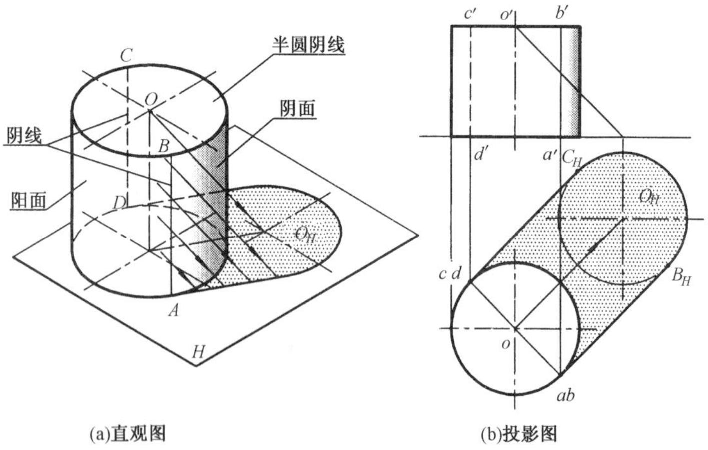

图 5－19　正圆柱的阴影

图 5－20 表明了直接在圆柱的 V 面投影中作阴线的方法。即过上底的 V 面投影画半圆，然后过圆心画两条不同方向的 45°斜线与半圆相交，再将其投影到柱顶圆的 V 面投影上就可得出左、右两条阴线的 V 面投影；左边阴线在柱表面的后半面上为不可见画成虚线，右边阴线在前半柱面上为可见画实线并将影区涂色区分。

［例 5－3］画出图 5－21 所示圆柱的阴影。

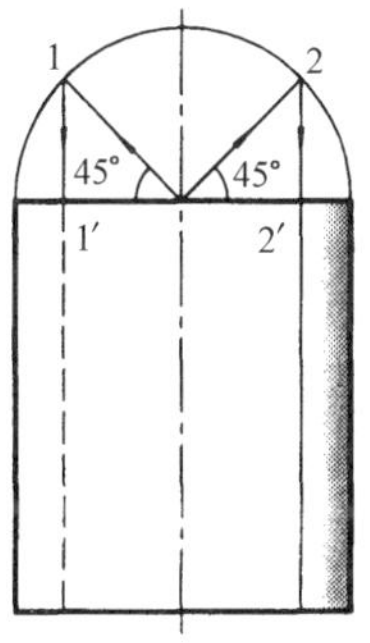

图5－20　圆柱阴线的单面画法

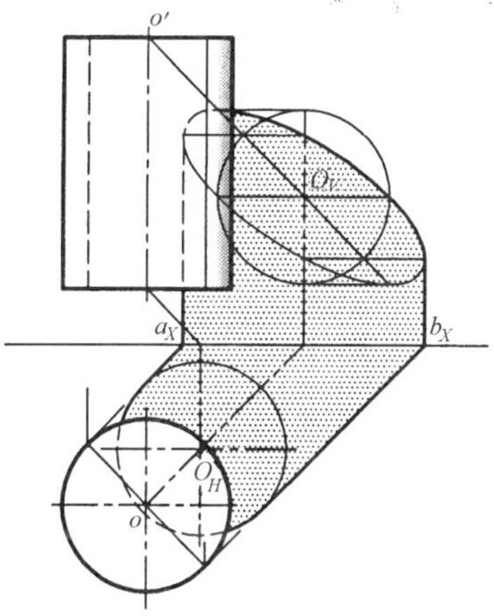

图 5－21　铅垂圆柱在 V、H 面上落影

分析与作图

因为圆柱体是悬在空中，故其上底为阳面、下底为阴面，圆柱的左前方为阳面、右后方为阴面，其阴线为柱面上两条素线和上、下底面中两个半圆弧［参见图 5－19（a）］。因圆柱下底面与 H 面平行，其落影仍是等大的圆，故可求出下底圆心 O 的 H 面落影 O_H，以 O_H 为圆心画等大的圆，然后作两条与 O_H 圆相切的 45°线，即柱面阴线的 H 面落影。由于圆柱与 V 面相距较近，两条阴线在 H 面上的落影均与 OX 轴相交，这表明有部分圆柱落影于 V 面，过 45°线与 OX 轴的交点 a_X、b_X 作垂线可得阴线的 V 面落影（因柱面两阴线均为铅垂线，故其 V 面落影与自身平行）。

圆柱上底因距 H 面较远，在 H 面上不会形成落影，而是在 V 面上形成落影。因上底圆与 V 面垂直，故其 V 面落影为一椭圆，可用“八点法”画出（参见图 5－15）最后将 V、H 面上的落影涂以暗色完成作图。

2. 圆锥的阴影

如图 5－22(a)所示，圆锥体在阳光照射下一大半是阳面，一小半是阴

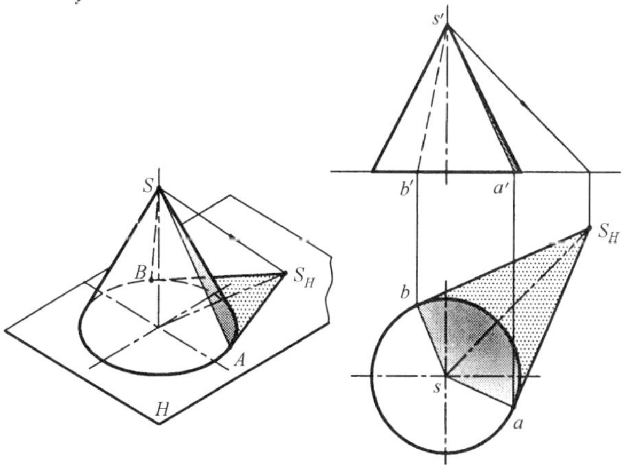

(a)直观图　　(b)投影作图

图 5－22　圆锥的阴影

面，阴线即是过锥顶与锥面相切的光平面的切线，因此圆锥阴影的画法如图5-22（b）所示。可先求得锥顶S在H面上的落影S_H，然后由S_H向圆锥底圆的H面投影引两条切线（切点为a、b），sa、sb则是阴线SA、SB的H面投影；S_Ha、S_Hb即是阴线SA、SB的H面落影；将切点a、b投影底圆的V面投影上，$s'a'$、$s'b'$则是阴线的V面投影；将$s'a'$的右侧即阴面的可见部分及落影区涂暗完成作图。

四、常见建筑细部阴影的画法

（一）门窗洞口处阴影

1. 窗洞阴影画法

图5-23（a）给出一种最常见的带有下窗台的窗洞。因墙表面为阳面，窗洞左侧面及顶面为阴面，所以洞口处阴线是$AB-BC$。窗台的前表面为阳面，其下表面及右表面为阴面，故其阴线为$EF-FG-GJ-JK$；窗洞在洞口表面留下阴影，窗台则在墙面上留下阴影。阴影的具体画法如图5-23（b）所示：窗洞处的影只要求出两阴线的连接点即角点B的落影B_V（B点落影的宽度应等于落影高度等于洞口的深度），然后过B_V作$a'b'$与$b'c'$的平行线即可（注意平面图中洞口处的落影为45°线）；同样窗台处因阴线EF是正垂线，其V面落影与光线方向相同，其落影宽度与窗台突出墙面的距离相同，据此可得F点的V面落影F_V，过F_V引阴线$f'g'$、$g'j'$的平行线，再过j'作45°线便可，将落影区涂暗完成作图。

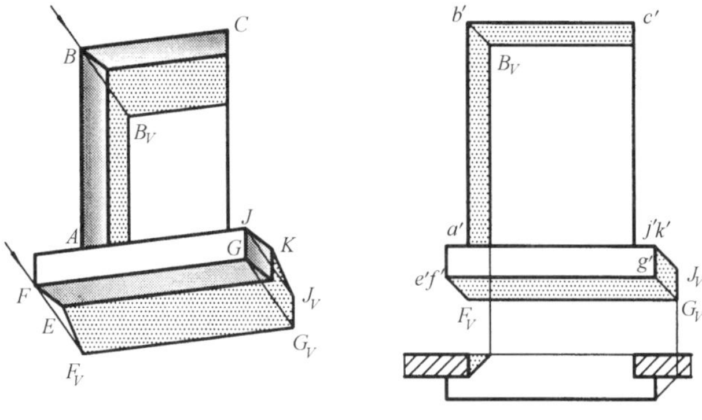

(a)直观图　　(b)投影作图

图5-23　窗洞阴影

图5-24中给出另外4种常见窗洞的阴影，其作图方法与上例相似，可自行分析其作图过程。

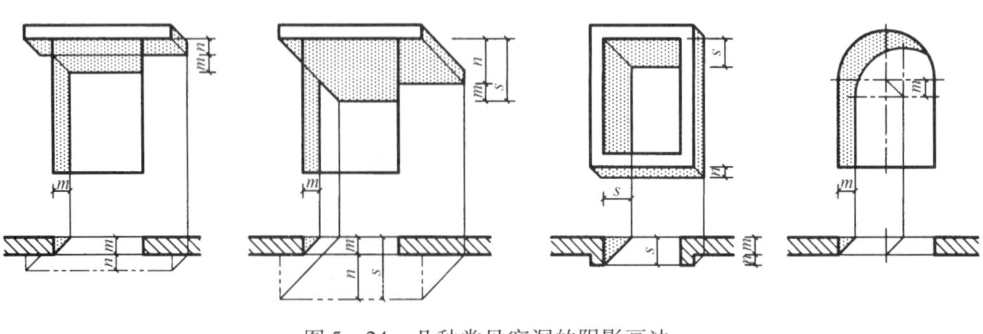

图5-24　几种常见窗洞的阴影画法

2. 门洞阴影画法

如图 5－25 给出一种带雨篷与台阶的门洞，这是最常见、最普通的门洞形式。其阴影画法与窗洞类似，也应先确定门洞及雨篷上的阴线，然后按点与直线的落影规律画出阴影。如雨篷上阴线 AB 是正垂线，其 V 面落影与光线方向相同，点 B 一直落影于门洞内表面上为 B_V，其落影宽度与深度为 $m+n$（n 为雨篷出檐宽，m 为门洞深），过 B_V 作水平线（与 BC 平行）；阴线 DE 也是正垂线，其 V 面落影为 45°线，点 D 在墙面上的落影 D_V 的宽度与深度均为 n，过 D_V 引 CD 平行线并令 D_VC_V 等于 $c'd'$，再过 C_V 引 $b'c'$平行线即完成门洞立面阴影。台阶的阴影由读者自行分析。

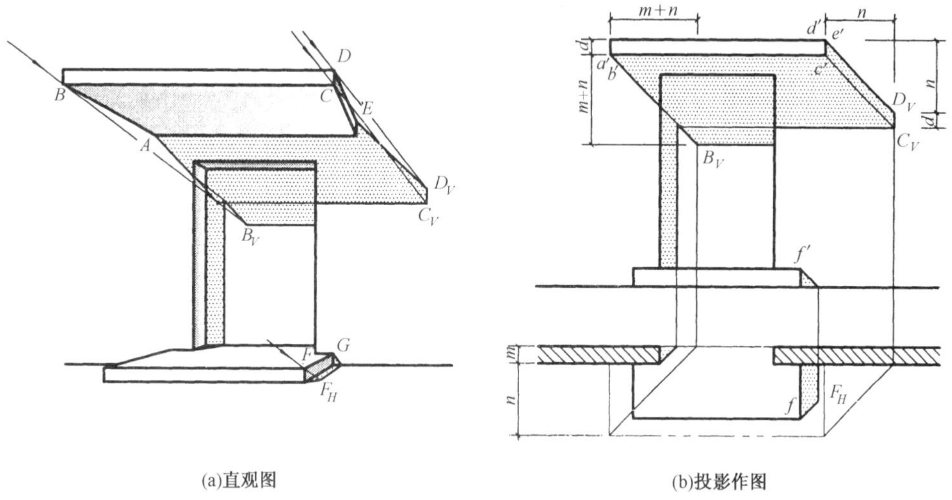

图 5－25　门洞阴影画法

图 5－26 中表明了另外两种常见门洞入口处的阴影画法供参考。

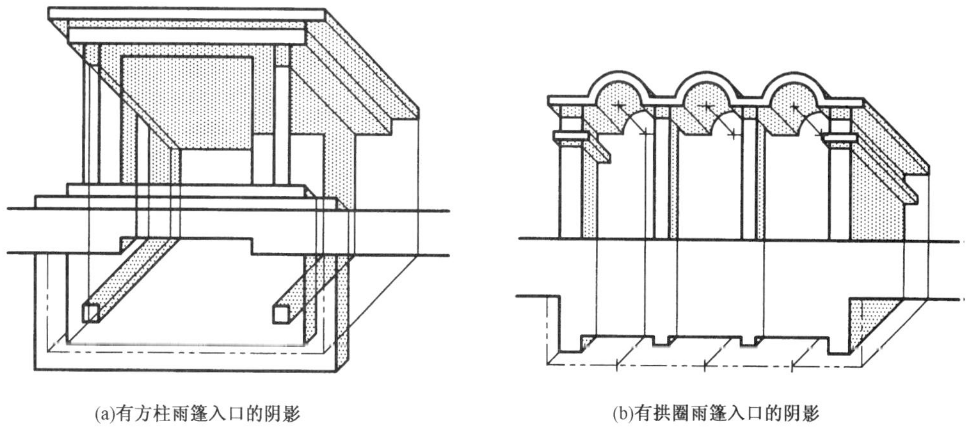

图 5－26　大门入口处阴影画法

（二）室外台阶阴影的画法

台阶的形式很多，图 5－27 给出一种最常见的台阶。这种台阶两侧有栏板，踏步共 3 级。由于台阶各表面与投影面方向一致，所以台阶的左、前、上各表面均为阳面，只有栏板的右表面为阴面，因而其阴线也只有 AB、BC 和 DE、EF 四条，见图 5－27（a）；其中 AB、DE 两阴线为铅垂线在 H 面上的落影与光线投影方向相同（为 45°线）；而阴线 BC 和 EF 则为 V 面正垂线并与 H 面平行，所以它们在 V 面上的落影也与光线 V 面投影方向相同（为 45°线），而其 H 面落影与自身平行。根据上述分析可方便地画出两侧栏板的 V、H 面落影。其中右侧栏板上阴线 DE、EF 的交点 E 在 H 面上的落影为 E_H，其落影的深度与宽度均与其高度相等，过 E_H 作 EF 平行线即可，EF 的 V 面落影可直接过 $e'f'$ 画 45°线。

左侧栏板上阴线 AB、BC 的角点 B 落影于第 2 个踢面 S 上，所以 AB 在 H 面上的落影 45°线只画到 S_H 为止；然后便是阴线 BC 在踏面 R 及 P 上的落影，因 BC 与各踏面平行则其落影与自身平行，在 H 面上的落影可由 BC 在 V 面上的落影与踏面 P_V、R_V 的交点求得，如图 5－27（b）中由 2′、4′求得其 H 面落影 12、34；同样阴线 AB 在 V 面上落影 6′、7′可由其 H 面落影与 U_H 交点 6、7 求得。角点 B 在踢面 S 上的落影 b_S' 可由 b_S'' 求得，过 b_S' 作 $a'b'$ 的平行线 $b_S'5'$ 即是 AB 在踢面 S 上的落影。

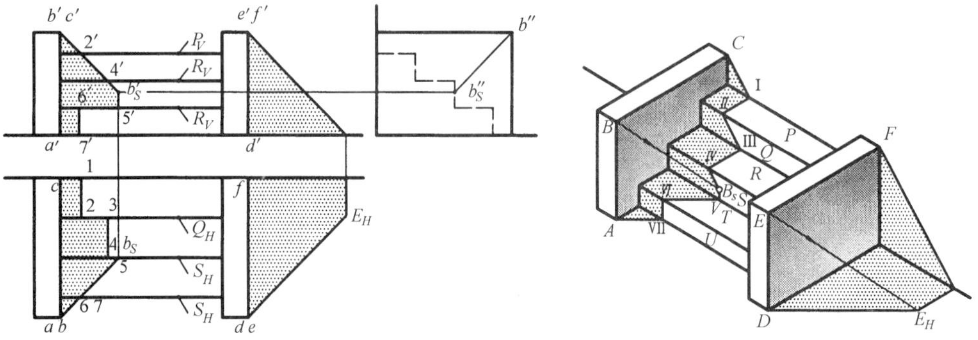

(a)投影图 (b)直观图

图 5－27 室外踏步阴影

（三）柱头处阴影画法

1. 带方盖板棱柱柱头立面阴影画法

如图 5－28 所示，方盖板中阴线为 AB、BC、CD、DE。角点 B 在棱柱左侧面上的落影可由其水平落影 b_0 求得；AB 为正垂线其立面落影与光线 V 面投影方向相同，阴线 BC 在棱柱前表面上的落影，可用返回法：即用落影于棱线上的 m_0 返回到 AC 上得 m，再将 m 投影于 $b'c'$ 上得 m'，然后过 m' 作 45°线交棱线于 m_0' 点，将 b_0'、m_0' 相连后，再过 m_0' 画水平线，即 BC 线在棱柱前表面上的落影；棱柱的右侧面与 V 面倾角大于光线投影的 45°角应为阴面，则右侧棱线为阴线，此阴线在墙面落影由 H 面投影求得；阴线 CD 在墙面上落影与自身平行且相等；阴线 DE 的 V 面落影为 45°光线方向；将各段影线相连则可完成柱头立面阴影。

2. 带圆盖板的圆柱柱头立面阴影画法

图 5－29 给出一带有圆形盖板的圆柱柱头立面阴影的画法。

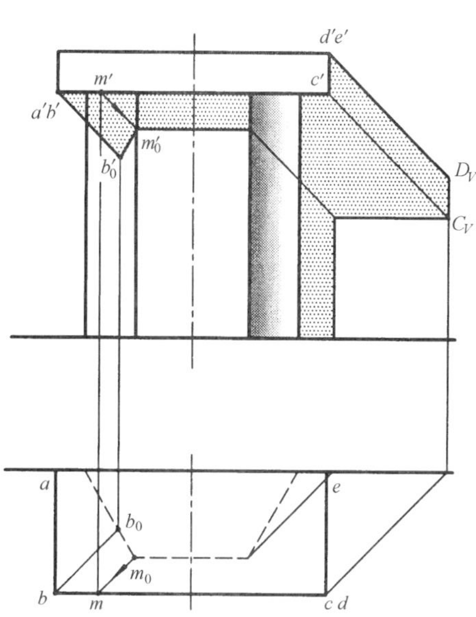

图 5 – 28　带方盖板棱柱柱头立面阴影画法

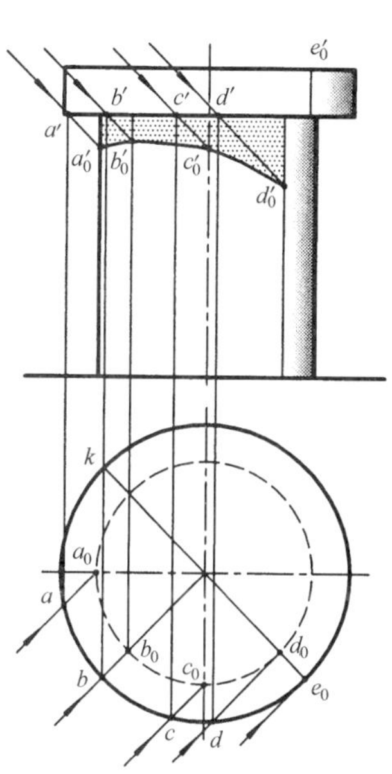

图 5 – 29　带圆盖板的圆柱柱头立面阴影画法

圆盖板的下表面为阴面，所以盖板底边上的 *KABCDE* 半圆弧为阴线（能在圆柱可见表面上形成落影的阴线为圆弧 *ABCD*）；圆盖板与圆柱表面各有一条阴线，它们可由 *H* 面投影中 45°光线与盖板及圆柱的水平投影的切点 d_0、e_0 得出。阴线的右侧为阴面，在立面图中可以看到应以暗色区别。

阴线 *ABCD* 在柱面上的落影，可利用其水平投影的积聚性求得。如点 *B* 在柱面上的落影 B_0，可先在 *H* 面上过 *b* 作 45°光线交柱面（虚圆）于点 b_0 点，将 b_0 向上投影与过 *b*′的 45°光线交于 b_0'，点 b_0' 即点 *B* 在柱表面上落影的 *V* 面投影。用同样方法可得阴线上其他各点的柱面落影如 a_0'、c_0'、d_0' 等，再用光滑曲线将各点落影相连，便可得出圆盖板在圆柱面上的立面阴影。

3. 带方盖板的圆柱及柱槽立面阴影画法

图 5 – 30 给出带有方盖板的圆柱及柱龛立面阴影的画法。

方盖板中的阴线 *BC* 为侧垂线，其在圆柱面上的落影的投影为对称形，其圆心位置由盖板的外伸距离 *n* 确定。具体作图步骤请读者自行分析。

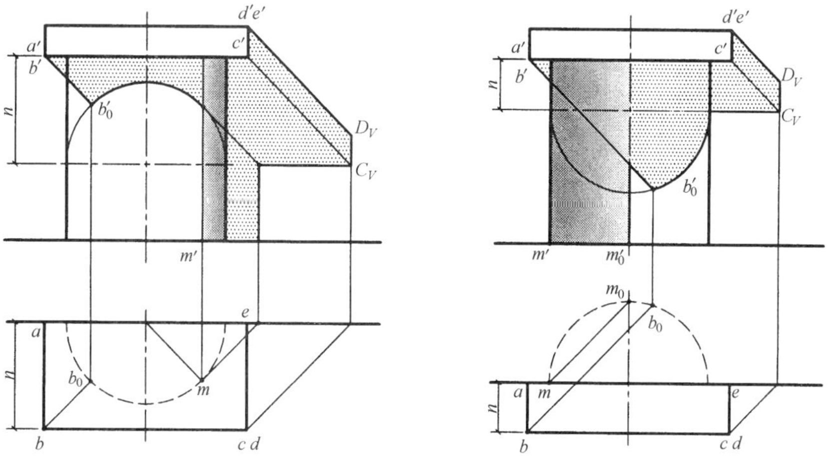

图 5 – 30　带方盖板的圆柱及柱槽立面阴影画法

（四）画立面阴影实例

图 5－31 给出一建筑立面加画阴影的实例供参考。

图 5－31　建筑立面阴影实例

第三节　透视图中阴影的画法

一、透视图中光线的给定

（一）光照的三种类型

透视图中的阴影就是在透视图中加绘阴影，即在透视图中直接作出阴影的透视。

在透视图中加绘阴影时一般采用平行光线。因此光线可看作是平行的直线，所以光线的透视就具有平行直线的透视特征。光线的投射方向与建筑物之间存在三种不同的位置关系，即顺光、侧光与逆光，光照方向不同，建筑物的艺术形象也就各具特点。

1. 正射光线

如图 5－32（a）所示，光线是从观察者的背后射向建筑形体，这种方向的光线称为**正射光线或顺光**。在顺光照射下，建筑的两个可见立面均受到阳光照射，光影变化丰富多彩，能充分显示两个建筑立面利用光影变化进行艺术处理的造型特点。

2. 侧射光线

如图 5－32（b）所示，光线从观察者的左侧或右侧射向建筑物，这种方向的光线称为侧射光线或侧光。在侧光照射下，建筑形体的两个可见立面中一个受到阳光照射，光影多变；而另一面则处于阴面，这样可形成强烈的明暗对比，使立体增强了建筑形体的体积感。

3. 逆射光线

如图 5－32（c）所示，当光线从建筑形体的背后射向建筑形体时，也就是光线对着观察者迎面射来时，此时光线方向称逆射光或逆光。在逆光照射下建筑形体的两个主要可见立面均为阴面，但在背景衬托下，建筑物的外形轮廓具有明显、特殊的艺术效果。

（二）光线与画面的关系

根据光线投射方向与画面相对位置的不同，绘制透视阴影的光线可分为两类：一类是与画面平行的光线，无灭点，称为无灭光线；另一类是与画面相交的光线，有灭点，称为有灭光线。

1. 光线与画面平行

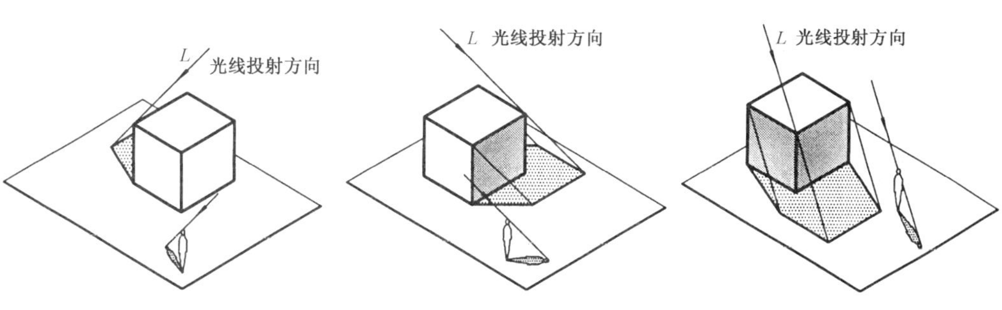

(a)顺光　(b)侧光　(c)逆光

图 5－32　光照的三种类型

当光线与画面平行时属于侧光。如图 5－33 所示，在此情况下光线与画面无交点，即无灭点。光线的透视与光线自身平行，光线的基透视与基线（或视平线）平行，因此只要给出光线的高度角（光线与地面的倾角），便可确定光线的方向。

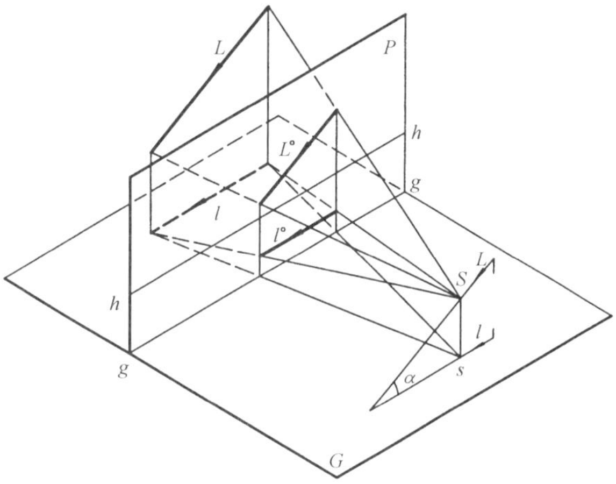

图 5－33　与画面平行的光线

2. 光线与画面相交

当光线与画面相交时，光线的方向在透视图中是用光灭点 F_L 及光基灭点 F_l 给定。如图 5－34（a）所示，当光线从观察者的背后射向画面

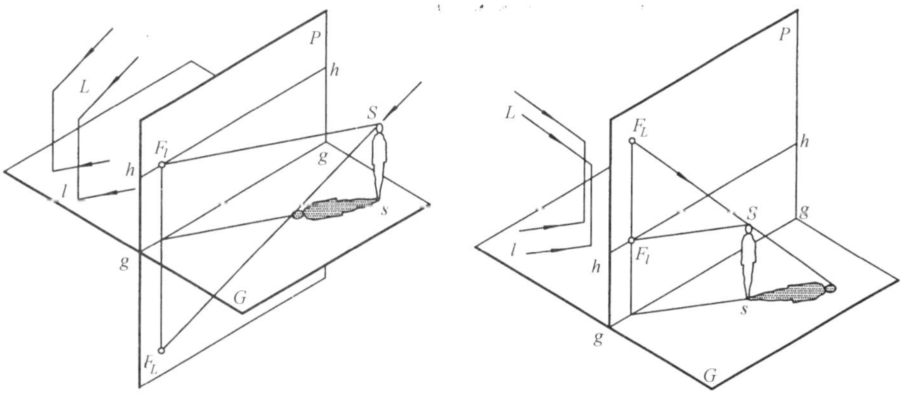

(a)射向画面正面的光线(下行)　(b)射向画面背面的光线(上行)

图 5－34　画面相交光线的灭点与光基灭点

为正射光线（顺光）时，其光灭点 F_L 在视平线 $h-h$ 的下方，光基灭点 F_l 在$h-h$上；当光线迎着观察者射向画面的背后时光线为逆射光，如图5－34（b）所示，此时光灭点 F_L 位于视平线 $h-h$ 的上方，而光基灭点 F_l 仍位于$h-h$上。

在绘制建筑形体透视时，因光线与建筑形体的相对位置不同，可形成不同的光照，如图5－35所示。不同类型光照可用光线的基面投影与建筑物的平面图的相互关系来确定。光照可分为四个不同的区域，即顺光区、右侧光区、逆光区及左侧光区。当光线在顺光区时，建筑物的两个可见立面均为阳面；当光线在右侧光区时，建筑物的右立面为阳面，左立面为阴面；当光线在逆光区时，建筑物的两个可见立面均为阴面；当光线在左侧光区时，建筑物的左立面为阳面，右立面为阴面。

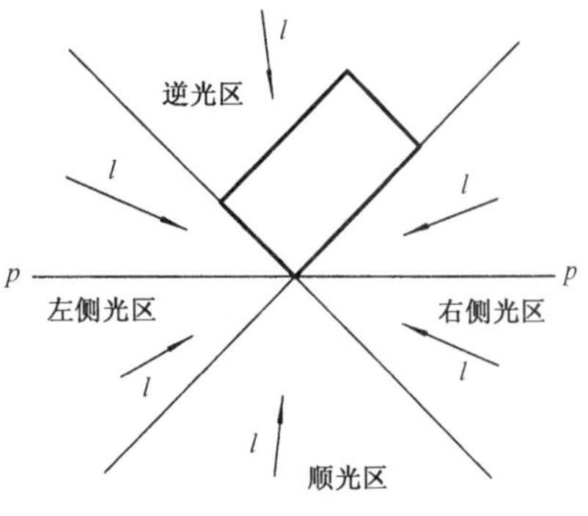

图5－35　光照的四个分区

图5－36表明光照类型与光灭点及建筑形体主向灭点之间的关系，其中：

图5－36（a）表明当光灭点 F_L 位于 $h-h$ 之下，且光基灭点 F_l 位于建筑物的两个主向灭点 F_x、F_y 之间时，光照为顺光。

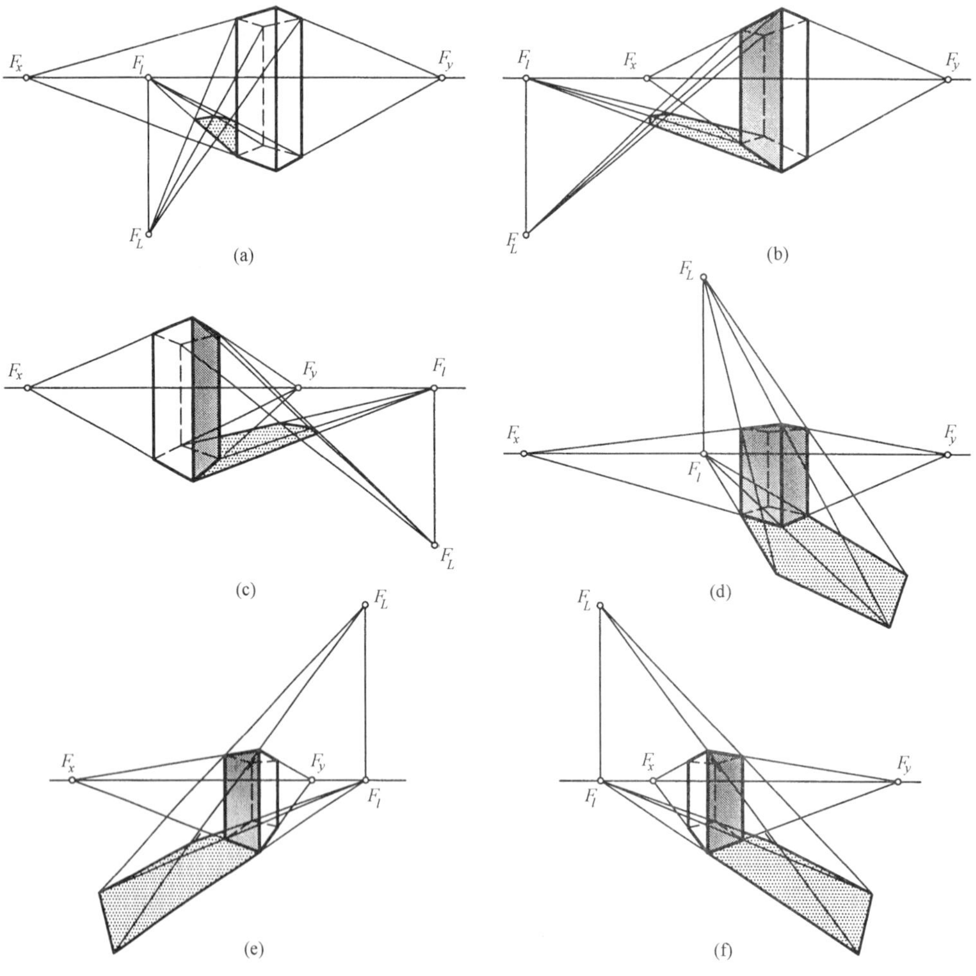

图5－36　光照与光灭点的关系

图5－36（b）表明当光灭点 F_L 位于 $h-h$ 之下，且光基灭点 F_l 位于建筑物的两个主向灭点 F_x、F_y 左侧时，光照为右侧顺光。

图5-36（c）表明当光灭点 F_L 位于 $h-h$ 之下，且光基灭点 F_l 位于建筑物的两个主向灭点 F_x、F_y 右侧时，光照为左侧顺光。

图5-36（d）表明当光灭点 F_L 位于 $h-h$ 之上，且光基灭点 F_l 位于建筑物的两个主向灭点 F_x、F_y 之间时，光照为逆光。

图5-36（e）表明当光灭点 F_L 位于 $h-h$ 之上，且光基灭点 F_l 位于建筑物的两个主向灭点 F_x、F_y 右侧时，光照为右侧逆光。

图5-36（f）表明当光灭点 F_L 位于 $h-h$ 之上，且光基灭点 F_l 位于建筑物的两个主向灭点 F_x、F_y 左侧时，光照为左侧逆光。

据上述分析可以得出：当光线方向与画面相交时，**在透视图中光照的性质是由光线的灭点及其基灭点与建筑形体的主向灭点之间的相对位置来决定的。**

二、光线与画面平行时透视阴影的画法

在透视图中加绘阴影的一般步骤为：确定光线的方向；分辨建筑物表面上的阴面与阳面，从而定出建筑物表面上的阴线；最后运用直线落影规律画出透视阴影。**直线在承影面上的落影，可看作是过直线的光平面与承影面的交线。**在建筑形体中，承影面一般为水平面、铅垂面，有时为倾斜面。

画面平行光线属于侧光，为无灭点光线，其透视与自身平行并反映光线对基面的倾角，光的基透视始终与 $h-h$ 平行，因此画面平行光可用光透视 L 与光基透视给定；也可直接用光线的高度角给定，并说明是左侧光还是右侧光；光线给定后便可确定建筑物表面上的阴面与阳面。

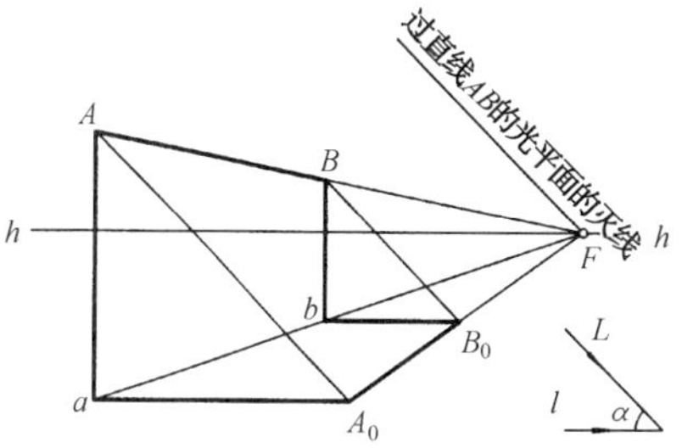

图5-37 足球门框在地面上的落影

［例5-4］如图5-37所示，求足球门框在地面上的落影。

分析与作图

足球大门的门框可看成是三段直线，其影就是各直线段的落影，勿需分出阴阳面，直接求作落影即可，作图步骤如下：

①过点 A、B 作光线 L 的平行线，再过 a、b 作光线基透视的平行线（平行于 $h-h$），对应两线的交点，即为点 A、B 在地面上的落影 A_0、B_0。

②连接 A_0、B_0，即为球门横梁 AB 在地面上落影 A_0B_0，因 AB 是水平线，与它在地面的落影平行，故有共同的灭点 F。A_0B_0 就是过 AB 的光平面与地面的交线。过直线 AB 的灭点 F 作光线 L 的平行线，即为过水平线 AB 的光平面的灭线。

③铅垂线 Aa 的落影，是过 Aa 的光平面（画面平行面）与地面的交线 A_0a，A_0a 与光线的基透视平行，即与 $h-h$ 平行。

④将 aA_0B_0b 相连即得足球门框在地面上的落影。

［例5-5］绘制图5-38所示的旗杆及单坡面房屋在给定光线下的阴影。

分析与作图

旗杆为铅垂直线，其在不同的承影面上产生落影，单坡屋面房屋的阴线为 $bBCDd$，作图步骤如下：

①先作旗杆在不同承影面上落影：过 Aa 作光平面 R（画面平行面），即过点 A 作 L 的平行线，过点 a 作 l 的平行线；求光平面 R 与地面及单

坡面房屋的交线，即过点 a 作 l 的平行线，与 be 交于点 1，与 cd 交于点 4，过点 1 作铅垂线与 BE 交于点 2，过点 4 作铅垂线与 CD 交于点 3。23 即为光平面与坡屋面 $BCDE$ 的交线；求交线 23 与过点 A 的光线的交点 A_0；连接 $a1$、12、$2A_0$ 即得 Aa 在地面、墙面、坡屋面上的落影。

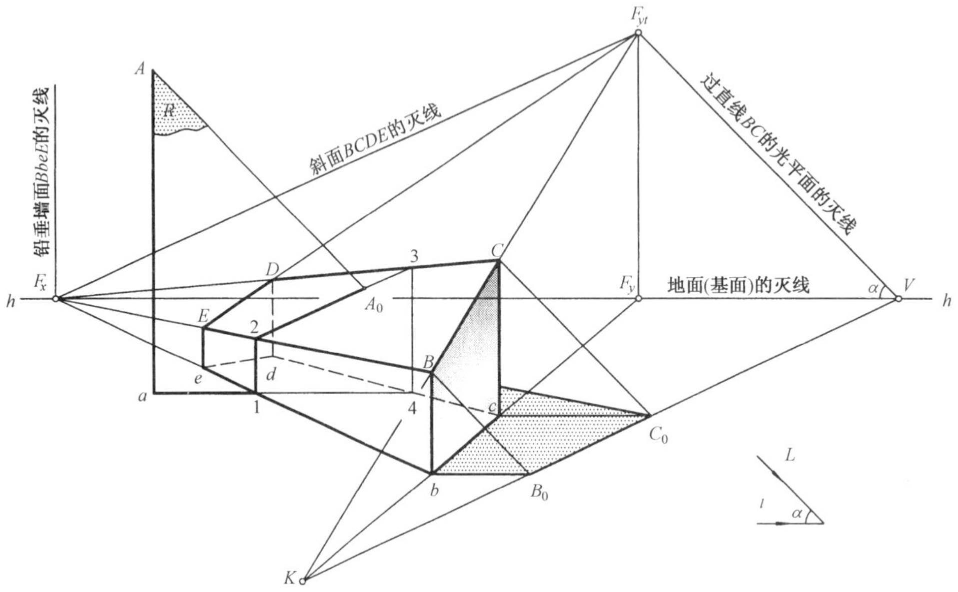

图 5－38　旗杆及单坡屋面房屋的阴影

由于旗杆 Aa 是一铅垂线与画面平行，因此过铅垂线的光平面 R 是画面平行面。因为两平行平面（画面和光平面）与同一平面（一般面 $BCDE$）相交，其交线必相互平行，所以铅垂线 Aa 在屋面 $BCDE$ 上的落影 $2A_0$（23）与屋面 $BCDE$ 的灭线 F_xF_{yt} 相互平行，即 23∥F_xF_{yt}。这一结论可推广为：**在画面平行光线下，任何画面平行线在各种位置承影面上的落影，始终与承影面的灭线平行**。这是直线的又一条落影规律。

②再作单坡屋面房屋的阴影。由于点 D 的落影不可见，作图时只要求出点 B、C 的落影，即可求得单坡面房屋的阴影。但应注意，水平线 CD 在地面上的落影与其自身平行，有共同的灭点 F_x。另外，还可利用斜阴线 BC 与承影面的交点 K 及过斜阴线 BC 的光平面的灭线与视平线（基面的灭线）的交点 V 求斜线 BC 的落影。具体步骤请读者自行分析。

［例 5－6］如图 5－39 所示，已知带附墙柱的双坡屋面房屋的两点透视，求在给定光线下的透视阴影。

分析与作图

由于光线从左上方射来，故右山墙面和附墙柱右侧面及后墙面为阴面，附墙柱的阴线为 $dDEFf$。阴影由两部分组成，一是两形体在地面上的落影，二是前方的附墙柱在双坡屋面房屋的墙面和屋面上的落影，作图步骤如下：

①求双坡屋面斜线 AB、BC 及后屋檐在地面上的落影：AB 的灭点是天际点 F_{yt}，过 F_{yt} 作光线 L 的平行线，与视平线 $h-h$ 的交点 V_1，V_1 是

AB 的落影 A_0B_0 的灭点。同理，BC 的落影 B_0C_0 的灭点为 V_2。后屋檐在地面上的落影与其自身平行，有共同的灭点 F_x。

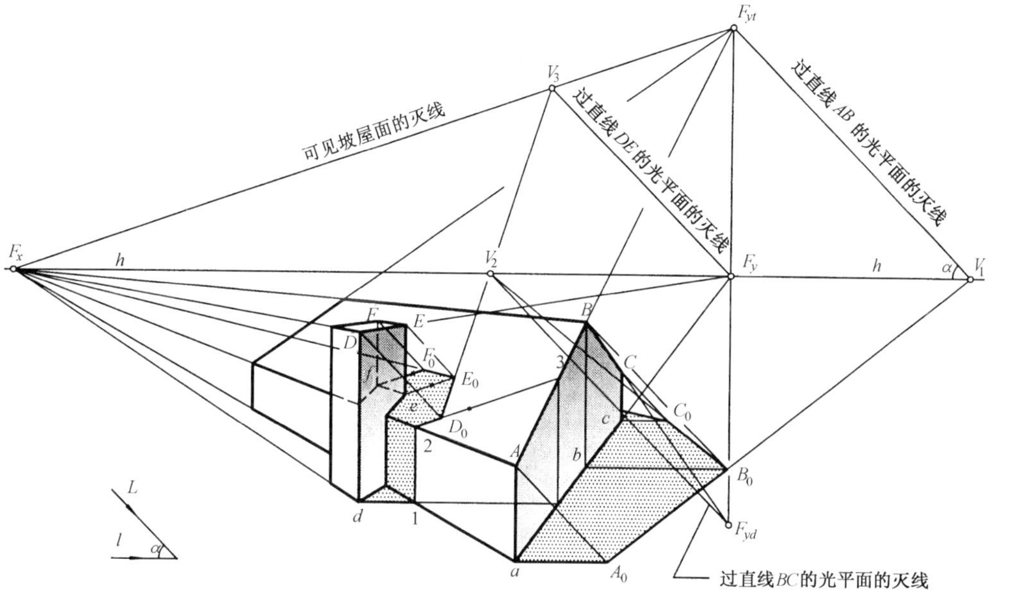

图 5－39　带附墙柱的双坡屋面房屋的阴影

②求附墙柱的落影：铅垂线 Dd 在地面落影 $d1$ 平行于光基 l，在墙面上落影 12 为铅垂线，在屋面的落影 $2D_0$ 应平行于坡屋面的灭线 F_xF_{yt}。于是用图 5－37 所述的方法求得了铅垂线 Dd 的在各承影面上的落影；DE 的灭点是 F_y，过 DE 的光平面灭线是过 F_y 作光线 L 的平行线，此线与坡屋面灭线 F_xF_{yt} 交于 V_3，V_3 是直线 DE 在坡屋面上的落影的灭点（V_3 又是过 DE 光平面的灭线与承影面即坡屋面灭线的交点），所以连接 V_3 与 D_0，则 V_3D_0 与过点 E 的光线相交，交点 E_0 即为点 E 在屋面上的落影；EF 在坡屋面上的落影与其自身平行，有共同的灭点 F_x。连接 E_0 与 F_x，E_0F_x 与过点 F 的光线相交，交点 F_0 即为点 F 在屋面上的落影。直线 23、eE_0、fF_0 均平行于坡屋面的灭线 F_xF_{yt}。

[例 5－7] 如图 5－40 所示，已知台阶的两点透视，求在给定光线下的透视阴影。

分析与作图

光线从左上方射来，台阶只有左右两块栏板的右侧面是阴面。右栏板的阴线是 $aABC$，左栏板的阴线是 $dDEF$，作图步骤如下：

①求右栏板阴线的落影：过点 A 作光线 L 的平行线，与过点 a 所作的光基线 l 的平行线相交得 A_0，同理作出 B_0（A_0B_0 与直线 AB 与地面的交点 K 共线），连 B_0 与 F_y，B_0F_y 与墙脚线交于 X_0，连 C 与 X_0，CX_0 即为 BC 在墙面上的落影，地面上的落影则为 $aA_0B_0X_0$。

②求左栏板阴线在地面、踢面、踏面、墙面上的落影：先求出点 D 在地面上的落影 D_0。再利用直线 DE 与地面的交点 K，连 K 与 D_0 并延长得折影点 1；扩大踢面 1，与阴线 DE 交于 G，点 G 在扩大的踢面 1 上的落影即为其本身，连 1 与 G 得折影点 2；扩大踏面Ⅱ，与阴线 DE 的延长

线交于 H，连 H 与 2 并延长得折影点 3；扩大踢面 2 与阴线 DE 的延长线交于 M，连 3 与 M 得折影点 4；扩大踏面Ⅲ，与过点 E 的铅垂线交于点 e，进而求得端点 E 在踏面Ⅲ上的落影 E_0，阴线 DE 在各承影面上的落影即为 $D_0 1234 E_0$。阴线 EF 在踏面Ⅲ、Ⅳ的落影与其自身平行，有共同的灭点 F_y，连 E_0 与 F_y 得折影点 5；扩大踢面 3 与阴线 EF 的垂线交于 N，连 5 与 N 得折影点 6，同理即可求出阴线 EF 在各承影面上的落影 $E_0 567F$。

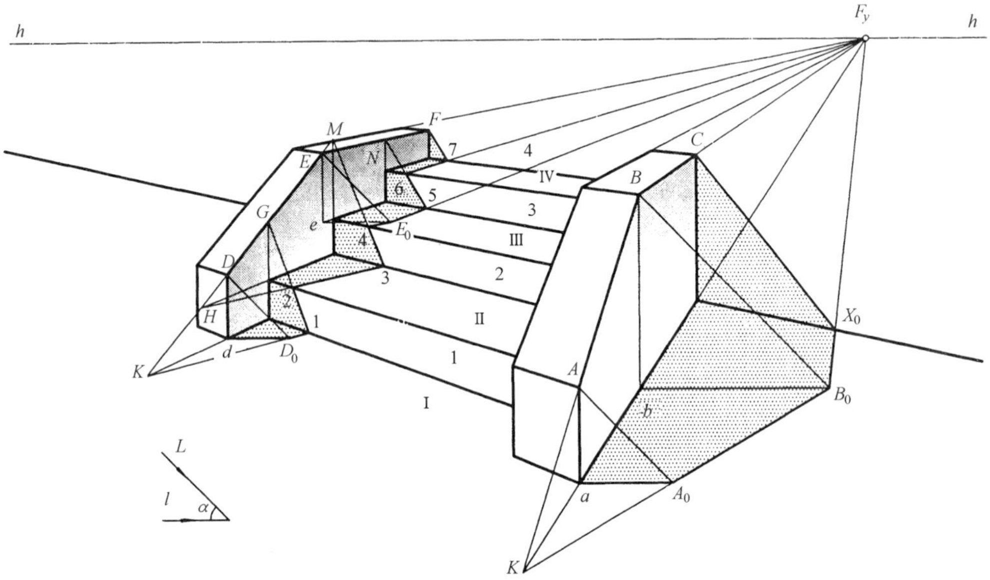

图 5-40　在画面平行光线下台阶的透视阴影

三、光线与画面相交时透视阴影的画法

在画面相交光线下，加画透视阴影时首先要用光灭点（F_L）及光基灭点（F_l）给定光线方向，再根据形体两主灭点 F_x、F_y 与 F_L、F_l 之间的相对位置确定光照性质（类型），进而分清形体表面的阴面与阳面，并找出阴线再求其落影。所以当光线是用形体上某一点的落影给定，或使用其他方法（如高度角与方位角）给定时，也都必须判定 F_x、F_y 与 F_L、F_l 之间的相对位置方可完成阴影作图。

［例 5-8］如图 5-41 所示，已知足球门框的透视和光线的灭点 F_L、F_l，求透视阴影。

分析与作图

此题与例 5-4 相同，但例 5-4 是求在画面平行光线下的落影，而此例则是求在画面相交光线下的落影。由于 F_L 在 $h-h$ 上方，故为逆光，另外门柱与横梁均可视为直线段，可直接求其落影，作图步骤如下：

①连 A 与 F_L，AF_L 即为过点 A 的光线，连 a 与 F_l，aF_l 为过点 A 的光线的基透视，两线的延长线相交于点 A_0，即为点 A 在地面上的落影。

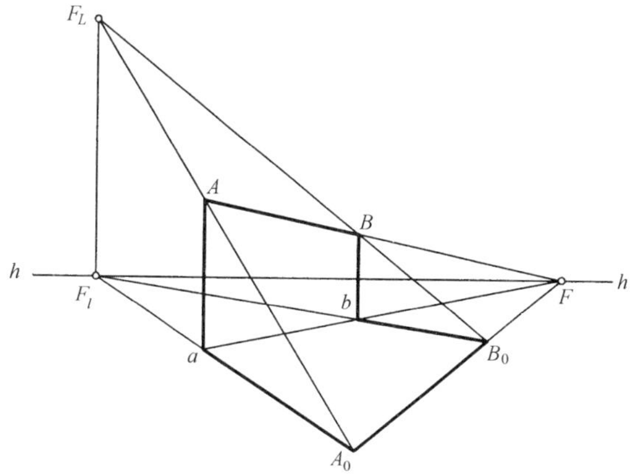

图5－41 足球门框在地面上的落影

②因 AB 在地面上的落影与其自身平行，有共同的灭点 F。所以连接 A_0 与 F 与 BF_L 的延长线相交得点 B_0，将 a、A_0、B_0、b 相连即得球门在地面上落影。

此例说明，**空间某点的落影一定是过点的光线透视与过该点的基的光基透视的交点**。铅垂线在地面的落影与光线基透视的方向相同，均消失于灭点 F_l。水平线在地面或水平面上的落影与其自身互相平行，故直线落影与水平线的灭点相同。

［例5－9］绘制图5－42所示的旗杆及单坡屋面房屋在给定光线（F_L、F_l）下的阴影。

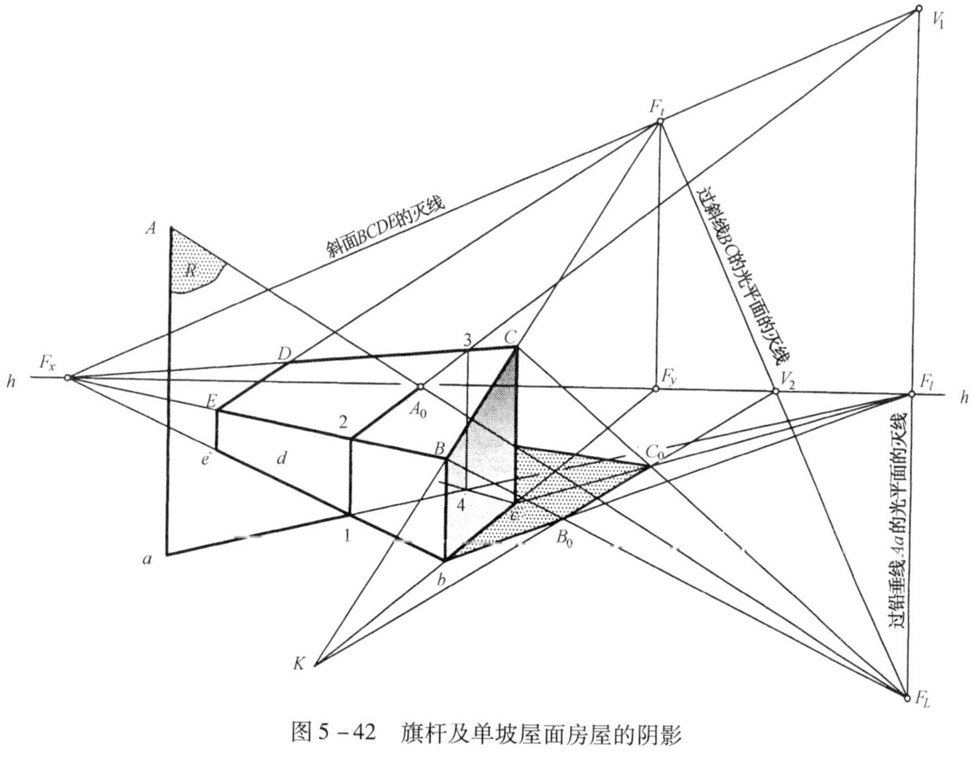

图5－42 旗杆及单坡屋面房屋的阴影

分析与作图

此题与例5－5相同，但例5－5是求在画面平行光线下的落影，而此例则是求在画面相交光线下的落影。由于 F_L 在 $h-h$ 下方，且光基灭点 F_l 位于两个主向灭点 F_x、F_y 的右侧，光线属左侧顺光，故单坡屋面房屋的阴线为 $bBCDd$，旗杆为铅垂直线，求其在不同的承影面上产生落影，作图步骤如下：

①先作旗杆在不同承影面上的落影：过 Aa 作光平面 R，即连 A 与 F_L 和 a 与 F_l；求光平面 R 与地面及单坡面房屋的交线，即 aF_l 直线与 be 交于点 1，与 cd 交于点 4，过点 1 作铅垂线与 BE 交于点 2，过点 4 作铅垂线与 CD 交于点 3。23 即为光平面与坡屋面 $BCDE$ 的交线；求交线 23 与过点 A 的光线 AF_L 的交点 A_0，即为点 A 在斜面上的落影；连接 $a1$、12、$2A_0$ 即得 Aa 在地面、墙面、坡屋面上的落影。影子 $2A_0$ 的灭点是斜面 $BCDE$ 的灭线 F_tF_x 与过 Aa 的光平面的灭线 F_LF_l 的交点 V_1，因此 $2A_0$ 应通过点 V_1。

②再作单坡屋面房屋的阴影。由于点 D 的落影不可见，作图时只要求出点 B、C 的落影 B_0、C_0，即可求得单坡屋面房屋的阴影。但应注意，水平线 CD 在地面上的落影与其自身平行，有共同的灭点 F_x。另外，B_0C_0 还应通过斜阴线 BC 与承影面的交点 K 及基面灭线（视平线）与过斜阴线 BC 的光平面的灭线 F_tF_L 的交点 V_2。

［例 5－10］绘出图 5－43 所示的平屋顶房屋在给定光线下（光线的方向是由点 A 在墙面上的落影 A_0 来给出）的阴影。

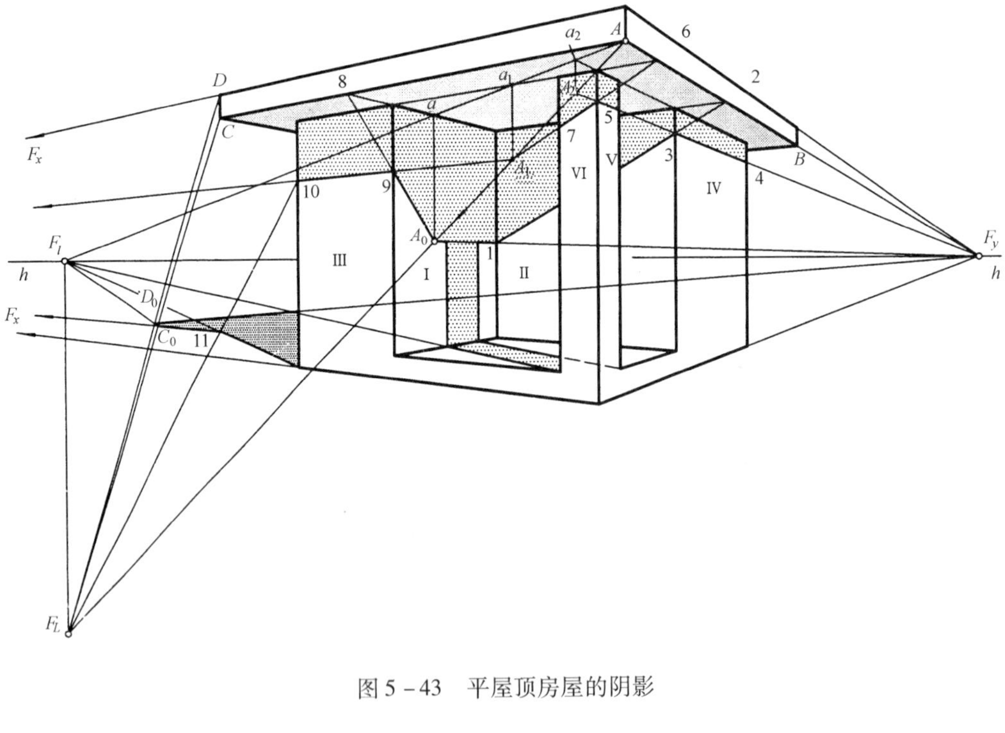

图 5－43　平屋顶房屋的阴影

分析与作图

在一般情况下是先设定光线的灭点 F_L。但也可以为了得到合理的阴影分布，先设定房屋某一点的落影位置，再反过来求出其光线灭点及光基灭点的位置。图中屋顶上的点 A 在内墙面上的落影为 A_0，AA_0 就是光线的方向。为求出光基灭点，可将光线 AA_0 在屋顶下表面（视为升高的基面）上的投影 Aa 视为光线的基透视，由此可求出光灭点 F_L 与光基灭点 F_l。由图中可看出：所得的 F_L 在 $h-h$ 之下，且 F_l 在两主向灭点之间，因此可以断定光照属顺光，除了屋顶的下表面外，所有可见表面均为阳面，作图步骤如下：

①先作阴线 AB、AC 在墙面Ⅰ、Ⅱ、Ⅲ、Ⅳ、Ⅴ、Ⅵ上的落影：过 A_0 作铅垂线与墙面Ⅰ的上边线交于点 a，将 Aa 相连并延长交 $h-h$ 于点 F_l 即光基灭点，再过 F_l 作垂线与 AA_0 的延长线相交，得到光灭点 F_L；阴线 AB 在墙面Ⅰ、Ⅳ、Ⅴ上的落影与其自身平行，有共同的灭点 F_y，连 A_0F_y 可在墙面Ⅰ上得落影 $A_0$1，点 A 在墙面Ⅳ上的虚影为 A_2，连 A_2F_y 在墙面Ⅳ、Ⅴ上得落影 34、5（也可延长交线在 AB 上得点 2，连 12 得落影 13，进而得落影 34、5），13 相连即为 AB 在墙面Ⅱ上的落影；阴线 AC 在墙面Ⅲ上的落影与其自身平行，有共同的灭点 F_x，点 A 在墙面Ⅲ上的虚影为 A_1，连 A_1F_x 在墙面Ⅲ上得落影 910（也可延长交线在 AC 上得点 8，连 $A_0$8 得落影 $A_0$9，进而得落影 910），$A_0$9 相连即为 AC 在墙面Ⅰ上的落影；有虚影 A_1 后，可连 $A_1$5 得落影 57（或连 56 并延长得落影 57）。

②再作柱子在室内地面上的落影：直接利用 F_l 便可求出柱子在地面上的落影，进而作出其在墙面Ⅰ上的落影。

③最后作房屋在基面上的落影：可利用 F_l、F_l 求得房屋在地面上的落影（注：$11C_0$ 灭于 F_x）。

［例 5－11］绘出图 5－44 所示的房间内部在给定光线下的阴影。

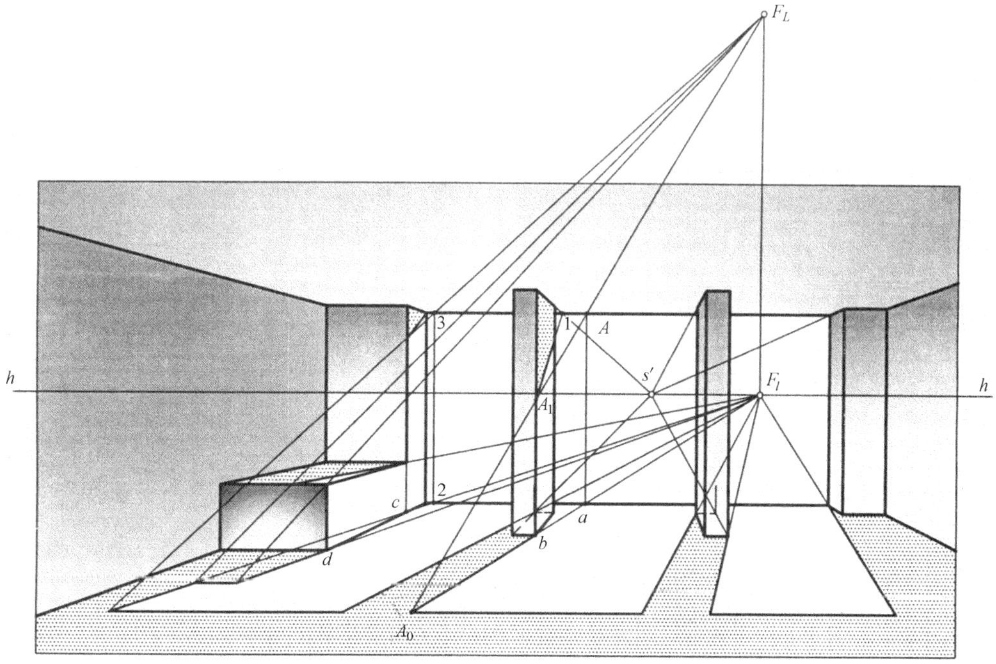

图 5－44 在右侧逆射光线下室内的阴影

分析与作图

本例为一点透视，由于 F_l 在 $h-h$ 上方，光基灭点 F_l 位于主点 s' 的右侧，光照为右侧逆光，故房间内可见左侧表面为阳面，可见右侧表面为阴面，室外表面为阳面，室内表面为阴面，棚面也为阴面，根据上述分析房间内外的阴线很容易确定，作图步骤如下：

为求门洞的落影，可通过阴线的基点 b 连 F_l，与檐口线的基透视交于点 a，进而得到点 A，连接 A、F_l，bF_l、AF_L 两线交于点 A_0，即为檐口线上的点 A 在地面的落影。檐口线平行于视平线，其在地面上的落影也平行于视平线；铅垂阴线在地面上的落影过光基灭点 F_l；阴点 A 在柱子上的落影为点 A_1，延长交线与檐口线交于点 1，连接 $1A_1$ 即为檐口线在柱子上的落影。其余作图请读者自行分析。

四、透视阴影在建筑设计中的应用

透视图主要是用于画效果图，不加绘阴影的效果图会产生失真的感觉，不自然、不生动、感染力差，因此为使效果图更贴近自然、更具感染力、更栩栩如生，效果图中一定要加上阴影。图 5－45 给出一带阴影的效果图实例，供读者参考。

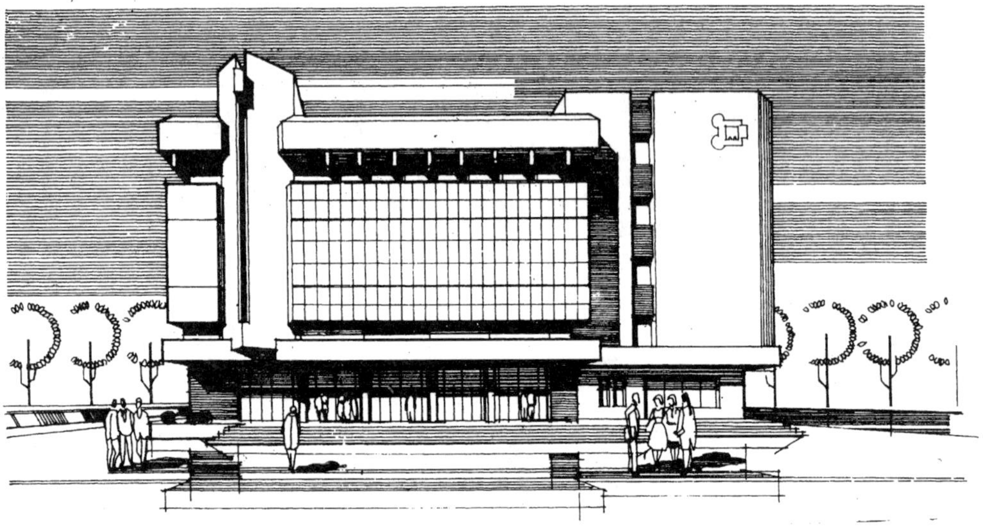

图 5－45　透视阴影应用实例

思　考　题

1. 建筑图中为什么要加画阴影，其意义如何？

2. 阴影是怎样形成的？什么是阴面、阳面？什么是阴线与影线？两者有何关系？

3. 直线的落影规律主要有哪些？

4. 在正投影的阴影中光线的方向是怎样选定的？何谓常用光线？用常用光线画图有何优点？

5. 正投影阴影中点和直线的落影该如何画出？

6. 平面图形的落影应如何求出？特殊位置平面上的阴面与阳面如何判断？

7. 正投影中，圆的落影在什么情况下是圆，什么情况下是椭圆？该如何画出其落影？

8. 常见建筑细部的落影有哪些？举例说明其画法。

9. 透视图中光线照射分区有哪些？什么是顺光？什么是逆光？什么是侧光？

10. 与画面平行的光线在透视图中该如何给出？有什么特征？

11. 画面相交光线在透视图中该如何表示？如何判别光线是处于哪个光区（即属于何种光照）？判别光照的目的是什么？

12. 举例说明常见建筑细部的透视阴影的画法，如踏步的阴影、屋檐处阴影画法等。

第六章　建筑制图基本知识

绘制和阅读建筑装饰工程图样，除涉及许多专业知识和美学修养外，还必须具备一定的绘图基本知识及技能，如绘图工具和仪器的使用、建筑制图国家标准的了解与掌握以及几何作图等方面的知识。

第一节　绘图工具和仪器的使用方法

建筑装饰工程图样是建筑装饰设计与施工的工程技术语言。长期以来，人们以笔、尺和圆规在图板上进行手工绘图，正确使用笔、尺、圆规、图板等绘图工具和仪器，是保证绘图质量和加快绘图速度的一个重要方面，因此，必须养成正确使用、维护绘图工具和仪器的良好习惯。

（一）图板，丁字尺和三角板

图板、丁字尺、三角板及其用法如图 6－1（a）所示。图板是用来铺放与固定图纸的垫板，要求表面平整光洁，又因它的左侧作为丁字尺上下移动的导向边，所以必须平直。

丁字尺是画水平线的长尺。画图时，左手扶住尺头，使尺头始终紧靠图板左侧的导向边，移动到需要画线的位置，自左向右画水平线。

三角板除了直接用来画直线外，也可配合丁字尺画铅垂线和与水平线成30°、45°、60°角的倾斜线；用两块三角板配合还能画与水平线成15°、75°角的倾斜线，如图 6－1（b）所示。画斜线时，应沿板边按从左向右的方向画。用三角板和丁字尺画竖直线时，应按光线从左上方射来、沿迎光的板边自下而上画，这种方式也是其他绘图方式的基础，是必须了解与掌握的技能。下面介绍一些常用的手工绘图工具、仪器及其使用方法。

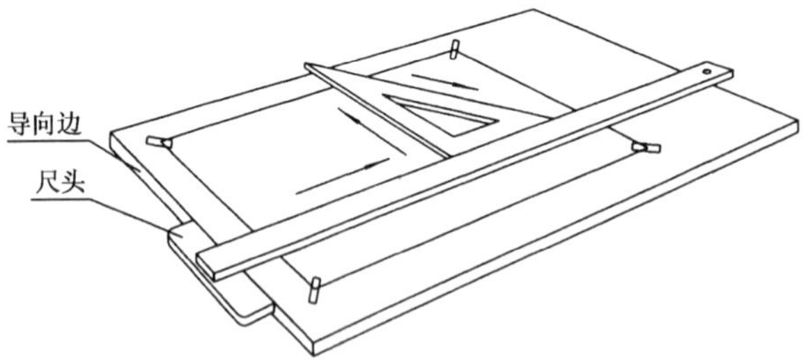

(a)画水平线、竖直线和60°斜线示例

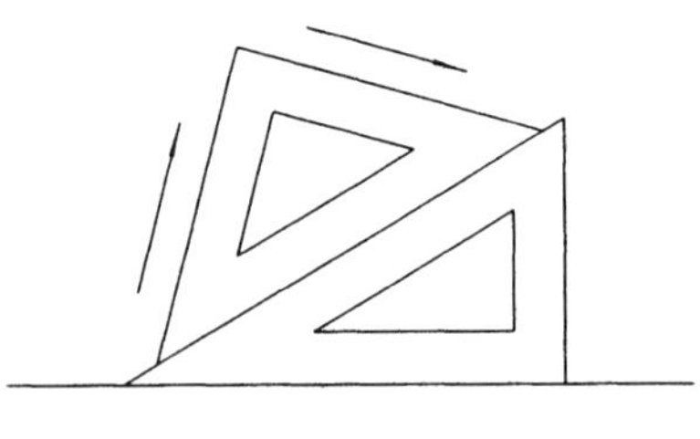

(b)画15°、75°斜线示例

图 6－1　图板、丁字尺、三角板的用法

（二）分规

分规是用来量取线段的长度和分割线段、圆弧的工具。如图 6－2（a）所示，分规两脚的针尖在并拢后，应能对齐。图 6－2（b）是用分规五等分直线段 AB，作为用分规等分线段的用法举例，这种方法称为试分法。试分的过程如下：先按目测，将分规两针张开约 $AB/5$ 长，在线段

AB 上连续量取五次，若分规的终点 *C* 落在点 *B* 之外，应将张开的两针间距缩短*BC*/5，若终点 *C* 落在点 *B* 之内，则将张开的两针间距增大 *BC*/5，重新再量取，直到点 *C* 与点 *D* 重合为止。此时分规张开的距离即可将线段 *AB* 五等分。等分圆弧的方法与等分线段的方法类似。

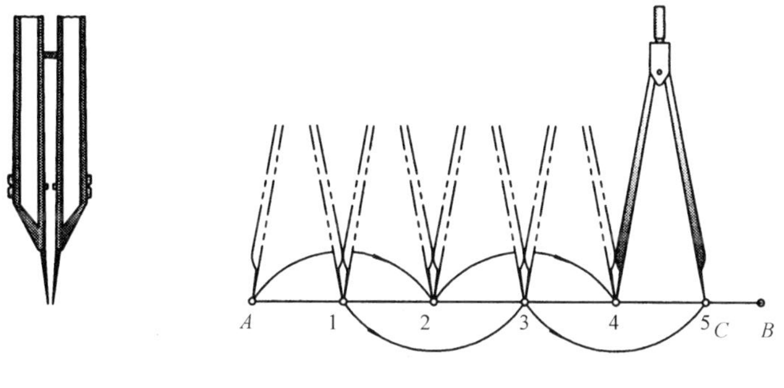

(a)针尖应对齐　　(b)用试分法等分直线段

图 6－2　分规的用法

（三）圆规

圆规是画圆和圆弧的专用仪器。如图 6－3 所示，在使用圆规前，应先调整针脚，使针尖略长于铅芯。在使用圆规画图时，应将圆规向前进方向稍微倾斜；画较大圆时，应使圆规两脚都与纸面垂直。针腿两端的形状不同，画圆时采用有台肩的一端，以免针尖下陷，使圆心变大，影响作图准确性。为了扩大圆规的功能，圆规一般配有三种插腿：铅芯插腿（画铅笔圆用）、墨笔插腿（画墨线圆用）、钢针插腿（代替分规用）。画大圆时还可在圆规上接一个延伸杆，以扩大圆的半径。画铅笔线圆或圆弧时，所用铅芯的型号要比画同类直线的铅笔软一号。例如画直线时用 B 铅芯，画圆时则用 2B 铅芯。

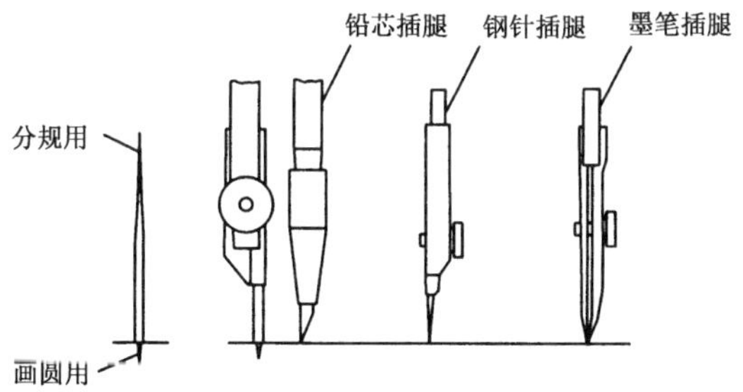

图 6－3　圆规的各种插腿

（四）铅笔

铅笔用于画图线及写字，是手工绘图必不可少的工具。绘图铅笔的一端有铅芯软硬程度的标记，H、2H、3H…表示硬铅芯，H 前的数字越大，表示铅芯越硬；B、2B、3B…表示软铅芯，B 前的数字越大，表示铅芯越软。HB 表示铅芯软硬适中。画粗实线常用 B、2B 铅芯的铅笔，写字用 HB 或 H 铅芯的铅笔，画细线用 H 或 2H 铅芯的铅笔。削铅笔时应保留其软硬程度的标记，画粗实线的铅笔芯一般用砂纸磨成方头，先把铅芯磨成厚为线宽 b 的两个平行平面，再把一侧的柱面磨成与两个平面垂直的平面，最后把带柱面的一侧磨成斜面，使用时将带柱面的一侧朝上即可；其余用途时应磨成圆锥状，见图 6 -4。

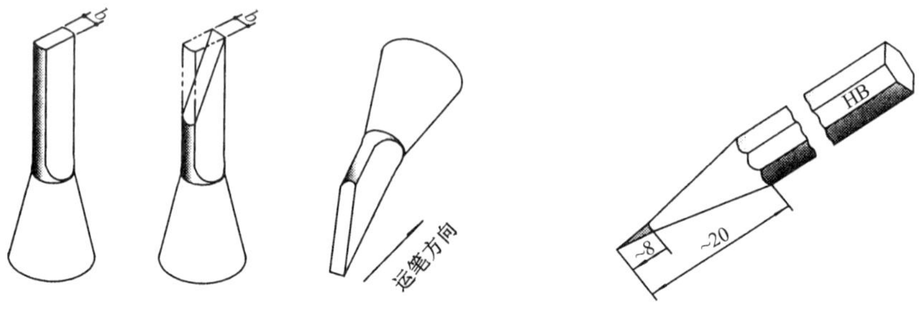

(a)画粗实线的铅笔　　(b)画细线及写字的铅笔

图 6 -4　铅笔

第二节　制图的基本规定

为了做到工程图样的统一，满足设计、施工、管理和技术交流等要求，制图时必须遵守制图国家标准。

本节主要介绍中华人民共和国建设部颁布的《房屋建筑制图统一标准》（GB/ T50001—2001）并参照《技术制图——字体》GB/T14690—1993 标准中有关工程制图方面的规定，内容包括图幅、比例、图线、字体、尺寸标注和常用建筑材料图例等。

（一）图纸幅面及规格

图纸幅面即图纸的长边和短边确定的长方形图纸的大小。为了便于保管图纸，其幅面的尺寸应符合表 6 - 1 的规定及图 6 - 5 所示的格式。需要时也可以选取规定的加宽尺寸。

表 6 - 1　　基本幅面尺寸

基本幅面代号	A0	A1	A2	A3	A4
$B \times L$	841 × 1189	594 × 841	420 × 594	297 × 420	210 × 297
a	25				
c	10			5	

注：1. 表中尺寸单位为毫米；
2. 表中 A0 表示整张图纸，A1 是 A0 纸的对折裁开，A2 是 A1 纸的对折裁开，其余类推。

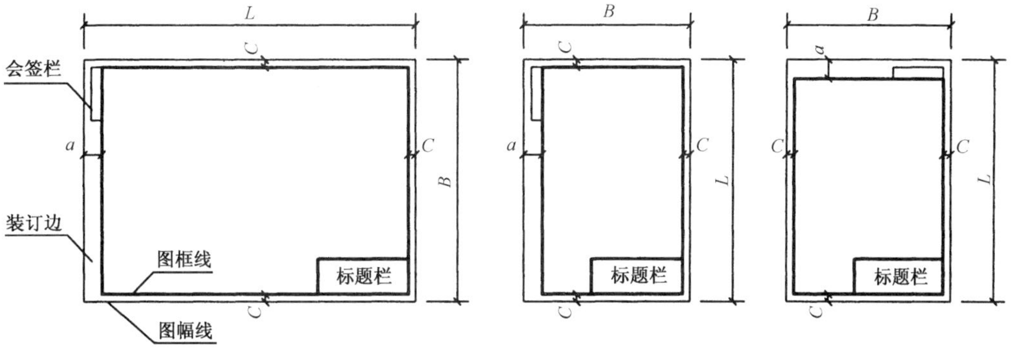

(a)横式幅面　　(b)立式幅面　　(c)立式幅面

图 6－5　图幅及图框格式

（二）标题栏及会签栏

工程图样作为技术文件具有法律效力，因此国标中规定“在图纸中规定的位置上，必须将：图纸名称、编号、设计单位、设计人员、校核人员以及日期等内容集中于一个表格内，此表格称标题栏或称图标。”

会签栏包含实名列和签名列，是各工种负责人审验后签字的表格，一般放在装订边内。在涉外工程中设计单位名称上应加“中华人民共和国”中文字样，在工程名称及各项主要内容的中文下方应附有译文。

标题栏及会签栏的格式参照图 6－6 所示。

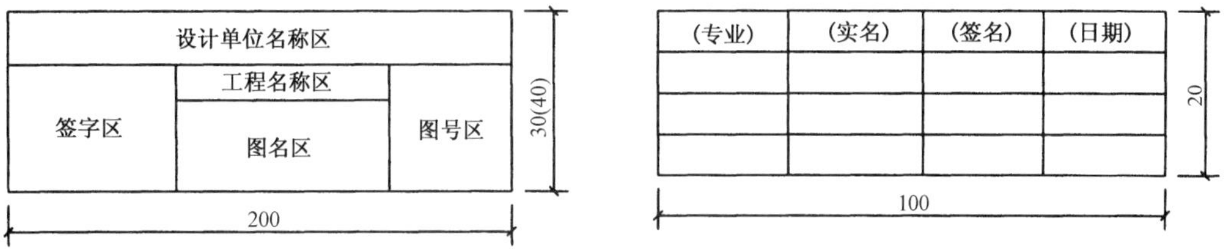

(a) 标题栏　　(b) 会签栏

图 6－6　标题栏及会签栏

（三）比例

在工程图样中往往不可能将图形画成与实物同样的大小，如房屋即使用最大的图纸也无法容纳；而一个机械手表中的零件要按实际大小绘出也是不可想象的，且毫无意义，因此就必须按一定比例缩小或放大进行绘制所要表达的工程物体的图样。

比例是指图形与实物相对应的线性尺寸之比，即**图距：实距＝比例**。无论是放大或缩小，比例关系在标注时都应把图中量度写在前面，实物量度写在后面。比值为 1 的比例称为**原值比例**，比值小于 1 的比例称为**缩小比例**，比值大于 1 的比例称为**放大比例**。

无论采用放大或缩小的比例画图，**标注尺寸时必须标注工程形体的实际尺寸**。如图 6－7 所示。

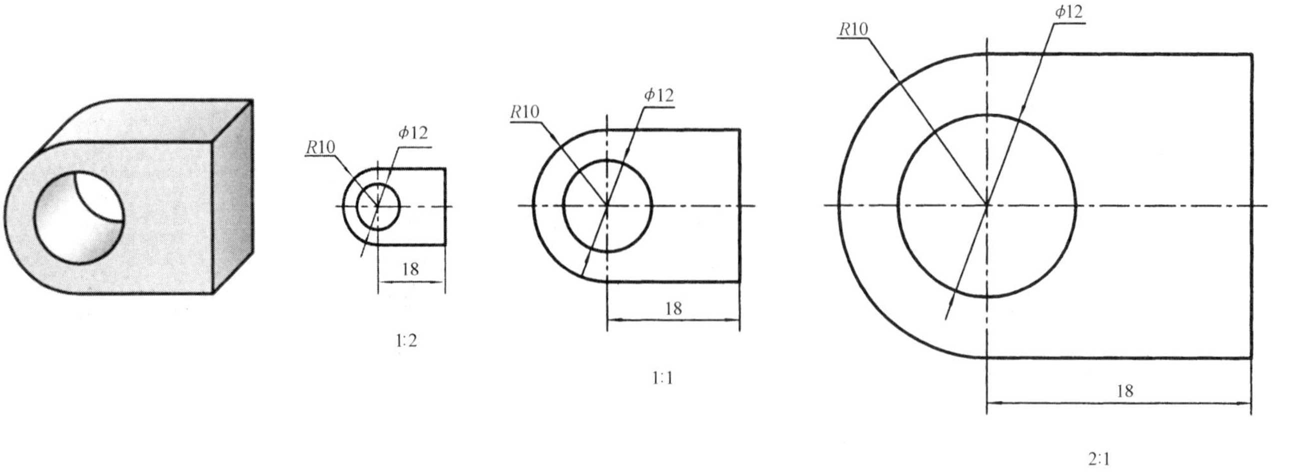

图 6－7　用不同比例画出的图形

绘图所用比例，应根据所绘图样的用途与被绘对象的复杂程度从表 6－2 中选取，并优先选用表中常用比例。

表 6－2　　绘图所用的比例

常用比例	1:1、1:2、1:5、1:10、1:20、1:50、1:100、1:150、1:200、1:500、1:1000、1:2000、1:5000、1:10000、1:20000、1:50000、1:100000、1:200000
可用比例	1:3、1:4、1:6、1:15、1:25、1:30、1:40、1:60、1:80、1:250、1:300、1:400、1:600

（四）图线

在建筑制图中，为了使所画图形清晰、美观，国标把图线分成若干种类型和粗细，画图时可根据所画图线表达的内容主次和用途的不同而选用不同图线。

1. 线宽：线宽即线条粗细度，国标规定了三种线宽：粗线（b），中线（0.5b），细线（0.25b）。其中 b 为线宽代号，线宽 b 系列从 0.18 ~ 2.0 共 8 级，常用的线宽组合如表 6－3 所示，同一幅图纸内，相同比例的图样应选用相同的线宽组合。

表 6－3　　常用线宽组合（mm）

线宽比	线宽组					
b	2.0	1.4	1.0	0.7	0.5	0.35
0.5b	1.0	0.7	0.5	0.35	0.25	0.18
0.25b	0.5	0.35	0.25	0.18	—	—

注：1. 需要缩微的图纸，不宜采用 0.18mm 及更细的线宽。
　　2. 同一张图纸内，各不同线宽中的细线，可统一采用较细的线宽组的细线。

2. 图线规格：国标列出了不同粗细的实线、虚线、点划线、双点划线及折断线、波浪线等式样，供建筑工程各专业选用，如表 6－4 中所示。

表 6-4 常用图线种类及用途

名称		线型	线宽	一般用途
实线	粗		b	主要可见轮廓线
	中		0.5b	可见轮廓线
	细		0.25b	可见轮廓线、图例线
虚线	粗		b	见各有关专业制图标准
	中		0.5b	不可见轮廓线
	细	1 4	0.25b	不可见轮廓线、图例线
点画线	粗		b	见各有关专业制图标准
	中		0.5b	见各有关专业制图标准
	细	111 15~25	0.25b	中心线、对称线等
双点画线	粗		b	见各有关专业制图标准
	中		0.5b	见各有关专业制图标准
	细	11111 15~25	0.25b	假想轮廓线、成型前原始轮廓线
折断线			0.25b	断开界线
波浪线			0.25b	断开界线

如图 6-8 所示，绘图时通常应遵守以下几点：

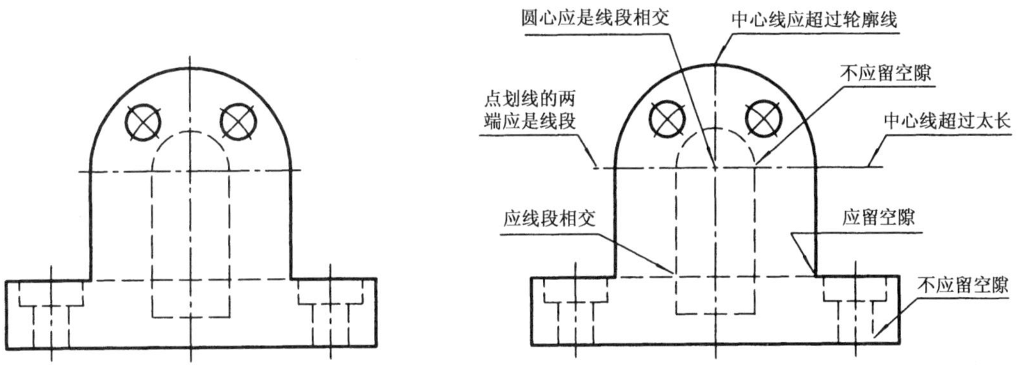

(a)正确　(b)错误

图 6-8 图线在相交、相切处的交接处理

①在同一图样中，同类图线的宽度应一致。虚线、点划线及双点划线的线段长度和间隔应各自大致相等。

②相互平行的图线（包括剖面线），其间隙不宜小于粗实线的宽度，其最小距离不得小于 0.7mm。

③绘制圆的对称中心线（简称中心线）时，圆心应为线段交点。点划线和双点划线的起止端应是线段而不应是短划。

④在较小的图形上绘制点划线、双点划线有困难时，可用细实线代替。

此外，还应注意：

①轴线、对称中心线、折断线和作为中断线的双点划线，应超出轮廓线 2 ~ 5mm。

②点划线、虚线和其他图线相交时，都应在线段处相交，不应在空

隙或短划处相交。

③当虚线处于粗实线的延长线上时，粗实线应画到分界点，而虚线应留有空隙。当虚线圆弧和虚线直线相切时，虚线圆弧的线段应画到切点，而虚线直线需留有空隙。

（五）字体

工程图样中大量地使用汉字、数字及拉丁字母和一些符号，它们是工程图样的重要组成，字体质量不好不仅会影响图面质量也会给工程造成损失，因此国标对字体也做了严格规定，不得随意书写。

1. 汉字

国标中规定汉字应书写成长仿宋字，并遵守国务院正式颁布的《汉字简化方案》。汉字常用的字号（字高）有：3.5、5、7、10、14、20 这六种，字宽约为高的2/3，即 $b=2/3h$。

长仿宋字的特点是：笔画刚劲、排列均匀，起落带锋、整齐端庄。下面给出一些长仿宋字字例，供书写时参照。

字体工整 笔画清楚 间隔均匀 排列整齐

横平竖直 注意起落 结构均匀 填满方格

技术制图机械电子汽车航空船舶土木建筑矿山井坑港口纺织服装

螺纹齿轮端子接线飞行指导驾驶舱位挖填施工引水通风闸阀坝棉麻化纤

2. 字母、数字

拉丁字母、阿拉伯数字及罗马字根据需要可以写成直体或斜体。斜体字一般倾斜75°，当与汉字一块书写时宜写成直体。拉丁字母及数字书写字例如图6-9所示。

图6-9　拉丁字母、阿拉伯数字、罗马字字例

（六）尺寸标注

尺寸是图样的重要组成部分，也是进行施工的依据，尺寸标注错误或不当将会影响生产。因此国标对尺寸画法、标注都做了较详细规定，设计时应遵照执行。

1. 尺寸标注的四项要素（如图 6－10 所示）

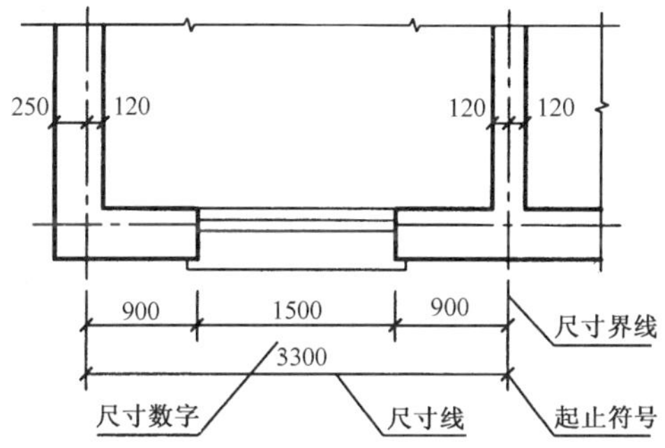

图 6－10　尺寸标注四要素

①尺寸界线：一般从被标注图形轮廓线两端引出，并垂直所标注轮廓线，用细实线绘制。尺寸界线有时也可用轮廓线替代。

②尺寸线：画在尺寸界线之间并与所标图形轮廓线平行，也用细实线画出并刚好画到与尺寸界线相交为止，尺寸界线应长出尺寸线2～3mm。

③尺寸起止符号：一般在尺寸线与尺寸界线的相交处画一条长为 1～2mm，宽为 $b/2$ 的 45°短斜线，其倾斜方向以尺寸界线顺时针成 45°。对于直径、半径及角度在反映圆弧形状的视图上，其尺寸起止符号则改用箭头表示（见图 6－14）。

④尺寸数字：尺寸数字一律用阿拉伯数字注写，单位一般为 mm，均不用标出。尺寸数字是指工程形体的实际大小而与绘图比例无关。

尺寸数字一般注在尺寸线中部的上方，字头朝上；竖直方向尺寸的尺寸数字应注写在尺寸线的左侧、字头朝左；倾斜方向尺寸数字的注写方向应保持向上的趋势，如图 6－11 所示。

当倾斜线处于 30°影线区内时，则应按图 6－12 的形式标注。

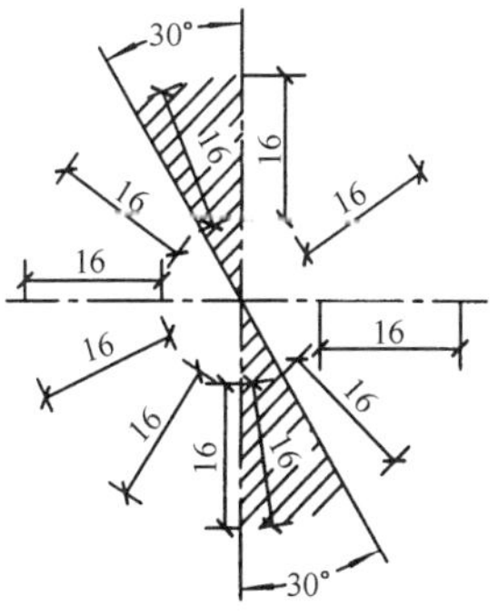

图 6－11　倾斜线尺寸数字的标注

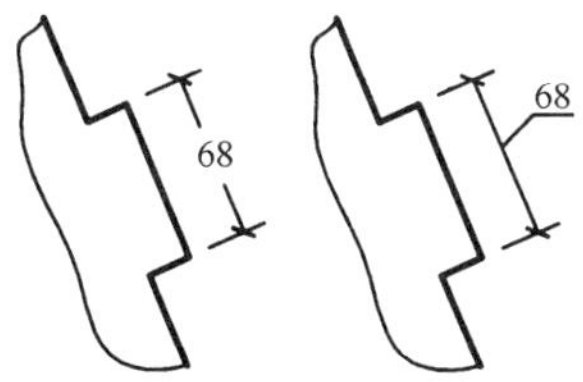

图 6－12　禁标区内尺寸数字的注写方式

当尺寸界线间隔较小时，可按图 6－13 形式注写。

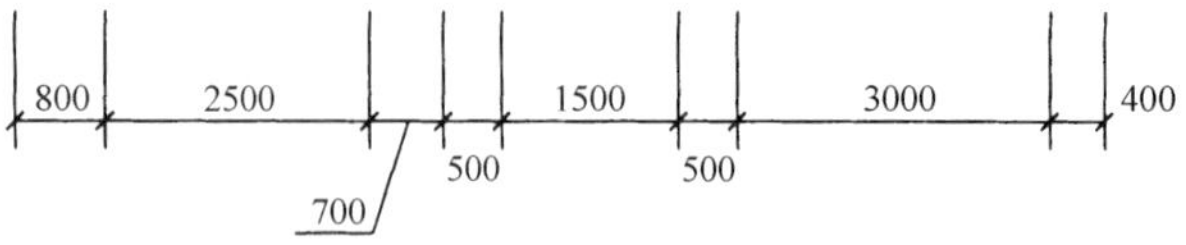

图 6－13　小尺寸注法

2. 直径、半径尺寸的标注

①直径尺寸：整圆或大于半圆的圆弧标注时都应注直径，并在数字前加注直径符号“ϕ”，各种直径的标注形式，如图 6－14 所示。

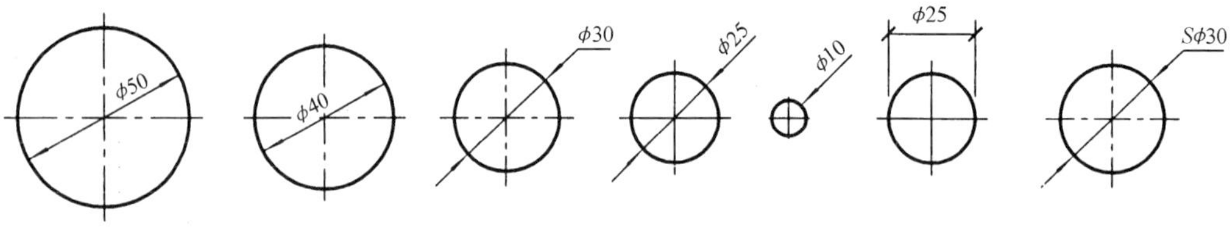

图 6－14　直径尺寸标注

②半径尺寸：标注半圆或小于半圆的圆弧时应标注半径，并在数字前加注半径符号“R”表示半径。半径尺寸线一端位于圆心处，另一端用箭头指至圆弧上。各种半径的标注形式如图 6－15 所示。

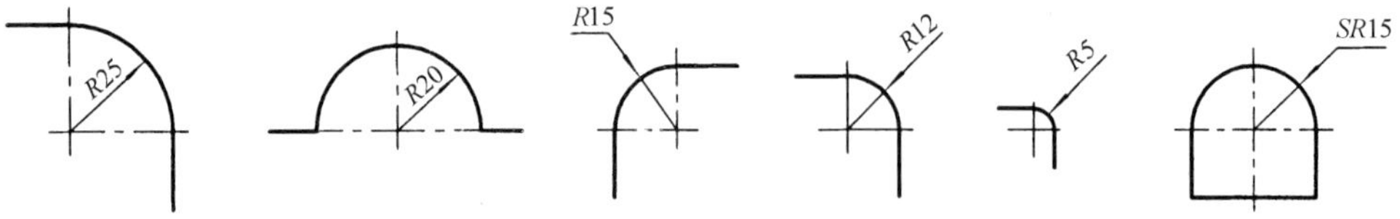

图 6－15　半径尺寸标注

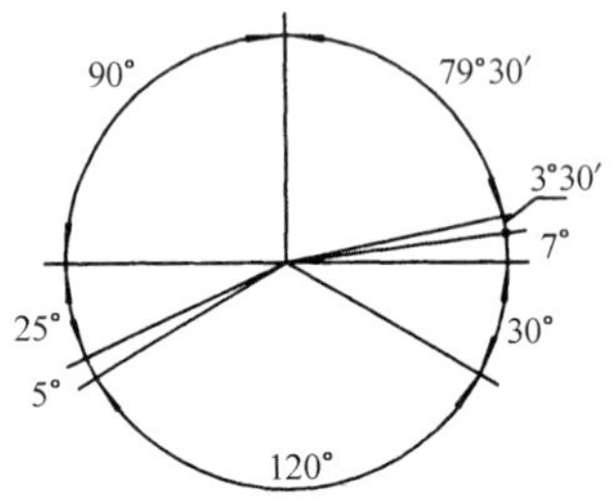

图 6－16　角度尺寸标注

③球的尺寸标注：球的半径或直径，标注时应在 R 或 ϕ 之前加注 S（sphere），如 SR、$S\phi$。

④角度尺寸的标注：角度尺寸线是以角的顶点为圆心的圆弧，起止符号用箭头，角度数字一律应水平书写，如图 6－16 所示。

（七）建材符号

在建筑工程图样中，所用建筑材料要用材料符号表示。常用建材符号如图 6－17 所示。

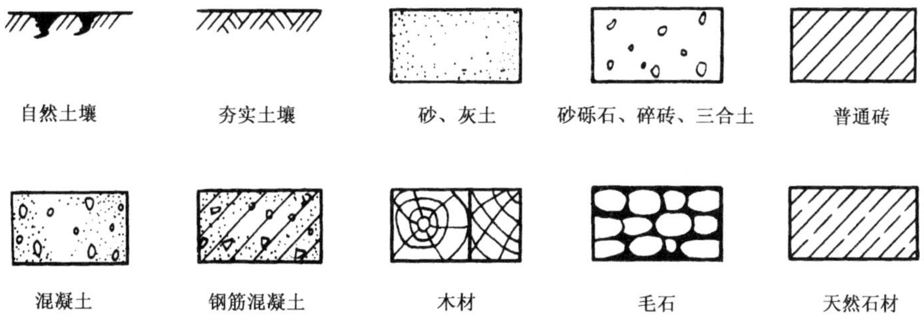

图 6－17　常用建材图例

第三节　几 何 作 图

在建筑工程中，特别是装饰工程中许多图样都是由各种几何图形组合而成。利用绘图仪器与工具，根据几何原理准确地绘出所需的图形称几何作图，它涉及的问题很多：如平行线和垂线、线段的平行分割、正多边形的画法、圆弧连接、规则曲线的画法等。

（一）平行线和垂线

用两块三角板可以过定点 K 作已知直线 AB 的平行线或垂线，具体作法见图 6－18。

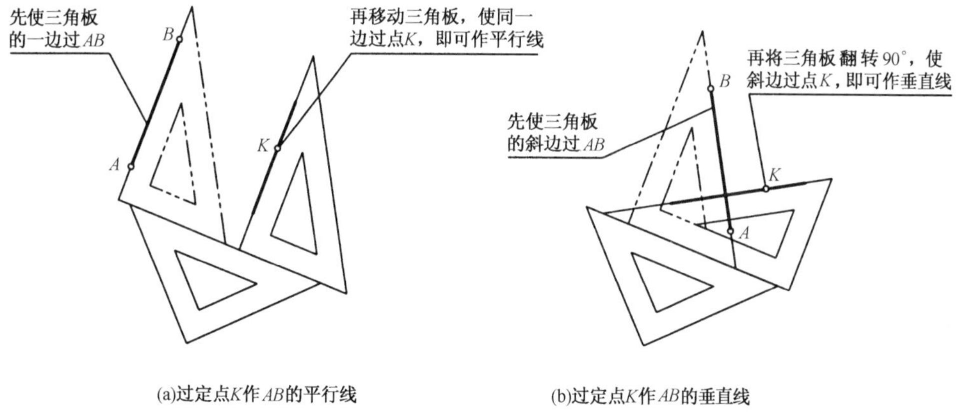

图 6－18　作平行线和垂线

（二）等分线段

图 6－19 介绍了等分已知线段 AB（例五等分）的作法。

如图 6－19 所示，过点 A 作任一角度的直线 AC，在 AC 线上以任意长度截取 5 等分 $A1=12=23=34=45$，连接 $5B$，并过 4，3，2，1 各点作 $5B$ 的平行线，交 AB 线于 4′、3′、2′、1′各点，点 1′、2′、3′、4′即为线段 AB 的等分点。

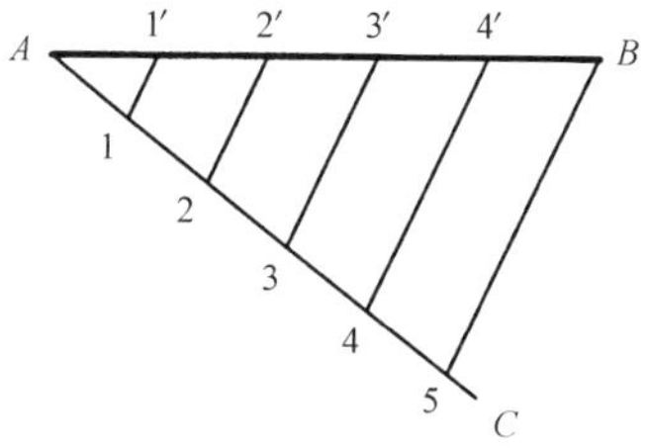

图 6－19　作等分线段

（三）正多边形

图 6－20（a）、图 6－20（b）分别介绍了圆的内接正五边形和正六边形的作法；图6－20（c）以正七边形为例，介绍了圆的内接正 n 边形的近似作法。

如图6－20（a）所示，作水平半径 ON 的中点 M，以 M 为圆心、MA 为半径作弧，交水平中心线于 H。以 AH 为边长，即可作出圆的内接正五边形。

如图6－20（b）所示，用60°三角板配合丁字尺通过水平直径的端点作四条边。再以丁字尺作上、下水平边，即得圆的内接正六边形。

如图6－20（c）所示，n 等分铅垂直径 AN（图中 $n=7$），得六个分点1、2、3、4、5、6，以 N 为圆心、NA 为半径作弧，交水平中心线的延长线于点 M。从点 M 连接各偶数分点，如 $M2$、$M4$、$M6$，延长连线 $M2$、$M4$、$M6$ 与圆周交得点 B、C、D。再作出它们的对称点 G、F、E，即可连成圆的内接正七边形。

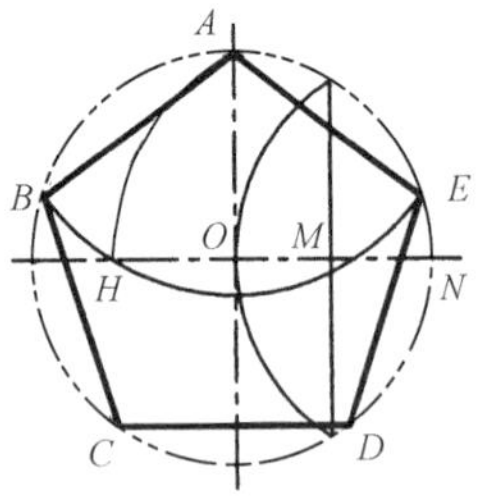

(a)正五边形

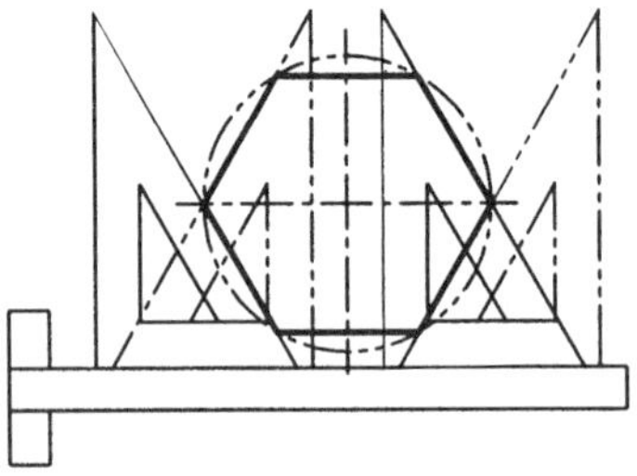
(b)正六边形

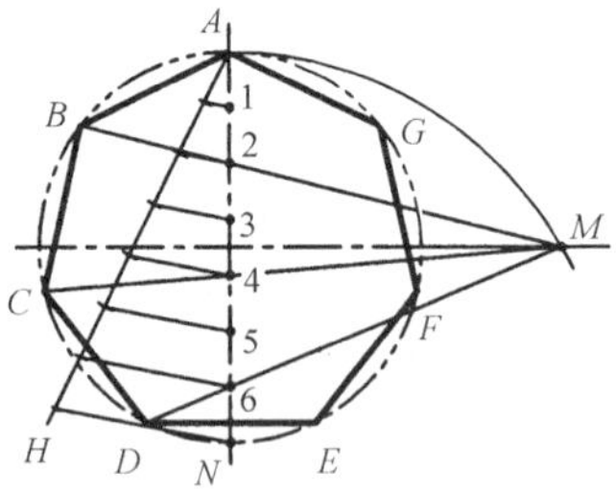

(c)正七边形

图6－20　作正多边形

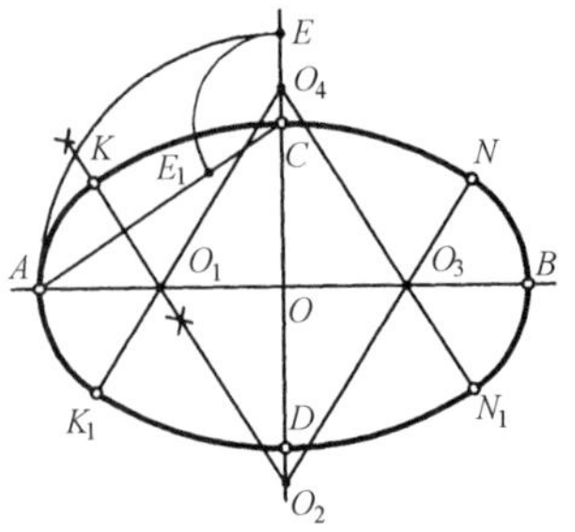

图6－21　用四圆心法作近似椭圆

（四）椭圆的画法

图6－21介绍了已知长、短轴用四圆心法作椭圆的近似画法。

如图6－21所示，连接椭圆长、短半轴的端点 A、C，取 $CE_1=CE=OA-OC$（半轴差）。作 AE_1 的中垂线，与两轴交得点 O_1、O_2，再取对称点 O_3、O_4。分别以 O_1、O_2、O_3、O_4 为圆心，O_1A、O_2C、O_3B、O_4D 为半径作弧，即得所求近似椭圆，切点 K、N、N_1、K_1 即是四段圆弧的连接点。

（五）圆弧连接

圆弧连接即是用给定的圆弧将直线与直线或直线与圆弧或圆弧与圆弧进行光滑连接。这里所说的光滑连接是指：实现初等几何中的直线与圆弧或圆弧与圆弧的相切作图，其步骤就是**找出圆心，定出切点**，再按给定连接弧半径**在两切点之间画圆弧**。各种圆弧连接的作图方法如下。

1. 两直线用圆弧连接

①两垂直相交直线用圆弧连接：如图6－22（a）所示，以 B 为圆心，R 为半径作弧，交两直角边于1、2两点（即切点）；分别以1、2为圆心，R 为半径作弧，两弧相交于点 O 即连接弧圆心；以 O 为圆心，R 为半径，从1到2作圆弧连接即成。

②两一般相交直线用圆弧连接：如图6－22（b）所示，以 R 为距离作两直线的平行线，两直线相交于点 O 即连接弧圆心；过点 O 作两直线的垂直线交得1、2两点（即切点）；以 O 为圆心，R 为半径，从1到2

作圆弧连接即成。

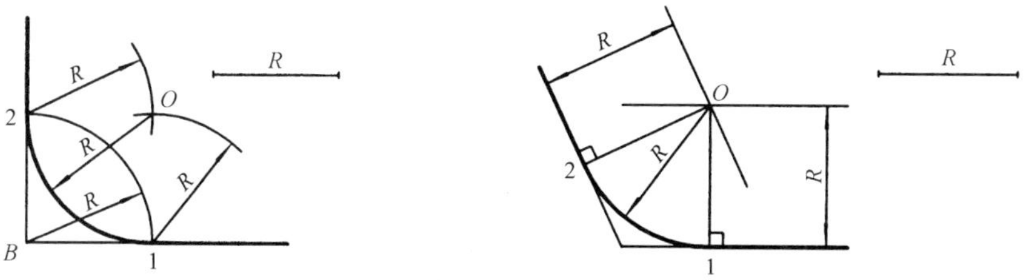

(a)两直线垂直相交　　(b)两直线一般相交

图 6－22　用圆弧与两直线连接

2. 两圆弧用圆弧连接

①两圆弧用圆弧（同时外切）连接

如图 6－23（a）所示，定连接弧圆心：以 O_1 为圆心，$R+R_1$ 为半径作弧；再以 O_2 为圆心，$R+R_2$ 为半径作弧；两弧相交得连接弧的圆心 O 点；找切点：连 OO_1，OO_2 分别交 O_1 弧及 O_2 弧于 1、2 两点，1、2 即切点；以 O 为圆心，R 为半径，从 1 到 2 作弧连接即成。

②两圆弧用圆弧（同时内切）连接

如图 6－23（b）所示，定连接弧圆心：以 O_1 为圆心，$R-R_1$ 为半径作弧；再以 O_2 为圆心，$R-R_2$ 为半径作弧；两弧相交得连接弧的圆心 O 点；找切点：连 OO_1，OO_2 并将其延长，分别与 O_1 弧及 O_2 弧交于 1、2 两点，1、2 即切点；以 O 为圆心，R 为半径，从 1 到 2 作弧连接即成。

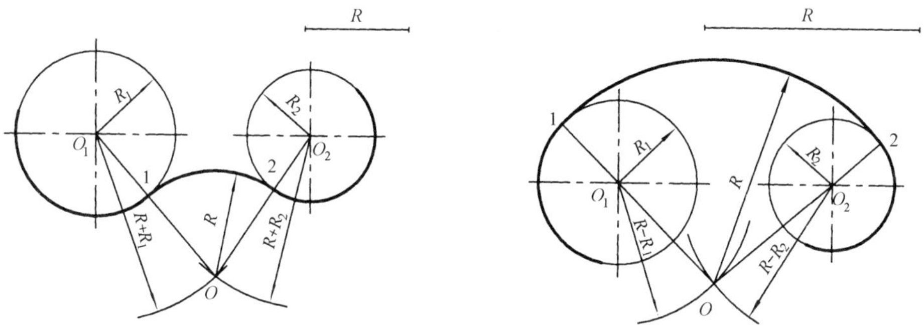

(a)圆弧与两圆弧同时外切　　(b)圆弧与两圆弧同时内切

图 6－23　用圆弧与两圆弧连接

思　考　题

1. 常用的绘图工具有哪些？使用时应注意哪些问题？
2. 什么是《建筑制图国家标准》？其中对所画图样格式都有哪些规定？
3. 国标中对图线使用与画法都有哪些规定？试举例说明。
4. 图形中的尺寸构成要素有哪些？其画法与标注应怎样进行？试举例说明。
5. 何谓图形比例？建筑图为什么多用缩小比例？常用比例有哪些？
6. 平面图形的几何作图方法主要包括哪些？试举例说明。
7. 什么是圆弧连接？怎样实现圆弧连接？

第七章　建筑制图基础

本章所要讲述的对象主要是组合体。组合体也称复杂形体，它是实际工程物体的抽象化。因此学习组合形体（即实际工程物体的几何形状）的表达是向实际工程物体表达过渡的基础，也是绘制与阅读专业工程图的基础。

第一节　组合形体的表达

一、基 本 视 图

物体形状的表达一般可用三面投影进行表示，但是当物体的形状比较复杂时，再用三面投影表达就会使图形变得繁杂不清，不便阅读与绘制。为此国家有关标准规定：可在原来的三面投影的基础上，再增加三个投影。如图 7－1（a）中所示，在原来三面投影体系 V、H、W 的基础上，再增设三个与之对应平行的新投影面 V_1、H_1、W_1 构成一个箱形六面投影体系，并假想把物体放在其中，仍使用正投影法，分别向六个基本投影面进行投影，然后再按图 7－1（b）所示，将六个投影面展开到同一平面内（V 面内），这六个投影图一般只画出形体表面可见棱线的投影，而将不可见棱线的投影省去，因此国标将这样的投影图改称为**视图**并分别命名为：**主视图（正视图）、俯视图、左视图、右视图、仰视图（底视图）及后视图**。这六个视图如按上述方法展开配置时视图名称可省去，不必标明，否则应标明视图名称，如图 7－1（c）所示。在建筑制图中根据专业的习惯，上述六个视图被命名为：正立面图、平面图、左侧立面图、右侧立面图、底面图及背立面图，并按图 7－1（d）中所示位置排放。

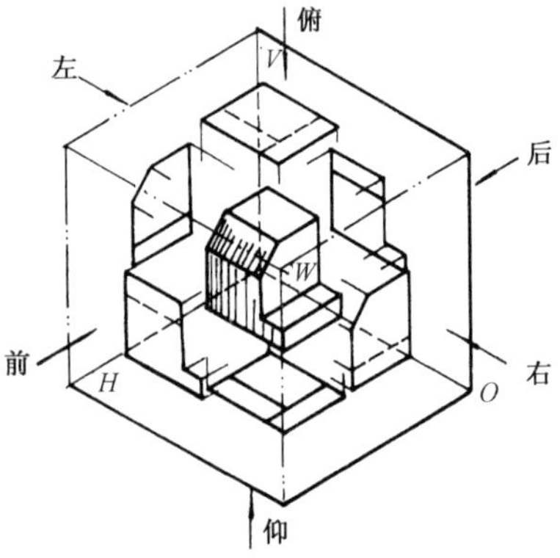

(a) 形成

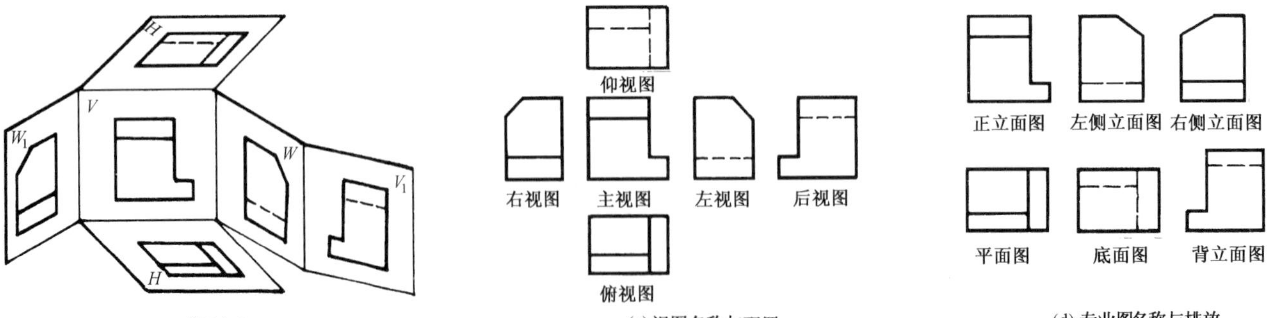

(b) 展开　(c) 视图名称与配置　(d) 专业图名称与排放

图 7－1　基本视图

二、常用辅助视图

上述方法所得到的视图称基本视图，是表达形体的基本手段，但在某些特定条件下也可采用与基本视图不同的辅助视图进行表达。

（一）斜视图

形体向不平行于任何基本投影面的平面上投影所得出的视图称斜视图或方向视图。如图 7－2 所示的形体右侧结构倾斜于基本投影面，在六个基本视图中均不可能反映其真形，因此给画图与读图增加不少困难。为此可设一个与该结构表面平行的辅助投影面，然后再把该部位垂直投射到辅助平面上，这样所得出的视图称**斜视图**，它可以反映该结构的真实形状。

斜视图只表示形体的某一局部形状，其表达的范围要以折断线或波浪线分开。斜视图的方向要用箭头指明，并用大写字母标明其名称。斜视图可以配置在箭头所指的方向上，也可以旋转摆正，表示名称的大写字母应靠近旋转符号的箭头端，如图 7－2 中右边图例所示。

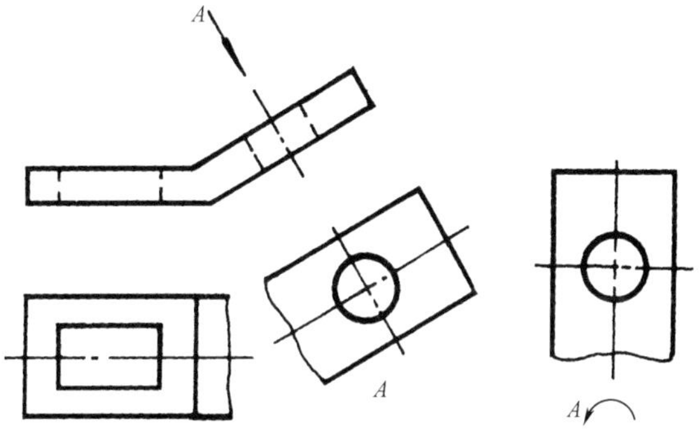

图 7－2　斜视图

（二）局部视图

将形体的某一局部向基本投影面投射所得到的视图称局部视图，即局部视图是基本视图的一部分。

如图 7－3 所示，用主视图与俯视图已将形体整体的形状基本表达清楚，只有左侧突出部位形状尚不清楚，如用整个形体的左视图表达则显得有些重复，对此可只画出左侧突出部位的局部形状。

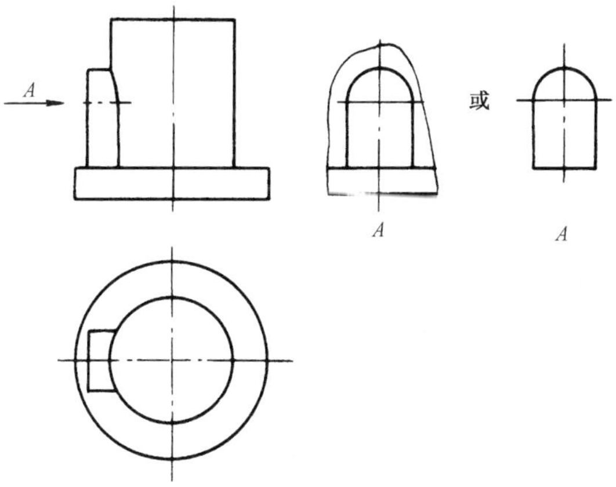

图 7－3　局部视图

画局部视图时要用波浪线标明其范围（当轮廓范围明确时可省去波浪线），并用箭头指明投影方向，用大写字母标出该局部视图名称。

（三）旋转视图

当形体某些表面与基本投影面不平行时，**可假想把形体上的倾斜表面旋转到与基本投影面平行的位置上，然后再进行投射，这样所得出的视图称旋转视图**。如图 7－4 所示，旋转视图应注以展开字样。

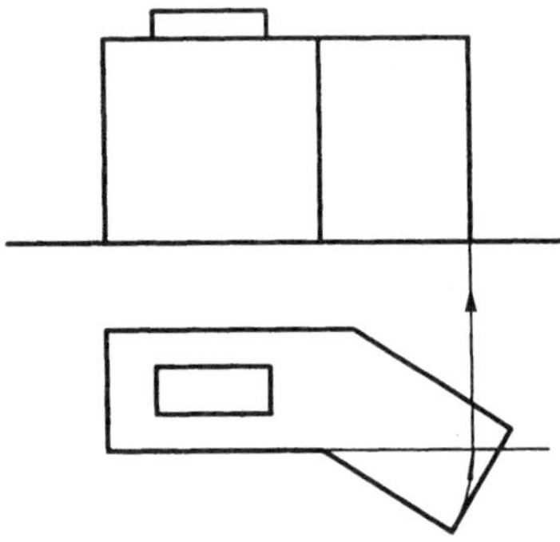

图 7－4　旋转视图

（四）镜像视图

镜像视图是假想用镜面作为投影面而得出形体在镜面中的垂直映像，如图 7－5 所示。当用这种镜像视图时，应在图名旁边加注“镜像”二字。用镜像视图表达天花、藻井的平面布置时画图比较简便。

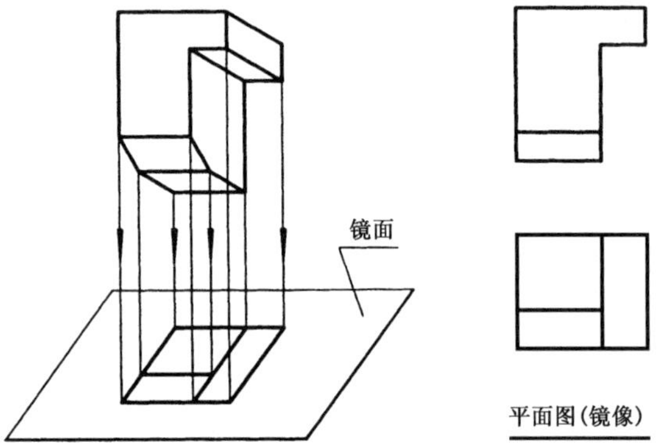

图 7－5　镜像视图

第二节　组合形体的画法

一、形 体 分 析

组合形体是由简单的基本几何体，如棱柱、棱锥、圆柱、圆锥、圆球等几何形体经叠加、切割等方式组合而成。因此欲绘制组合形体的投影，就必须先认清它是怎样构成的，根据构成方式的不同，再采用相应的画图步骤与表达方式。

从几何形体的观点：**把组合体分解成若干个简单的基本几何形体的方法称形体分析法**。如图 7－6 所示的门斗，运用形体分析法可分解成 6

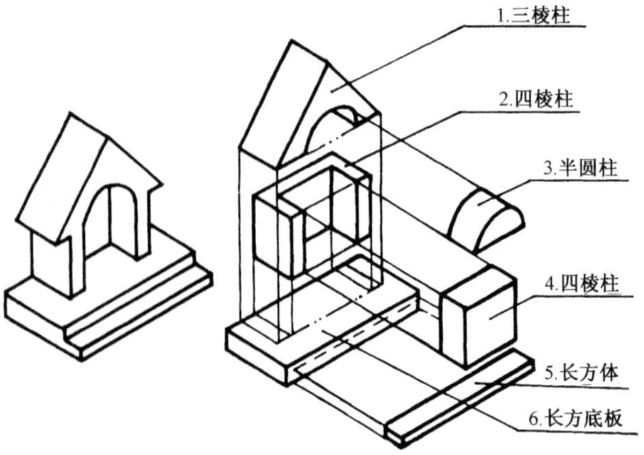

图 7－6　形体分析

个基本几何形体。此例可以说明：通过形体分析，可把认识一个较复杂的形体的过程转化为认识一些比较简单的几何形体的过程，有了对这些组成部分的认识后，再综合一起便达到了认识组合体整体形状的目的。所以形体分析法简单地说就是：**先分解、后综合；分解时认识局部，综合时认识整体。**

二、视图选择

经过形体分析之后，对组合体整体形状已经有所认识，如何选用最恰当而又数量最少的一组视图将其表达清楚，这就需要进行视图选择。

（一）主视图的选择

主视图是表达组合形体的最重要的视图。它选取的恰当与否直接影响整个表达方案的好坏，因此画图时首先要选择好主视图。主视图的选择应注意以下三条原则：

1. 取正常位置　正常位置即指物体在正常状态或工作（使用）状态下存在的位置。如图 7－6 所示门斗的正常位置是立放。

2. 显示形体特征面　在选取主视图时应选择那些最能反映物体形状特征或各组成部分相互关系的特征面为主视图方向。如图 7－7 中取 *A* 向为主视图的投射方向，就能较好体现门斗形状特征。

3. 尽量避免或减少投影中的虚线　在选择主视图方向的同时，要考虑到其他视图是否会产生过多不可见的投影线，同时也要考虑图面布置是否合适。

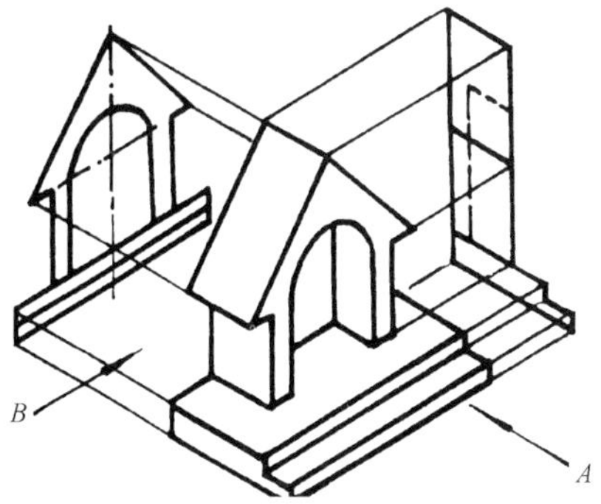

图 7－7　主视图选择

（二）视图数量的选择

一个组合体在主视图确定后，还需要一组其他视图辅助主视图共同表现。那么到底该用多少其他视图及该用什么类型的视图，这就要看组合体自身的复杂程度与特点而定。一般应遵循的原则是：在**表达清楚的前提下，视图数量越少越好**。因为这样会给读图与画图带来方便，对于较简单的组合体一般情况下三个视图也就够了。

三、画组合形体视图的方法步骤

根据实物或模型进行画图的步骤大致分为形体分析、视图选择、绘制视图这三个步骤，下面举例说明。

［例 7－1］试绘制图 7－8 的所示建筑形体的视图。

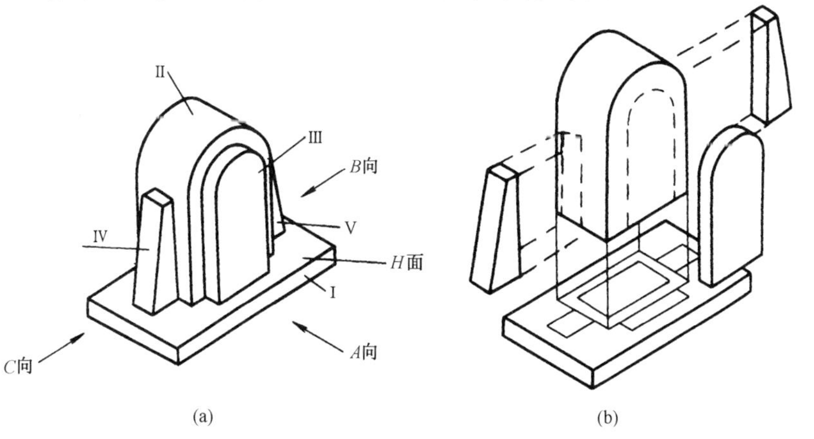

图 7－8　画图前的形体分析

分析与作图

第一步：形体分析　所给形体是一个堆积体，大致可分解成 5 个组成部分，如图 7－8（b）所示。

第二步：视图选择　根据前边所述，应首先选取主视图。进行主视图选择时，应先考虑形体的正常位置，由于该形体为一建筑形体，故只要底板在与地面（*H* 面）平行时即为正常位置。其次考虑形体特征，可有三种选择，如图 7－9 所示三个方向即三种方案：方案一是取 *A* 向为主视图方向，可表现各组成部分相互关系及立体Ⅱ与Ⅲ的形状态特征；方案二是取 *B* 向为主视图方向，此方案虽可表现主体与底板Ⅰ的关系，但侧视图会出现一些不可见线，同时三个视图之间空隙较大；方案三与方案二类似，它虽然可避免一些侧视图中的虚线，但视图布置却不合适。比较三个方案的优劣，可看出方案一较为合理。

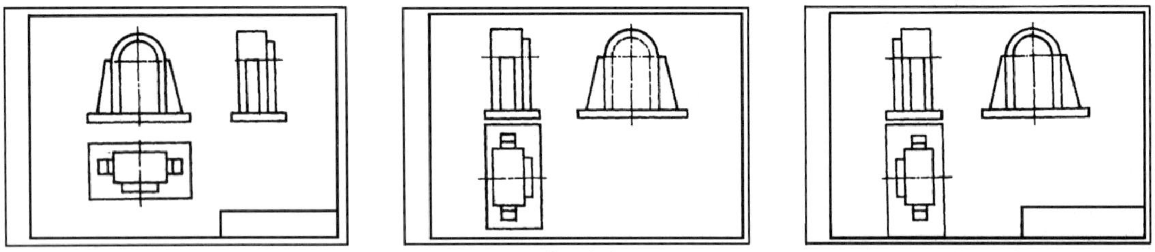

第一方案　第二方案　第三方案

图 7－9　视图选择

其次是确定视图数量。因为该组合体比较简单，用三个视图即平面图、立面图及侧立面图就可以将组合体的各个组成部分准确表达清楚，因此取三个视图。

第三步：画组合形体视图　在视图表达方案确定之后即可着手画图如图 7－10 所示，具体步骤如下：

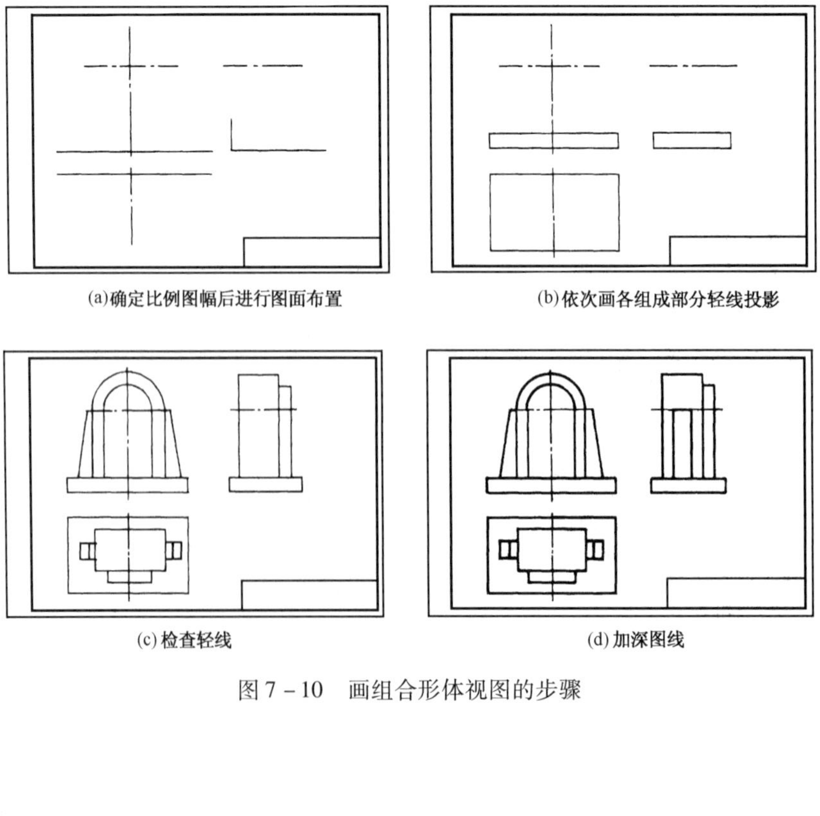

(a)确定比例图幅后进行图面布置　(b)依次画各组成部分轻线投影

(c)检查轻线　(d)加深图线

图 7－10　画组合形体视图的步骤

①确定比例与图幅：根据实物大小及视图数量的多少可选定一个合适的比例及图幅。

②布置视图：根据国标规定格式画出图框及标题栏，然后进行视图布置。布图要求是：匀称、合理、清晰。一般视图距边框的距离应稍大些，视图之间（包括尺寸线占用的图面）距离应稍小些。

③用轻线画底稿线：画底稿线应先画对称轴及基准线，然后按组成顺序依次完成底板、主体及两侧立板的三视图轻线底稿。

④检查底稿：用形体分析法检查每一基本形体投影是否完整，相对位置是否正确，有无多余或错、漏的图线。如有共面线和相切线应去掉，图 7－10（c）左视图中立板两侧投影线遗漏应补出。

⑤加深图线：经检查无误后，按各类图线要求加深，并标注尺寸及文字。

四、徒手草图的画法

（一）目的要求

1. 对草图的要求　徒手草图不是潦草画成的图，它应按制图标准大体符合实际比例，但不用绘图仪器和工具，是以目估方法徒手画出。图示内容也应完整准确，图线也分实线、虚线及点划线。

2. 画草图的目的　在建筑装饰设计之前往往需要对现有建筑进行实测，然后再进行装修设计。现场实测时由于时间与条件的限制，一般应先画出徒手草图，然后再依据实测草图整理成施工图。徒手草图因便捷实用，工程技术人员有时在施工现场也会临时用草图进行施工指导。

（二）徒手草图的画法

1. 徒手画图的姿势　徒手画图时应保证整个手臂活动自由，坐位稍高，执笔不宜过低，铅笔用 HB 或 B 但不宜太短，手指握于铅笔中间，图纸宜用 5mm×5mm 网格纸，画线时图纸略向右倾斜 30°～45°，并以右手小指抵住板面，保持画线平稳，注意用力与速度保持均匀。

2. 直线的画法　画直线时应先定出起点与终点，笔放在起点，眼盯着终点；画线时如用方格纸，则应尽量沿方格线或与格线平行方向画，水平线应从左向右画，竖直线应从上向下画，画线时运笔要流畅一次完成，切忌一段段重复描绘，如图 7－11 所示。

3. 圆的画法　画小圆时，应先画两条垂直的中心线，在中心线上定 4 个半径端点，然后再用圆弧把 4 个端点相连。如果所画圆较大，可在两垂直的直径中间再画一对直径，并定出半径端点，然后将 8 个端点分段以圆弧光滑相连。如图 7－12 所示。

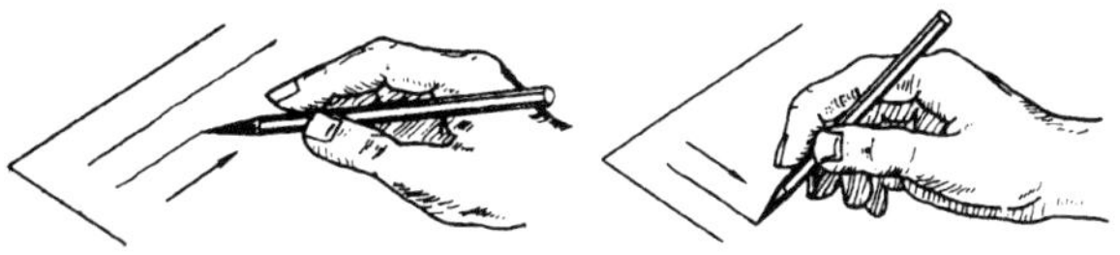

图 7－11　徒手画直线

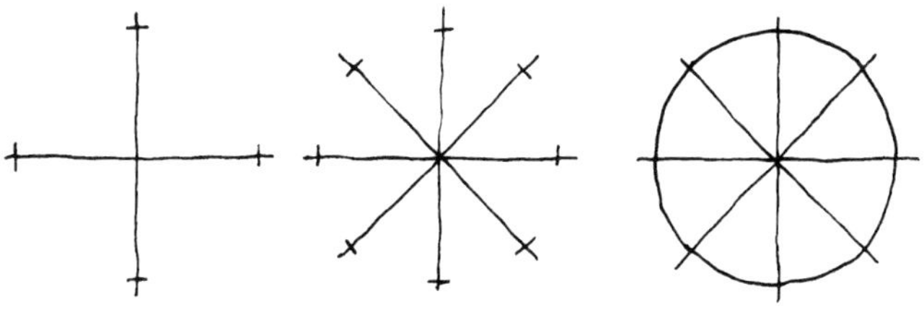

(a) 画中心线　(b) 定半径端点　(c) 半径端点用圆弧相连

图 7－12　徒手画圆

4. 目测比例　物体本身的长、宽、高决定其自身形体特征。当用平面图形表示物体时，也要使物体各部分的大小关系与所画对象一致，才能体现形体的形状特征。画草图时这种关系只能凭目测估计。如矩形长边与短边之比，可用方形比较法，也可用矩形对角线的倾斜角度判断，如图 7－13 所示。

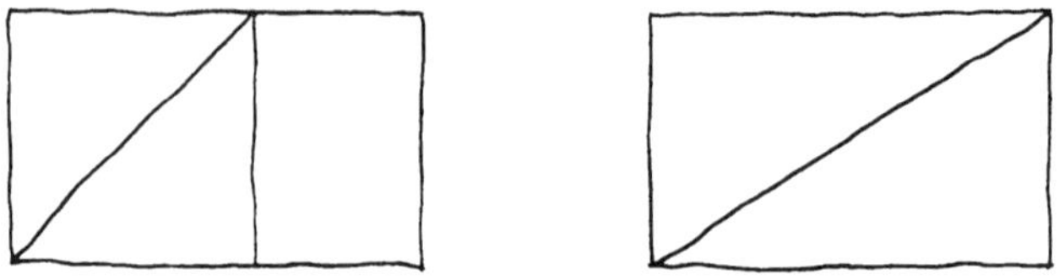

图 7－13　目测矩形比例

第三节　组合形体的尺寸与标注

一组恰当的视图只能表明组合形体的形状，然而其大小及其相对位置还需用尺寸来确定。

一、组合形体尺寸的类型

1. 定量尺寸　**定量尺寸也称定形尺寸，是表示形体长、宽、高大小的尺寸**。基本几何形体只有定形尺寸，如图 7－14 给出几种基本几何形体的尺寸画法。

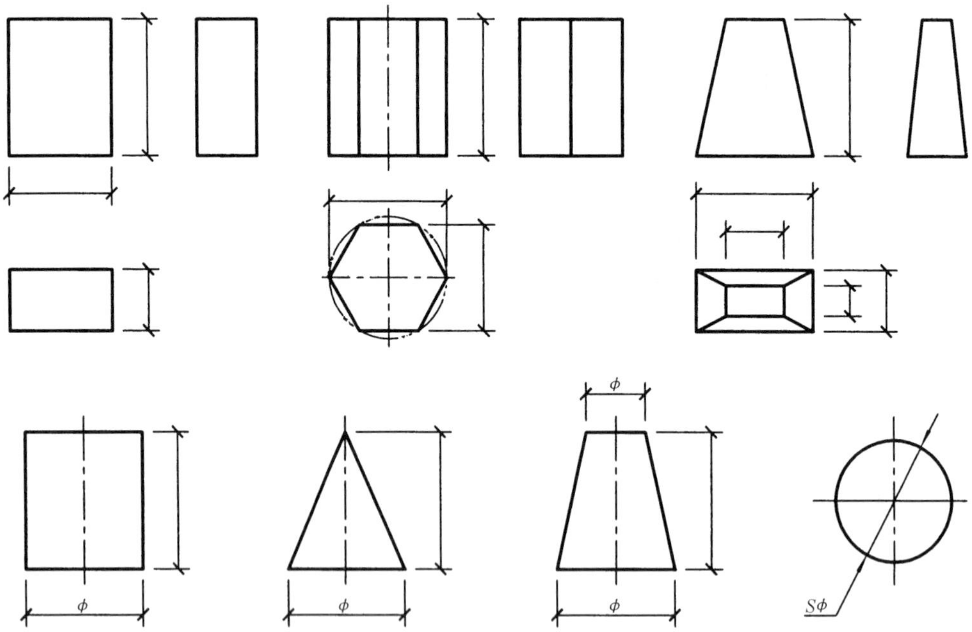

图 7－14　基本几何形体的尺寸标注示例

2. 定位尺寸　**定位尺寸是表明组合形体中各个基本几何形体之间相对位置的尺寸**。在标注定位尺寸时应先确定相对位置的起点，即尺寸基准。一般情况下在组合形体中，长、宽、高三个方向都要有定位尺寸，所以也都需要选定尺寸基准，形体的对称面、回转体的对称轴以及一些形体中的重要表面都可取作基准，如图 7－15 所示。

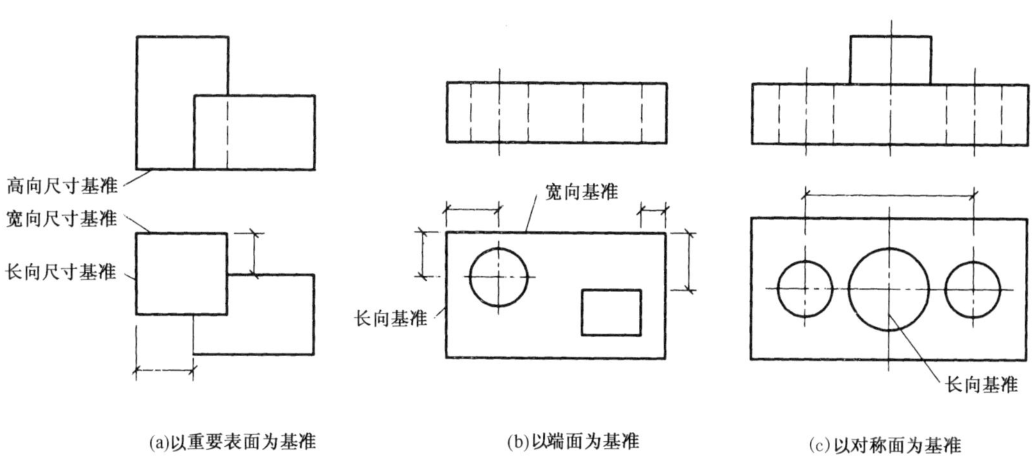

图 7－15　组合形体定位尺寸的基准

3. 总尺寸　**形体的总长、总宽、总高称总尺寸**。总尺寸实质也是定形尺寸，因此它与组合形体中的定形尺寸有一定量化关系，在标注时应注意不要重复。图 7－16 中给出一带圆孔长方板，其中 2ϕ60 是定形尺寸；孔间距 150 及孔与板左边距离 100 为长向定位尺寸；80 为板高向定位尺寸；另外板的长 500、高 200、宽 30 为定形尺寸，也是总尺寸。

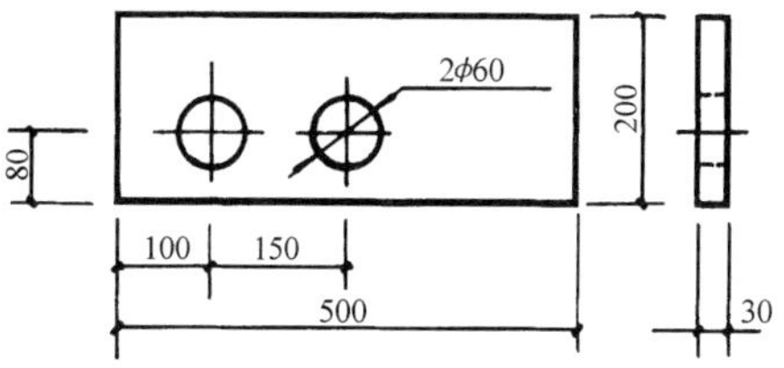

图 7－16　总尺寸及尺寸类型

二、组合形体尺寸的标注

尺寸标注总原则是：**完整、准确、清晰、合理**。做到这四条原则需要有一定的生产实践知识，当前只要求达到：尺寸不多（不重复）不少（无缺漏）；尺寸数字及符号书写准确无误；尺寸排放整齐，便于查找；标注符合国标规定并力求符合使用要求。下面举例说明。

［例 7－2］注出图 7－17 所示组合体的尺寸。

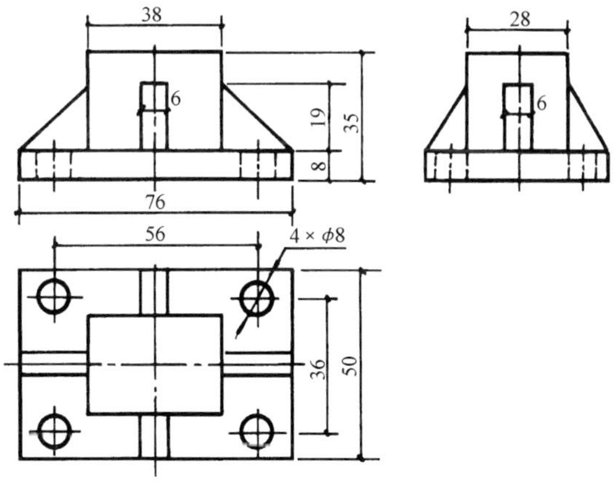

图 7－17　组合形体尺寸的标注

分析与作图

第一步：形体分析　在标注尺寸之前应对组合形体先进行形体分析。分析的目的是要明确：该组合形体是怎样形成的？都由哪些基本形体组成？从而也就明确所需要的定形尺寸及定位尺寸，做到在标注之前心中有数。

第二步：选定基准　本例所给组合形体是由长方形底板、中间四棱立柱和前、后、左、右4块三角形支撑板及底板上四个圆柱孔组成。由于组合形体前后左右均为对称形状，故各视图均可以对称轴线为尺寸基准，高向可以长方板下底面为基准。

第三步：标注尺寸　标注时先标出每一构成基本几何形体的定形尺寸。如底板为76×50×8；中间立柱为38×28×（27）；左右两支撑板为（19）×6×19［长度19=（76-38）/2］；前后两支撑板为6×（11）×（19）［宽度11=（50-28）/2］；4个圆孔均为$\phi8$，高与底板相同。上述括号中尺寸是表明可由其他已标注尺寸确定的派生尺寸，故不必标出，如果标明反会造成尺寸重复标注。

标注定位尺寸：由于形体前后、左右对称，有公共的对称平面为基准，故不需要定位尺寸，唯有4个圆柱孔要注明中心距56及36；在高的方向由于中间主柱、三角形支撑均与底板上表面相接，故底板高（8）也就是高度方向的定位尺寸。

标注总尺寸（76）×（50）×35（35=8+27），其中76与56是底板的长与宽的定形尺寸。

通过上例标注尺寸的结果可看出尺寸线排放时应注意以下一些问题：

①尺寸线排放应整齐；

②尺寸线尽量放在视图之外与两视图之间；

③多排平行尺寸中应大尺寸在外、小尺寸在内，并列尺寸线不宜超出三道，否则应适当分散；

④尺寸线不得相交，不可见轮廓线（虚线）上不得标注尺寸。

第四节　组合形体视图的阅读

画图时是将空间物体用平面图形表现出来，而读图则是根据平面图形想象出物体的空间形状，也就是读图是画图的逆过程。读图方法主要有形体分析法与线面分析法。

一、形体分析法

用形体分析法读图是：**先将组合形体投影分解成几个组成部分（一般每个基本形体的投影轮廓都是一个闭合线框），然后依次取出其中一部分，再运用“三等”关系对照其他视图，联想基本形体的投影特征，分析出每一形体的各自形状，再按各个基本形体的相互关系想象出整个组合形体的形状。**

［例7-3］读出图7-18（a）所示组合形体的形状。

分析与作图

粗略地阅读所给三视图，可以看出左视图中存在3个较明显的闭合线框。取出线框Ⅰ，利用三等关系可以想象得出它是一长方形板，如图7-18（b）所示。再取线框Ⅱ，与它保持三等关系的主视图与俯视图中对应部分也是矩形，其主视图左上角切去一圆角并挖去一圆形孔，所以俯视图与左视图中形成相应的两条虚线，其形体状态如图7-18（c）；最后取出线框Ⅲ，从三个视图投影对应关系可以想象出：它是一梯形四棱柱切去一块所形成的“L”形棱柱，如图7-18（d）所示。这三个基本形体的相对位置是：底板在下，立板在后，“L”形棱柱后靠立板，右边与立板平齐，前表面也与底板前表面平齐。综上所述不难得出整个组合形体的形状如直观图所示。

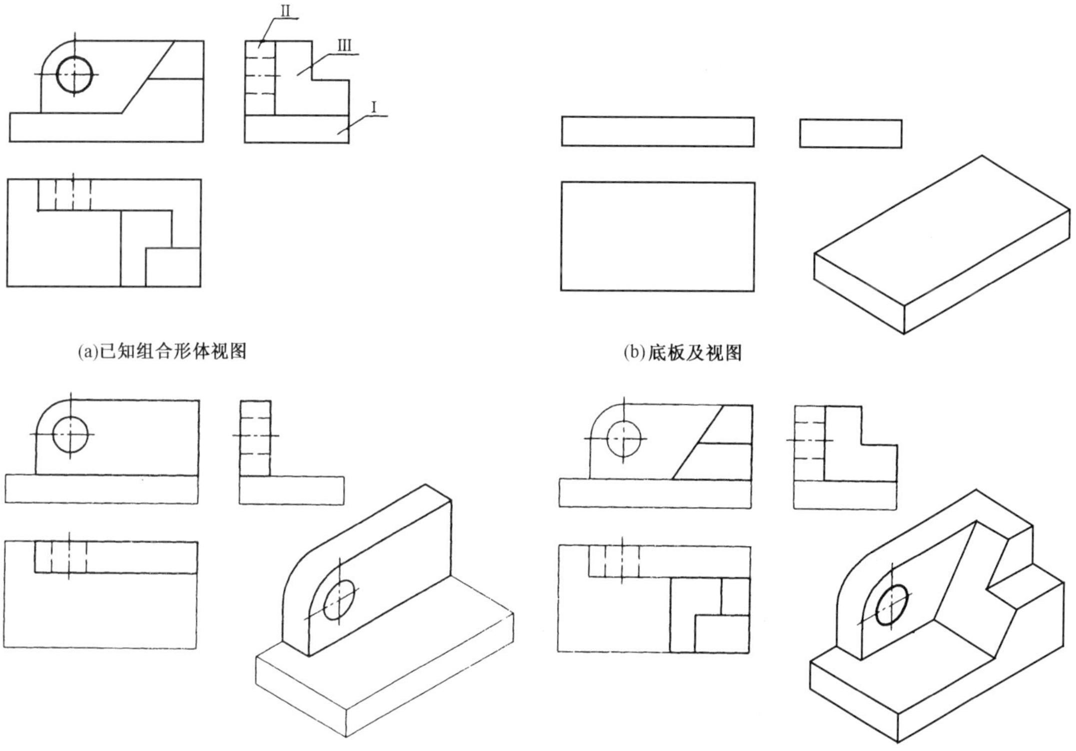

(a)已知组合形体视图　(b)底板及视图

(c)立板及视图　(d)“L”棱柱及视图、完成空间形状

图 7 – 18　用形体分析法读图

形体分析法是读图的基础也是画图的基础。运用形体分析法也可以实现：根据复杂形体的两个已知投影补画其第三个投影（简称二补三）。其实“二补三”的过程，仍是一个读图过程，即：**运用“三等”关系，将从复杂形体中分离出的每一个简单形体的形状读懂后再一一补出其第三投影，最后综合在一起完成复杂形体的“二补三”作图。**

［例 7 – 4］如图 7 – 19（a）所示，根据给出的组合体主视图与俯视图，试补画出左视图。

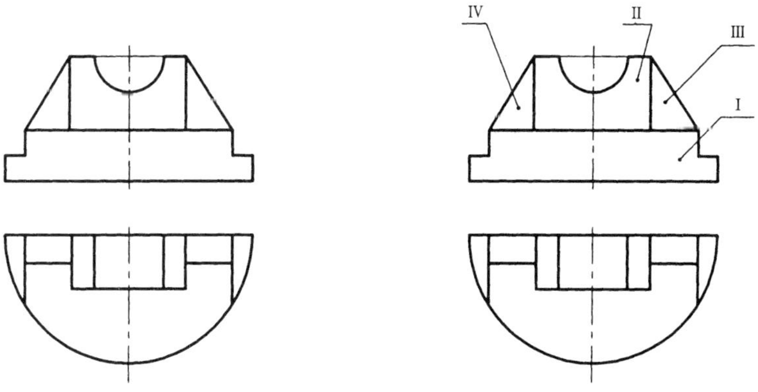

(a) 已知二个视图　(b)取出4个闭合线框

图 7 – 19　划分线框

分析与作图

因为主视图的形状特征比较明显，其中几个闭合线框有反映基本形体形状的特点，所以可在主视图上划分Ⅰ、Ⅱ、Ⅲ、Ⅳ4个线框，如图7－19（b)所示。运用“三等”关系，将与每一线框投影对应的部分分离出来，想象出空间形状并画出其投影。

其作图过程如图7－20（a)、图7－20（b)、图7－20（c)、图7－20（d）所示。图7－20（a）是将在主视图中分离出的闭合线框Ⅰ取出，对照主、俯视图后，可以看出，它是一切去左、右两边角的半圆柱，运用“三等”关系可画出其左视图。同样取出闭合线框Ⅱ，如图7－20（b)，对照主俯视图后，可以看出它是一中间切去一半圆柱槽的四棱柱，显然其侧视图是一带有虚线的矩形。将主视图中Ⅲ、Ⅳ两线框取出，对照主、俯视图，可以看出：它是两个形状相同的三棱柱体，其侧投影是一矩形，如图7－20（c）所示。最后根据各部分形体的形状及其相对位置，可以想象出整个组合体的形状，并完成其左视图，如图7－20（d）所示。

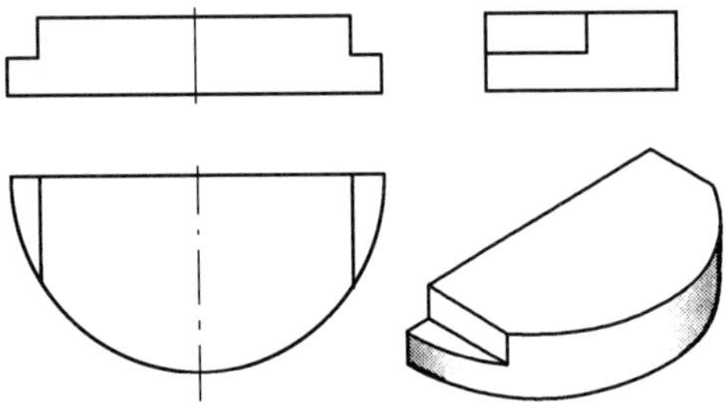

(a)

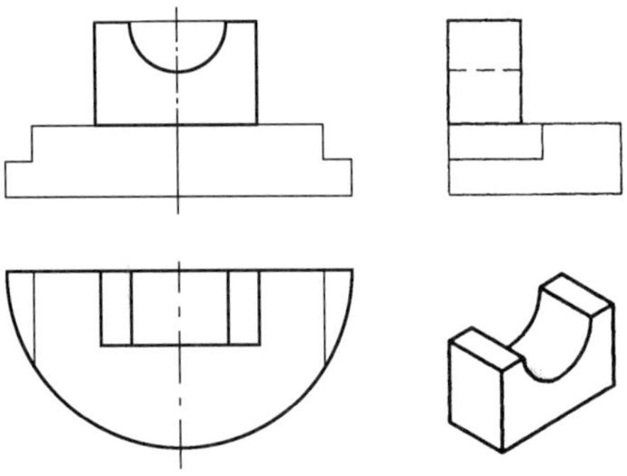

(b)

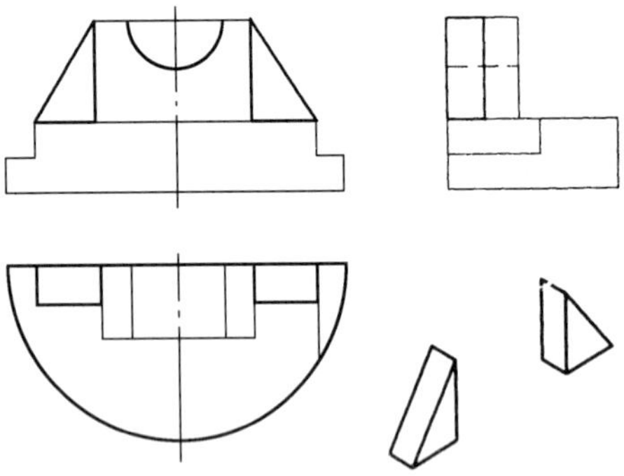

(c)

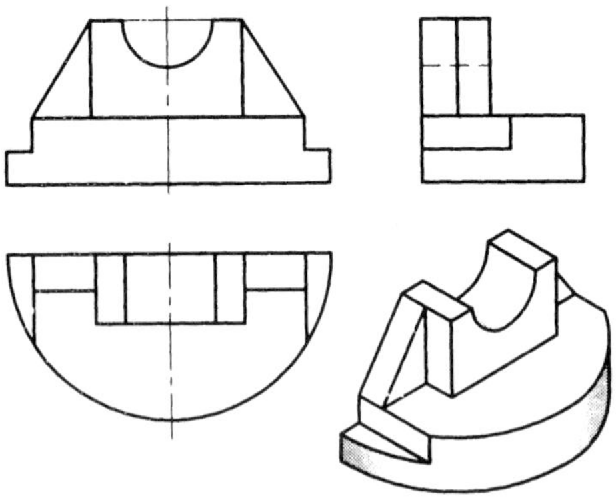

(d)

图7－20　用形体分析法补第三视图

二、线面分析法

线面分析法就是**根据围成形体的一些表面及棱线的投影特征，分析出它们在空间的位置与形状，从而得出整个形体的空间形状。**

一般情况下，运用形体分析法就可以读懂组合形体的形状，但有时形体局部难以阅读清楚，这时便可借助线面分析法进行深入分析而完成整体阅读。

根据组合形体的视图进行线面分析，其方法是：运用“三等”关系，对照视图中的线条和线框，因视图中的线条通常表示空间的一条棱线或一平面的积聚投影，而图中的每一闭合线框则表示一平面或曲面的投影，因此可从视图中分离出一条线或一线框的各面投影，再根据线、面投影特征判定线面在空间的位置与形状。

[例7－5] 如图7－21（a）所给三视图，想象组合形体的空间形状。

分析与作图

根据所给三视图的外形轮廓，可大致想象出该物体是一长方体，又根据左视图上部有一缺口，说明该物体上部有一凹槽，槽的前后表面与V面平行，槽底与H面平行。由于三个视图外形线框内部有许多线条，不易直接得出整个组合形体形状，需进一步用线面分析法弄清楚。仍然从左视图读起：取上部凹形线框（一平面图形的投影）寻求它的另两个投影。由图中线框找其另一投影时，**可先找其类似形，若无类似形线框则必有积聚性的投影线与之相对应。**依据此原则可直接在主视图中找出与其类似线框b'；另外与b'、b''满足“三等”关系在俯视图中相对应的是一条直线b，这说明平面B是一铅垂面。

在俯视图中取三角形线框a，在另外视图中与它符合“三等”关系没有类似形，因此只能是对应线条a'与a''，这说明平面A只是一水平面与平面B相接。

根据A、B两平面空间位置不难想象出：长方体左前方被切去一角。因而也就可以想象出整个形体是一长方体，左前角被切去，其顶部又切去一凹槽，如图7－21（b）所示。将所得结果再与所给投影对照完全相符，说明想象正确。

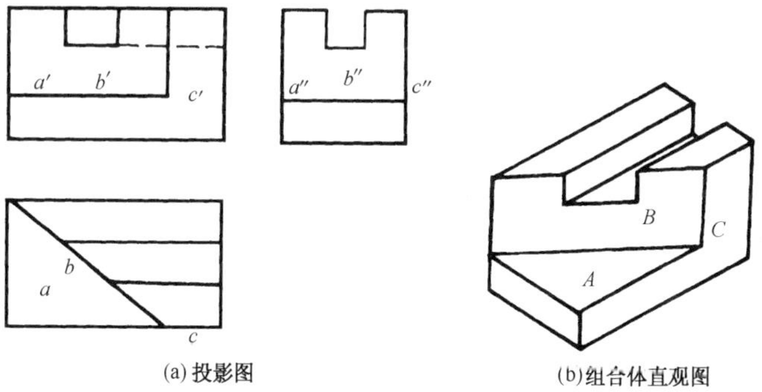

(a) 投影图　(b) 组合体直观图

图7－21　用线面分析法读图

第五节　剖视与断面

前面所讲述的组合形体的各种表达方法，只能表示组合形体的外部形状，如果形体内部也有投影轮廓线，在视图中仍然要用虚线表明。这样使得视图中内外投影轮廓重叠，虚线和实线混杂交错，如图 7－22 所示，致使视图不清晰也不便阅读。解决这一问题的方法就是采用剖视图与断面图。

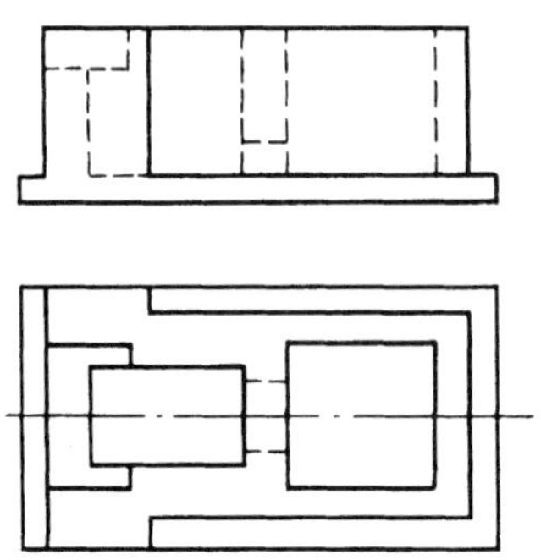

(a) 投影图

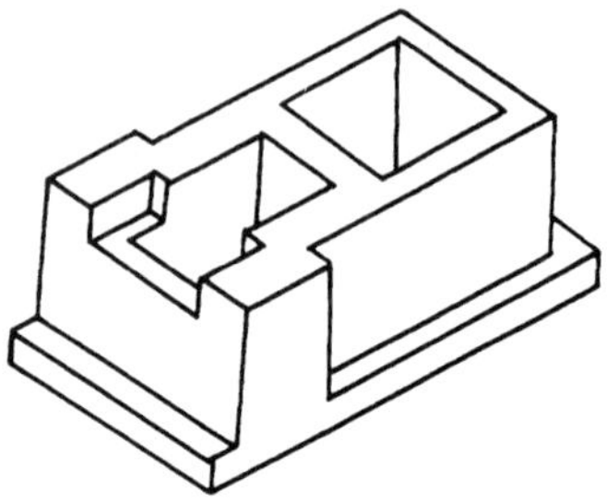

(b) 直观图

图 7－22　内外投影重叠的形体

一、剖　视　图

（一）剖视图的形成

如图 7－23 所示，**假想用一个切平面将形体整个切开后，移去切平面与观察者之间的那部分形体，画出剩余部分形体的投影，并在剖切到的实体轮廓内画上材料符号，这种视图称剖视图，简称剖视。**

从剖视图的形成过程可以看出：物体被切开后，原来不可见的部分变为可见，因此剖视图比视图能更加清晰地表明形体内部形状。

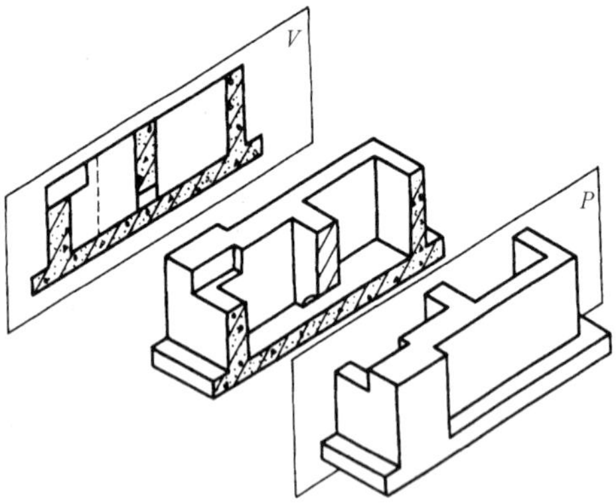

(a) 纵向剖切

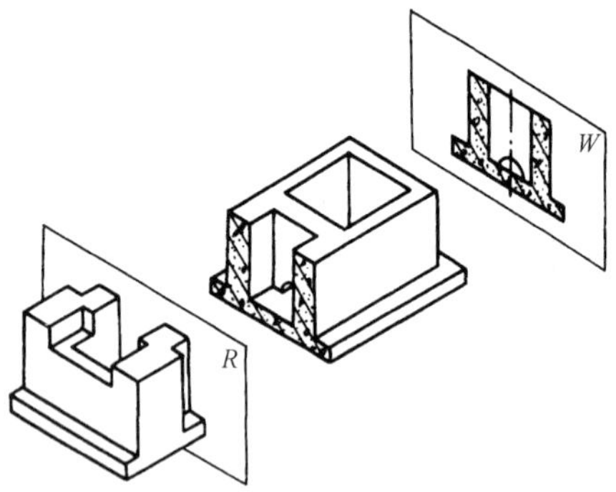

(b) 横向剖切

图 7－23　剖视的形成

（二）剖视图的画法

1. 剖切平面位置的确定　切平面的剖切位置与投射方向主要取决于要表达的形体的内外结构。一般剖切平面应通过形体的对称平面或其中的孔、槽的中心线并应平行于投影平面，以便使形体内部结构尽可能充分地表达清楚。

2. 剖视图的画法　形体被剖切后，按选定的投射方向画出剩余部分的形体投影，即得出剖视图。如图 7－24 所示，具体画法如下：

①擦去原视图中已被移走的可见投影轮廓线。

②将内部不可见投影线（内部虚线）因剖切而被显露出来的改画成实线。

③为了使图样层次清晰，并表明形体的材质，将剖切平面与形体表面接触的轮廓线加粗并画上剖面线或国标中规定的材料符号，以区分被切到的实体和剖切后看到的投影轮廓；另外在不需指明具体材料时，则可用等距的 45°细实线——剖面线表示。

④由于剖切是假想的，一个视图改画成剖视后，其他视图仍然要保持图形的完整性。

3. 剖视图的标注　为了辨别剖切位置和投射方向，国标中规定：在所画的剖视图的下方应写出剖视图的名称（一般用大写拉丁字母或阿拉伯数字），在另外一个相应视图上，需画出剖切平面位置的起、止线（用长 8～10mm 短粗实线表示）并用长约 6～8mm 的短粗线给出投射方向，如图 7－25 中所示。

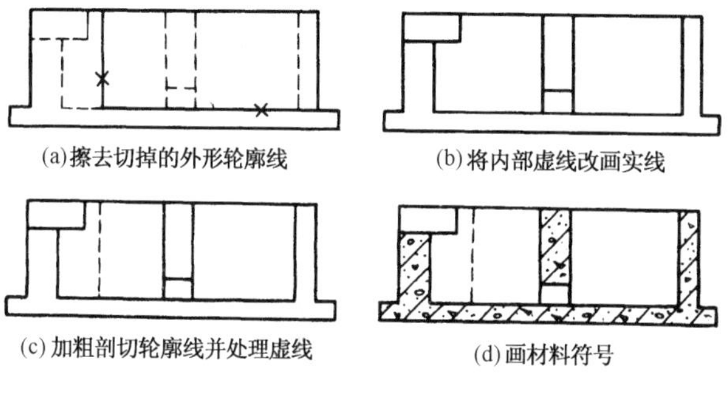

图 7－24　剖视图的画法

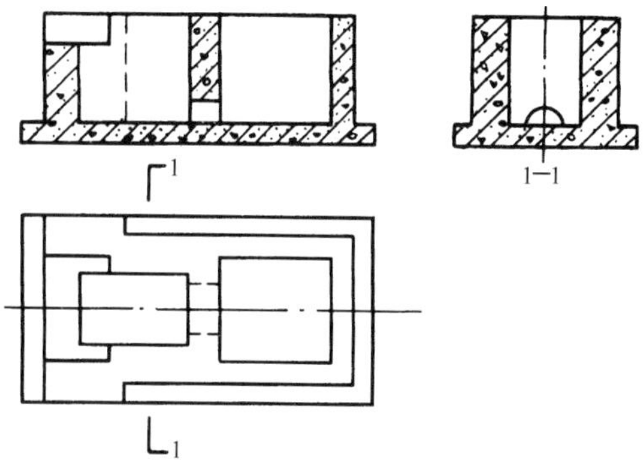

图 7－25　剖视的标注

当剖切平面通过形体的对称平面，且剖视图是画在基本视图的投影对应位置上时，则可将其标注省略。

（三）剖视图的种类及其用途

1. 全剖视　如图 7－23（a）所示，**用一假想剖切平面将形体整个切开，所得出的剖视称全剖视**。全剖视可以清楚地表现出形体内部形状，适用于表达那些外形简单、内部复杂的不对称形体，如图 7－25 的主视图。

2. 半剖视　如图 7－22 所示形体其左侧投影内形外形都要表达，此时如像图 7－23（b）所示方法进行剖切，则所得剖视即图 7－25 中 1－1 剖视图，这时形体外形被切去没能表明。为解决同时表明形体的内形与外形，国标中规定可采用**半个剖视与半个投影联合组成的视图——半剖视**进行表达。其形成也可看成切去形体的 1/4 后得出的剖视，如图 7－26 所示。半剖视图主要用于形体的内、外结构都要表达且具有对称视图的形体。画半剖视时其剖视图应设在视图的右边（或下边）并且以点划线为界分开投影与剖视。

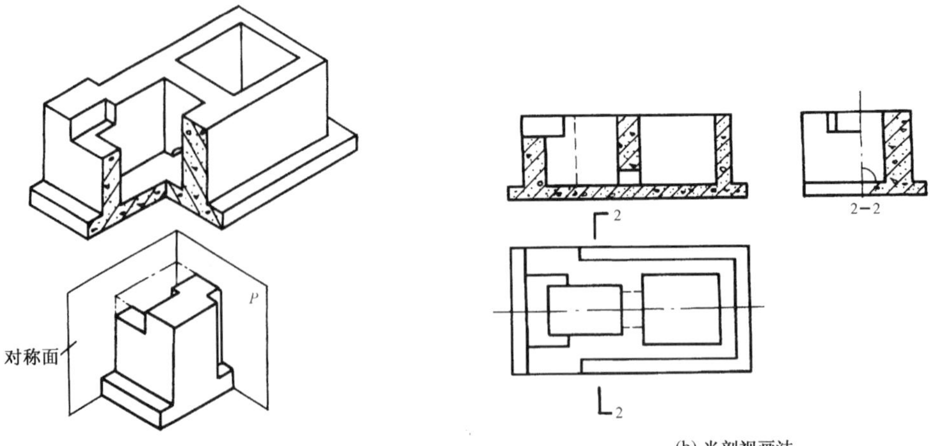

(a) 半剖切的形成　　(b) 半剖视画法

图 7－26　半剖视的形成及画法

3. 阶梯剖视　当形体的内部结构比较复杂且层次较多时，用单一切平面不能同时表现出形体的内部形状，这时可**用两个或多个与投影面平行的一组切平面，联合一块对形体进行剖切，这样剖切所得出的剖视称阶梯剖**，如图 7－27 中 3－3 剖视。画阶梯剖时应注意以下几点：

①关于标注，如图 7－27（b）俯视图所示，为使剖切位置不与其他图线混淆，应在切平面转折处加注与剖视图名称相同的编号。

②由于切平面是假想的，所以剖切平面转折处的连接平面是不存在的，画剖视图时，转折处的投影线不需画出，且转折平面也应避免与投影轮廓线重合。

③使用阶梯剖时，应避免剖切后出现不完整视图（对称时例外）。

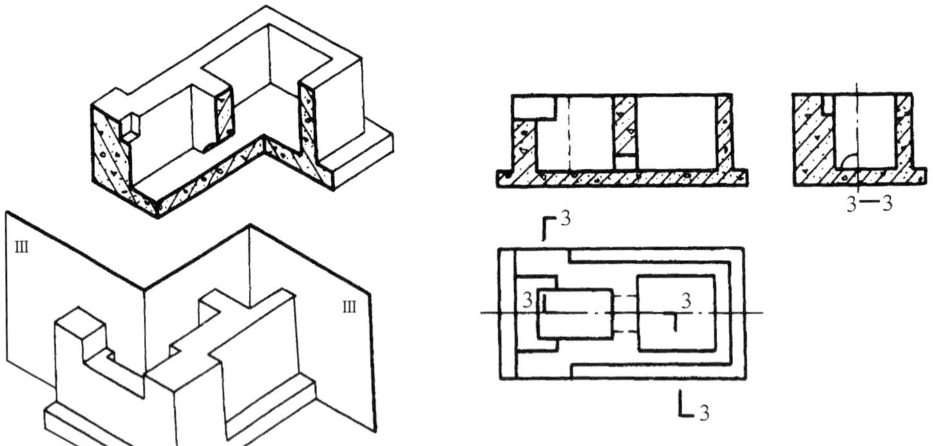

(a) 阶梯剖的形成　　(b) 阶梯剖的画法

图 7－27　阶梯剖的形成与画法

4. 局部剖视　**当形体某局部的内部形状需要表达时，可只进行局部剖切，这时所得的剖视称局部剖视**。如图 7－28（a）所示水泥管右端局部形状较复杂可进行局部剖切。画局部剖视时应注意以下几点：

①局部剖视图与外形视图之间以波浪线分界，且波浪线不可与投影

线重合，也不应超出视图轮廓线，如图 7－28（b）所示。

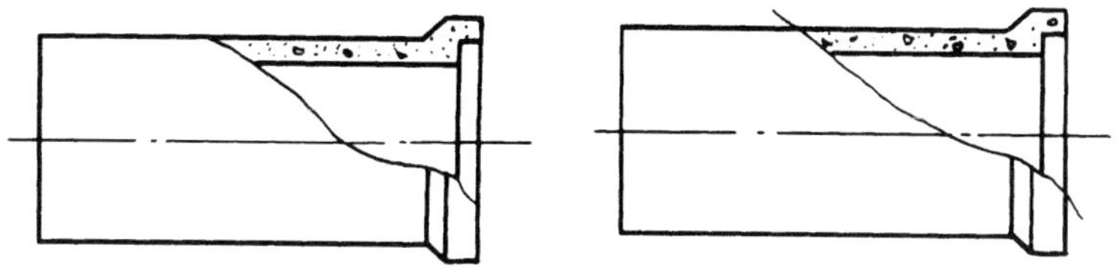

(a) 正确画法　　(b) 错误画法

图 7－28 局部剖视及画法

②由于局部剖视大部分仍是表示外形的视图，故仍用原有图名不需另外标注。

局部剖视在专业制图中常用来表现多层结构所用的材料及做法，并以波浪线逐层分开，这种局部剖称分层局部剖，如图 7－29 所示。

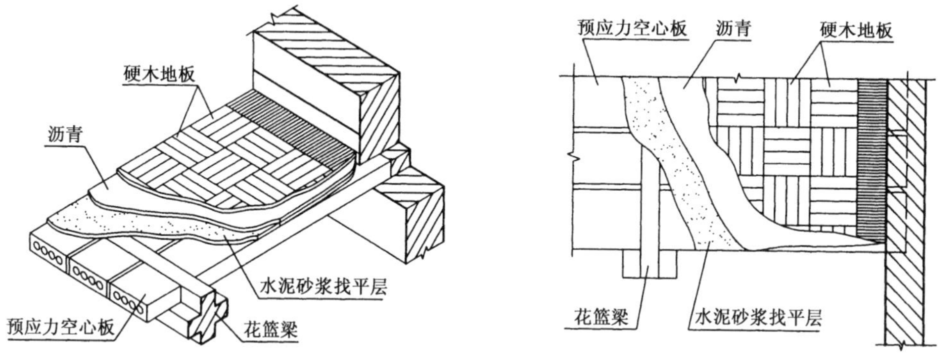

(a)直观图　　(b)平面图

图 7－29 分层局部剖视图

5. 旋转剖视　当形体某一局部与投影面倾斜时，无法用平行投影面的一切平面将形体切开时，则可**假想用两个相交平面将形体切开，再将剖切后与投影面倾斜部分旋转到与投影面平行的位置上然后再进行投射，这样所得出的剖视称旋转剖视**。旋转剖视在标注图名时应标明展开二字，如图 7－30 所示。

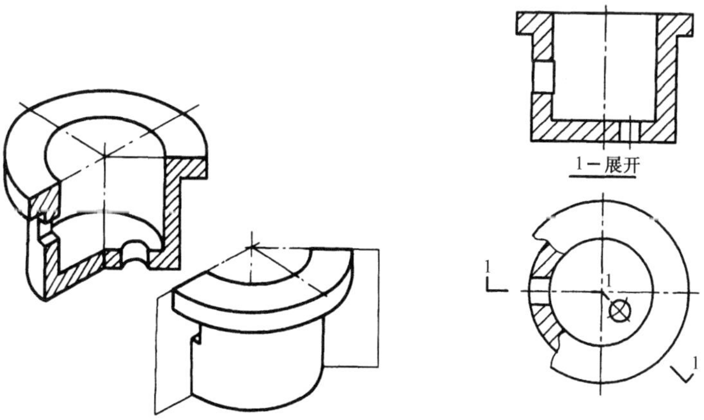

(a) 旋转剖形成　　(b) 画法

图 7－30 旋转剖的形成与画法

上述所介绍的几种常用剖视图的画法，它们都有着各自的特点和使用条件，在表达形体时应针对形体形状的特征选取合适的剖视。

二、断　面　图

（一）断面图的形成及作用

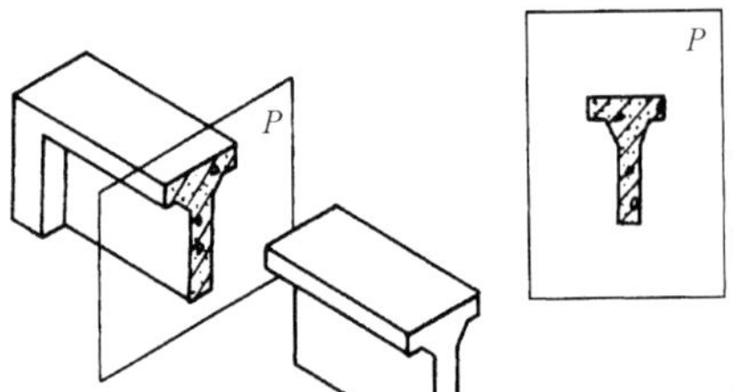

图 7－31　断面图的形成

1. 断面图的形成　**假想用一个切平面将形体切开，然后仅画出切平面与形体表面接触部分的截面形状，并在其上画出相应的材料符号，这种图样称断面图，简称断面，**如图 7－31 所示。

2. 断面图的作用　与剖视图一样，断面图也是用来表达形体某处内部形状及其内部材质与构造的图样。

（二）断面图的分类与画法

1. 移出断面　如图 7－32 所示，**画在视图外侧的断面称移出断面。**移出断面的轮廓线应画成粗线，轮廓线内加画材料符号或 45°剖面线。剖切平面的位置用长 6～8mm 的粗实线表示，断面的名称也用拉丁字母或阿拉伯数字表示，数字注写的一侧即是投影方向。如图中 1－1 写在剖切位置线的右侧，即向右投影。移出断面也可以画在杆件视图中间折断处如图 7－32（c），这种移出断面也称折断断面。

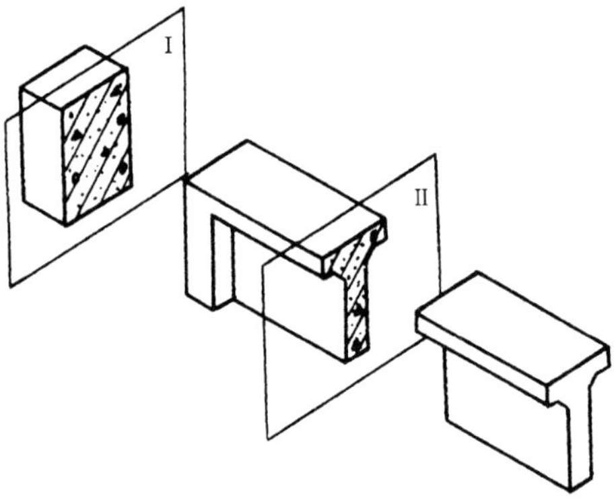

(a) 形成

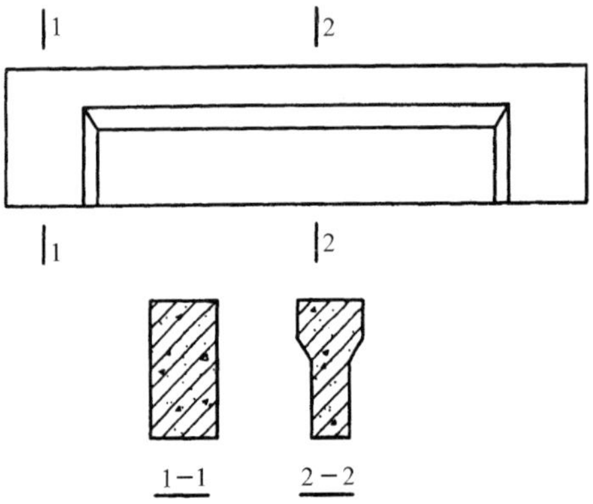

(b) 画法(一)

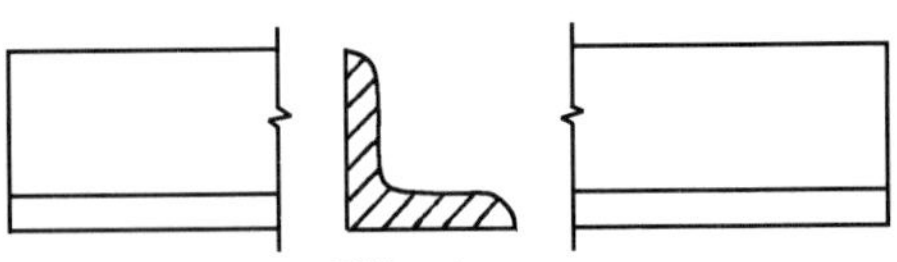

(c) 画法(二)

图 7－32　移出断面

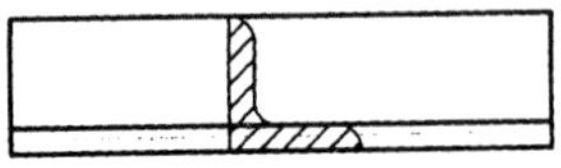

(a)

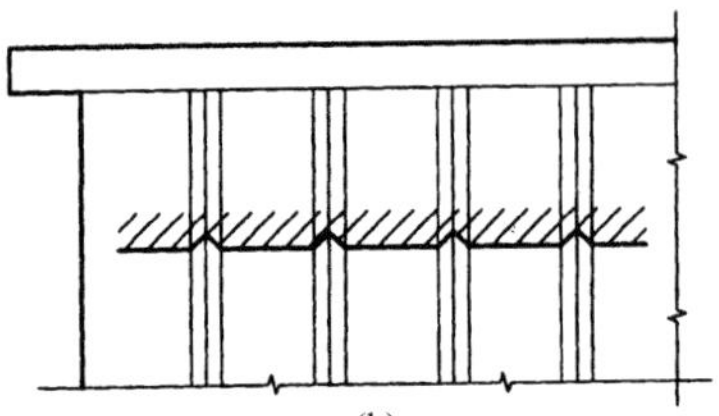

(b)

图 7－33　重合断面

2. 重合断面　如图 7－33 所示，**画在视图轮廓线内的断面称重合断面。**重合断面的轮廓线应与形体投影轮廓线有所区别，当形体轮廓线为细线时则重合断面的轮廓线画成粗线，反之画成细线。当重合断面画成不封闭时，则应沿轮廓线画出部分剖面线。重合断面因画在剖切位置处，其投射方向按习惯不需标注。

3. 断面与剖视的区别　断面与剖视虽然同为表达形体内部构造的手段，但两者画法还是不完全相同的，图 7－34 给出同一薄腹梁的剖视图与断面图，从中可以看出两者的差别。

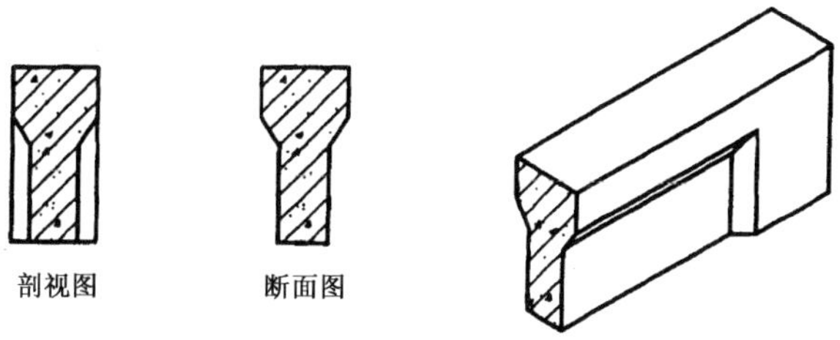

图 7-34　剖视图与断面图的比较

思　考　题

1. 表达组合形体的基本视图有哪些？辅助视图有哪些？

2. 画组合形体投影时为什么要进行视图选择？主视图选择的原则是什么？视图数量选择的原则是什么？

3. 组合形体画图方法步骤有哪些？

4. 什么是草图？为什么要画草图？对草图有哪些要求？

5. 徒手画线的方法有哪些？怎样画图？怎样目测比例？

6. 组合形体的尺寸有何意义？组合形体尺寸有哪几种？什么是定量尺寸？什么是定位尺寸？

7. 尺寸标注原则是什么？尺寸排放注意哪些问题？尺寸基准是什么？该如何选取？

8. 阅读组合形体视图的方法有哪些？什么是形体分析法？什么是线面分析法？

9. 什么是剖视？为什么要用剖视？剖视图的类型有哪些，如何画？如何使用各种剖视？

10. 什么是断面，是怎样形成的？断面与剖视有何不同？断面有哪些类型，怎样画？

第八章　建筑施工图简介

室内装饰设计一般是在已建房屋初装修的基础上进行的二次装修设计，因此进行装饰设计的实质是建筑设计的延续与深化。所以作为装饰工程的设计师必须具备绘制、阅读与装饰设计密切相关的各类建筑工程图样的能力，而且这种能力也是装饰设计的基础与前提。

为此本章将着重讲述与装饰工程设计联系最为密切的建筑施工图的绘制原理与识读方法。

第一节　概　　述

一、施工图简介

（一）施工图的形成与作用

在现代工程建设中，任何工程设计都要经过总体规划，方案论证再进行施工图设计；并且在建设过程中还要按图进行施工和监理，因此施工图是施工设计的结果，也是指导工程施工的依据。

（二）施工图的分类与编号

建造一栋建筑需许多工种密切配合共同完成。因此指导不同工种进行建筑施工的图样也有所不同，主要有：建筑施工图（简称建施）；结构施工图（简称结施）；此外还有有关的各种设备施工图，如给水排水工程图、采暖通风工程图、电器照明工程图等统称设备施工图（简称设施），它们也可分别称为水施、暖施及电施等。

各种施工图由于数量很大，为方便查找需加以分类编号，如建施－××代表建筑施工图第××页；结施－××代表结构施工图第××页；设施－××即为设备施工图第××页。

施工图中还大量采用标准图册中的标准图或定型图，其编号除按工种区分外，还需加上适合使用的地区名，如陕 J－121，陕 G－111 等，即陕西省标准设计院出版的适合陕西省使用的标准图集编号。

（三）建筑施工图及其内容

建筑施工图是指专门用来表达与建筑设计有关的各种工程图样，即表现房屋建筑的位置、形状、构造、大小尺寸以及有关材料及做法的图样。主要包括：

①建筑总平面图；

②图纸目录；

③建筑设计说明，门窗明细表；

④建筑平、立、剖面图；

⑤建筑详图。

二、建筑施工图画法的基本规定

（一）定位轴线及编号

在建筑施工图中，将用来表示承重的墙或柱子位置的中心线称定位轴线。画图时在轴线的端部用细实线画一个直径为 8～10mm 的圆圈，并在其中注明编号。轴线编号注写的原则是：水平方向，由左至右用阿拉伯数字顺序注写；竖直方向，由下而上用拉丁字母注写，国标中规定，字母 I、O、Z 不得用为轴线编号，如图 8－1 所示，由轴线形成的网格称轴线网。

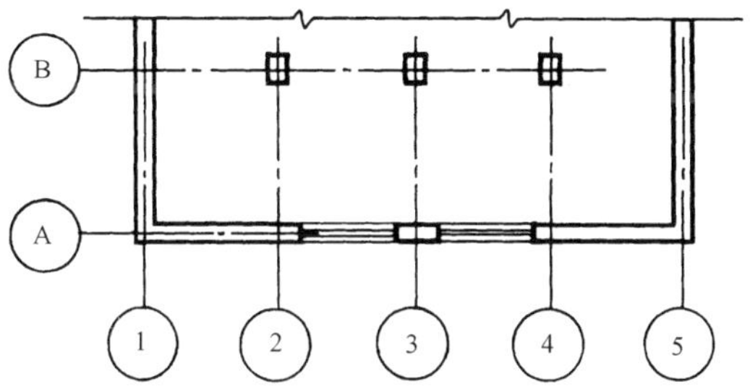

图 8－1 轴线网及编号

在建筑物中有些次要承重构件，往往不处在主要承重构件形成的轴线网上，这种构件的轴线编号用分数表示称附加轴线，如图 8－2 所示。附加轴线编号中分母表示主要承重构件编号；分子表示主轴线后或前的第几条附加轴线的编号（轴线之前的附加轴编号只用于Ⓐ、①轴线）。

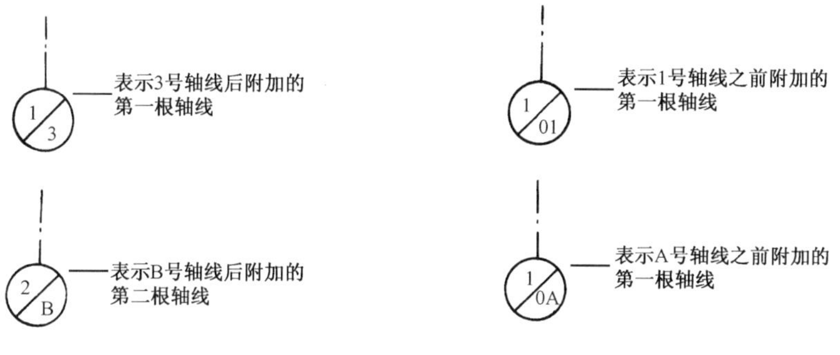

图 8－2 附加轴线及编号

（二）标高符号的画法与标注

在建筑施工图中为说明建筑物中某一表面的高度常用标高符号表明。标高有两种形式：一是绝对标高即是以海平面为零点的测绘标高；二是建筑标高（又称相对标高）是以房屋建筑底层主要地面为零点进行计算高程的标高。底层地面高度定为 ±0.000（表示以米为单位，精确到毫米），高于 ±0.000 的表面高度用正数表示，如 3.200，6.400 等；低于 ±0.000的表面用负数表示，如 －0.450，－0.600，－1.450 等。

在总平面图中对室外地坪及道路控制点的高程，宜采用绝对标高表明（绝对标高是以米为单位，精确到厘米），而建筑平面、立面、剖面以及各种建筑详图中，其重要表面的高程宜采用建筑标高注明。绝对标高与建筑标高的画法与标注方法，如图 8－3 所示。

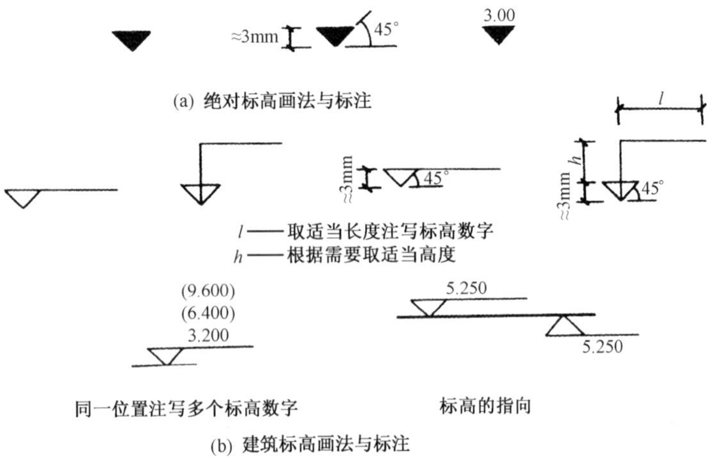

图 8－3　标高符号的画法及标注

（三）详图索引与详图标志符

在建筑施工图中，对某些需要放大说明的部位，使用详图索引符指明；对放大后的详细图样，同样要用标志符表明。详图索引与详图标志符注写时要互相对应，以便于查找与阅读有关的图样。索引符的编号圆应画成直径为 10mm 的细线圆；标志符应画成直径为 14mm 的粗线圆。详图索引符与标志符的注写方法见图 8－4。

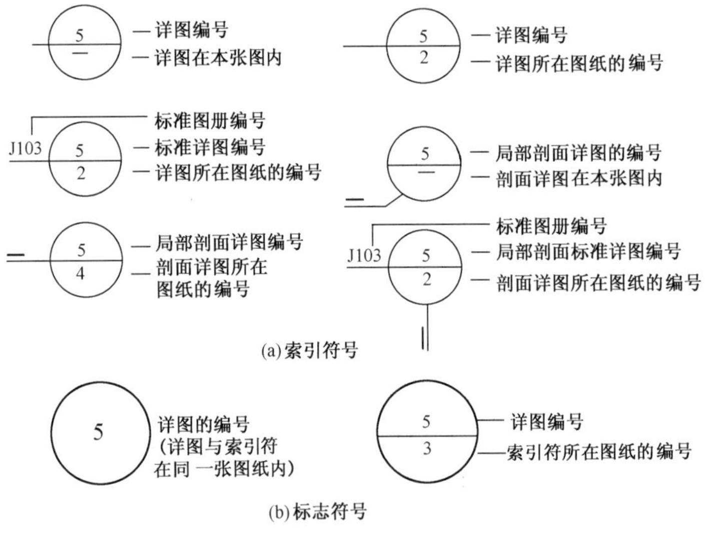

图 8－4　详图索引与详图标志符号的画法与标注

（四）引出线与注解

在建筑施工图中对建筑材料、构造做法及施工要求等投影无法表明的问题要用引出线引出，并用文字注解进行说明。引出线引出方式及注解方法如图 8－5 所示。

（五）其他符号及画法

对称符号：画法如图 8－6（a）所示，用于表明轴线两侧图形对称，使用对称符号画图时可只画出符号一侧的半个图形而将另一半省略不画。

连接符号：画法如图 8－6（b）所示，主要用于两长断线之间的形体与断线外两侧之形体形状相同时，可用连接符省去中间部分。另外也

(a) 直接引出　(b) 共同引出　(c) 分层引出

图 8－5　引出线画法及注解

适用于当两构件只局部不相同时，可只表明构件之不同处，而将相同处省略，并以连接符相连表示整体。

指北针：在平面图中用指北针符号指明朝向。圆圈直径为 24mm，尾部宽约 3mm，针尖所指为北，如图 8－6（c）所示。

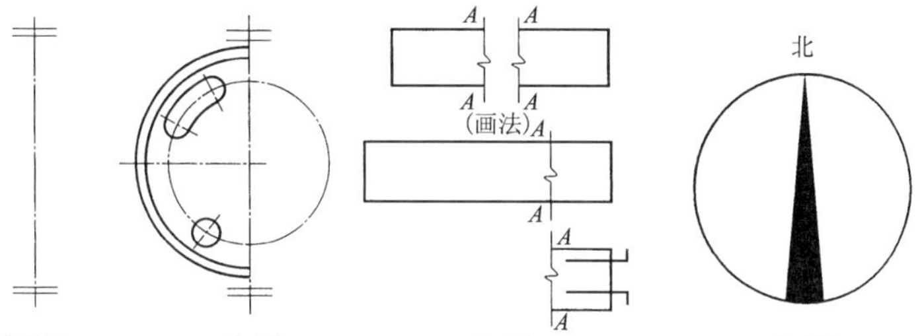

(画法)　(应用)　(应用)　(画法)

(a)对称符号　(b)连接符号　(c)指北针

图 8－6　常用符号

（六）构配件图例

建筑施工图中对门、窗等配件及楼梯等构件应按国标中规定图例绘制，如表 8－1 所示。

表 8－1　**构造及配件图例（节录）**

序号	名　称	图　　例	说　　　明
1	墙体		应加注文字或填充图例表示墙体材料，在项目设计图样说明中列材料图例表给予说明
2	隔断		1. 包括板条抹灰、木制、石膏板、金属材料等隔断 2. 适用于到顶与不到顶隔断
3	栏杆		
4	楼梯	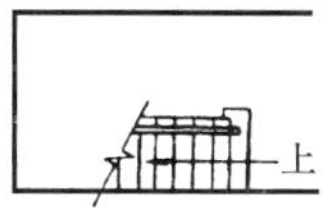 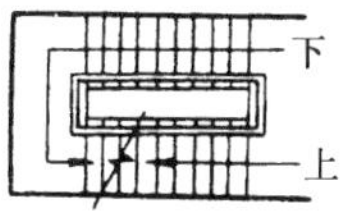 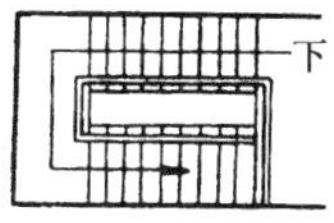	1. 上图为底层楼梯平面，中图为中间层楼梯平面，下图为顶层楼梯平面 2. 楼梯及栏杆扶手的形式和梯段踏步数应按实际情况绘制

续表

序号	名　称	图　　例	说　　　明
5	坡道	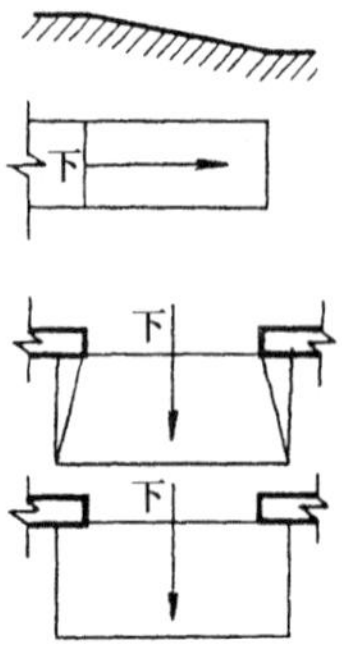	上图为长坡道，下图为门口坡道
6	平面高差	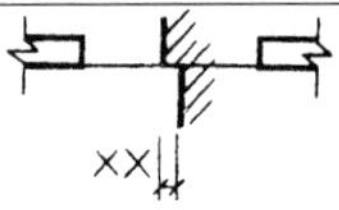	适用于高差小于100的两个地面或楼面相接处
7	检查机		左图为可见检查孔 右图为不可见检查孔
8	孔洞		阴影部分可以涂色代替
9	坑槽		
10	墙预留洞	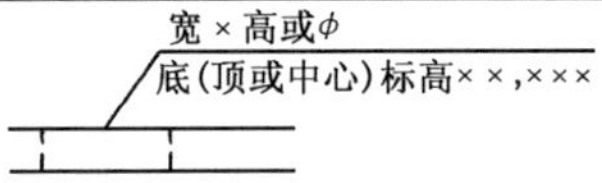	1. 以洞中心或洞边定位 2. 宜以涂色区别墙体和留洞位置
11	墙预留槽	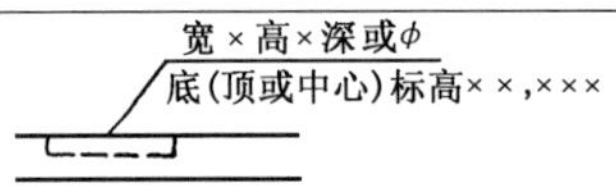	
12	烟道	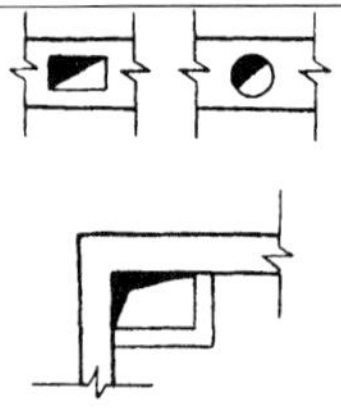	1. 阴影部分可以涂色代替 2. 烟道与墙体为同一材料，其相接处墙身线应断开
13	通风道	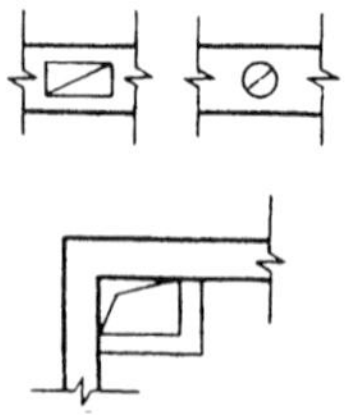	1. 阴影部分可以涂色代替 2. 烟道与墙体为同一材料，其相接处墙身线应断开
14	新建的墙和窗	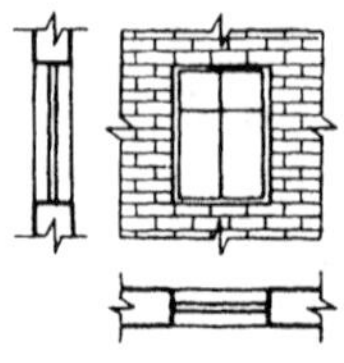	1. 本图以小型砌块为图例，绘图时应按所用材料的图例绘制，不易以图例绘制的，可在墙面上以文字或代号注明 2. 小比例绘图时平、剖面窗线可用单粗实线表示

续表

序号	名　称	图　　例	说　　　明
15	改建时保留的原有墙和窗	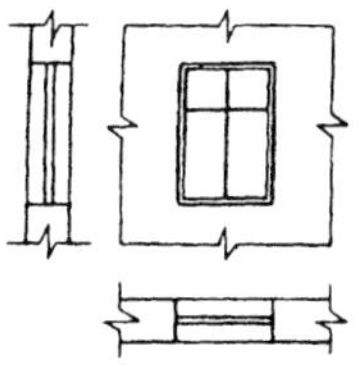	
16	应拆除的墙	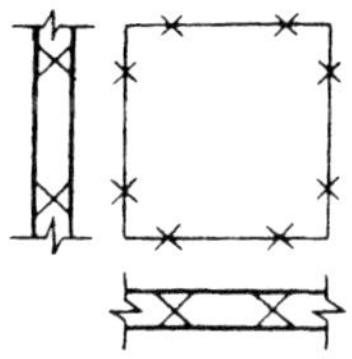	
17	在原有墙或楼板上新开的洞	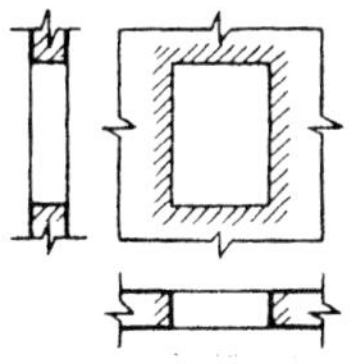	
18	在原有洞旁扩大的洞	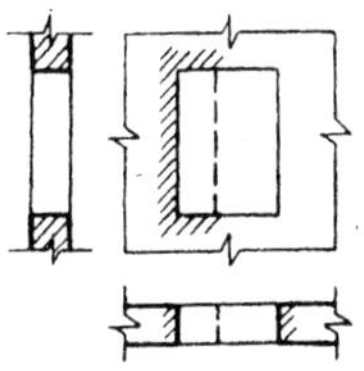	
19	在原有墙或楼板上全部填塞的洞	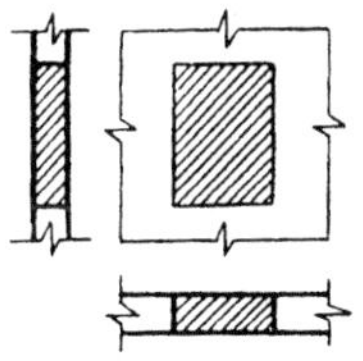	
20	在原有墙或楼板上局部填塞的洞	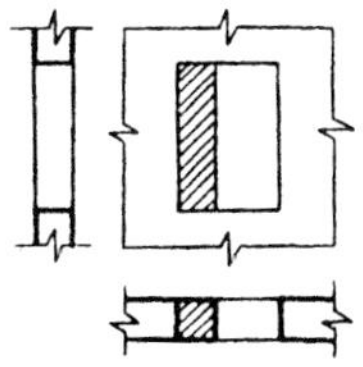	
21	空门洞	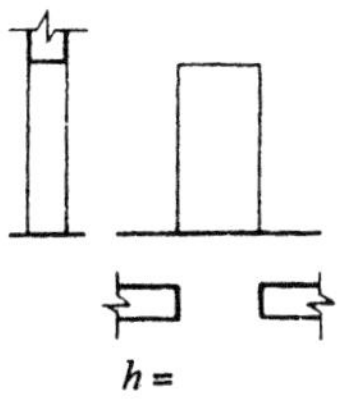	*h* 为门洞高度

续表

序号	名　称	图　　例	说　　　明
22	单扇门（包括平开或单面弹簧）	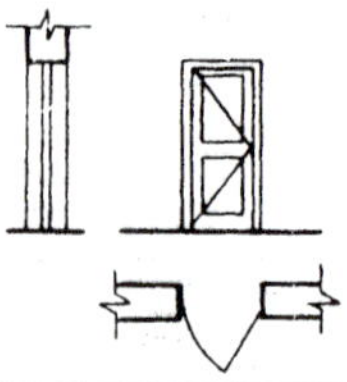	1. 门的名称代号用 M 2. 图例中剖面图左为外、右为内，平面图下为外、上为内 3. 立面图上开启方向线交角的一侧为安装合页的一侧，实线为外开，虚线为内开 4. 平面图上门线应 90°或 45°开启，开启弧线宜绘出 5. 立面图上的开启线在一般设计图中可不表示，在详图及室内设计图上应表示 6. 立面形式应按实际情况绘制
23	双扇门（包括平开或单面弹簧）	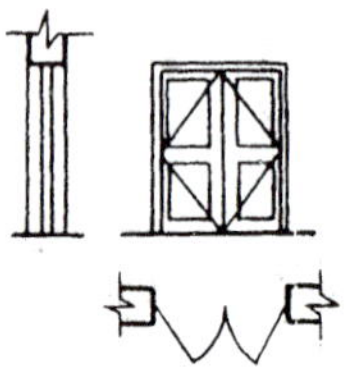	
24	对开折叠门	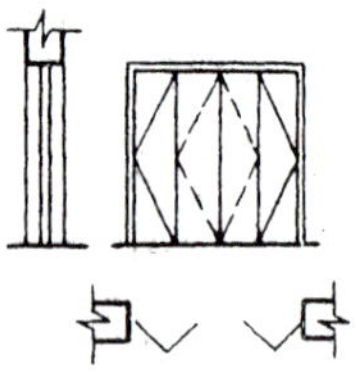	
25	推拉门		1. 门的名称代号用 M 2. 图例中剖面图左为外、右为内，平面图下为外、上为内 3. 立面形式应按实际情况绘制
26	单扇双面弹簧门	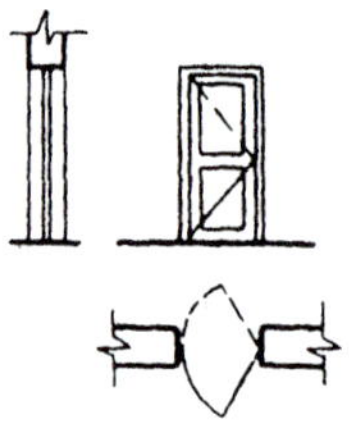	1. 门的名称代号用 M 2. 图例中剖面图左为外、右为内，平面图下为外、上为内 3. 立面图上开启方向线交角的一侧为安装合页的一侧，实线为外开，虚线为内开 4. 平面图上门线应 90°或 45°开启，开启弧线宜绘出 5. 立面图上的开启线在一般设计图中可不表示，在详图及室内设计图上应表示 6. 立面形式应按实际情况绘制
27	双扇双面弹簧门	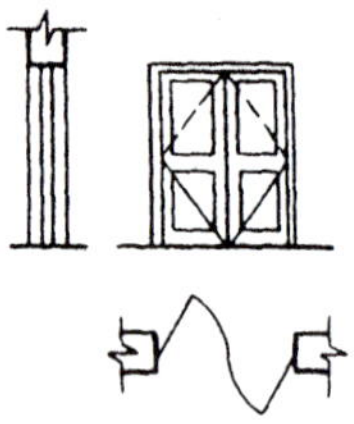	
28	单扇内外开双层门（包括平开或单面弹簧）	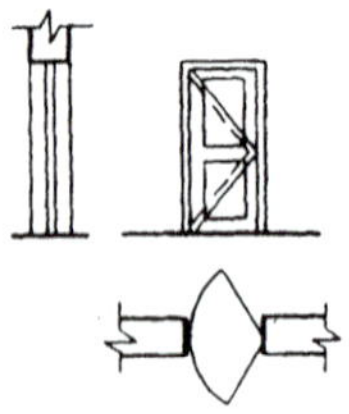	
29	双扇内外开双层门（包括平开或单面弹簧）	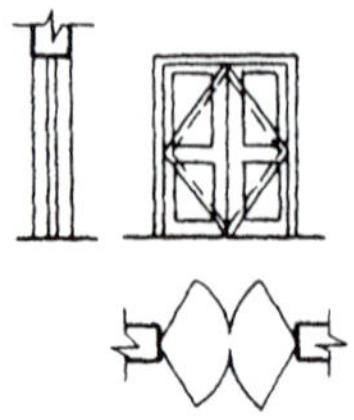	

续表

<table>
<tr><th>序号</th><th>名　称</th><th>图　　例</th><th>说　　　明</th></tr>
<tr><td>30</td><td>单层外开
上悬窗</td><td>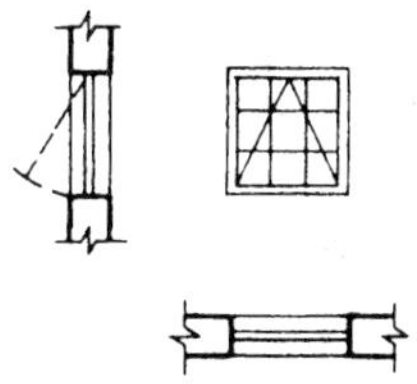</td><td rowspan="7">1. 窗的名称代号用C表示
2. 立面图中的斜线表示窗的开启方向，实线为外开，虚线为内开；开启方向线交角的一侧为安装合页的一侧，一般设计图中可不表示
3. 图例中，剖面图所示左为外，右为内，平面图所示下为外，上为内
4. 平面图和剖面图上的虚线仅说明开关方式，在设计图中不需表示
5. 窗的立面形式应按实际绘制
6. 小比例绘图时平、剖面的窗线可用单粗实线表示</td></tr>
<tr><td>31</td><td>单层中悬窗</td><td>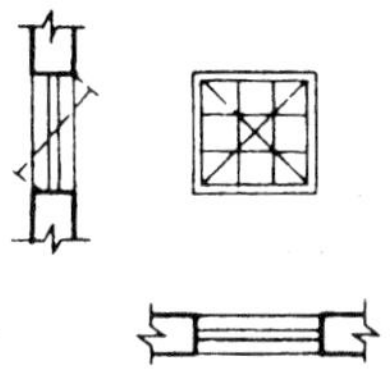</td></tr>
<tr><td>32</td><td>单层内开
下悬窗</td><td>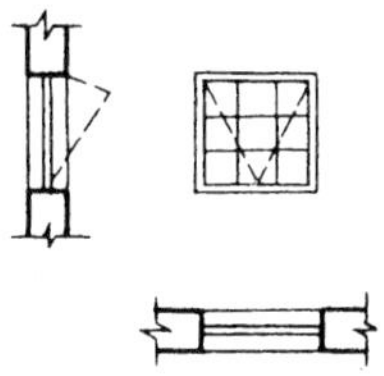</td></tr>
<tr><td>33</td><td>立转窗</td><td>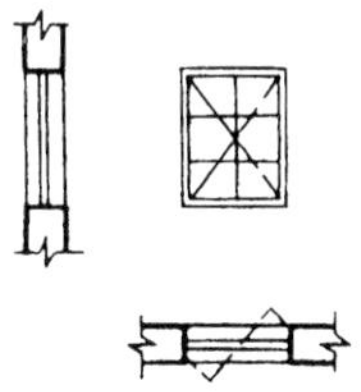</td></tr>
<tr><td>34</td><td>单层外开
平开窗</td><td>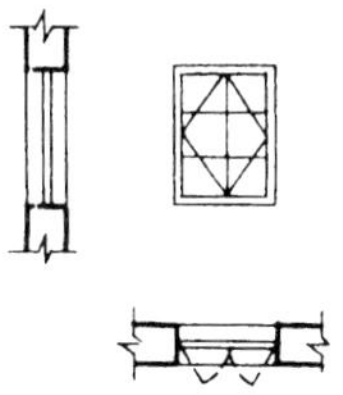</td></tr>
<tr><td>35</td><td>单层内开
平开窗</td><td>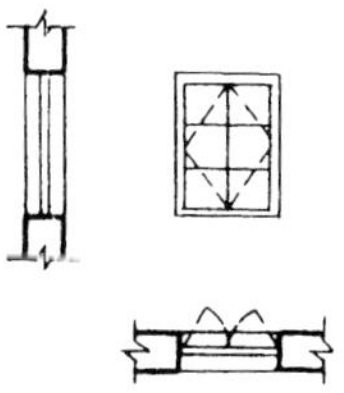</td></tr>
<tr><td>36</td><td>双层内外
开平开窗</td><td>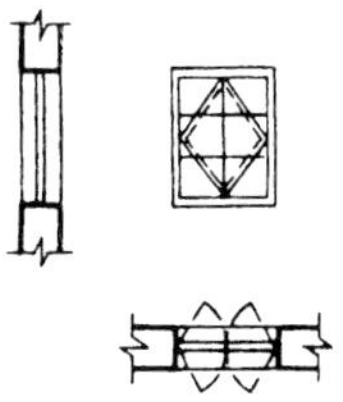</td></tr>
</table>

续表

序号	名　称	图　例	说　明
37	推拉窗	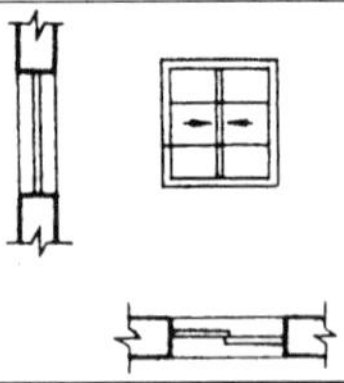	1. 窗的名称代号用 C 表示 2. 图例中，剖面图所示左为外，右为内，平面图所示下为外，上为内 3. 窗的立面形式应按实际绘制 4. 小比例绘图时平、剖面的窗线可用单粗实线表示

注：本表节录自 GB/T 50001—2001

第二节　建筑总平面图介绍

一、总平面图的作用

建筑总平面图简称总平面图，是建筑小区总体规划设计的产物，可看成是小区的水平投影图。主要用它说明新建房屋的位置、朝向、小区内各类建筑之间的关系；同时它也可表明小区内道路交通、地形地物及周围环境等情况。建筑总平面图是小区环境设计与竖向设计的依据，是建筑施工图的重要组成。

二、总平面图的识读

图 8－7 给出一单位总平面图，从中可以看出：总平面图实际只有建筑物的外形轮廓符合投影关系，其他都是以国标中规定的图例符号绘出。

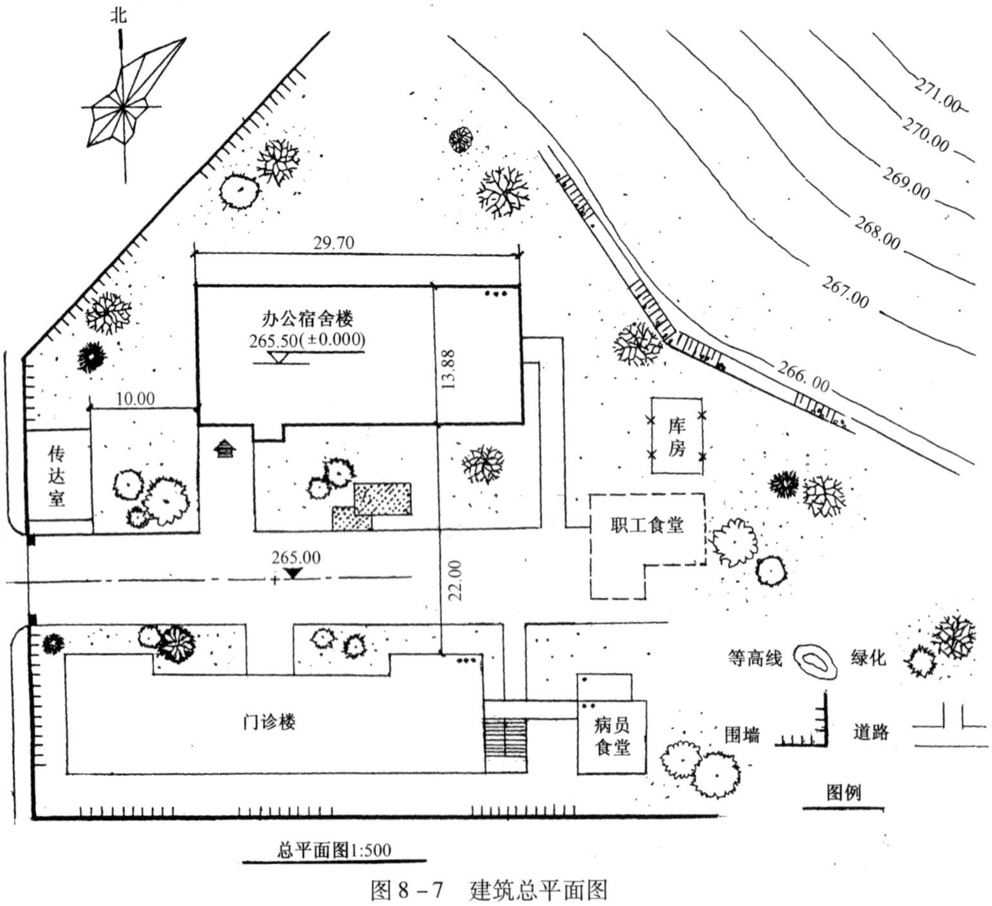

图 8－7　建筑总平面图

因此要读懂总平面图必须先了解有关图例与符号的意义，表 8－2 给出部分总图标准中图例画法供读图时参考。

表 8－2　　总平面图例

序号	名　称	图　　例	备　　　注
1	新建建筑物	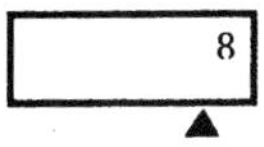	1. 需要时，可用▲表示出入口，可在图形内右上角用点数或数字表示层数 2. 建筑物外形（一般以 ±0.00 高度处的外墙定位轴线或外墙面线为准）用粗实线表示。需要时，地面以上建筑用中粗实线表示，地面以下建筑用细虚线表示
2	原有建筑物		用细实线表示
3	计划扩建的预留地或建筑物		用中粗虚线表示
4	拆除的建筑物	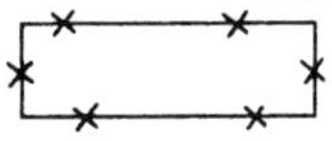	用细实线表示
5	室内标高	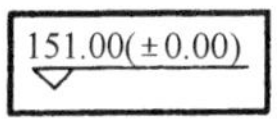	
6	定位坐标	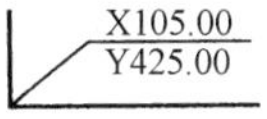 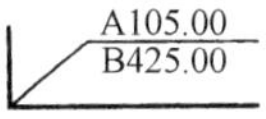	上图表示测量坐标 下图表示建筑坐标
7	填挖边坡	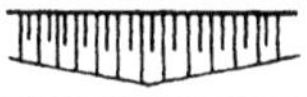	1. 边坡较长时，可在一端或两端局部表示 2. 下边线为虚线时表示填方
8	护　坡		
9	常绿针叶树		
10	落叶针叶树		
11	常绿阔叶乔木		
12	落叶阔叶乔木		
13	常绿阔叶灌木		
14	落叶阔叶灌木		
15	花卉		
16	草坪	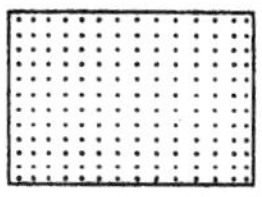	

读图时应首先明确新建房屋的位置和朝向。图中用粗线画出的建筑平面图形是表明新建房屋的位置、朝向及入口。其平面轮廓内的数字 ±0.000 = 265.50是表明底层地坪的绝对标高；图形内的3个小黑点则表明该房屋共3层；新建房屋的位置是用已有建筑与其相互关系给定。

总平面图中用细实线绘制的建筑轮廓表示已建成正被使用的房屋，如图中门诊楼；图中用虚线给出的建筑是表示以后再行建造的房屋；图中用细线绘制并打×号者表示欲行拆除的建筑。

总平面图中还用细线绘出了区内道路设置状况，道路的中心或交叉点处用绝对标高给出其控制高度。另外从总平面图中还可看出规划区的用地范围、区内绿化状况及周围环境等情况。

总平面图中一般还要绘出该地区的风标亦称风玫瑰，如图中左上角处画有指北针的风标图形。它主要表明该地区常年风向频率即一年四季各个方向刮风的天数，刮风天数最多的方向称主导风向。图中东北方向风频线最长，说明该地区主导风向是东北风（由东北吹向西南）；另外当规划区内地势变化比较明显时，便要用等高线表明。图中小区东北方向地势抬升较明显，从等高线可以看出地面从266.00m逐步升高到271.00m，坡脚处画出长短相间的细线是人工护坡符号，护坡以下地势比较平坦便不需用等高线表明了。

第三节　建筑平、立、剖面图的识读及详图简介

建筑平、立、剖面图是表达一栋房屋整体形状与构造的基本图样，也是详图设计与装饰设计的依据与基础，同时也是施工放线及编制施工预算的依据。

一、平面图的识读

（一）平面图的形成

假想用一水平面沿窗台稍高处，将整个建筑物沿水平方向切开，然后移去切平面以上部分，再画出剩余部分建筑物的水平剖视图，即为建筑平面图简称平面图。图8－8（一）即为总平面图中所示新建办公综合楼的底层平面图。

对于多层房屋还应画出各楼层平面图。所用切平面也是从各层窗台上部水平切过，但在画剩余部分建筑物时，则只是画出两层切平面之间房屋的水平剖视。如图8－8中（二）、（三）所示办公楼的二、三层平面图。对于多层或高层房屋，如中间各层平面布置相同时可用一张平面图表示，这种共用的平面图称标准层平面图。平屋顶楼面还要画出屋顶平面图，屋顶平面图不再是水平剖视而是从楼面上方向下投影时的俯视图。

（二）平面图的内容与识读

建筑平面图表达的内容很多，主要说明：建筑物的平面形式、房间的数量、大小、用途以及房间之间的交通联系，门窗类型及布置情况等许多问题。它是施工放线和编制工程预算的依据。下面以办公楼底层平面为例进行识读。

第一步：先看图名、比例，对照总平面图定出房屋朝向，并找出主

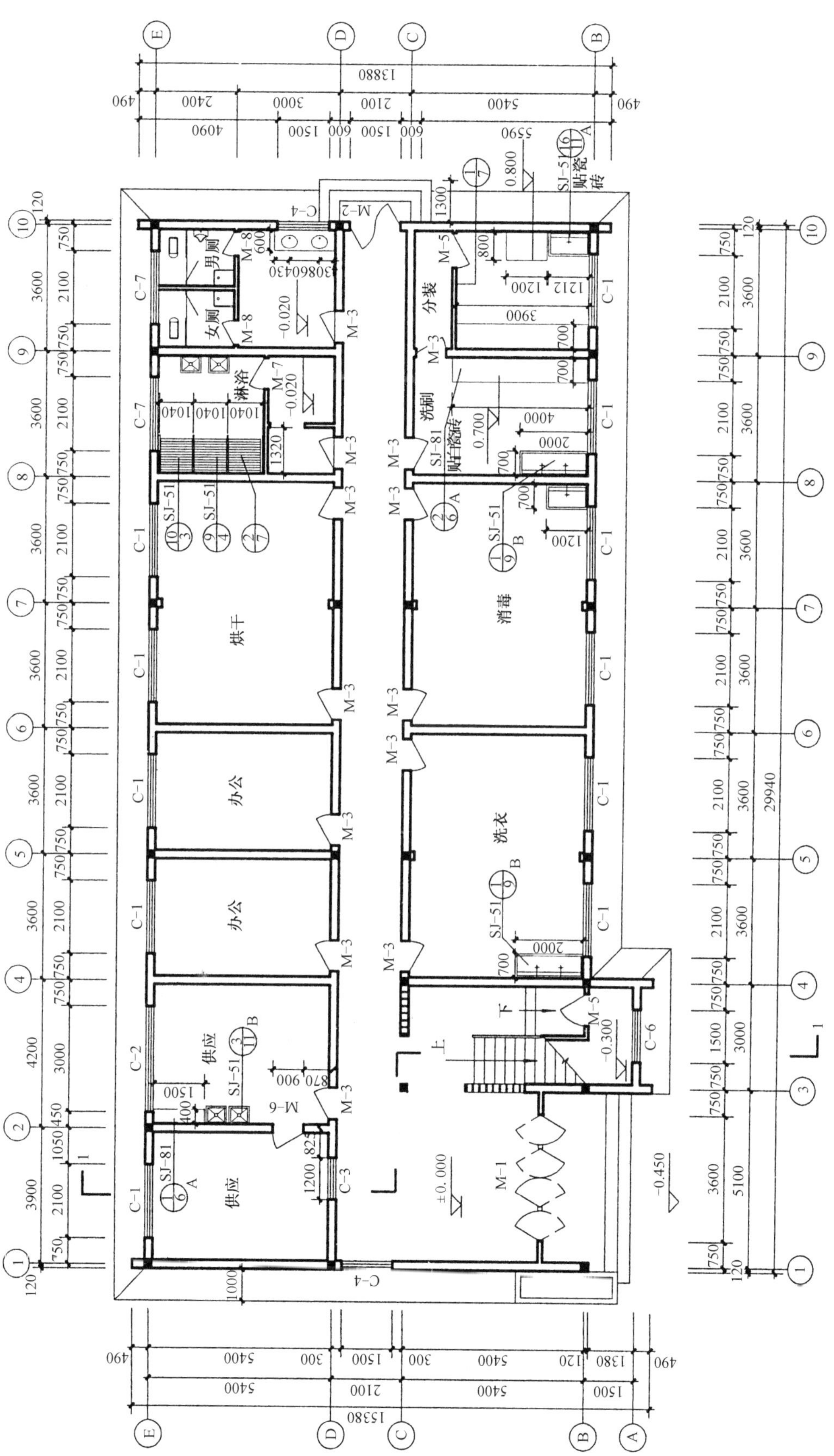

底层平面图　1:100

(一)房屋底层平面图

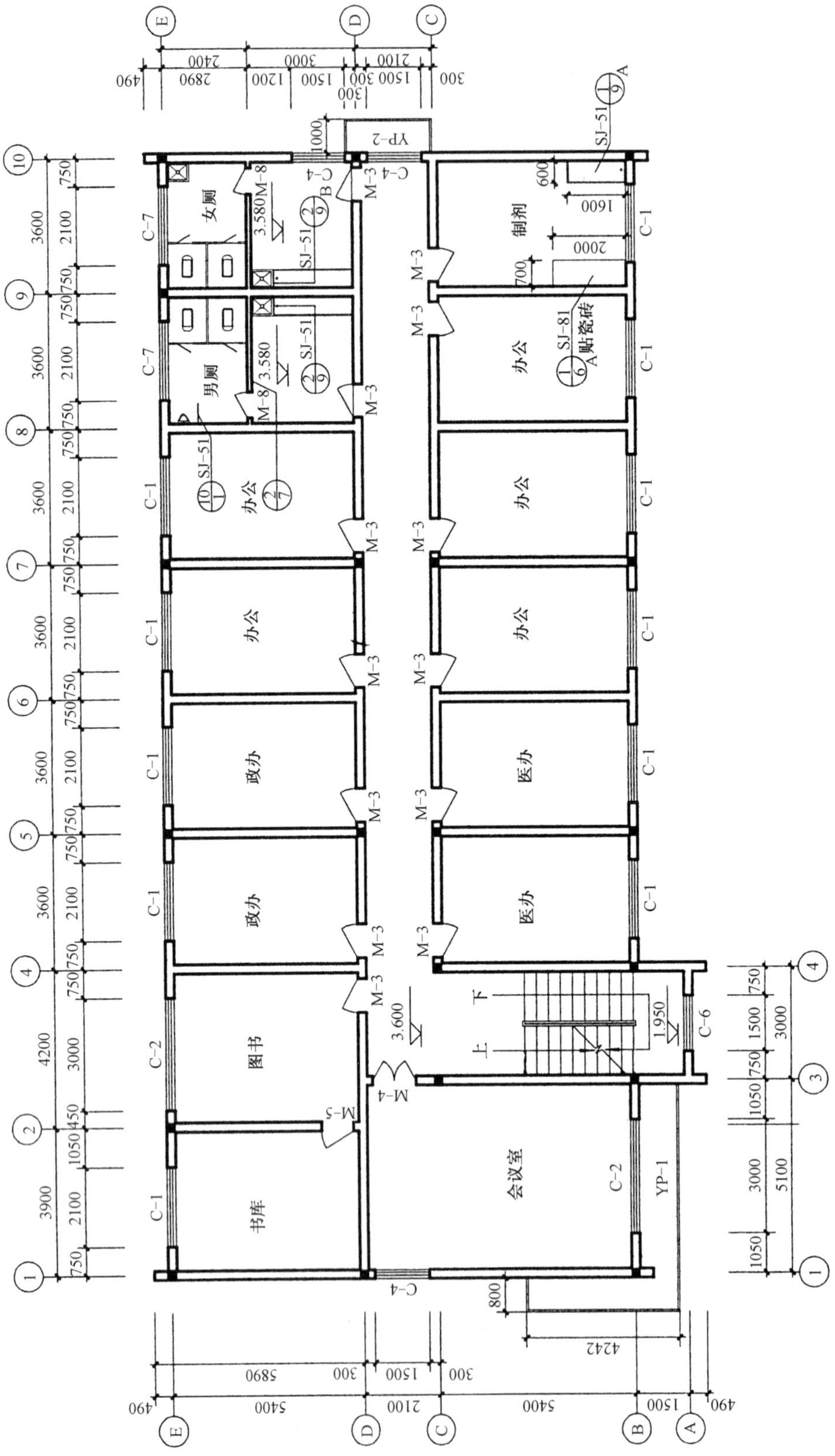

二层平面图 1:100

(二)房屋二层平面图

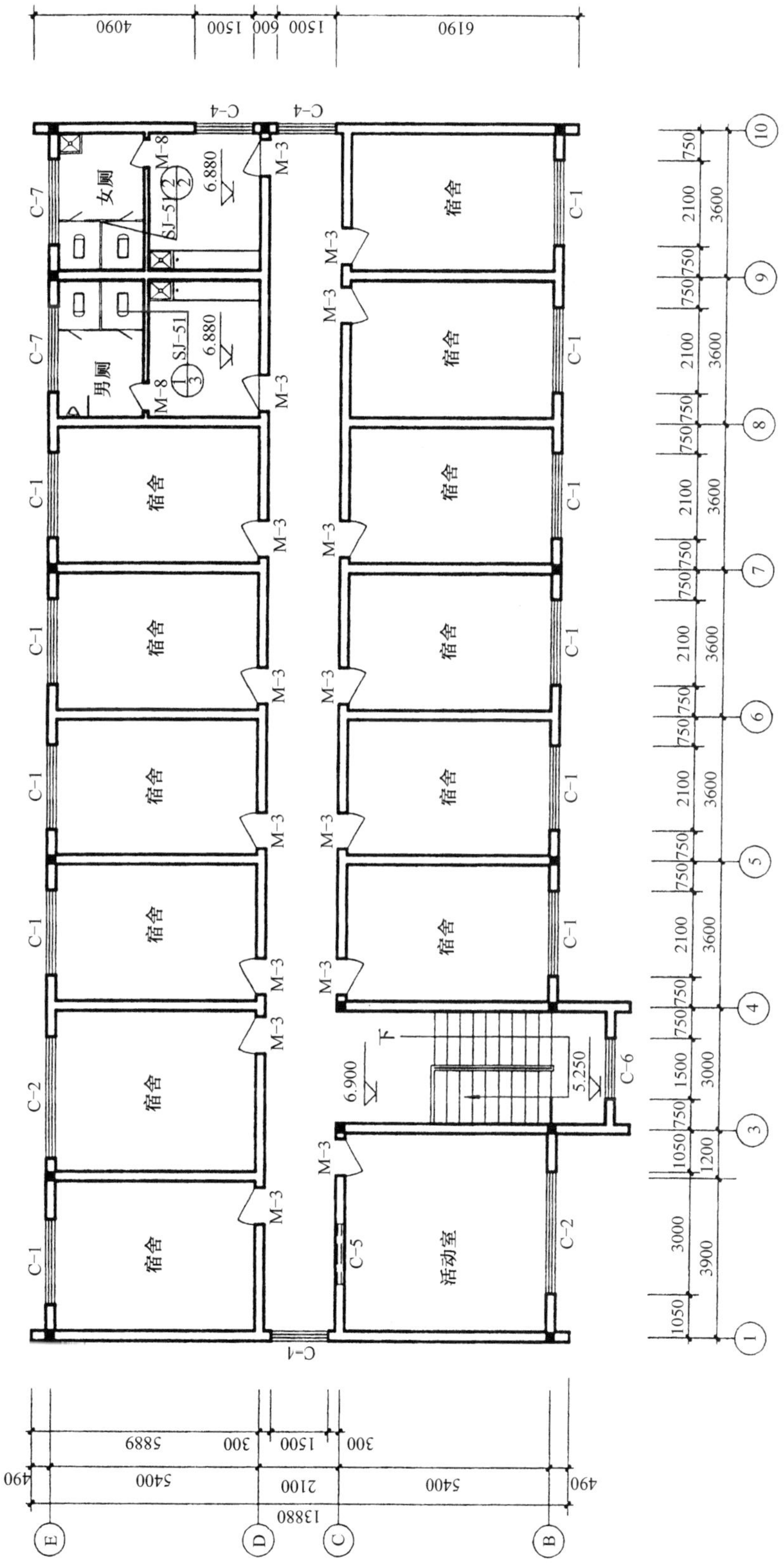

三层平面图 1:100

（三）房屋顶层平面图

图 8-8 房屋平面图的内容与画法

要出入口及次要出入口的位置。本楼主要出入口位于建筑物西南角与门诊楼相对。平面图中地面高度均用建筑标高给出如 ±0.000、-0.450，即室内外地坪相差450mm。

第二步：查看平面形式，房间的数量及用途；看建筑物的外形尺寸，即外墙面到外墙面的总尺寸以及轴线尺寸与门窗洞口间尺寸。轴线间尺寸横向称开间，纵向称进深，如3600为房间的开间尺寸，5400为房间的进深尺寸。开间与进深尺寸都应是100（模数）的整数倍，即符合建筑模数。从底层平面可以看出：房间的开间共有四种：3000、3600、4200与5100；房间类型只有一开间与两开间（如烘干室）两种。房间主要用于办公和为门诊部服务的辅助性用房，以及卫生间与淋浴间等公共用房。各房间以一条2100宽的走廊相联系，内廊的东头也是一个出入口。全楼共用一部楼梯处于门厅右侧③~④轴线之间，可实现上下交通联系。楼梯平面图中带长箭头细线称行走线用来指明上、下楼层行走方向。

第三步：查看门窗的类型与数量以及设置情况。图中门的编号是M-1、M-2等，窗的编号是C-1、C-2等，按编号不同查找各种类型门窗的位置及数量。对照平面图中的分段尺寸（靠近外墙的一道尺寸）可查找出各类门窗洞口尺寸，如C-1洞口长为2100、C-2洞口长为3000；M-1为四扇弹簧门，M-6为双扇弹簧门，M-2、M-3均为单扇门（门窗具体构造还要参照门窗明细表中所用的标准图集）。

第四步：深入查看各类房间内的固定设施及细部尺寸。如淋浴间内有三个淋浴小间，两个面盆。淋浴小间具体做法从索引符号可以看出它是采用SJ-51，即陕西省建筑标准图集第51册第3页第10个详图的做法；卫生间内男、女厕所各设一个蹲位和一拖布槽，厕所外设盥洗槽为洗涤用。洗刷与分装房间，室内除设置洗涤槽外还设有操作平台，具体做法也是采用标准图集中的定型设计。

最后在掌握了底层平面的所有内容后，便可沿行走线上楼，逐层阅读。在阅读各楼层平面时应着重查看房间的布置、用途及门窗设置等与底层的不同之处，尤其应注意各种尺寸及楼地面标高等问题。

二、立面图的识读

（一）立面图的形成

房屋的立面图实际是房屋某个方向外形的正投影图（视图）。一般将主要入口所在一面称正立面，与其相对一面称背立面，两侧则称左、右立面图；立面图也可按朝向命名如：南立面、北立面及东、西立面，图8-9中所示各立面即按朝向命名。按朝向命名便于识读，但《建筑制图标准》中建议使用轴线编号命名，如图8-9（一）所示南立面即为①~⑩立面。北立面则为⑩~①立面。按轴线编号命名，适于转折立面的命名或是方位不正的建筑立面的命名。

（二）立面图的内容与识读

由于立面图是房屋的外形图，主要用来表现建筑物立面处理方式、各类门窗的位置、形式及外墙面各种粉刷的做法等问题。因此识读立面图时的步骤为：

第一步：先要看图名、比例，并对照平面图弄清立面图是房屋的

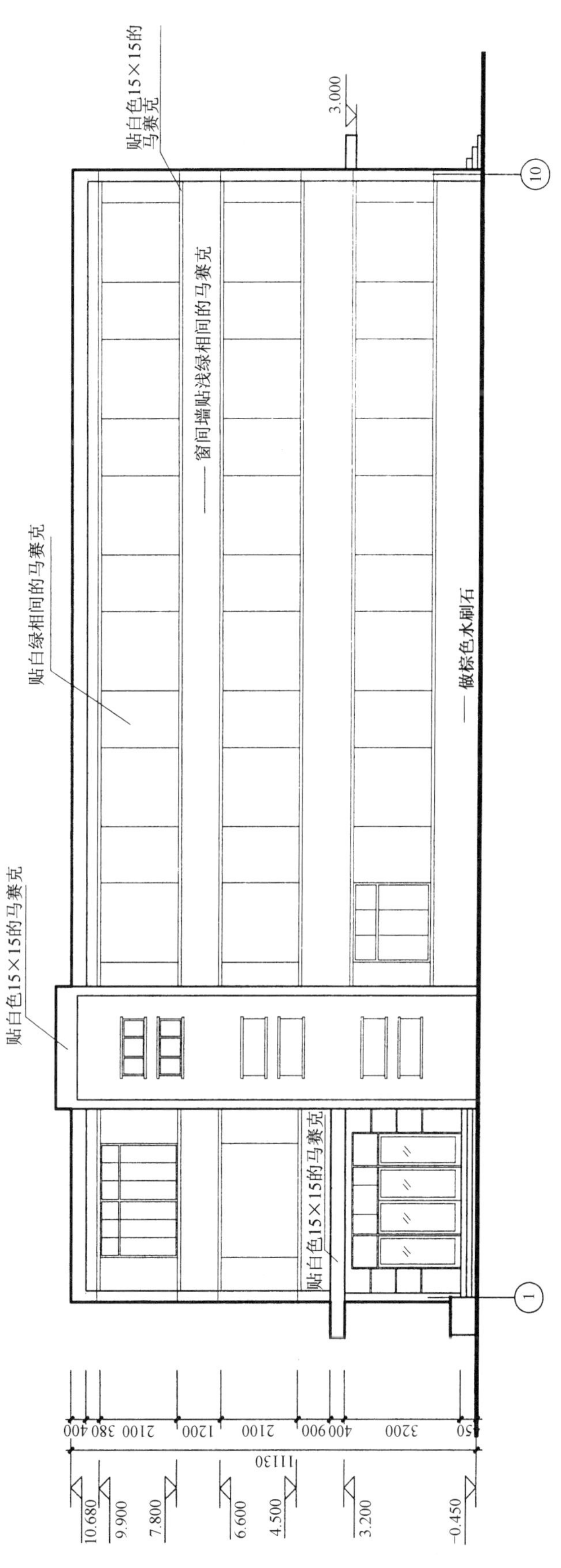

南立面　1:100

（一）房屋南立面图

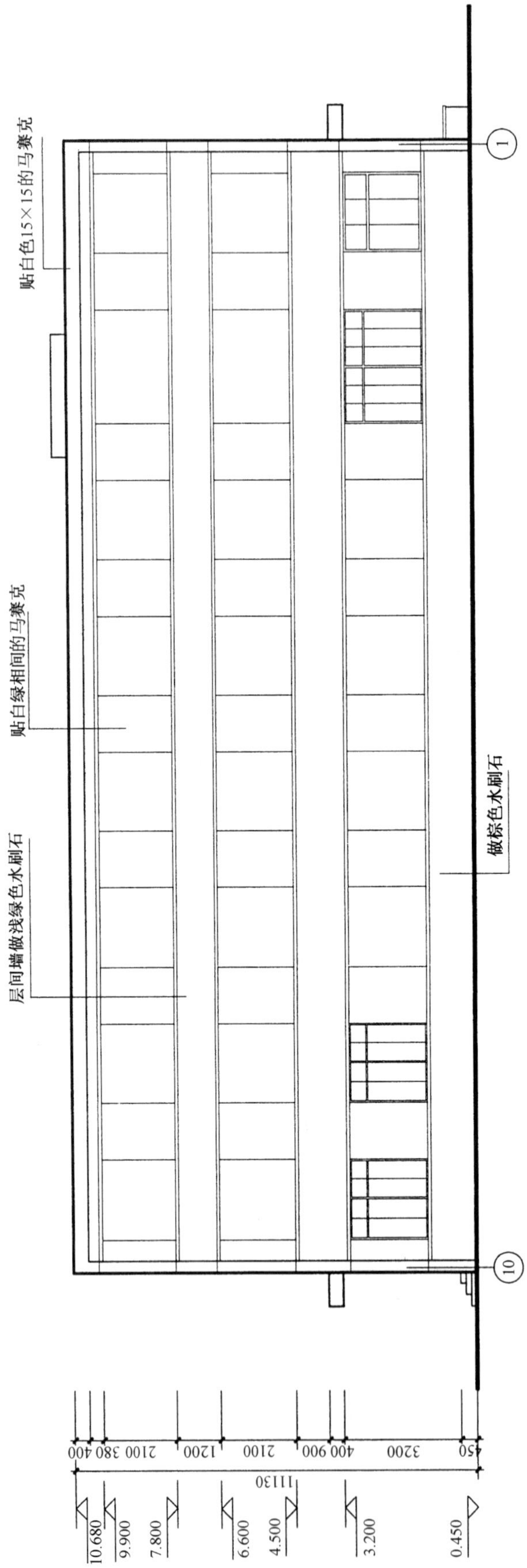

北立面 1∶100

（二）房屋北立面图

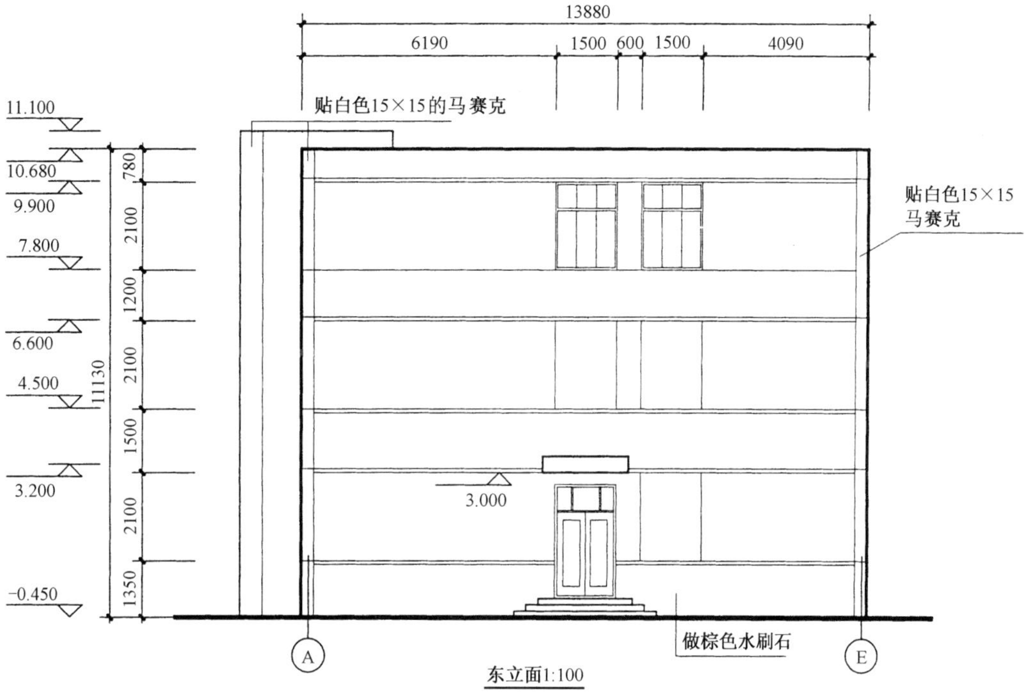

（三）　房屋东立面图

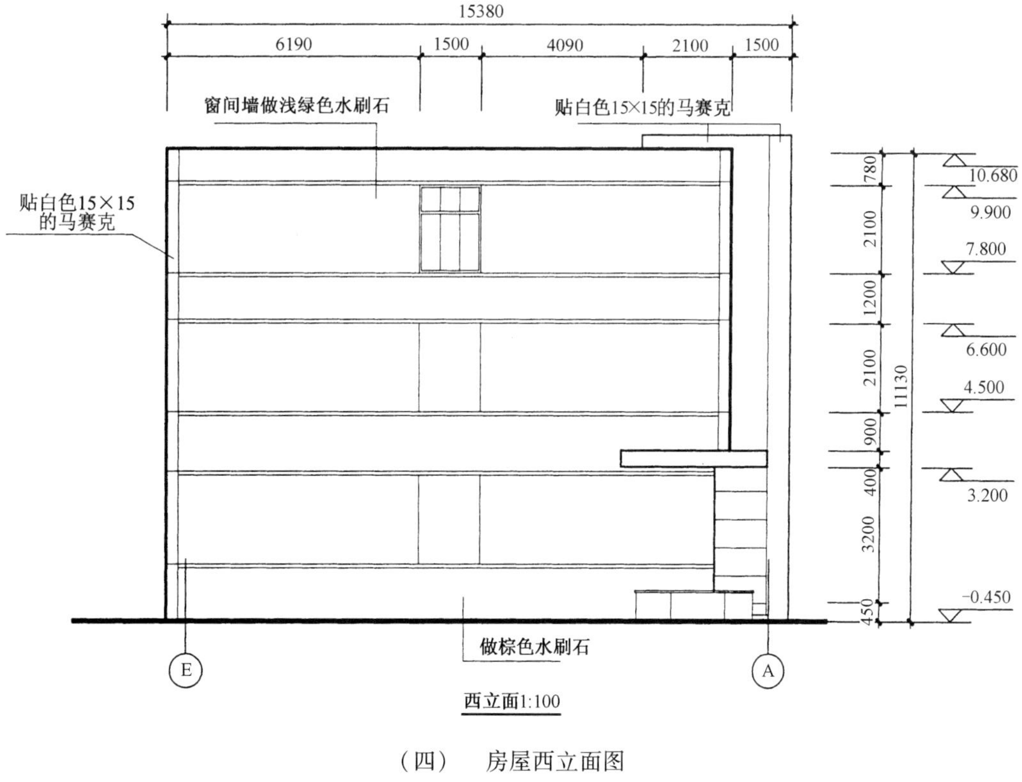

（四）　房屋西立面图

图 8－9　房屋立面图的内容与画法

哪一个方向的立面。如图8－9（一）即办公楼的南立面也是它的正立面。

第二步：看立面分割方式，该房屋南立面属横向分割类型，只在楼梯间处稍有改变。整体看：房屋建筑比较稳重协调。

第三步：查看门窗设置及形式。如主要入口处 M－1 为四扇弹簧门，下设台阶及花坛上有雨篷；南立面中窗的数量较多，各种类型窗也可每种只画出其中一扇表明其形式，其余用省略画法表示。

第四步：查看粉刷类型及做法。如立面中粉刷做法可从文字注解中看出，凡突出的房套、层间腰线均用白色瓷砖贴面；窗间墙则采用浅绿色水刷石粉面等。

第五步：查看立面尺寸。立面图中尺寸主要用来说明粉刷面积和少量局部尺寸，而屋顶、檐口、雨篷及窗台等重要表面则用标高表示。阅读立面图时要对照平面图及剖面图和详图。

三、剖面图的识读

（一）剖面图的形成

剖面图实际就是房屋建筑的垂直剖视。一般多用横向剖视，有时也采用纵向剖视或用阶梯剖视。如图 8－10 示办公楼的剖面图就使用了一个阶梯剖。剖面图主要是用来表现房屋内部结构构造、材料做法及竖向空间布置状态等。

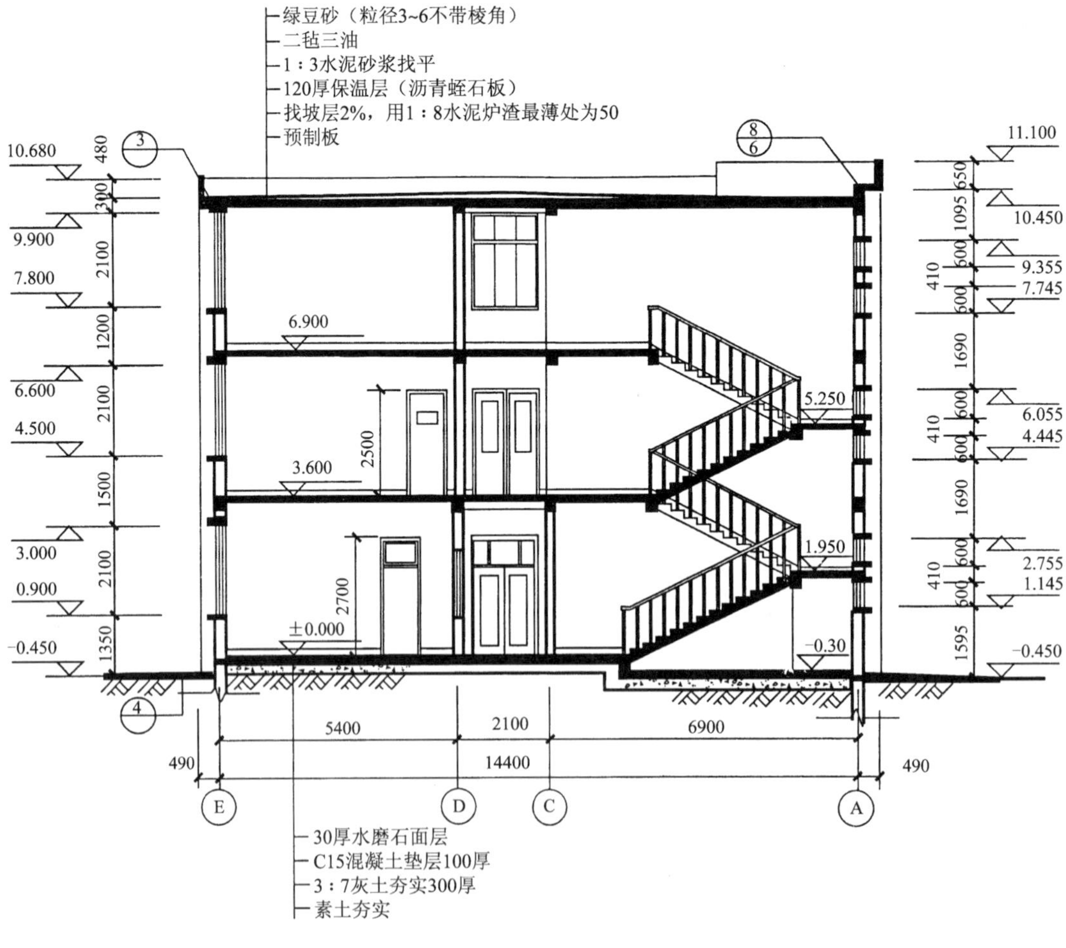

1-1剖面图1:100

图 8－10　房屋剖面图的内容与画法

（二）剖面图的识读

为了充分表现房屋内部结构及具体构造，剖面一般应在房屋构造比较复杂的部位或具有代表性的房间处进行剖切。下面以图 8－10 所示剖面为例进行识读，具体步骤如下：

第一步：首先根据剖面图的名称对照底层平面图，查找剖切位置线和投影方向线，明确切平面所剖切的房间及空间。图 8－10 所示 1－1 剖面是由北向南通过窗（C－1、C－3）后拐向楼梯间将整个房屋切开再向东侧投影而成。

第二步：在剖面图中断面涂黑处表示是用钢筋混凝土材料做成；用粗实线画轮廓或涂红处表示砖墙。从 1－1 剖面图中可以看出房屋是由砖墙支承着钢筋混凝土梁板的砖混结构；楼梯是一来一往的转折式双跑楼梯。

第三步：查看详图索引，图中给出勒脚处、窗过梁处及檐口处等几个详图索引符，其具体构造及做法可与后面相应详图对照阅读。

第四步：阅读竖向尺寸，剖面中层高、室内外地坪以及窗台，休息平台等重要表面都应标出标高。从图中可以看出房屋底层高为 3600，二层、三层层高为 3300，室内外地坪差为 450。为了方便施工，在剖面图中还标出门窗洞口、窗间墙等分段尺寸及层高尺寸和总尺寸；此外剖面图中还应标注出一些细部构造尺寸，如室内门洞的高度或其他设施的竖向尺寸。

四、建筑施工详图简介

（一）详图的作用

建筑平、立、剖面图是表达房屋的基本图样，起到宏观表达房屋构造的作用，但是由于比例的限制，基本图样中无法将房屋的细部构造表达清楚，因此必须使用较大比例详细地绘出体现建筑物局部构造及其用料与做法要求等，将所有应该表达清楚的部位表达清楚，这种用较大比例绘制的图样称建筑详图（也称大样图）。详图是基本图样的深化和补充，也是指导施工的依据，没有足够数量的施工详图，施工图便达不到施工要求。

（二）详图简介

一般施工图设计中常常绘制的详图有：外墙详图、楼梯详图、卫生间详图、门窗详图及阳台雨篷详图等施工详图，下面分别简要介绍。

1. 外墙详图　外墙详图通常是取房屋纵墙剖视放大图，它主要用来表明外墙从防潮层到屋顶各节点的构造、材料及施工要求。图 8－11 所示外墙详图即办公楼北侧外墙大样图，共包括 3 个节点。

节点①是表达勒脚处散水做法、防潮层位置、室内地坪做法及墙面内外粉刷做法。

节点②是表明墙体与楼板搭接关系，窗台及窗顶过梁的做法，楼面标高及做法。

节点③是表明屋檐处出檐宽度、封檐板高度，窗顶过梁做法及屋面做法，雨水管的设置等。

外墙大样图因比例较大占用幅面较多，为节省图幅常将各节点中间次要部位用折断线省去。

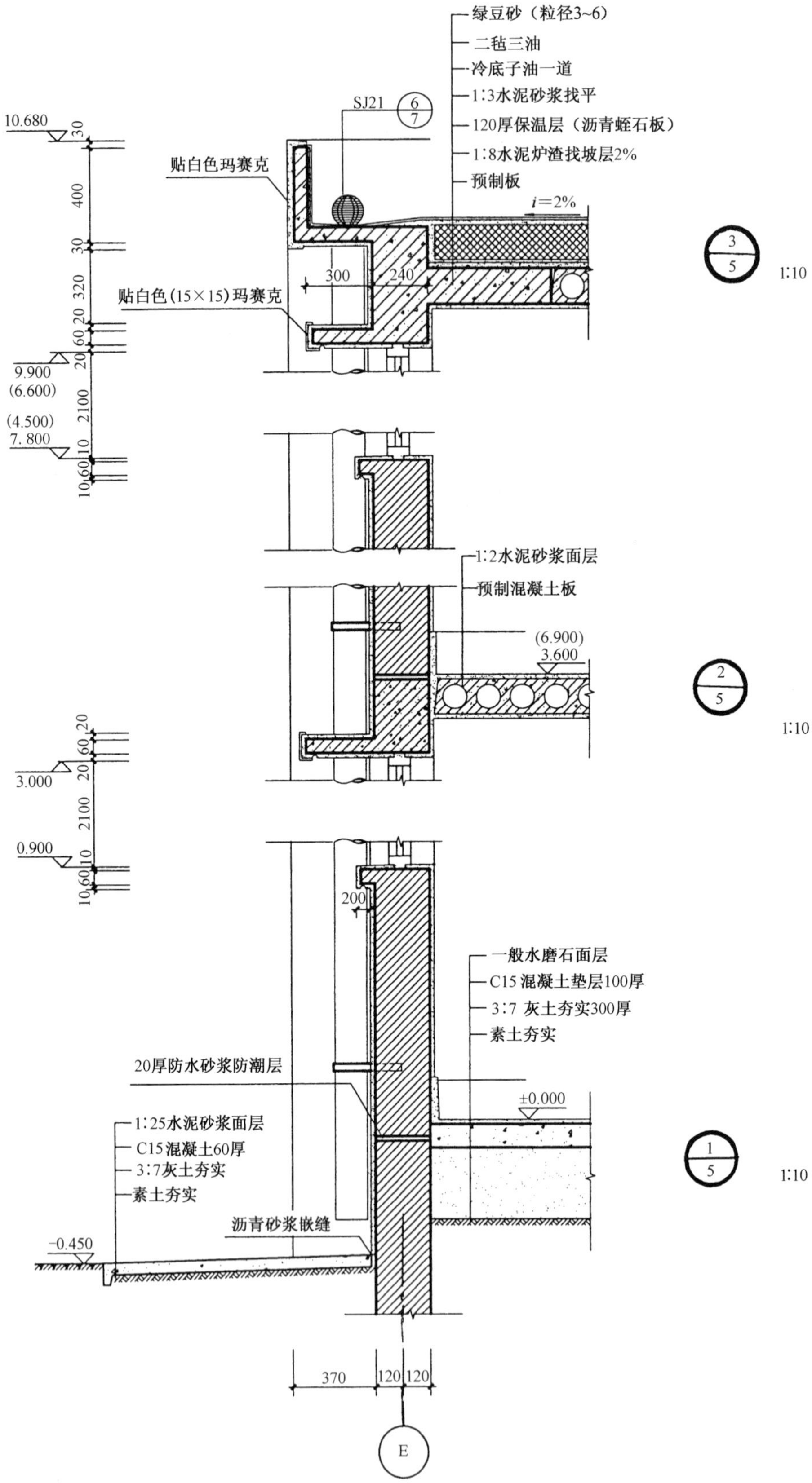

图8－11　外墙墙身大样图

2. 楼梯详图　由于楼梯间空间关系较复杂，也是室内装修的重点部位，所以熟悉楼梯详图的内容及表达方法很有必要。楼梯详图主要包括：楼梯平面图、楼梯剖面图及节点详图。图 8－12 给出一双跑楼梯构造示意图，它包括梯段、缓台及栏板（或栏杆）、扶手等构件。

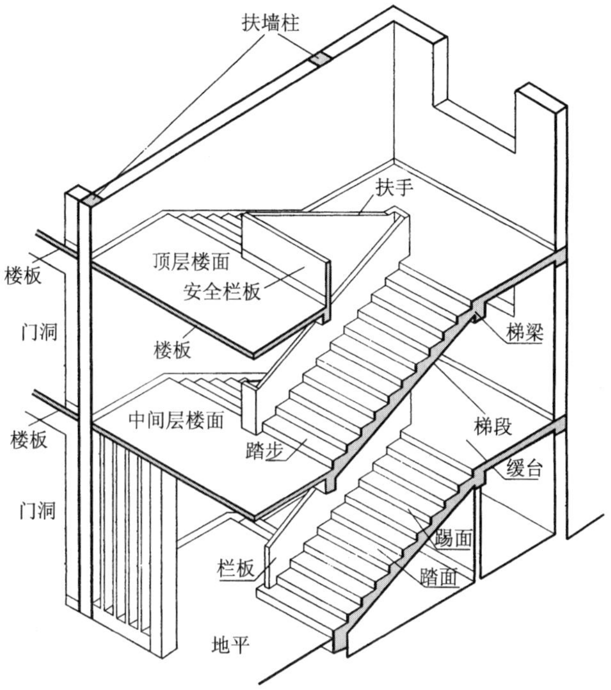

图 8－12　楼梯构造直观图

①楼梯平面图　楼梯平面图包括：底层平面图、中间层平面图及顶层平面图。图 8－13（一）表明了楼梯底层平面图的形成与画法。从中可以看出它是一水平剖视，表明了底层梯段的长、宽及步数、行走方向及室内台阶数量与梯下储藏间等具体尺寸。

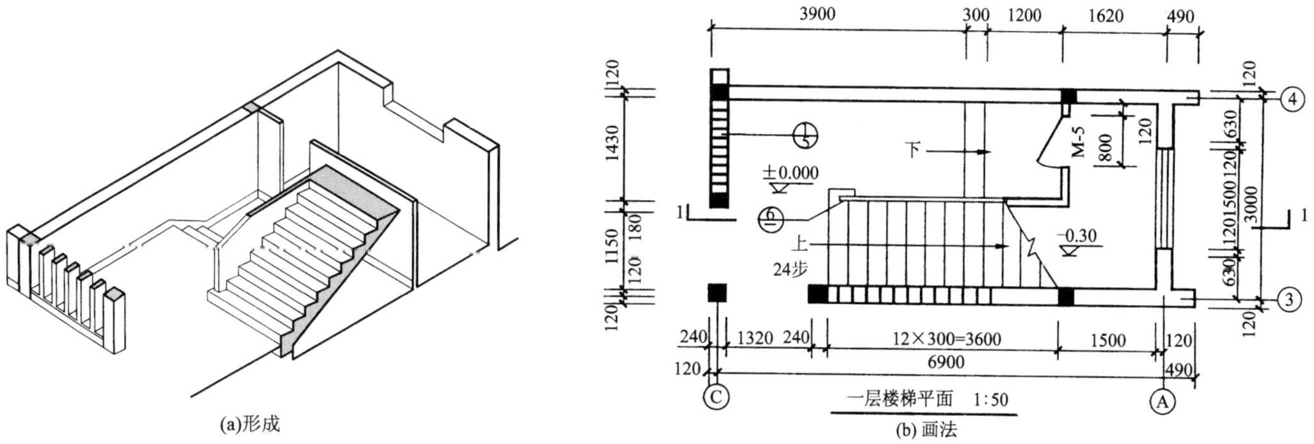

（一）楼梯底层平面图的形成与画法

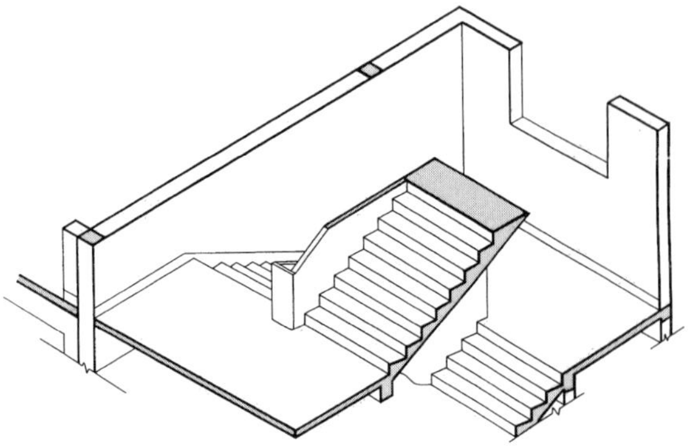

(a)形成

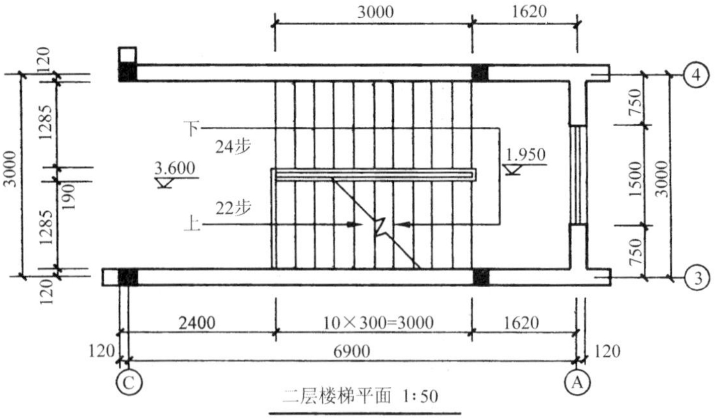

(b)画法

（二） 楼梯中间层平面图的形成与画法

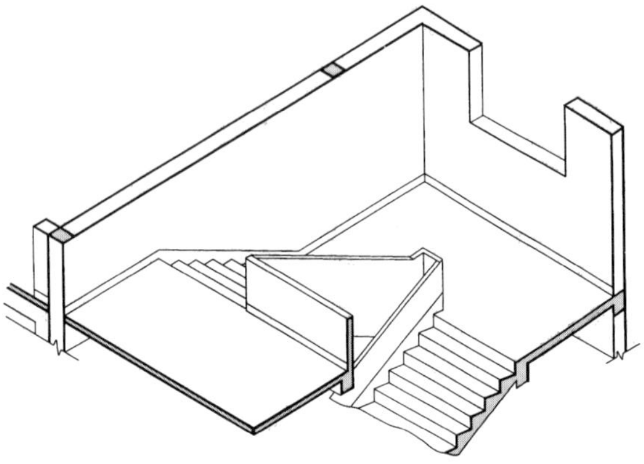

(a)形成

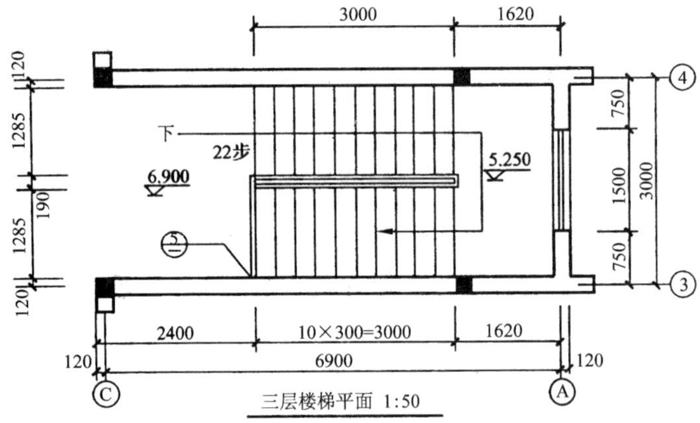

(b)画法

（三） 楼梯顶层平面图的形成与画法

图 8－13 楼梯平面图的内容与画法

图 8－13（二）表明了中间层楼梯平面图的形成与画法。它也是一剖视图，从中可以看出：上下楼层的行走路线，各梯段的长、宽尺寸步数以及缓台、梯井等具体尺寸。

图 8－13（三）是楼梯顶层平面图的形成与画法。顶层平面图是整个楼梯间的水平投影图，它表明了下楼的行走路线，梯段的长短、步数及栏板或栏杆的设置等。

②楼梯剖面图 图 8－14 所示楼梯剖面图，实际就是房屋剖面图中楼梯间部分的局部放大图，它的形成与房屋剖面一样也是一个垂直剖视图。它主要用来表明楼梯间的竖向布置状况、楼梯梯段与梯梁搭接关系、梁板的构造、做法以及栏板或栏杆的形式、尺寸等。

形成楼梯剖面图的剖切位置需在楼梯底层平面图中查看，凡被剖切的梯段用实线画，没被剖切的梯段中踏步用虚线画出，从剖面图中可以看出每层楼梯间踏步数量及层高、缓台高等竖向尺寸。另外剖面图中还给出若干详图索引符号，指出应继续深入表现的节点构造。

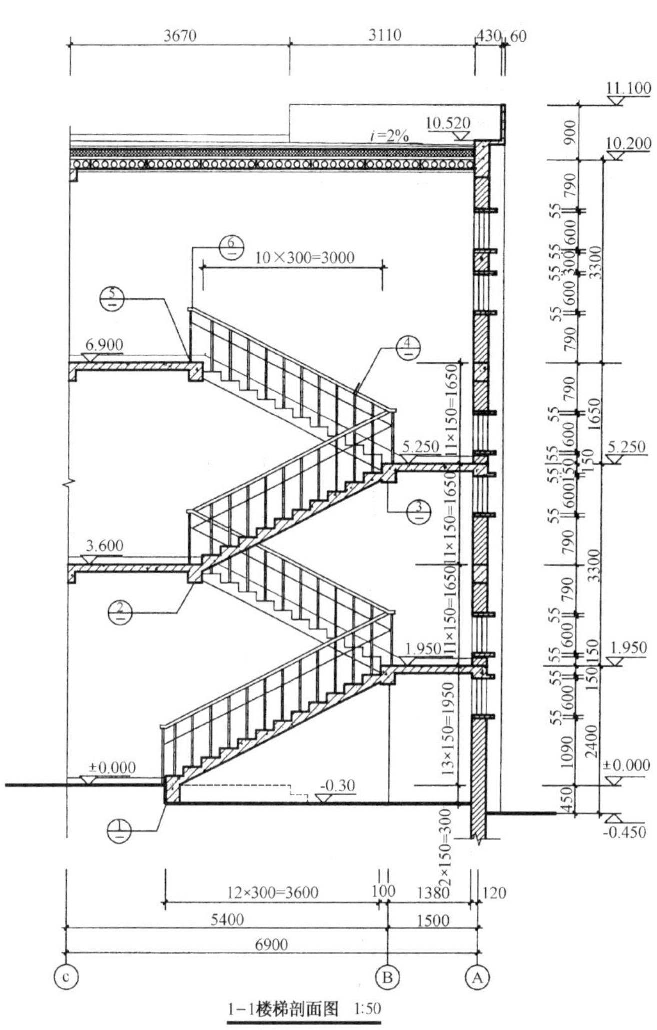

图 8－14　楼梯剖面图的内容与画法

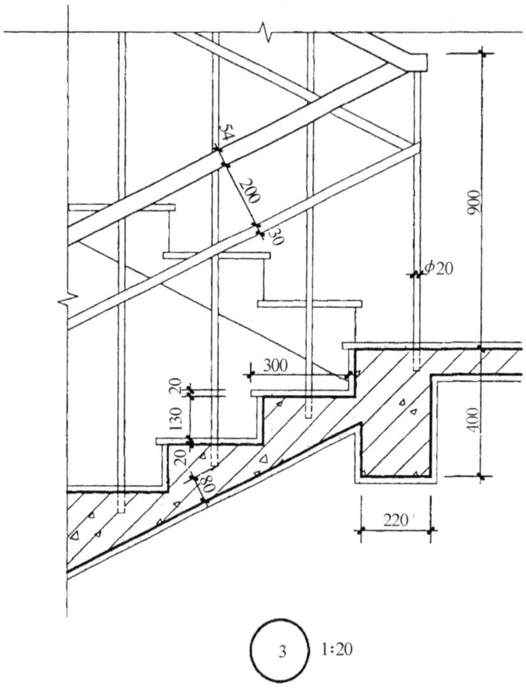

图 8－15　楼梯节点详图

③楼梯详图　根据详图索引符号找到对应详图。图 8－15 即是表明梯段与梯梁搭接处具体做法的详图。

思　考　题

1. 什么是施工图？都有哪些施工图？它们的编号是怎么编写的？

2. 什么是建筑施工图，主要包括哪些内容？

3. 什么是轴线、轴线网，其编号方法如何？什么是附加轴线？怎样编号？

4. 什么是绝对标高？什么是建筑标高？它们的画法及标注如何？

5. 什么是详图索引符与标志符？怎样引出和标注？

6. 说明对称符、连接符及指北针的画法与用途。

7. 建筑总平面图的作用是什么？如何识读总平面图？

8. 建筑平、立、剖面图的作用是什么？它们是怎样形成的？怎样识读建筑平、立、剖面图？

9. 详图的作用是什么？详图有什么特点？常用详图有哪些？

第九章　室内装饰工程图

室内装饰工程图是室内设计的结果，也是指导装饰工程施工的依据。建筑装饰设计就其空间范围而言，可包括室内装饰设计与室外装饰设计，也就是人们常说的内装修设计与外装修设计。室内建筑装饰设计涵盖的内容相当广泛，既包含了现代工程领域中的技术设计，也包含了美学艺术领域中形象创作设计，是一种涉及多学科、多工种的综合设计。总之，它是一种以建筑技术为基础，以美学艺术为表现形式的工程设计，同时它也是一种精神与物质并重、人与自然和谐统一的家居生活环境的创造。正由于室内装饰工程包括的内容非常广泛，因此对不同装饰内容也就有着不同定义与名称，诸如建筑装饰、建筑装修、建筑装潢等许多叫法，其实这些叫法实质是对不同装饰内容的更严格的界定，但是单就表现这些装饰内容的图样而言则无需仔细区分，可统称为建筑装饰工程图。

第一节　基 本 知 识

一、室内设计与建筑装饰工程图

室内装饰设计一般是在已建成的房屋中进行二次装修设计，当然也可能是在新建房屋建筑设计初装修的基础上，继续深入进行的精装设计。

室内装饰设计与建筑设计类似，也是分阶段进行且不断深化完成的。一般要经过：概念设计、方案设计和施工图设计三个阶段。装饰设计中各个阶段也都有其相应的工程图样，以满足不同的使用要求，如初步方案设计阶段用设计草图来表现装饰设计的创意与构思，用彩色或骨线效果图来表现装饰的风格与韵味，这些图样都是为论证装饰设计的可行性、比较设计方案的优劣并为招投标或审批等事宜提供技术资料。在正式设计阶段也即施工设计阶段所绘制的图样为建筑装饰工程施工图，简称“饰施”。“饰施”工程图是保证装饰工程施工的可行性与经济性，同时也是确保装饰设计构想与风格创意实现的手段，因此要求建筑装饰施工图必须表达完整、尺寸齐全；材料质量、环保性能以及施工工艺要求等相关内容，均应说明详细且具体可行。

建筑装饰施工图既是指导装饰工程施工的依据，也是编制装饰工程预算的依据，因此装饰工程图必须在注重实用性、艺术性的同时还应注重装修工程的经济性。另外由于室内设计对装饰工程艺术性的刻意追求，因此在表现装饰设计的施工图中也可加画配景甚至阴影，以彰显设计的意境与效果，并且还使用彩色效果图辅助说明。这样的表现手法与初步方案设计阶段的表现手法基本相同，因此在一些装修级别不高的工程中，有时也用初步设计中的图样来指导施工。这种现象说明在装修工程施工中并不强调区分图纸的阶段属性，只要能满足施工要求即可。但是也应指出：目前有一些装修单位，只提供一些“电脑画”供用户选用，并作为装修的依据。这种“看图索骥”的作法是不可取的，它很难保证装修质量与装修效果，因此对于大型装修工程或装修效果与级别要求较高的工程，必须出具正规的装饰工程施工图。有鉴于此，下面将要介绍一些装饰工程施工图的相关知识。

二、室内装饰工程图类型简介

由于室内装饰设计涉及的内容非常广泛，其表现的形式也是多种多样，加之装饰设计在我国起步较晚，所以到目前为止，装饰工程图样尚没有一部单独的统一的国家标准。现行装饰工程图样一般多是套用《建筑制图国家标准》，但是许多情况下，还是由设计者按自己的习惯与爱好进行绘制，因此反映在装饰工程图样中，如名称、术语、图例、符号等等极不统一，也极不规范。为此在讲述的装饰工程图样中，力求全面反映现行装饰工程图样名称画法，类型及相关概念。下面先就室内设计中所编写的文件与所绘制的基本图样加以介绍。

（一）装饰设计中的相关文件

1. 装修工程招投标文件及委托协议书；
2. 装修工程项目清单及工程预算书；
3. 装修材料清单及使用说明；
4. 装修等级、装饰风格及装修设计要求说明等。

上述这些基本文件是装饰设计的依据，也是不可缺少的技术资料。

（二）装饰设计中的基本工程图样

1. 建筑装饰工程图

①建筑装饰平面图（简称平面图）：原始建筑平面图、建筑装修平面图、平面布置图、天花平面图与地面装修拼花图。

②建筑装饰立面图（简称立面图）：立面布置图、立面装修图与立面展开图。

③建筑装饰剖面图（简称剖面图）：剖立面图（又称整体剖面图）、局部剖面图。

④建筑装饰详图包括两种类型节点构造装修详图和重点部位艺术装饰详图。

⑤立体效果图包括：透视效果图和轴测图等立体图。

2. 配套专业设备工程图

①电气设备工程图：照明用电布线图、控制开关及插座布置图等。

②给水排水设备工程图：给水排水管网图、消防系统图等。

③供热、制冷及燃气设备图：管网系统图及相关设备布置与装饰工程图。

3. 厨卫厕装修工程图

①厨房及设备装修图：厨房装修图及厨房用品布置图。

②卫生间厕所装修工程图：卫生间及厕所装修图及卫厕用具布置图。

4. 室内绿化及水体工程图

①室内绿化工程图：室内花卉、树木、盆景造型与布置图及室内共享空间的园林、山石等景观装饰工程图。

②室内水体工程图：室内的瀑布、涌流、喷泉及溪涧等景观图。

以上较全面介绍了室内设计中涉及的各种装饰工程图样，但是应说明，在实际设计中究竟选取哪些图样还要视具体情况而定，并不是要将以上所列举图样一一绘出，相反却应尽力将功能相近的图样合并以减少绘图工作量。

三、建筑装饰工程图的特点

建筑装饰工程图从本质上讲仍属于建筑施工图，其表达方法、绘图原理也多沿用建筑施工图的做法；但是由于建筑装饰工程图与建筑施工图表现的重点与对象不同，所以在表达方式、绘图要求等方面也就形成了一定差别。下面就绘制与阅读装饰工程图时值得注意的一些特点与差别简述如下。

1. 建筑装饰工程图表现的对象是以一个房间内部表面装修状况为重点，而建筑施工图则是以表现整个建筑物的构造为重点，故两者表现的对象目标不同，画图的重点内容就不尽相同。

2. 由于图示的对象不同因而其形成投影的投射方向便不尽相同。装饰工程图用内视符（见后）表明投影是由室内向室外投射；而建筑施工图采用六个基本视图表达房屋，其投影是由外向内投射而成。

3. 室内装饰设计是以某一房间为设计主体，不同房间有着不同的装饰方案，所以装修的房间数量越多，则所需图样也就越多，而建筑施工图用图数量相对固定不变。

4. 室内装修设计一般是对已建成房屋进行二次装修设计，因此装修之前需先进行实测，并根据实测建筑施工图进行装修设计。由于实测时对原房屋结构、材料、轴线编号以及标高等资料不甚了解，故在装饰工程图中上述内容可以省略，但是当用“建施”直接进行装修设计时，上述内容则不可省略。同样当装修面积大，柱网布置较复杂时，为便于施工也可在实测图中加上柱网编号。

5. 在室内设计时如不清楚建筑标高，则在所绘制的装饰工程图中应尽力不使用标高尺寸；如必须使用时可采用参考标高。参考标高是以装修完成后楼地面为高度基准（即 ±0.000）所标注的标高尺寸。

6. 在装饰工程图中，有时一些尺寸可在现场视施工情况来确定，有些尺寸也可以不注，如灯具的位置，家具的大小等尺寸。

7. 由于装饰设计是一个房间、一个房间逐一进行设计，因此每一房间内的门窗数量与类型相对较少，所以在装饰设计图中门窗编号可以不标注，但门的开启范围与窗台表面的大小却应表明。

8. 由于装饰工程图需要表现房间装修后的装饰效果，因此不论是初步设计还是施工设计都要画立体效果图，并且允许在平、立、剖面图中加画阴影及配景用来烘托装饰效果，这种做法在建筑施工图中则不允许出现。

9. 装饰工程图中所示意的家具、摆设等物品，只是设计者为用户提供的一种设想，实际使用时用户则可以按自己的兴趣重新选购与摆放。

10. 装饰工程图只表现装修房间的装修内容，而与其相邻的其他房间，无论是否相连均不予表现。

以上是装饰工程图与建筑施工图的一些重要差别，可供日后画图与读图时借鉴。

四、装饰工程图中常用图例与符号

（一）家具与家电设备图例

由于建筑装饰工程图还没有统一制图标准，因而图样中所用的图例符号也多不相同。一般情况下建筑材料符号多用建筑制图标准所规定的画法，而家具与家电设备则多半采用通用的习惯画法。为方便画图与读图，表9－1中提供一些常见的家具与家电设备的通用画法，供使用时参照。

表9－1　　常用家具、家电设备的平面图例

类型	名　称	图　例	类型	名　称	图　例
沙发	单人		餐桌	二人方形	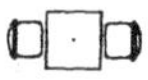
	双人	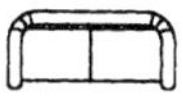		四人方形	
	三人	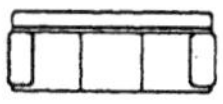		六人长方形	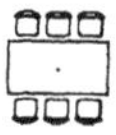
	一＋二＋三组合	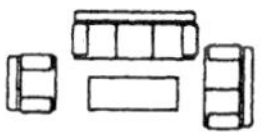		四人圆形	
	转角沙发	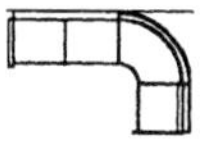		六人圆形	
	半圆形沙发	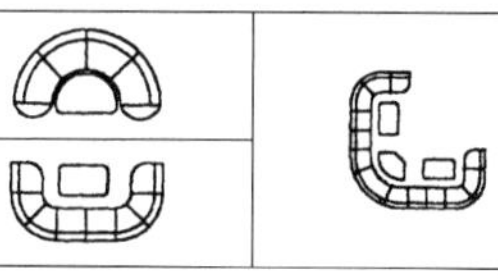		八人圆形	
	U形沙发			12人圆形	
	异形沙发 一、二、三	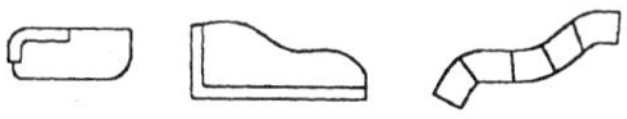	厨房	一字形台面	
几	长方形			L字形台面	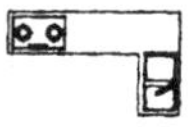
	方形（有台灯）			U字形台面	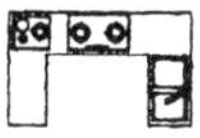
	圆形		办公家具	标准写字台	
床	1200×2000			老板台一	
	1500×2000	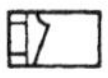		老板台二	
	1800×2000			电脑桌 一、二、三	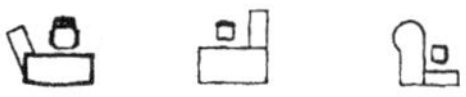
	2000×2000	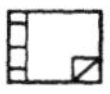		转角写字台	
	沙发床			船形会议桌 10～20	
	儿童床	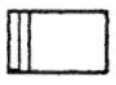		圆形会议桌 10～22	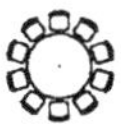
	行军床			文件柜、书柜	
客房	单人床、床头				
	双人床、床头	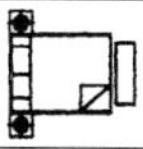			
	客房组合柜				
	衣柜				
	各种椅子				

续表

类型	名称	图例
电器	冰箱	
	冰柜	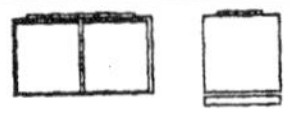
	电视	
	电脑	
	电风扇	
	电暖器	
	电热水器	
	饮水机	
	洗衣机 一、二、三	
	电饭锅	
	微波炉	
	电磁炉	
	柜式空调	
	壁挂式空调	
	音响	
	电话	
	打印机	
	传真机	
	复印机	
灯具	荧光机	
	花灯 一、二、三	
	筒灯	
	吸顶灯	
	壁灯	
	立灯	
	台灯	

类型	名称	图例
灯具	异型灯 一、二、三	
绿化	树一、 二、三、四	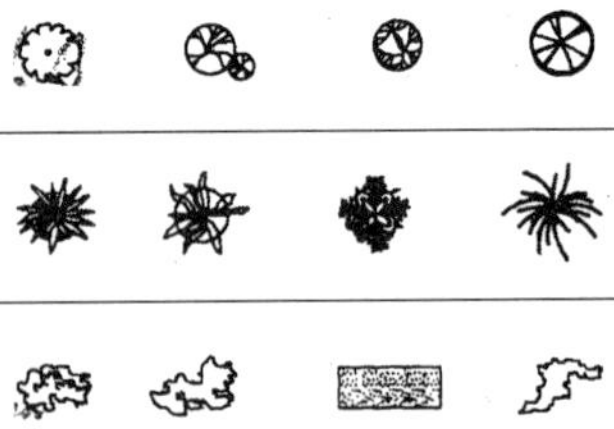
	花一、 二、三、四	
	草一、 二、三、四	
体育器材	健身器 一、二、三	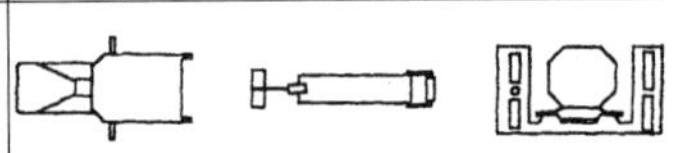
	乒乓球	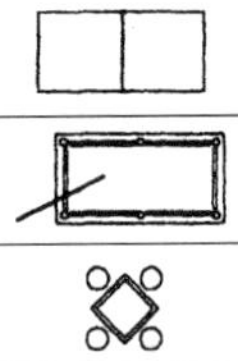
	台球	
	棋牌桌	
	轮椅	
钢琴	台式钢琴	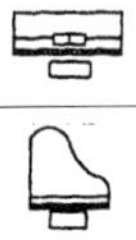
	三角钢琴	
	衣帽架	
洁具	坐便	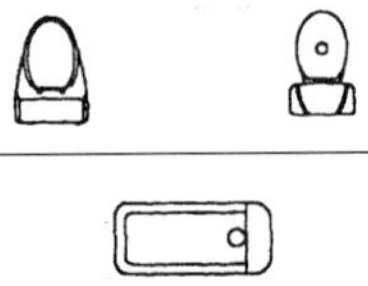
	蹲便	
	小便器	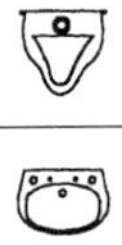
	柱式洗面盆	
	台式洗面盆	
	浴缸 一、二、三	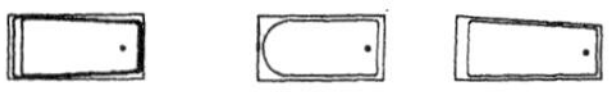
	浴箱 一、二、三	
	冲浪浴箱 一、二、三	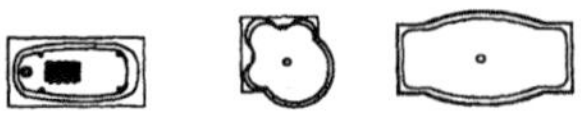
	拖布池	

（二）内视符的画法与标注

①有关内视符概念：在建筑制图国家标准中，将指示装修墙面的符号称内视符。主要说明视点位置，投射方向及编号，内视符在装饰工程图中被称为装修墙面指示符或标识符，有时也称为装修墙面索引符。为今后使用方便可统称内视符，内视符通常在平面布置图中给出。

②内视符的画法：如图 9－1（a）给出内视符的几种常见画法。内切圆$\phi=8\sim12$mm 用 b/4 线绘制，外切方形尖端涂黑并指向装修墙面的垂直投射方向。图 9－1（a）左侧两图为单向内视画法，右侧两图为多向内视符画法。

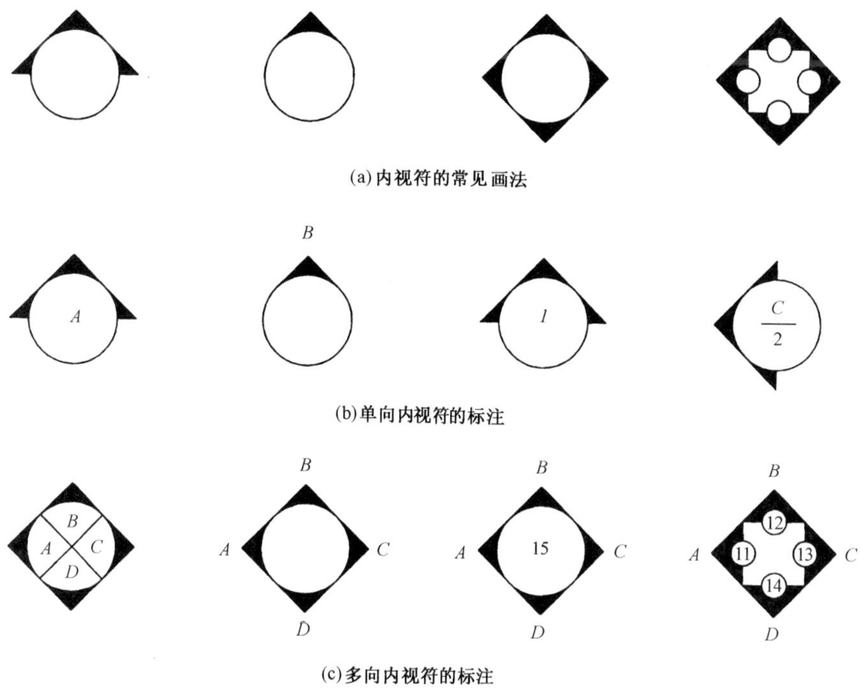

图 9－1　内视符的画法与标注

③内视符的标注：装修墙面的名称用字母或数字表示，注在圆内、圆外均可。图 9－1（b）左侧 3 个符号表示装修墙面名称分别为 *A* 墙、*B* 墙、1#墙，同时还表明装修立面图与内视符画在同一张图纸内。右侧所示内视符表示 *C* 墙装修立面图放在另外一张编号为 2 的图纸内。图 9－1（c）表示多向内视符的标注方法，其中左侧两图表示 *A*、*B*、*C*、*D* 各墙的装修立面图均放在内视符所在图纸内；而右侧两图则表示内视符与装修立面图不在同一张图内。圆内标注有数字 15 的内视符表示：*A*、*B*、*C*、*D* 各墙的装修立面图均放在编号为 15 的图纸内；最右边内视符内各小圆内所注数字则分别表示 *A*、*B*、*C*、*D* 各墙面的装修立面图所在的图纸编号。

第二节　室内装饰工程图简介

下面所介绍的装饰工程图样，均选自实际家装设计中的施工图实例。拟通过对这些装修工程图实例的认识与分析，达到了解并掌握在当前实际装修工程中所使用的各类装饰工程图样的内容、画法、表现特点及其应用范围。

一、室内建筑装饰平面图

由于室内装饰平面图所表达的目的、要求的不同，因而也就形成一些不同画法不同内容不同特点的装饰装修平面图。常用的有：

（一）原始建筑平面图

如果室内装修设计是直接在建筑设计的基础上进行装修设计时，则装饰设计便要以原建筑施工图为设计依据。因此装饰工程图中，首先便要提供一张原建筑施工图中的平面图。如果室内装饰设计是在现有房屋中进行时，这时便需要对现房进行装修设计前的实测，并将实测的结果整理成施工图，并以此作为装修设计的依据，无论上述哪种情况所提供的建筑平面图均为原始建筑平面图。

图9－2便是一张住宅的原始建筑平面图。其内容画法与房屋建筑施工图一致。

（二）建筑装修平面图

根据装修设计的要求，需要对原有建筑进行一定改造，将变更后的建筑平面绘制成图便是建筑装修平面图。建筑装修平面图，重点是标明：墙体，柱子，固定设施及门窗等构配件的变更情况。如果装修中变更不多时，也可将装修平面图与其他平面图合并在一起不必单独出图（图9－3便是上述原始建筑平面图改造后的装修平面图）。最后还应特别指出：在室内装修设计中，对房间内重要结构构件如承重墙体、承重梁柱等，一般不应更改，否则必须通过结构审核方可变更。

（三）平面布置图

简称平面图是家装设计中的重要图样。主要用来说明装修房间的功能、效果。并用来判定装修优劣、判定装修能否满足使用要求。图9－4便是一实际家装设计中的平面布置图。

1. 平面布置图的形成：分析所给实例，可以看出：平面布置图与建筑平面图一样，是一水平面沿窗台上表面稍高处，将整个房间切开后所得水平剖视。但对室内各种固定设施和各种家具设备，则无论是否被平面切割，其水平投影均应完整表达。但四周墙体结构材料也可省略不画。

2. 平面布置图的内容、画法与用途：从所给实例可以看出：平面布置图主要是表现室内空间各种物体的平面关系，是家装设计思想的重要体现。通过房间内各种固定设施和各种家具、家电及设备的摆放关系，可以看出房间的功能及其使用的合理性。

平面布置图中，各种家具、家电及设备可参照表9－1所示图例绘制，若表中没有给出时，可按与平面图相同比例绘出其水平投影轮廓示意表达，具体尺寸均可不予标注。在不太复杂的家装设计中，在平面布置图中还应给出可指明墙面装修状况的内视符，如果装修墙面较多时，则应单独绘制一张表明内视符位置的布置图。在平面布置图中还应标明门窗位置、开启范围但其类型编号可省略不予标注。

在平面布置图中还应标明室内空间各种绿化设计的构想，如盆景、花卉、水体、雕塑等景观、景点的设置。

（四）天花平面图

天花平面图也称天棚平面图或吊顶平面图。主要包括两种：一是天花平面布置图，一是天花装修图。对于装修级别较高的装饰工程还应包括天花艺术设计平面图。

图 9-5 给出一家装设计的天花平面布置实例。

1. 天花平面布置图的形成：天花平面图一般采用镜像视图，有时也可采用仰视图。采用镜像视图，容易表现天花与地面之间的对应关系，既方便设计构思也方便施工阅读。

2. 天花平面图的内容画法及用途：天花平面布置图，主要用来表明天花上各种照明灯具的类型、规格、数量，相互关系以及天花上各种安监设备如烟控装置、消防用喷淋设备等装置的分布状况。

天花上各种灯具、各种安监装置除用相应图例表示外，还应用文字说明其型号，安装方式和灯光色彩方面的要求，对各种灯具，设备一般应给出相互关系的定位尺寸。

对于装修级别较高的一些大型室内装修工程中，常常将各种安监设备的布置状况单独绘画制成图。

图 9-6 是一天花装修平面图。天花装修图主要是标明：天花表面所使用的各种装修材料的类型、规格、色彩及铺装修范围与相关施工工艺要求。另外装修平面图中还应标明天花上造型的形式范围、相关材料的色彩及高差变化等情况。

如果天花上做有：浮雕、彩绘、花饰等重要装饰艺术时，则需另外绘制一张放大的装饰艺术平面图（参见后面艺术详图）。

（五）地面装修平面图

地面装修图也称地坪装修图或地花平面图。图 9-7 便是一家装设计中的地面装修图的实例。

分析所给实例，可以看出：地面装修图实际就是地面（地坪）装修完成后的水平投影图，主要用来说明地面装修中所用的材料如木地板、地砖、石材等材料的规格、型号、色彩，铺设范围及工艺要求等。地面装修中各种材料除以图例符号表明外，还应以文字加以说明。另外地面装修图中还要表明有无地面造型：造型的形式、范围、色彩及高低变化的相关内容。高低变化可用标高或文字说明。地面装修图中还要表明室内各种固定设施如：水池、花坛、坡道、台阶等设施的大小、位置及做法。如果地面装修材料单一，且没有地面花饰时，也可将地面装修图与平面布置图合并在一起共出一张图。如果地面有重点花饰或地面图案色彩较多、分格过于复杂时，便应另外绘制一张地花平面图，作地面装修图的补充，并标出花饰图案的色彩要求与相关几何尺寸。

图 9-8 给出一张内视符布置平面图实例。凡内视符所指出的墙面均应给出立面布置图或墙面装修图。

图 9-9、图 9-10 给出两张设备装修图样中的插座平面布置图与电器布线平面图。这两种图样一般应由专业人员提供，是装修设计中不可缺少的图样。以上着重介绍了几种常见的装饰装修平面图，可作为日后工作实践时的参考。

二、室内建筑装饰立面图

建筑装饰立面图也简称立面图。根据内容侧重点的不同而形成两种不同风格的立面图。

（一）立面布置图

立面布置图也称墙面布置图。图 9－11 便是一家装设计中一墙面的布置图实例。

建筑装饰立面布置图简称立面布置图。观察所给立面布置图，它给人们的印象：好似一张艺术作品而非工程图样。其实它与平面图布置图一样是装修设计中重要图样，是表现装饰艺术效果的重要且不可缺少的手段。下面就其形成、画法及用途作一些具体介绍，以供将来工作实践之需。

1. 立面布置图的形成：立面布置图实际是一个正投影图。即是由内视符所指明的墙面装修完成后，标明该墙面装饰构想的止投影图。立面布置图一般应按内视符指定方向投影，并按内视符的编号命名。

2. 立面图布置图的内容画法及用途：从所给建筑装饰立面布置图实例中可以看出：立面布置图它主要是表现房间装修完成后，墙面上家具家电及相关的各种固定设施布局的协调性与墙面装修的合理性（如墙面被家具遮挡处的处理方法）。立面布置图还用来表现装饰设计的效果，可与平面布置图一道更充分地表明装饰设计的艺术性及功能性。因此为增强装饰效果的感染力，也可在立面布置图中画出与墙面相关的壁灯、挂件、摆设饰物以及绿化与水体等配景的构想。但应与平面布置图中的相关家具、家电及观景等一一对应，并协调一致。另外立面布置中的尺寸可简单标注或不标注，墙面装修做法也不需说明。

（二）立面装修图

立面装修图又称墙面装修图。图 9－12 便是一宾馆接待厅内两墙面装修图实例。通过这两幅装修实例显然可以看出它的特点与用途。

1. 立面装修图的形成：立面装修图的形成与立面布置图形成原理相似，也是一墙体的正视图，但立面装修图所画墙体正视图，却只是画出与墙体本身装修有关内容，而其他无关的物品如靠墙摆放的家具、家电等物原则上不予表达。

2. 立面装修图的内容、画法与用途：立面装修图主要的用途是指导墙面的装修施工，所以与墙体装修施工有关的内容必须表达得详细而具体。如墙面装饰用的各种建筑材料、规格、性能、色彩及装修范围与工艺要求等均需注释清楚；同时与墙面相关的门、窗及装饰造型等固定设施也应表达清楚。另外，装修施工所需各种尺寸也必须标注完整准确并同其他装饰图样也应相互协调一致；立面装修图中不需绘制花卉、树木等配景，且相关可移动物品也不需画出。但是为清楚标明装修墙体内部构造，常需画出一些局部剖面图同其配合，共同实现装修墙体的表达。

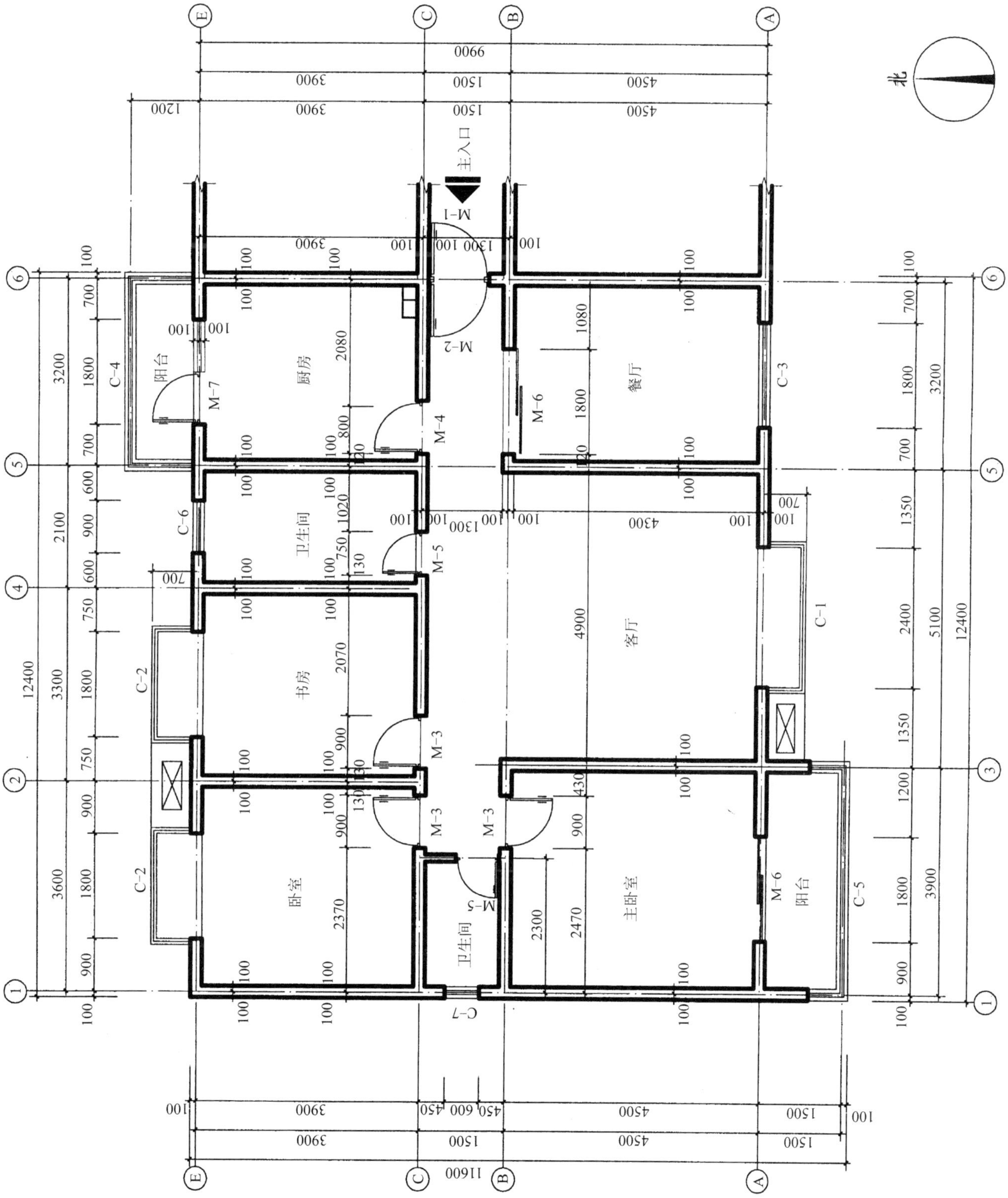

图 9－2　原始建筑平面图

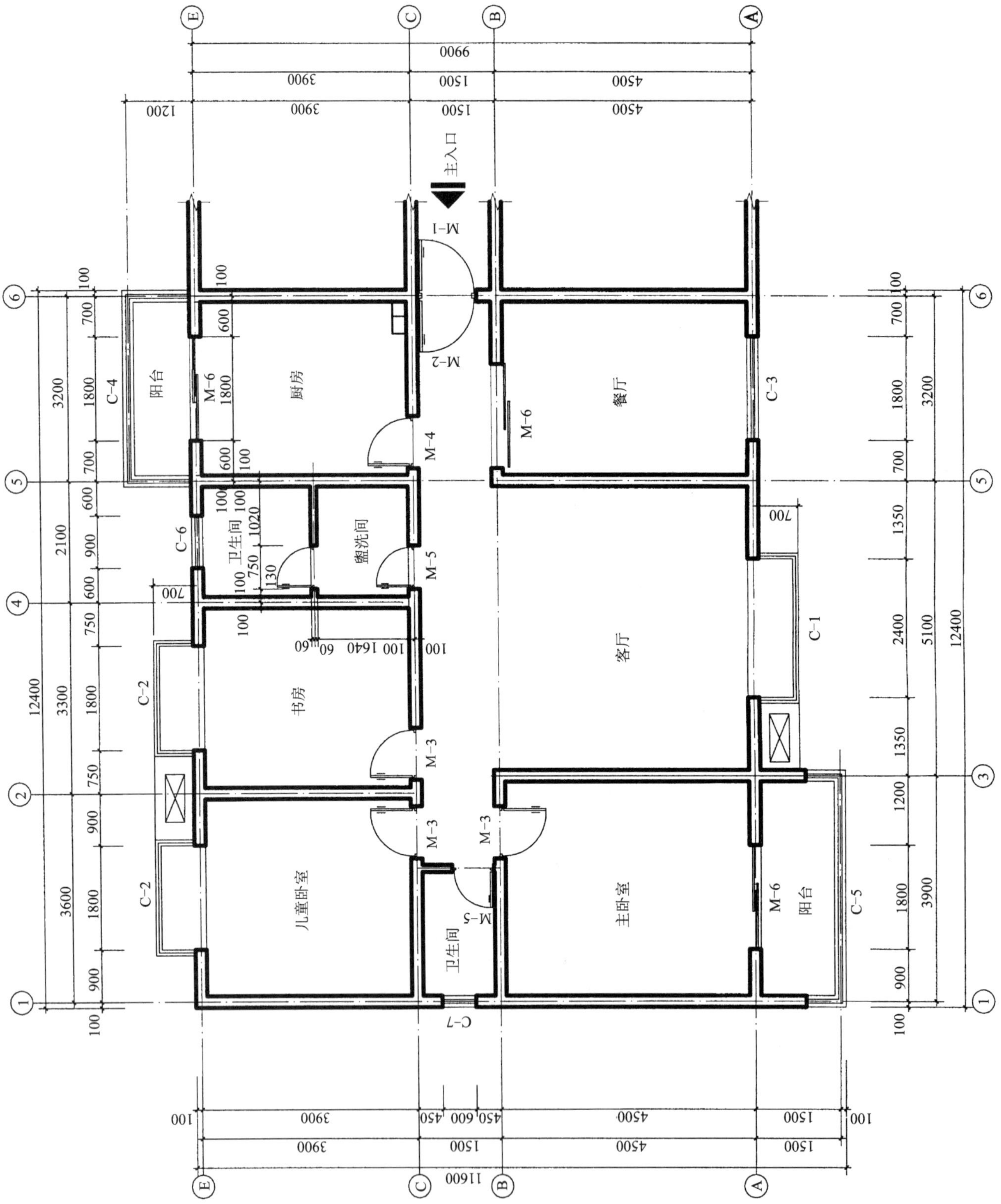
主入口
阳台
厨房
餐厅
卫生间
盥洗间
书房
客厅
儿童卧室
主卧室
M-1
M-2
M-3
M-4
M-5
M-6
C-1
C-2
C-3
C-4
C-5
C-6
C-7
9900
11600
12400

图 9-3 建筑装修平面图

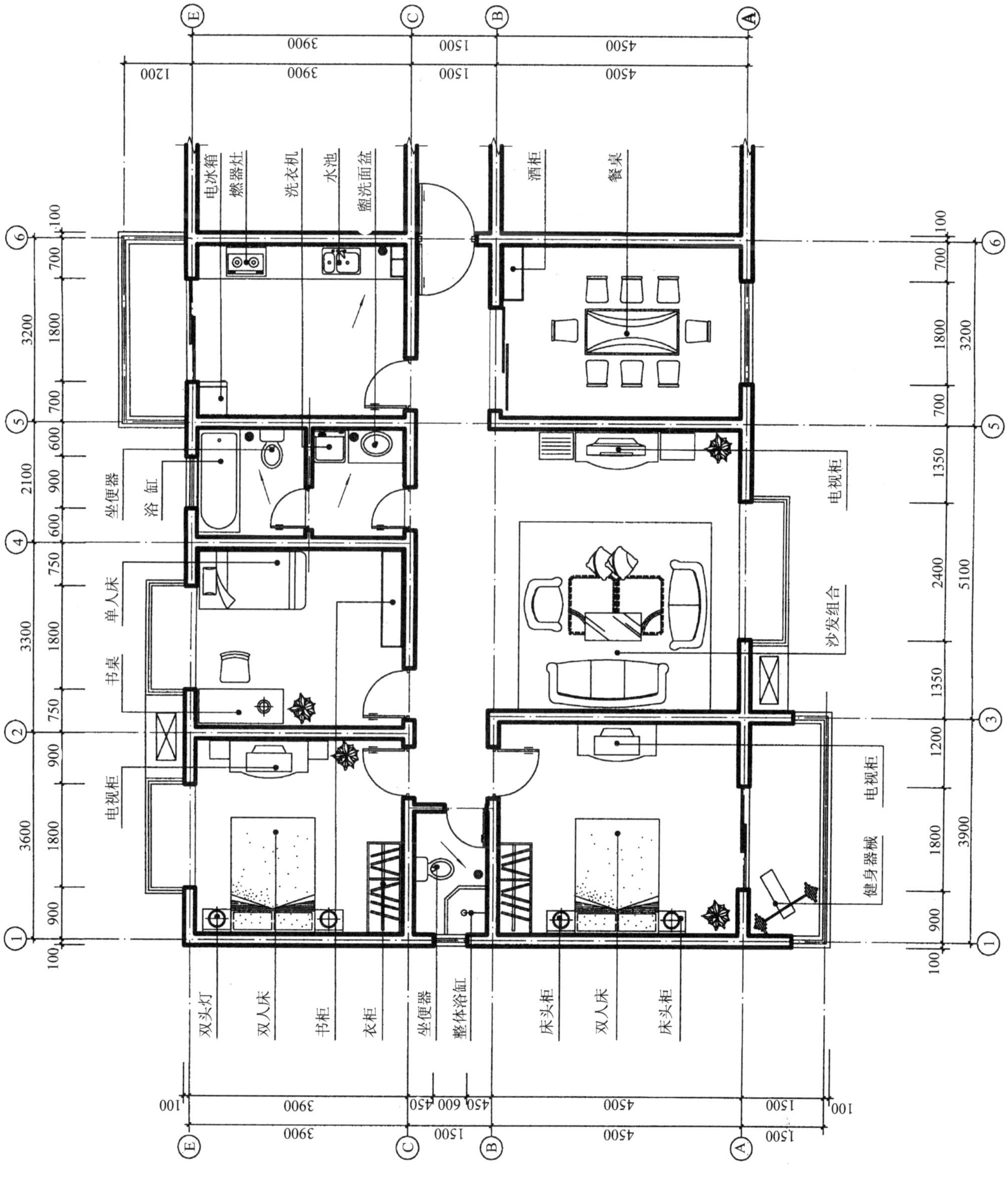
电冰箱
燃器灶
洗衣机
水池
盥洗面盆
酒柜
餐桌
坐便器
浴缸
电视柜
单人床
书桌
沙发组合
电视柜
健身器械
电视柜
双头灯
双人床
书柜
衣柜
坐便器
整体浴缸
床头柜
双人床
床头柜

图9-4　家具布置平面图

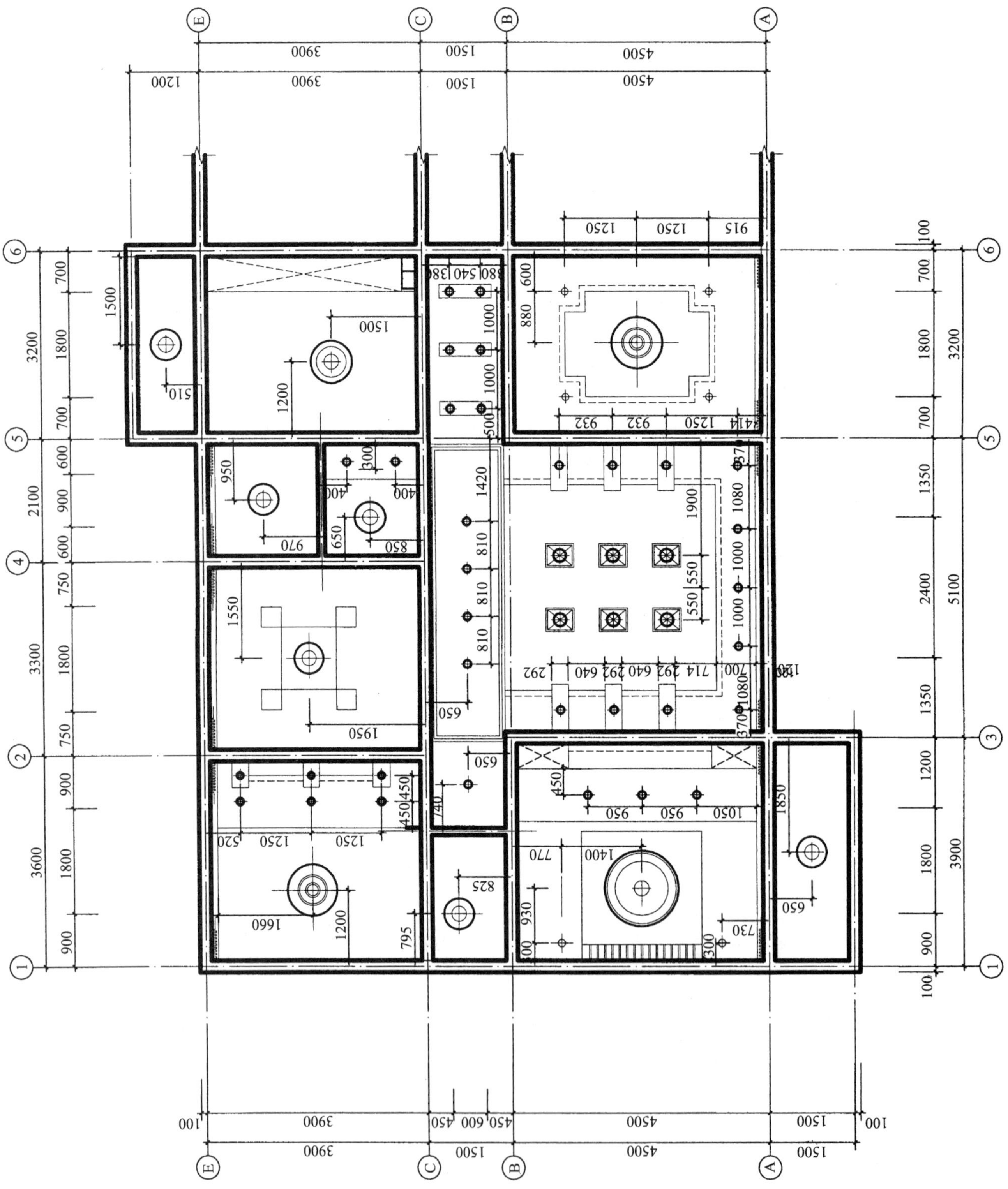

图 9－5 天花平面布置图

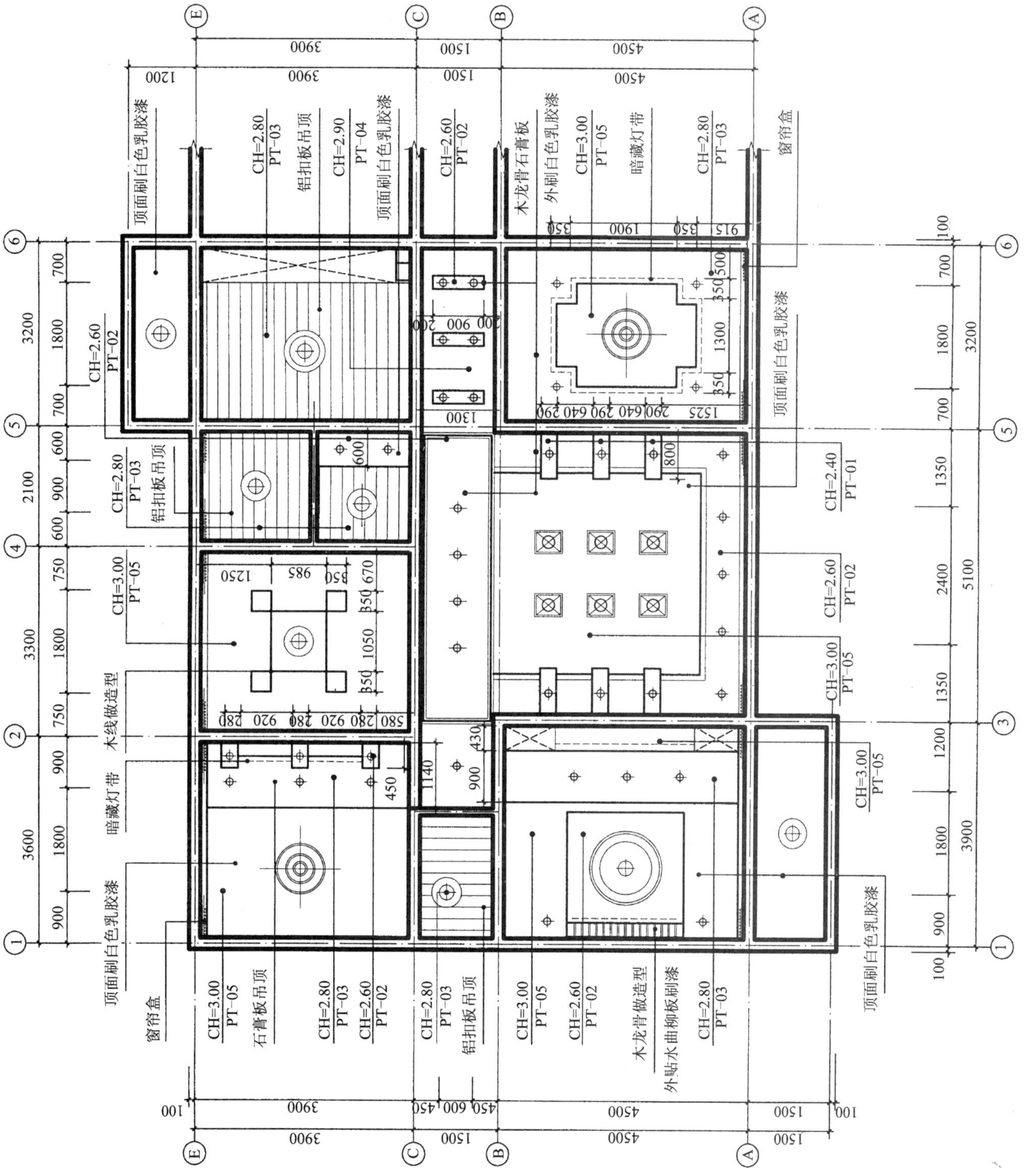
顶面刷白色乳胶漆
CH=2.80
PT-03
铝扣板吊顶
CH=2.90
PT-04
顶面刷白色乳胶漆
CH=2.60
PT-02
木龙骨石膏板
外刷白色乳胶漆
CH=3.00
PT-05
暗藏灯带
CH=2.80
PT-03
窗帘盒
顶面刷白色乳胶漆
CH=2.40
PT-01
CH=2.60
PT-02
CH=3.00
PT-05
CH=3.00
PT-05
顶面刷白色乳胶漆
CH=2.60
PT-02
CH=2.80
PT-03
铝扣板吊顶
CH=3.00
PT-05
木线做造型
暗藏灯带
顶面刷白色乳胶漆
窗帘盒
CH=3.00
PT-05
石膏板吊顶
CH=2.80
PT-03
CH=2.60
PT-02
CH=2.80
PT-03
铝扣板吊顶
CH=3.00
PT-05
CH=2.60
PT-02
木龙骨做造型
外贴水曲柳板刷漆
CH=2.80
PT-03

图 9-6　天花装修平面图

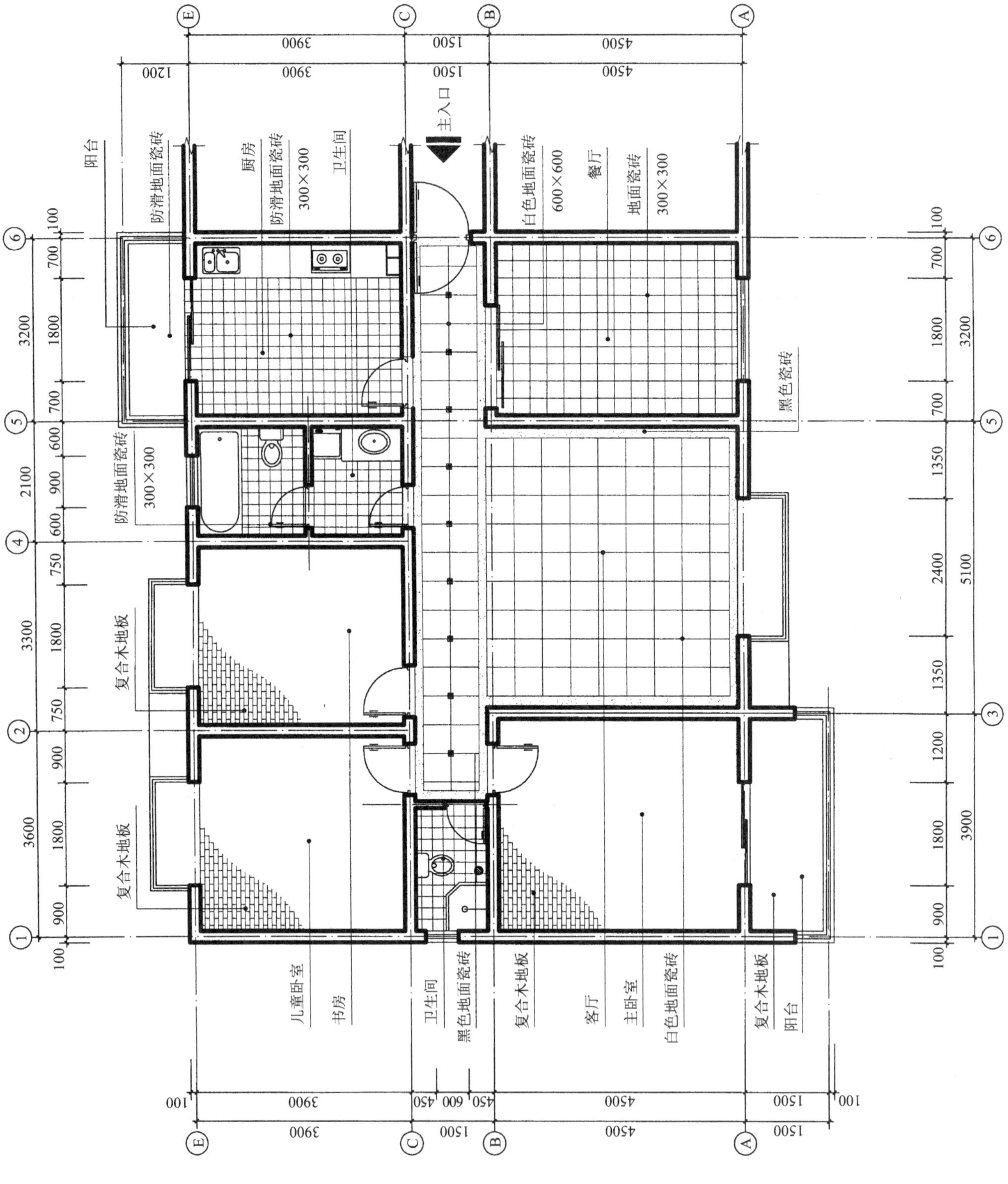
阳台
防滑地面瓷砖
厨房
防滑地面瓷砖
300×300
卫生间
主入口
白色地面瓷砖
600×600
餐厅
地面瓷砖
300×300
黑色瓷砖
防滑地面瓷砖
300×300
复合木地板
复合木地板
儿童卧室
书房
卫生间
黑色地面瓷砖
复合木地板
客厅
主卧室
白色地面瓷砖
复合木地板
阳台

图 9－7　地面装修平面图

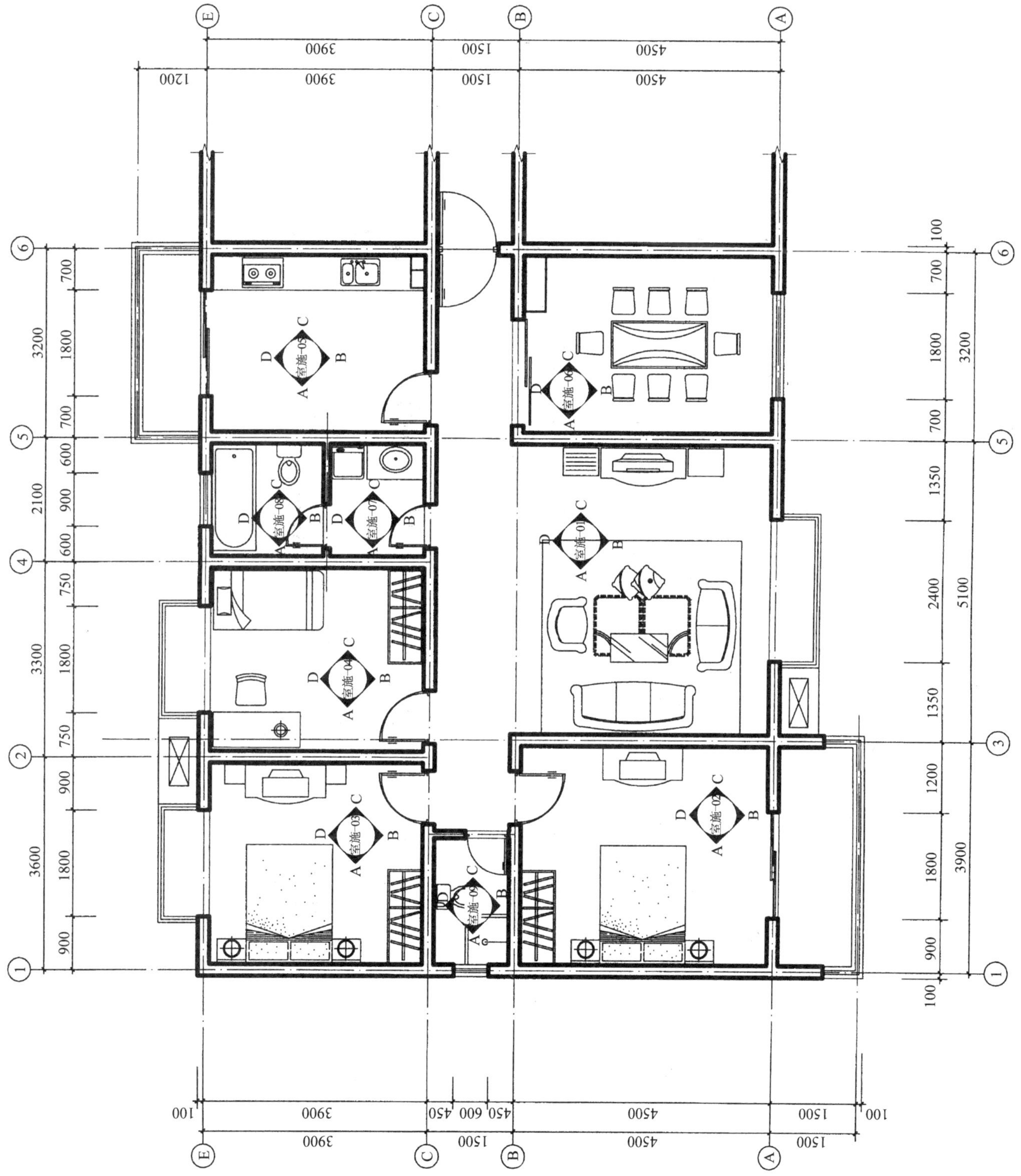

图 9－8　内视符布置图

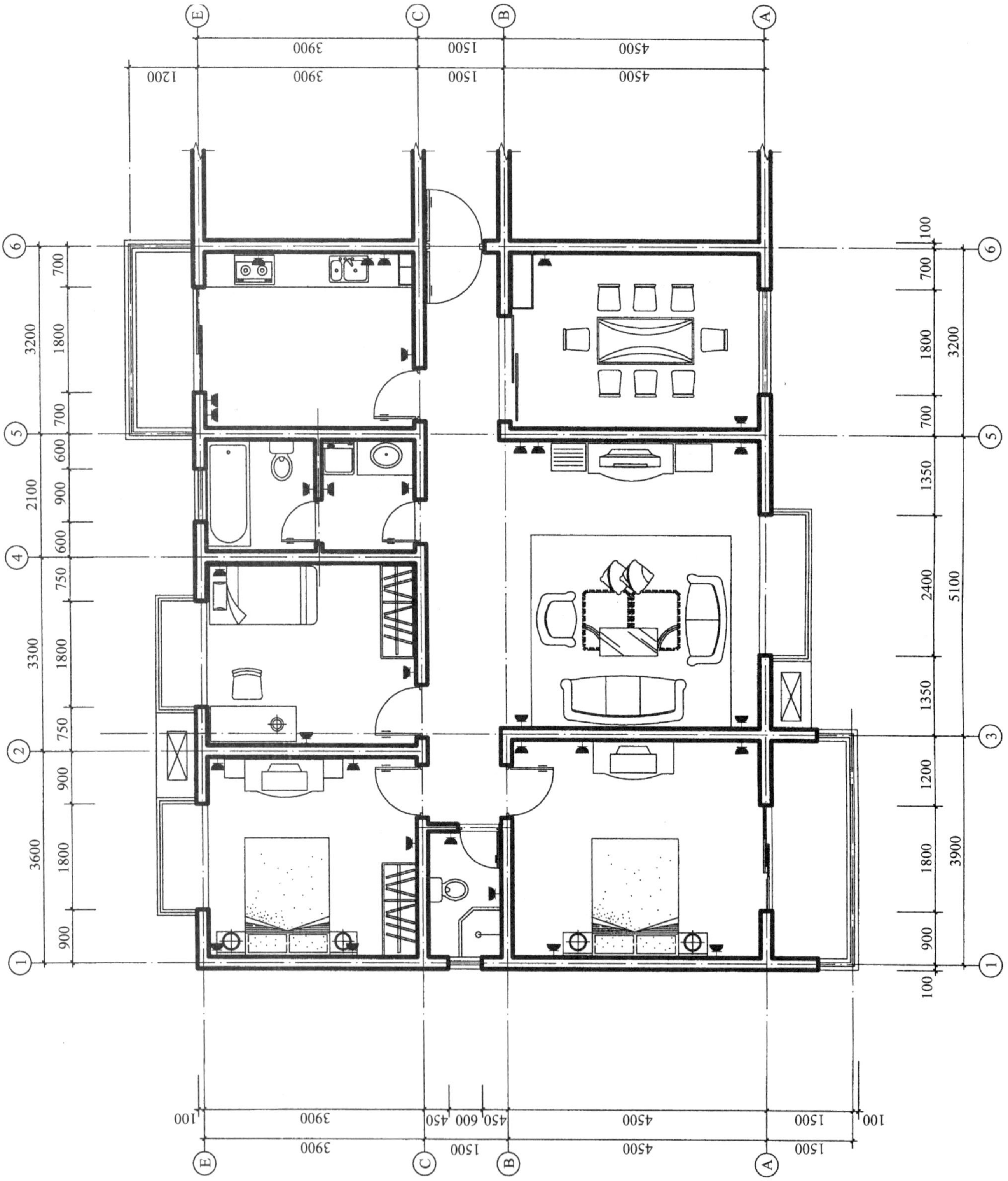

图9－9 电器插座布置图

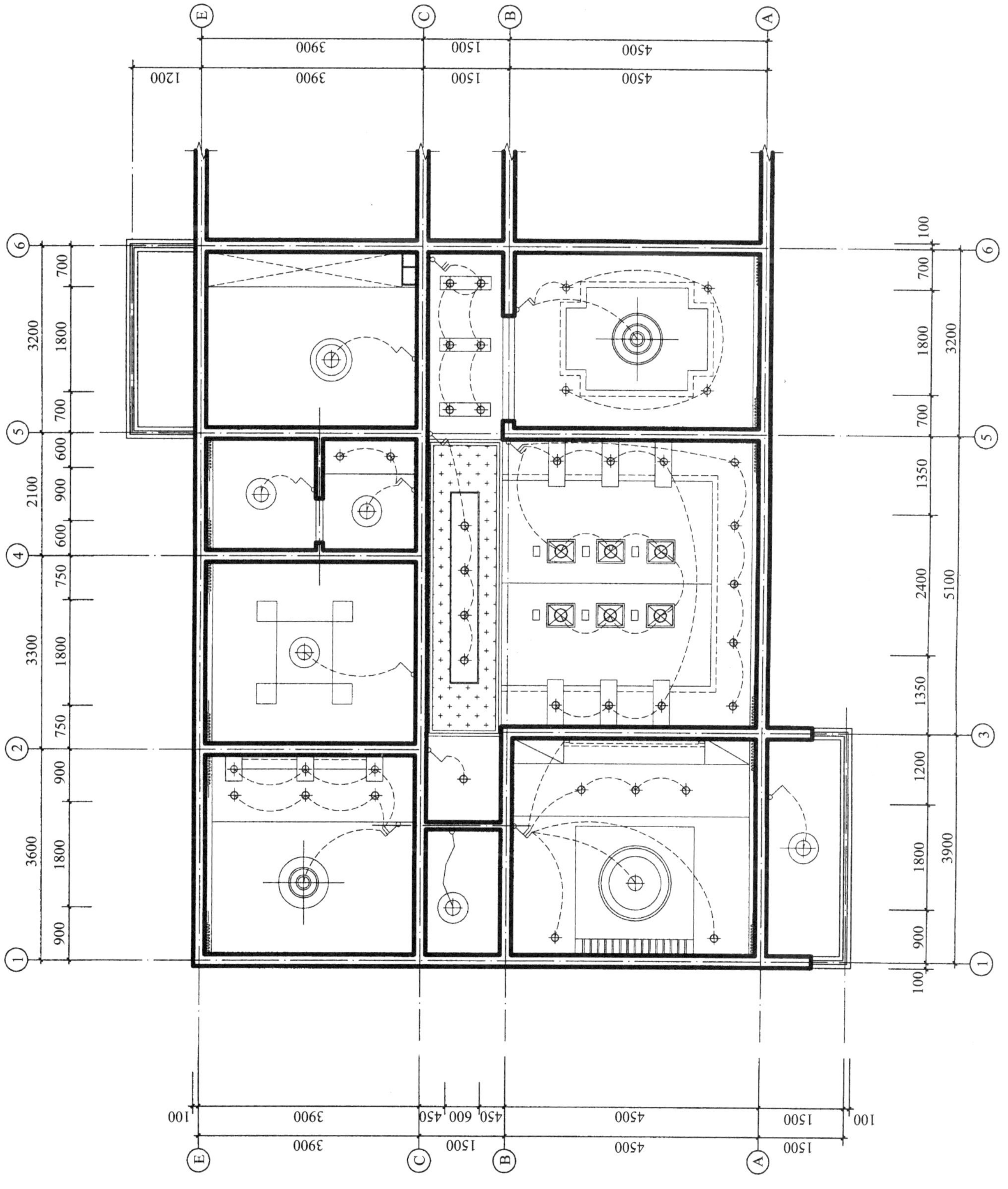

图 9－10 电器开关布线平面图

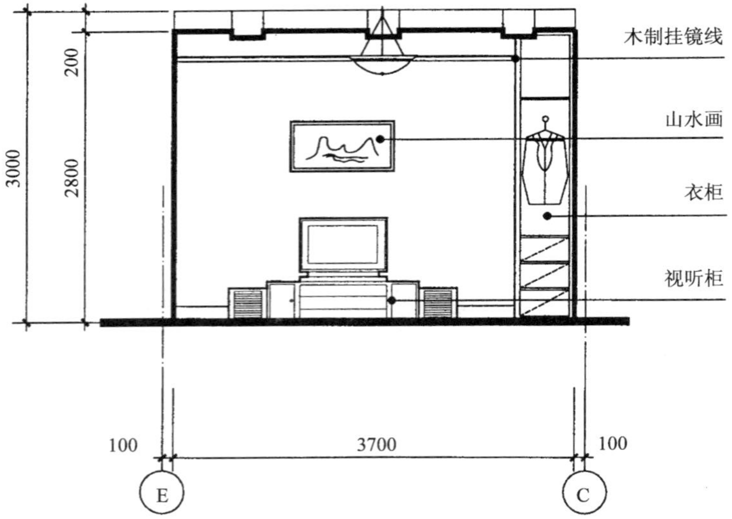

儿童卧室C立面布置图

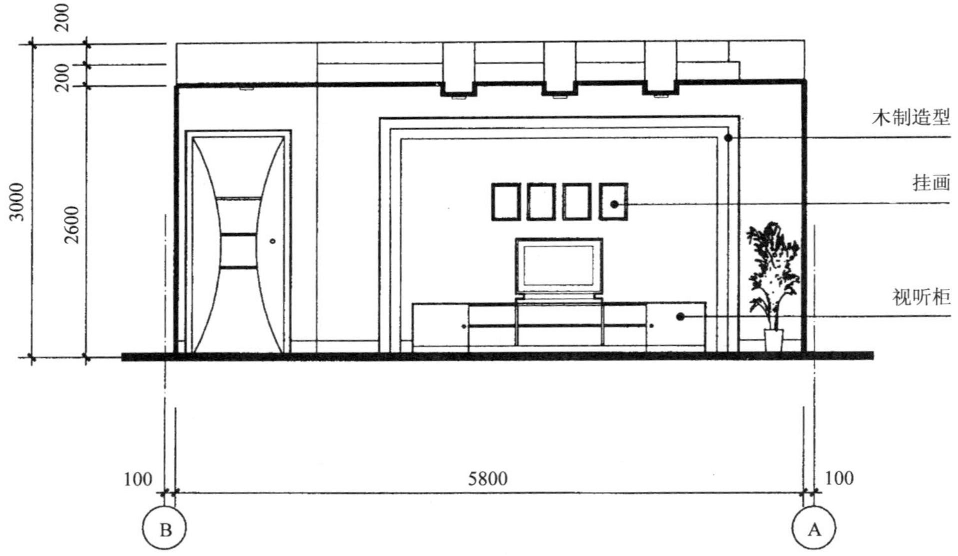

客厅C立面布置图

图 9－11　立面布置图

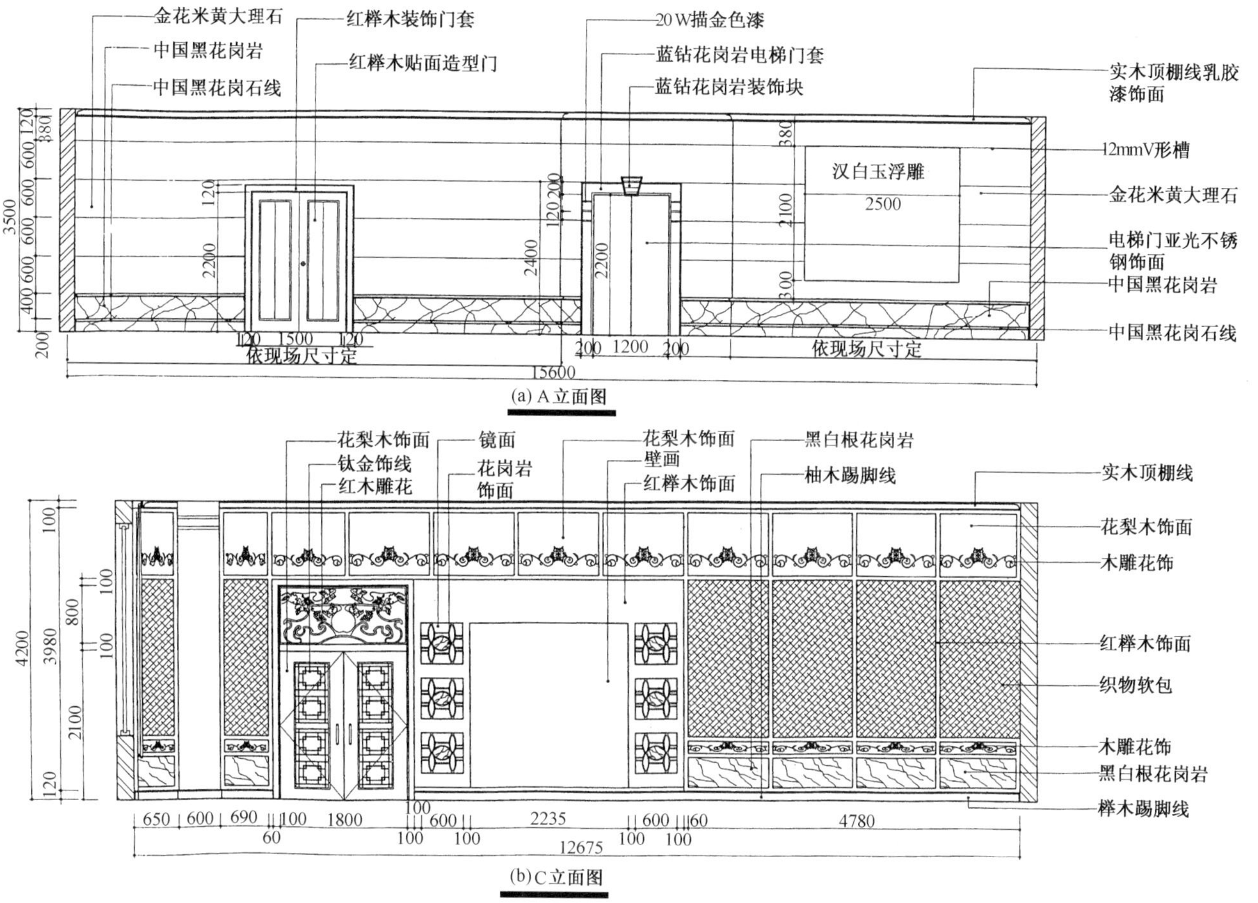

(a) A立面图

(b) C立面图

图 9－12　墙面装修图实例

三、建筑装饰剖面图

室内建筑装饰剖面图简称剖面图（即剖视图），根据用途不同、表现范围不同，可有两种类型：

（一）整体剖面图

整体剖面图又称剖立面图。图 9－13 即是某酒店大堂的一幅建筑装饰剖立面图。初步观察显然与立面布置图有些相似，但两者到底有何异同，下面进行分析讨论。

1. 剖立面图的形成：与建筑剖面图形成相似，它也是用一垂直剖切平面将整个房间切开，然后画出切开房间内部空间物体的投影，然而对于构成房间周围的墙体及楼地面的具体构造却可省略，而是着重表现装修墙面与天花上吊顶之关系。剖立面图就是剖视图，形成剖立面图的剖切平面的名称、位置及投射方向应在平面布置图中表明。

2. 剖立面图的内容、画法与用途：剖立面图的作用与立面布置图的作用相似，但它表现的不只是某一墙面装修后的布置状况，而是表现出整个房间装修后室内空间的布置状况与装饰后的效果，因而它更具感染力。剖立面图中也允许加画花草、树木、喷泉、山石等景观造型，甚至也可以绘制少量人物以烘托装饰房间的功能。剖立面图可作为立体效果图的深入与补充，一般情况下使用不多，但是当拟用剖立面图来代替立面布置图表明墙面布置状况，并同时也需表明顶棚构造及墙体装修构造时，则最好使用剖立面图，但在这种情况下剖立面图中的尺寸、结构、材料等内容应完整齐全，要能满足工程施工要求。通常情况下，剖立面图与主面布置图不应表现同一墙面，以避免重复表现。

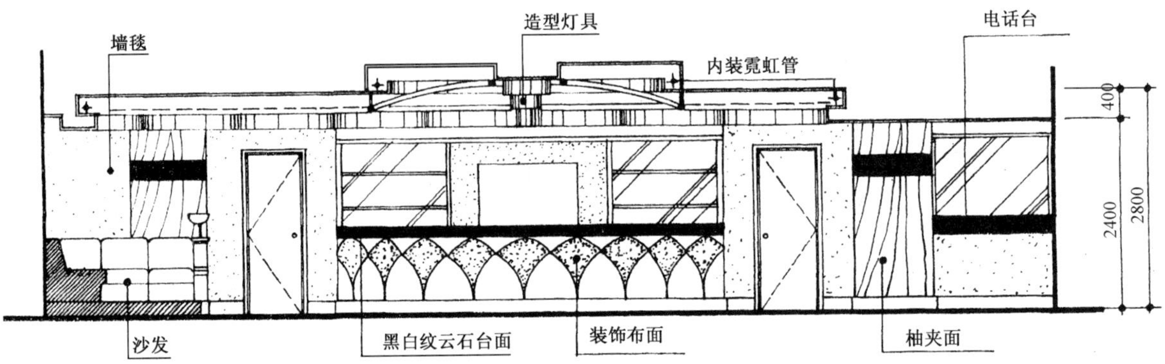

图 9－13　剖立面图实例

（二）局部装修剖面图

图 9－14 是一幅表现吊顶做法的建筑装修局部剖面详图实例。

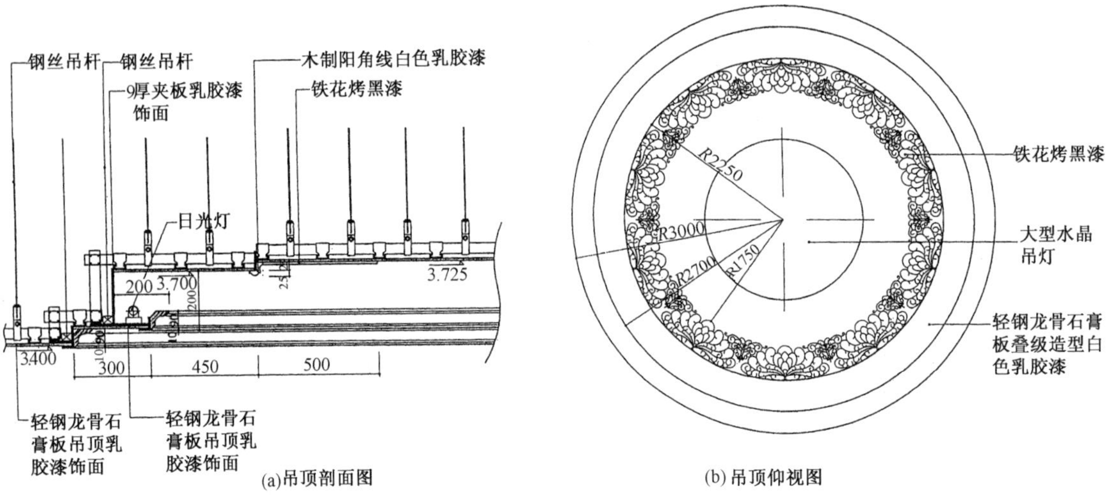

图 9－14　局部装修剖面图实例

1. 局部剖面图的形成：从图 9－14 所给出的局部剖面图可以看出，局部装修剖面图与建筑图中剖面详图一样，也都是用局部剖视来表达局部节点的内部构造。

2. 局部剖面图的内容、画法与用途：局部剖面图主要是用来表现装修节点处的内部构造。房间欲装修的部位很多，只要需要便可画剖面图。由于局部剖面图都是作样图用，所以画图比例较大，且用详图索引符给出剖面图的名称。局部剖面图一般要与其他图样共同表现装修节点。

四、建筑装饰详图

房间的装修标准越高，则所需的装饰详图数量也越多。装饰详图根据表达内容性质的不同可分为两大类型：一是着重表现装饰节点内部构造与做法的详图，称为装修构造详图；一是着重表现节点艺术形象的详图，称为装饰艺术详图。

（一）装修节点构造详图

1. 一般画法要求：节点构造详图是装修工程施工的依据，一般均用较大比例绘出，并用节点的平、立、剖面图共同表达，对有些构造复杂的节点有时还要绘出直观图加以辅助说明。装修详图欲达到指导装修施工的目的就必须做到“三全”：即图形表达全，尺寸标注全，材料及工艺要求说明全。

2. 常用构造装修详图：在装修工程中常见的构造详图有：地坪构造详图，内墙构造详图，吊顶构造详图、单柱构造详图，隔断花格构造详图；壁炉、壁龛构造详图及门窗构造详图等。图 9 – 15 给出一组构造详图实例，通过对这组实例的观察与分析，可进一步明确装修详图的表达方式与表达深度，并可作为绘制装饰工程图样的参考。

（二）装饰艺术详图

1. 装饰艺术详图的内容：像企业形象设计、景观景点设计、绿化与水体设计均为艺术创作设计；但是本书只讨论与室内表面装饰相关的艺术创作中的详图，如壁画、浮雕、彩绘、花格、藻井花饰及地面拼花等装饰详图。

2. 一般要求与实例：上述艺术创作表达属于平面放大详图。由于艺术创作通常是某种灵感下形成的图样，这种艺术创作便多为自由曲线的随意组合，几乎无规则可循，要实现这类创作，只能用大比例详图甚至全样图加方格网。故艺术详图的特点是比例大、尺寸少、多为细线描绘。图 9 – 16 给出一组艺术详图，供读者具体地了解这类详图的画法与特点。

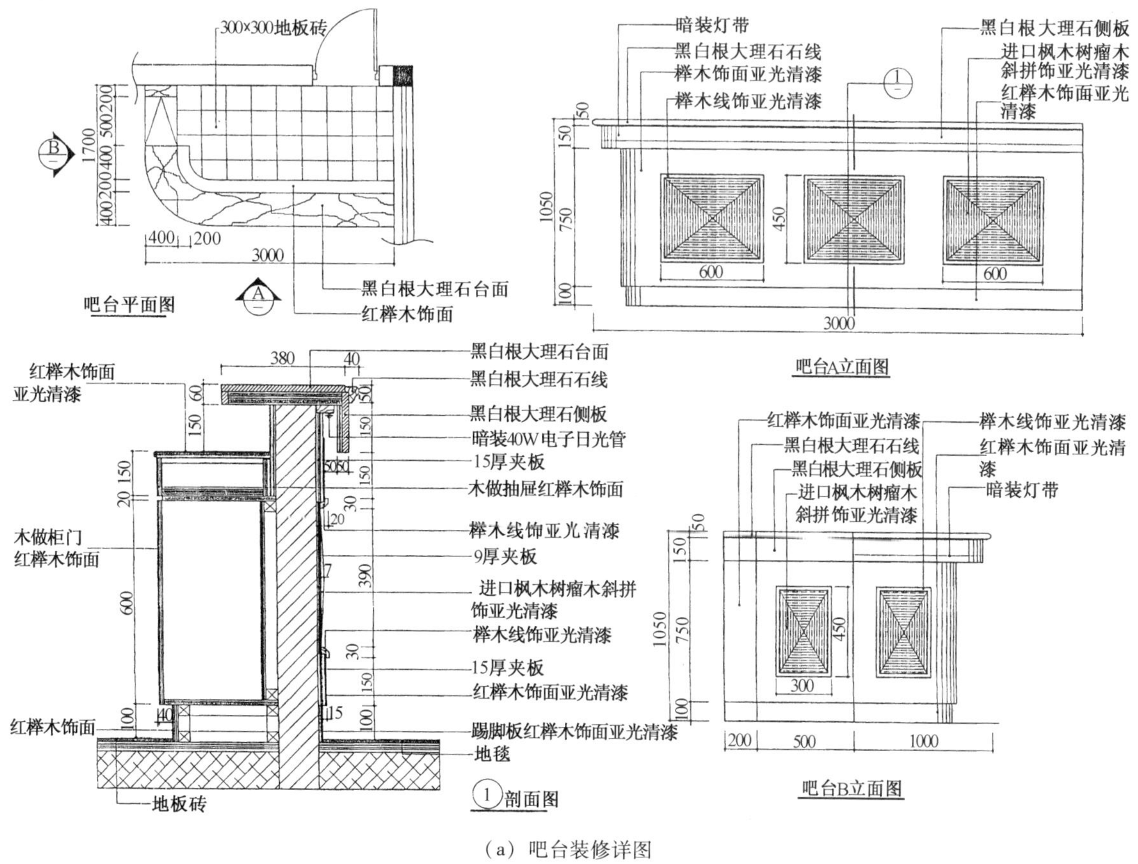

（a）吧台装修详图

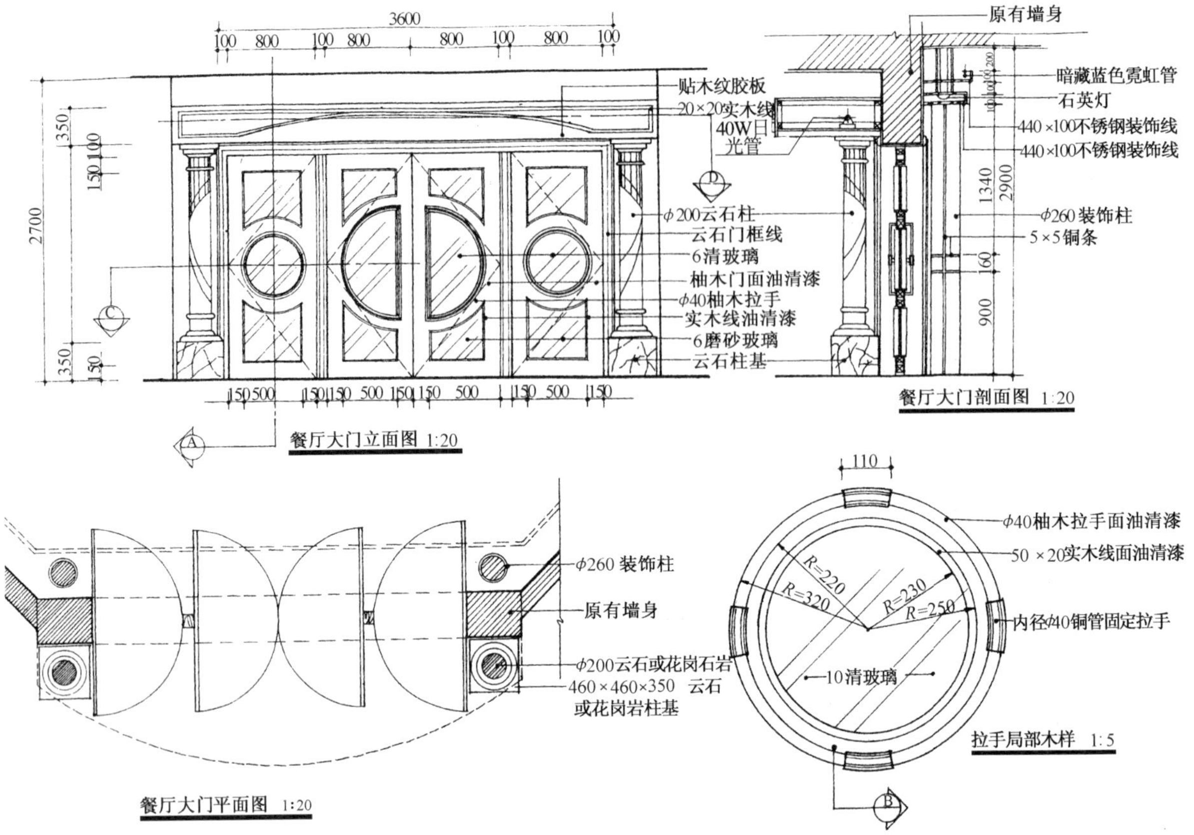

（b）餐厅大门装修详图

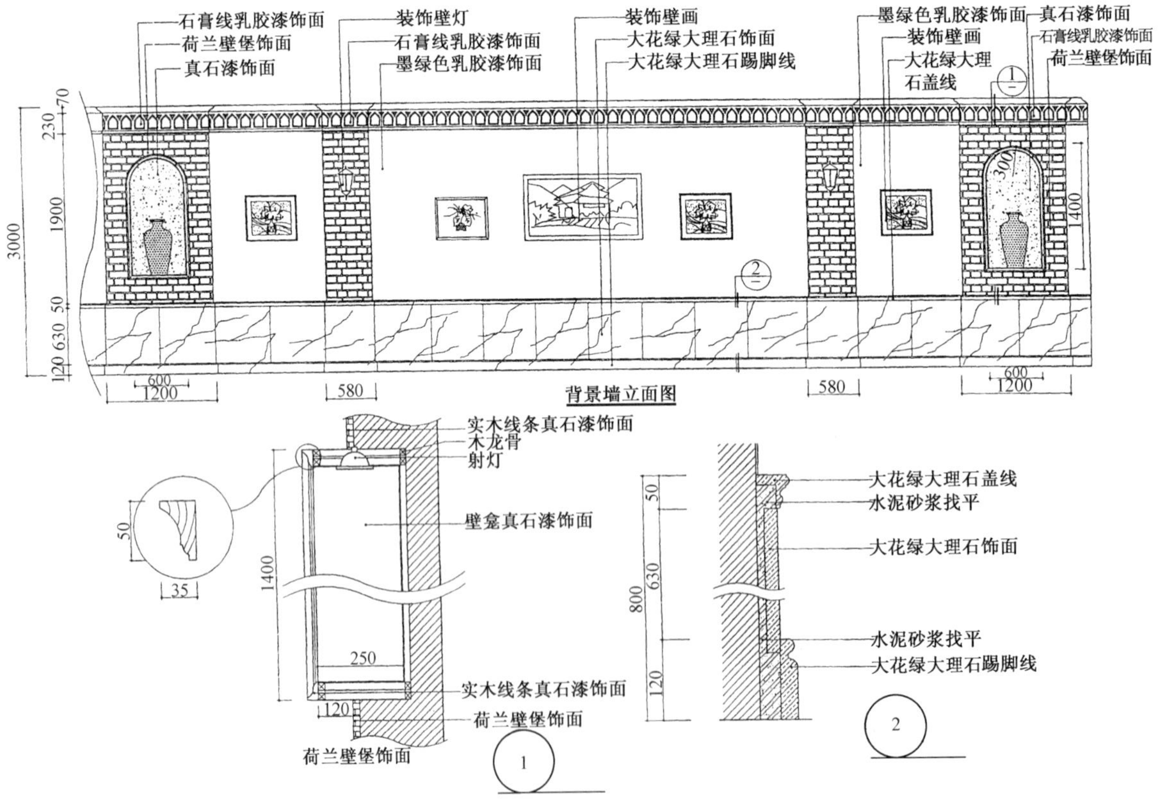

（c）背景墙装修详图

图 9－15　装修构造详图实例

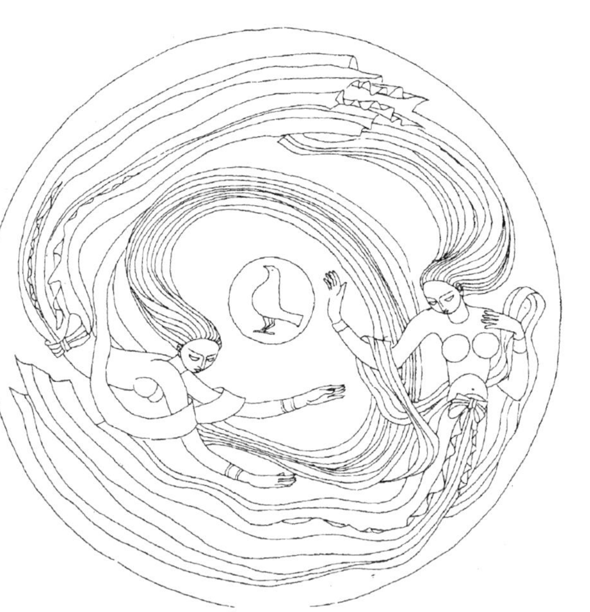

(a)　浮雕详图

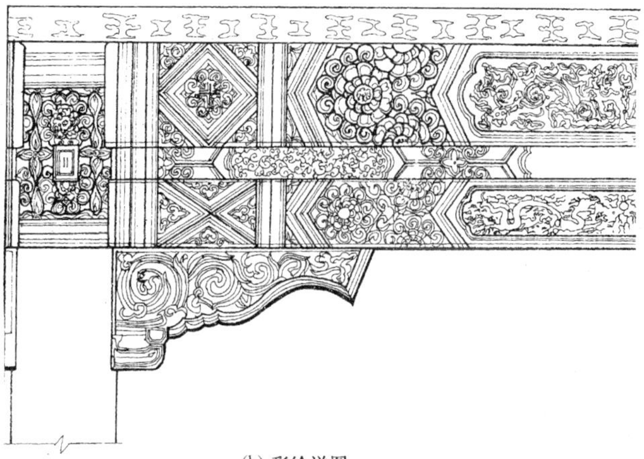

(b) 彩绘详图

图 9－16　装饰艺术详图实例

五、立体效果图

在室内装饰设计中，不论是初步设计阶段还是正式设计阶段一般都需要画效果图。效果图也称表现图，可用透视原理绘制也可用轴测原理绘制，可用手绘也可用电脑绘制。（在创意阶段多用手绘）

效果图的作用主要是用来表现房间装修完成后的整体装饰效果以及装饰的风格与流派。通过效果图的表现也可以加深对装饰施工图所提出的设计要求的理解，从而也会使装修施工更好地体现设计者的原创思想。图 9－17 给出一别墅设计中两幅效果图。通过对这组效果图的观察，可以感受到房间装修后的意境效果及艺术风格，并且也会对认识效果图的作用与意义有一定的启发。

(a) 书房

(b) 会客厅

图 9－17　装修效果图实例

以上简要地介绍了装饰工程中经常使用的一些图样。限于篇幅，对那些与建筑装饰工程相关配套的其他工种的专业图样不再进行讨论。

第三节　室内建筑装饰工程图的阅读

一、阅读装饰工程图的重要性

阅读建筑装饰工程图，是从事建筑装饰专业工作的工程技术人员必须具有的专业技能之一；是每项装饰工程开工之前，有关专业技术人员必须进行的重要准备工作。只有在深入仔细阅读相关图纸后才能明确建筑装饰设计的要求，装饰的重点部位以及在装饰工程施工中应注意的技术难点与施工工艺要求；也只有在全面系统阅读了所有与装饰工程有关的文件资料及装饰工程图纸后，才能着手编制装修工程预算与施工进度规划。

二、装饰工程图阅读的重点内容

1. 应先阅读有关设计文件，明确业主对装饰设计的要求，如装修等级、装饰风格、使用功能及对装饰材料与安全环保方面的要求。其次阅读建筑实测施工图（或建筑施工图），了解设计的建筑面积，房间的布局与分配等相关资料。

2. 根据设计文件要求阅读平面布置图，审视设计是否合理，能否满足设计要求所提出的预想结果。

3. 根据平面布置图对照立面布置图或剖立面图判别装修效果、装饰风格及色彩格调。若有彩色效果图则同时阅读，共同审视装饰效果。

4. 查看有无地面装修图，有无地面造型，地面铺装材料的种类及铺装范围，地面花饰图案的做法。

5. 深入阅读天花平面图，了解棚面造型、装修吊顶类型和灯具、消防和通风设施的布置状况，并对照平面布置图审视天花布置是否合理，可否满足使用需求。

6. 详细阅读各个墙面装饰图，查看各个墙面装饰所用建材种类、规格及装修范围与施工工艺要求，并与平面布置图对照，审视平面、立面设计是否协调一致，是否有矛盾之处。

7. 深入阅读分析各种装修详图，查看详图是否完整，能否满足施工要求，有无尚未表明的节点部位，审查装修详图中施工工艺做法及技术要求是否可行。

8. 审查并阅读重点装饰部位，察看有无重点复杂的艺术作品，看实现这些艺术创作的详图是否能满足施工要求，是否要画全样图（足尺寸大样图）。

9. 最后了解家具及木制作、家电、摆设等物品的配置情况，明确哪些用品为外购品，哪些用品为现场制作的非外购品，检查现做家具及制品的图纸是否齐全。

以上讲述的内容是阅读装饰工程图样时一般应关注的内容，但由于装修工程差异较大，阅读时还应视实际情况明确该关注哪些重点。

三、阅读住宅装饰设计施工图

下面给出一套住宅装饰设计施工图实例（如图9－18所示）。拟通过对这套施工图的阅读，进一步加深对装饰工程图样的认识与了解，进一步明确装饰工程图样的内容、画法与用途；另外对如何阅读装饰工程图，在阅读中应该注意哪些技术问题等形成一定的感性认识，为日后工作实践准备好读图基础。下面便按图纸编排顺序进行阅读。

首先阅读相关文件，明确装修要求。从有关文件（书中未附）中可知：这是为一三口之家装修成温馨型小康住宅而设计。图9－18（1）是装修住宅的测绘施工图，从中可看出，这是使用面积约为150m^{2}的三室一厅单元式住房，大小五个房间，外带南北阳台，中间墙体用大梁联系，形成一过道空间，正对卫生间及厕所两暗室，室内上下水接口均已预留好。实测施工图是装修设计的依据，但房间的分割并非不可改变。

从图9－18（2）、图9－18（3）中能看出房间的分配与布置以及地面装修情况：东南侧大房间是主卧室，东北侧小房间是儿童室，南侧大房间与阳台相连是起居室兼作客厅；北侧中间房为学习室；西北侧房间与北阳台相连作厨房与餐厅用；卫生间及厕所合成一间；户门设在西侧与楼道相连。户门为双层，外开为防盗门，各房间内门均为单扇平开木门。户门入口处为玄关，内设鞋柜、衣架，地面为斜铺防滑地砖。玄关与客厅用彩色冰花玻璃隔断分开。起居室摆放长短沙发、茶几；长沙发两侧的柜橱上放

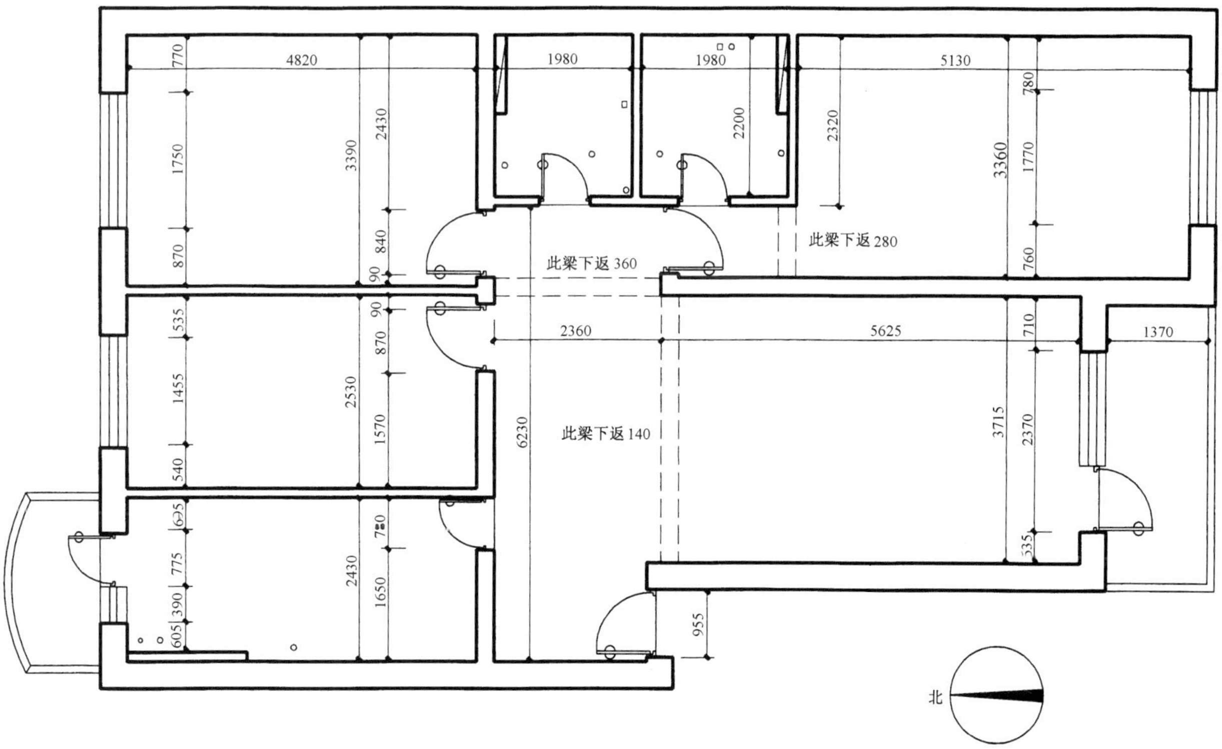

测绘施工图1:100

（1）建筑测绘施工图

置电话与台灯；电视背景墙与沙发相对，靠背景墙下摆放电视及音响设备。主卧室放双人床及衣柜，床两边放床头柜，柜上放台灯。儿童室内放单人床、衣柜及电脑与电脑桌椅；学习室也是书房，内设书柜、软椅和写字台。两卧室、学习室及起居室地面均做橡木地板。两卧室中部为卫生间，内设脸盆、梳妆台、化妆镜及水槽、坐便等设备；在靠墙角处设一整体式淋浴小间，整个卫生间地面铺防滑地砖。西北角处房间用矮墙隔成两小间作厨房与餐厅用；厨房与北阳台相通，用门连窗采光。厨房内设有燃气灶具、冰箱、水槽等设备；餐厅内设餐桌、椅；厨房及餐厅地面均做防滑地砖。起居室与南阳台用落地式玻璃门窗隔开，阳台地面做防滑地砖。

通过对平面布置图的阅读可以看出装修房间的布局是紧凑而合理的，且生活、学习、起居分区明确、功能齐全，使用很方便，能满足设计预期目标。

图9－18（4）是这套装修房间的天棚平面图，从中可以看到各房间顶面装修方法。如卧室、客厅、学习室、餐厅顶面均涂白色乳胶漆；卫生间顶面做铝扣板吊顶。在主卧室与客厅顶部周边做有下沉式造型：下沉高度为120mm，采用轻钢龙骨吊石膏板刷白色乳胶漆。在棚面布置图中也表明了各房间灯具的类型与设置情况。门口玄关处安装3只滑道式射灯照亮换鞋柜，另一只筒灯照亮玄关；与玄关相连的过道区棚面安装6只星式射灯；客厅棚顶中间安装艺术吊灯；棚面下沉处设5只射灯照亮电视背景墙；厨房与南北阳台棚面均设欧普吸顶灯；卫生间棚面中间

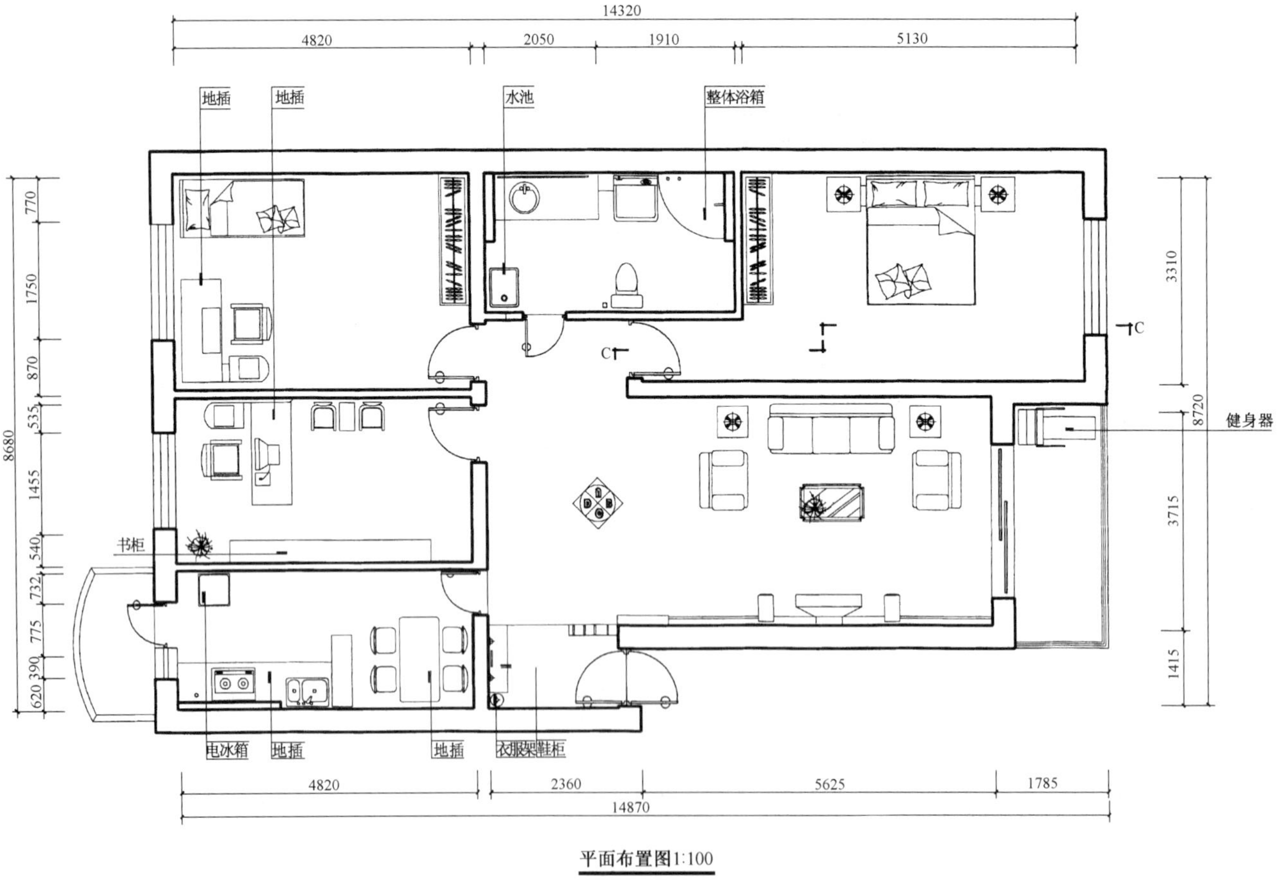

（2）住宅平面布置图

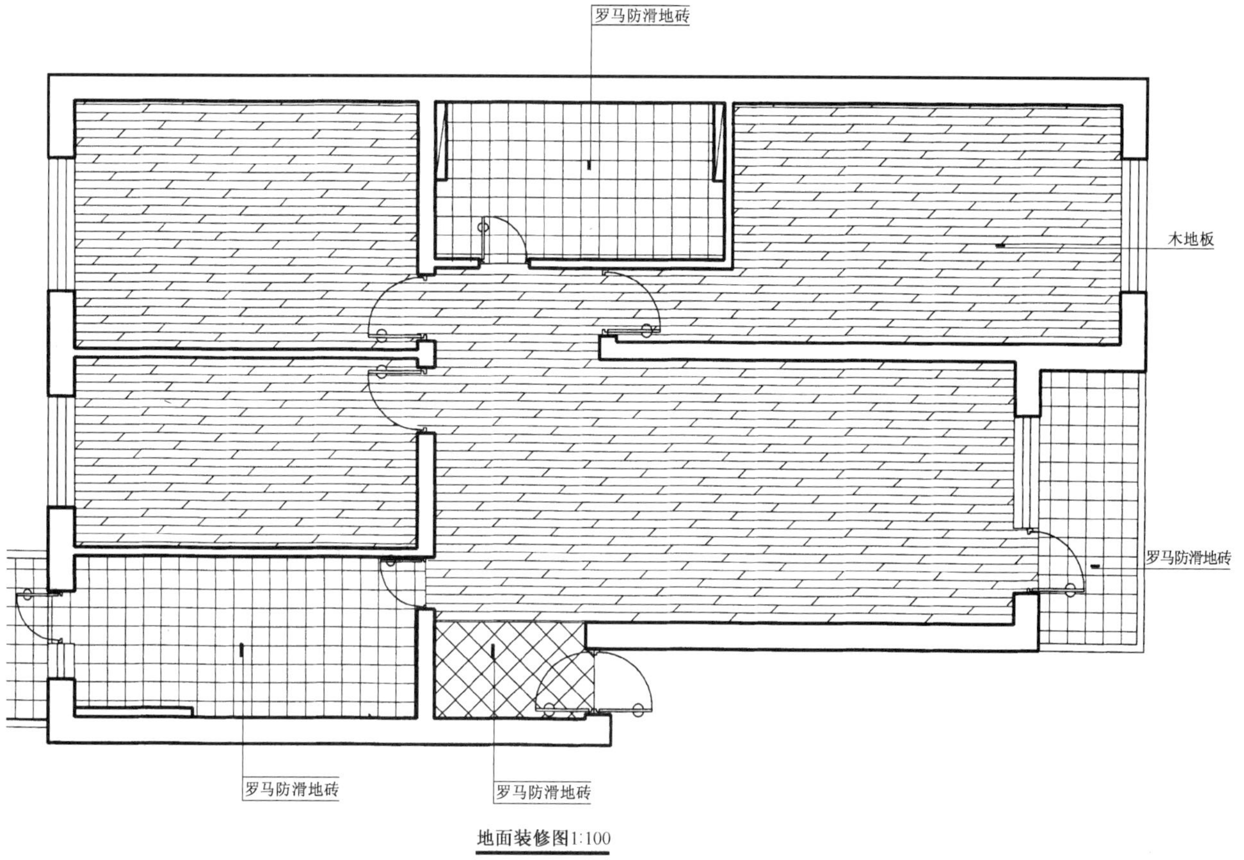

（3）地面装修布置图

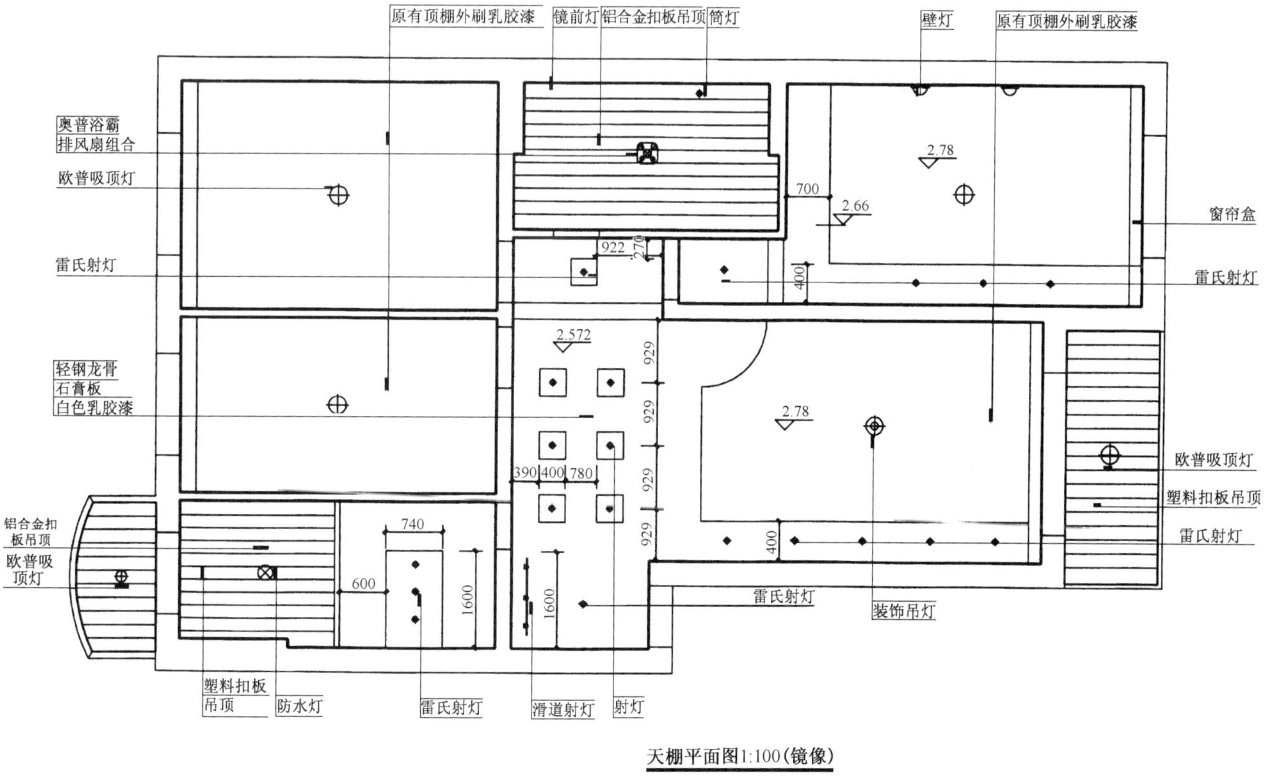

（4）天棚平面图

处安装排风机与奥普浴霸灯具组合，这种设备既可通风排湿又可为淋浴时供暖；餐厅顶部装 3 只射灯供进餐时照明用。从棚面装修到灯具安装可以看出设计是全面细致的，上下呼应是合理的，能使生活在其中的人产生温馨愉快的感觉。

图 9－18（5）是客厅四周墙面装修与布置图。从 A 立面图中可以看出家具摆放情况及墙面装修情况：A 墙面为白色乳胶漆，在沙发背后悬挂装饰画，墙边处用中密板作造型，刷白乳胶漆；在南侧靠窗处做双轨窗帘盒。A 立面中还表明了卫生间墙面及其木门的形式。B 立面图中表明落地窗的形式及窗套的装修方法，B 墙面刷白乳胶漆；窗西侧改用壁挂式高效散热器；B 立面中还表明了靠电视墙处棚面下降高度及断面形式。客厅 C 立面图给出电视背景墙的装修与布置状况：背景墙贴蓝色壁纸，上做红榉板刷清漆，靠窗处墙面做木造型刷白乳漆。背景墙北侧作木造型较复杂，其间留有挂条幅处；与玄关相连处做冰纹玻璃隔断，作木造型横向刷白漆，竖向红榉木刷清漆；靠墙棚顶用轻钢龙骨吊石膏板刷白漆。D 立面图中表明了儿童室、学习室木门形式与墙面装修方法，还表明了过道处吊顶做法及高度。图 9－18（6）给出主卧室各墙面布置与装修做法：A 墙面贴玉兰牌壁纸，安壁灯 2 盏，开关设在床头柜两侧，下做 80 高木踢脚板，靠北端留出衣柜遮挡处墙面。另外 A 立面中还表明

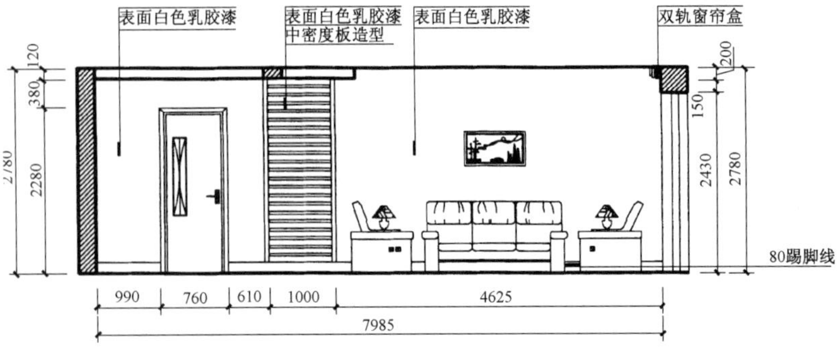

客厅A立面图1:50

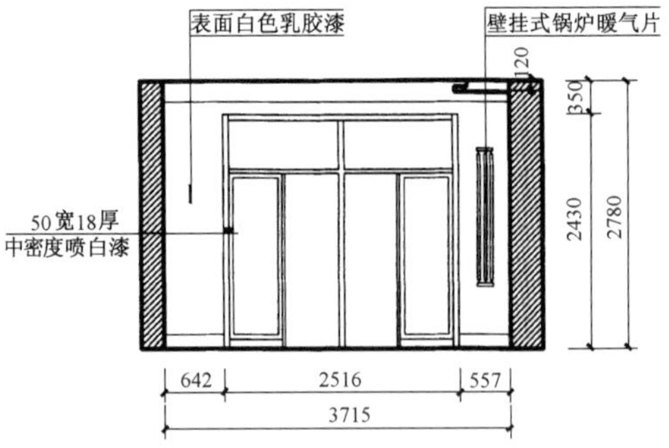

客厅B立面图1:50

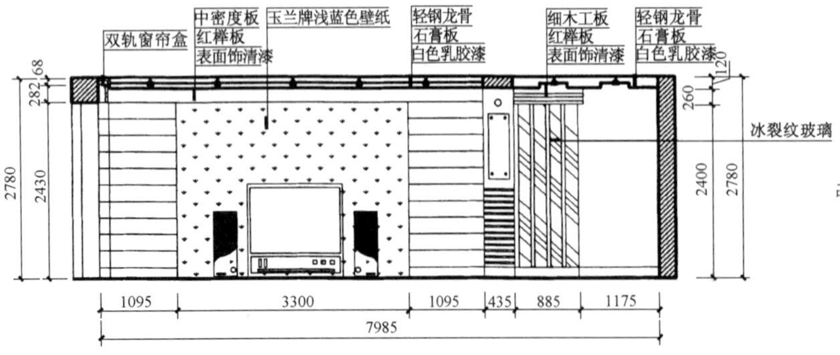

客厅C立面图1:50

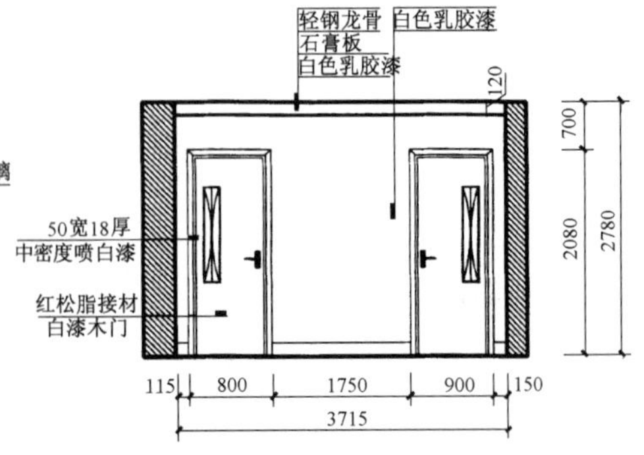

客厅D立面图1:50

（5）客厅装修立面图

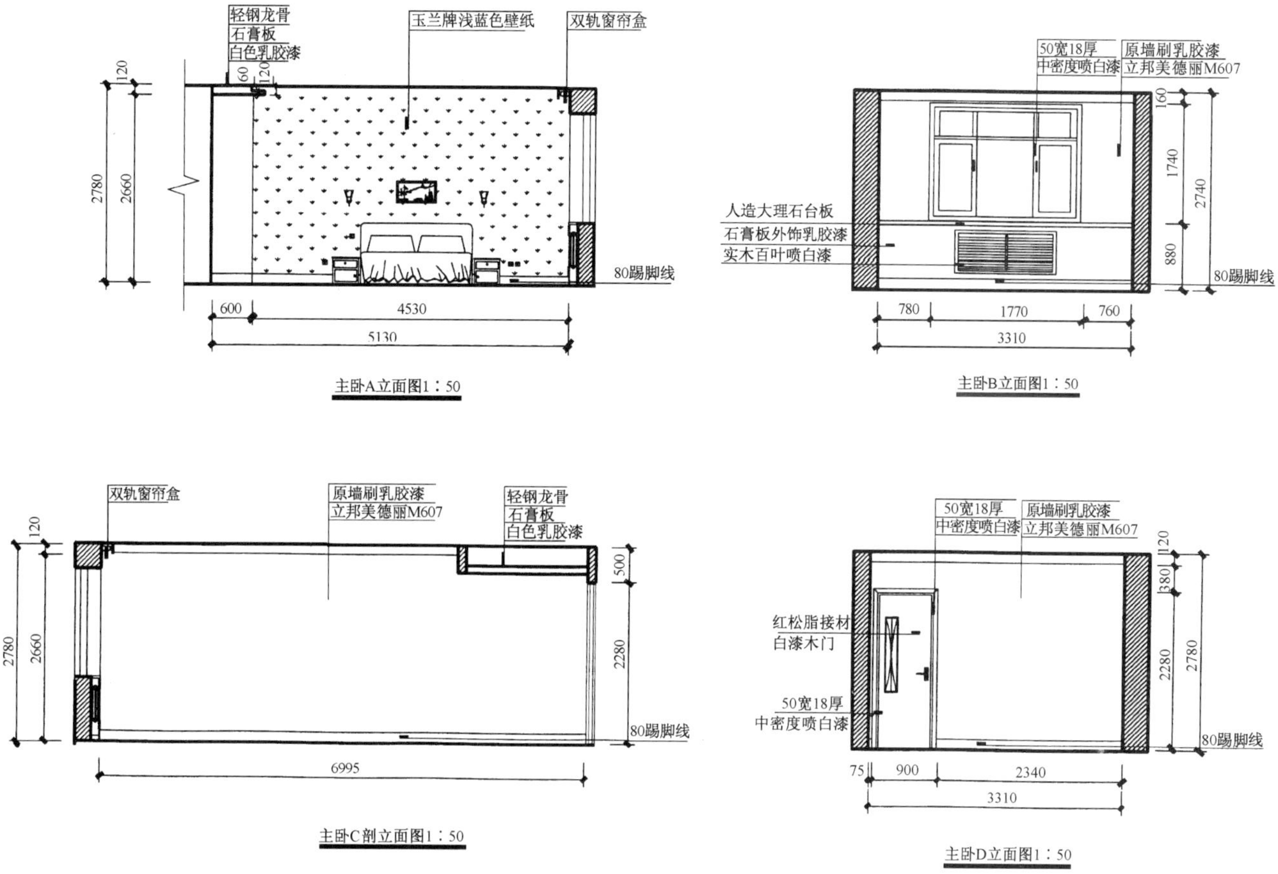

（6）主卧室装修立面图

了衣柜上部吊顶做法及南窗窗帘盒做法及窗前暖器罩做法。B 立面图主要表明窗的形式与窗帘盒高度、宽度及暖气罩与台板的做法；暖气散热窗做木百叶刷白漆，台板用人造大理石，暖气罩两侧做石膏板涂白乳胶漆；C 立面表明了卧室西墙装修做法、吊顶做法及踢脚板做法。D 立面图主要表明房间内门形式与做法；门为红松拼接材；门套为 50 宽中密板喷白漆；墙面也是在原墙面上刷立邦美得丽乳胶漆。通过对起居室、主卧室各墙面装修图的阅读可以看出，房间基本色调为白色，清爽宜人。整个装修给人产生的印象是：既不奢华，又不失品位，既简洁大方，又朴实实用；是一个小康温馨家装设计的代表作品，值得学习与借鉴。

图 9－18（7）～图 9－18（11）分别是学习室、门厅、儿童室及厨房、卫生间等各房间的装修与布置立面图，限于篇幅这些图不再讲述，留给读者自行分析阅读，以熟悉其内容、画法与表达深度。

最后还要说明一点：这套住宅装饰施工图，并非是一套完整图样，许多节点的做法还没有标明，而且图中也还存在一些表达不当之处，因此会给读者读图带来一定困难，但是能发现错误，并将其改正，这也正是培养与训练读图能力的不可或缺的举措之一。

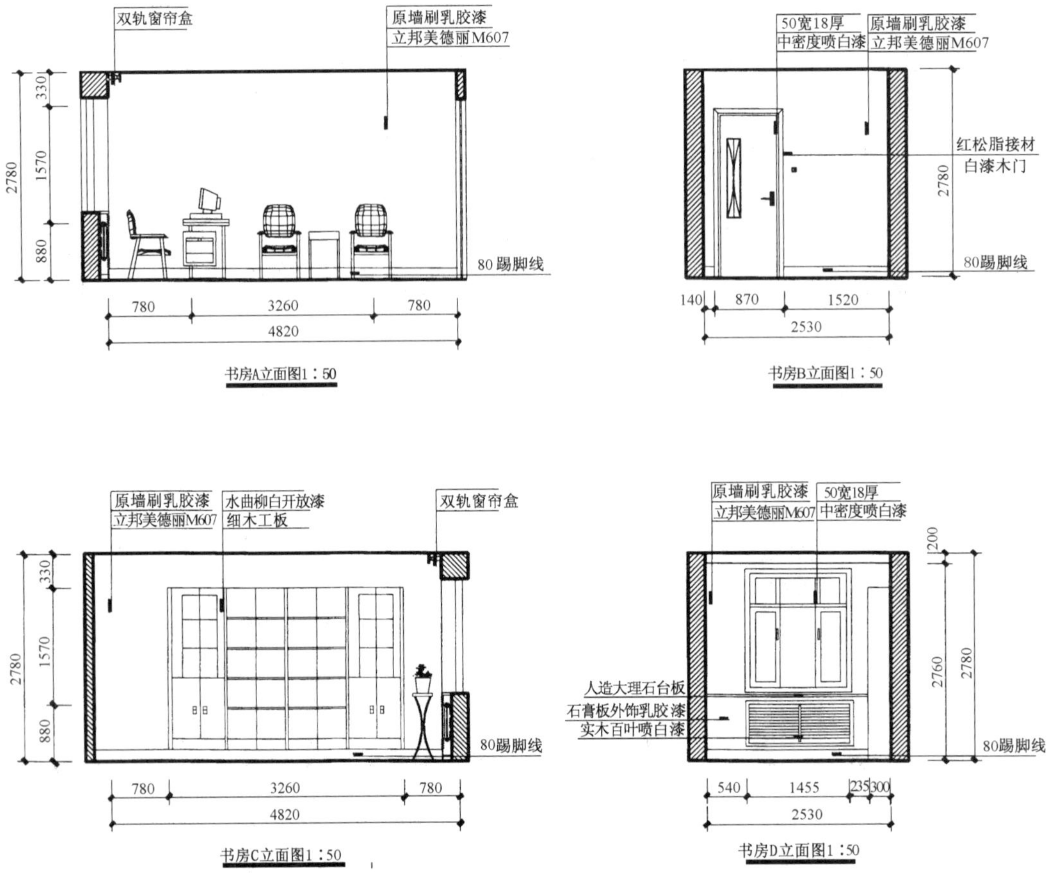

（7）学习室立面装修图

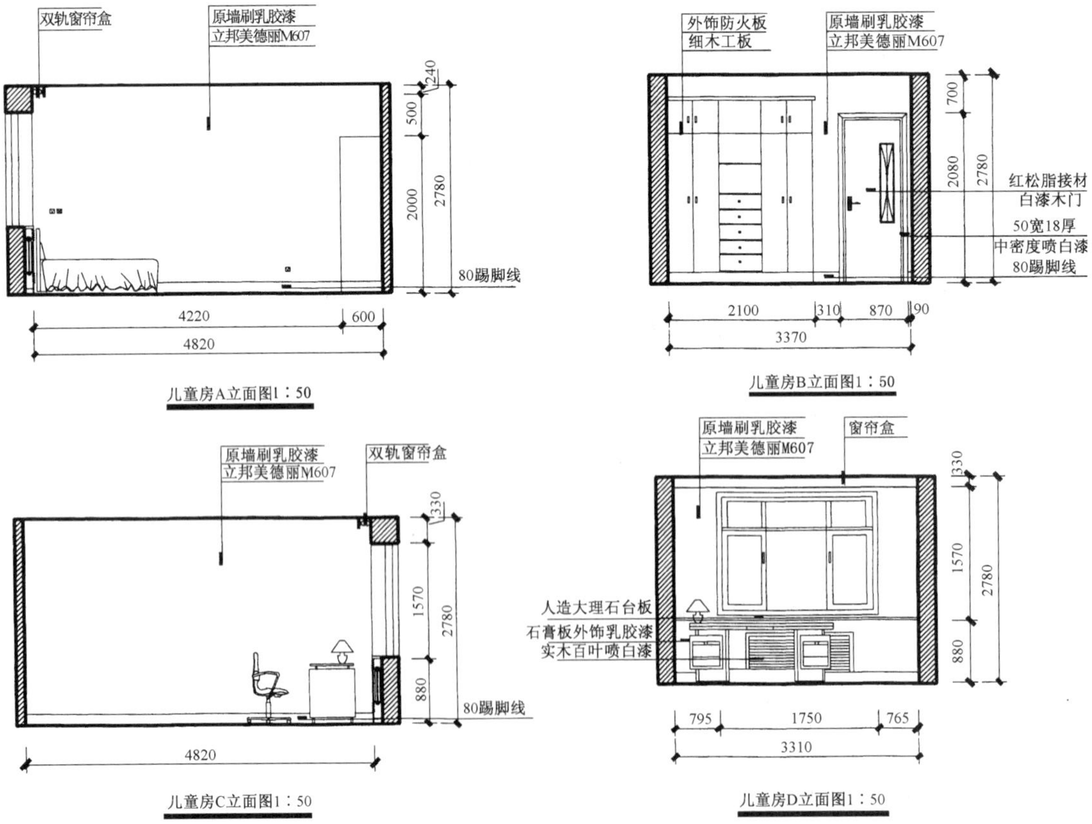

（8）儿童室立面布置图

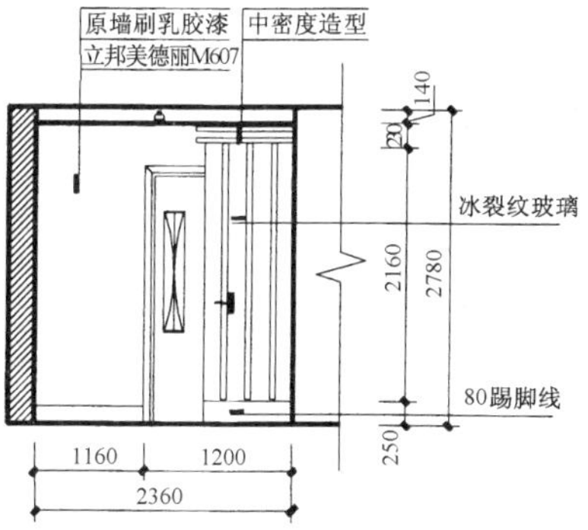

门厅A立面图1:50

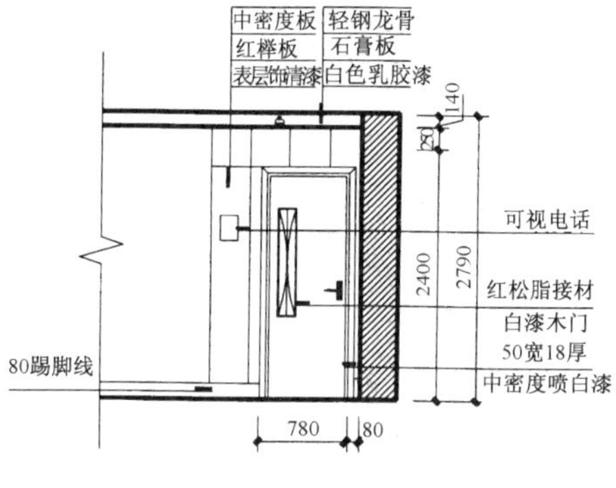

门厅B立面图1：50

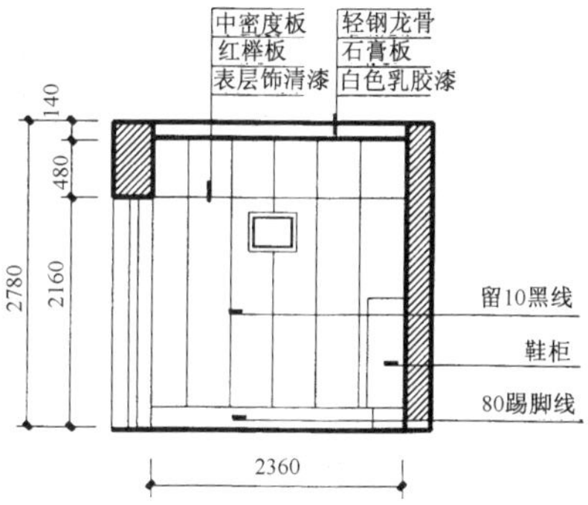

门厅C立面图1：50

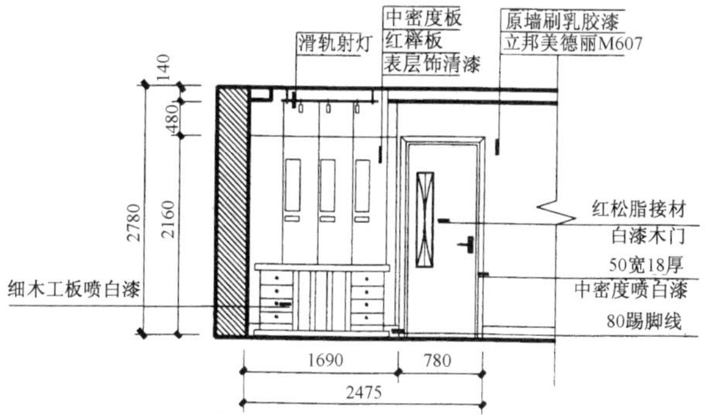

门厅D立面图1：50

(9) 门厅立面装修图

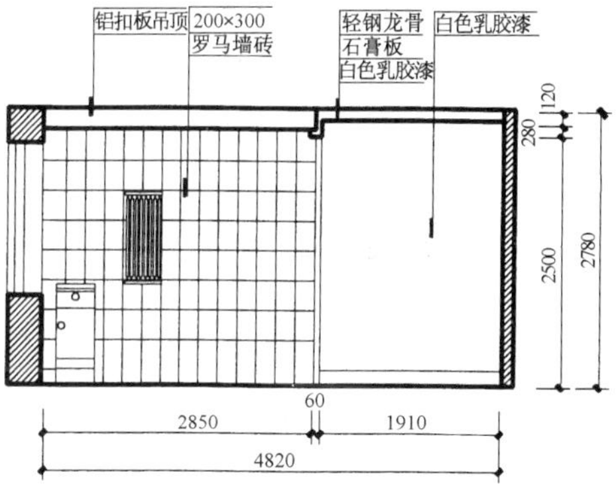

厨房A立面图1：50

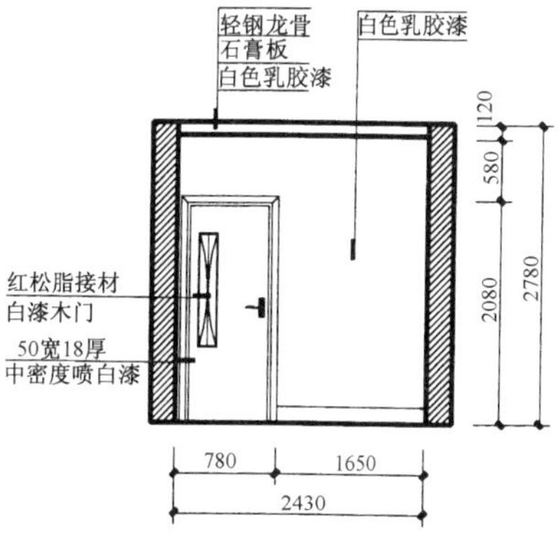

厨房B立面图1：50

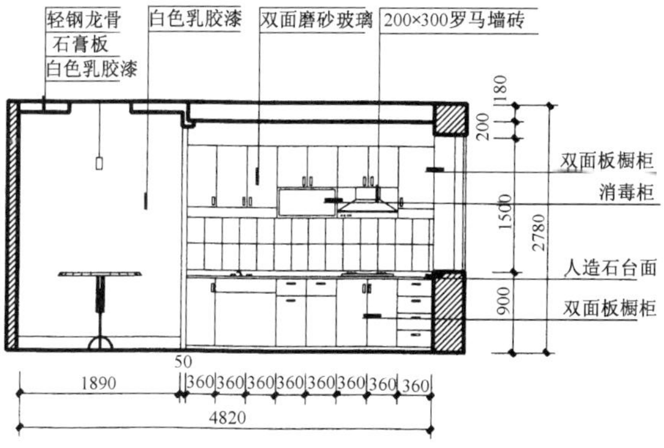

厨房C 立面图1：50

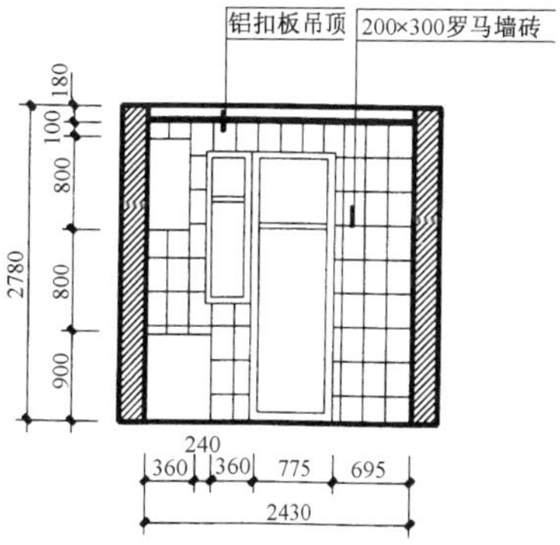

厨房D立面图1：50

(10) 厨房立面装修图

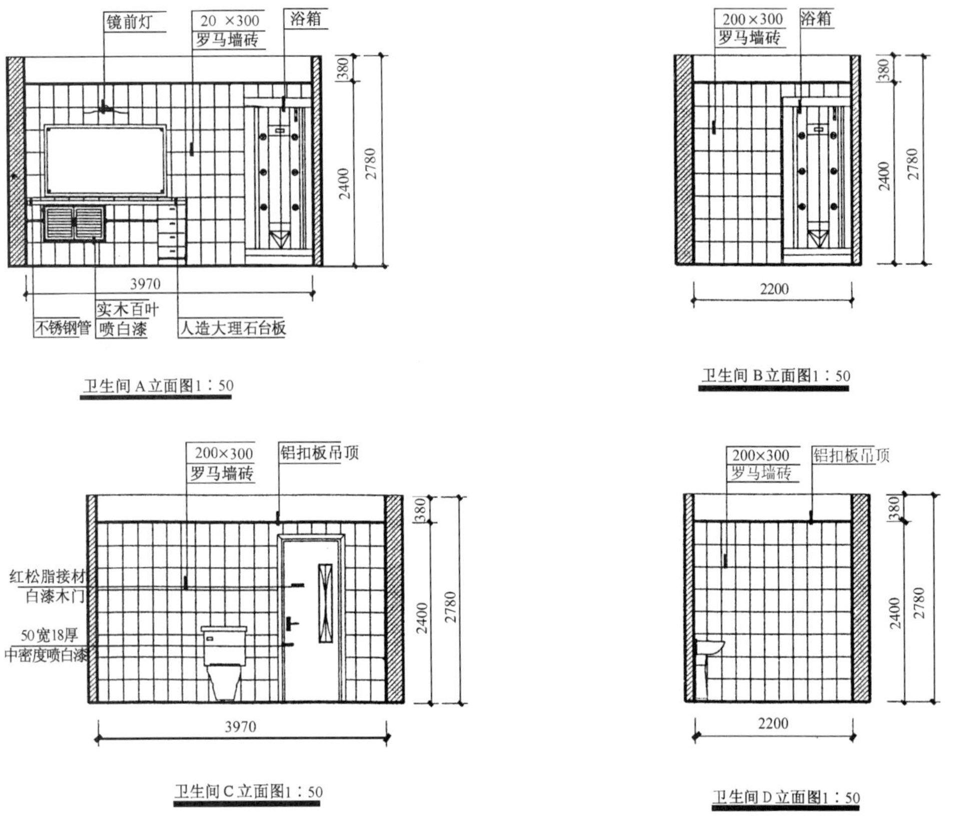

（11）卫生间立面装修图

图 9－18　住宅装饰设计施工图实例阅读

思　考　题

1. 室内装饰工程图都包含哪些文件资料与图样？

2. 建筑装饰工程图中常用的基本图样有哪些，其特点有哪些？

3. 室内装饰设计中家具、家电及设备应怎样画？

4. 何为内视符？它有什么用途？其画法与标注都有哪些？

5. 室内装饰设计中平面布置图是怎样形成的？它的作用是什么？都应表现哪些内容？

6. 棚面布置图是怎样形成的？它的作用是什么？都应表现哪些内容？

7. 地面装修图是怎样形成的？其主要用途是什么？什么情况下可不画？什么情况下一定要画出？

8. 室内装饰设计中都画哪些立面图？它们的作用是什么？有什么区别？

9. 什么是剖立面图？剖立面图与立面布置图及立面装修图有哪些不同之处？

10. 建筑装饰详图的类型有哪些？装修构造详图与装饰艺术详图在画法与要求方面有哪些不同之处？

11. 室内装修设计中常画的装修构造详图都有哪些？它的要求是什么？

12. 阅读装饰工程图时应注意哪些问题？学会阅读装饰工程图的意义是什么？

13. 认真阅读图 9－12 住宅装饰工程图，总结住宅装饰工程图样的内容、画法及表现特点，并找出图中存在的问题。

参 考 书 目

1. 施宗惠，李树涛，刘广泰主编．画法几何及建筑制图．北京：中国环境科学出版社，1991.
2. 宋安平，刘甦，王德芳主编．土木工程制图．北京：高等教育出版社，1999.
3. 刘甦主编．画法几何及建筑制图．西安：陕西科学技术出版社，1991.
4. 廖明远主编．建筑图学．北京：中国建筑工业出版社，1995.
5. 许松照编著．画法几何与阴影透视．北京：中国建筑工业出版社，1998.
6. 钟训正，孙钟阳，王文卿编著．建筑制图．南京：东南大学出版社，1996.
7. 于习法主编．装饰识图．南京：东南大学出版社，1997.
8. 赵惠斌，李世德编著．室内设计图表现技法．海口：海南出版社，1993.
9. 李国生，黄水生编著．建筑透视与阴影．广州：华南理工大学出版社，2001.
10. 苗壮，邵龙主编．室内设计与图例．哈尔滨：哈尔滨工业大学出版社，1994.
11. 霍光，侯纪洪编著．室内装修构造．海口：海南出版社，1993.
12. 中国室内装饰协会编．室内装饰设计与施工手册，沈阳：辽宁科学技术出版社，1991.
13. 张绮曼，郑曙旸主编．室内设计资料集．北京：中国建筑工业出版社，1991.
14. 荆其敏编绘．现代建筑装修详图集锦．天津：天津科学技术出版社，1984.
15. 傅建国主编．国内外装饰设计图纸精选．北京：海潮出版社，1994.
16. 亓育岱编著．怎样画建筑透视图．济南：山东科学技术出版社，1987.
17. 乐荷卿主编．建筑透视阴影．长沙：湖南大学出版社，1996.
18. 何铭新，钱可强主编．机械制图．北京：高等教育出版社，1997.
19. 朱育万主编．画法几何及土木工程制图．北京：高等教育出版社，2001.
20. 彭亮，龚建勇，谭晓云编著．建筑装饰务实与案例．南昌：江西科学技术出版社，2003.
21. 尤逸南，武峰，左小权，王深冬主编．室内装饰设计施工图集（9）．北京：中国建筑工业出版社，2000.
22. 张书鸿等编著．怎样看懂室内装饰工程图．北京：机械工业出版社，2004.
23. 中国建筑装饰协会哈尔滨麻雀装饰工程设计有限公司编著．住宅室内装饰设计实例图集．北京：中国建筑工业出版社，2003.
24. 赵晓飞编著，室内设计工程制图方法及实例．北京：中国建筑工业出版社，2007.